AF816287

Linguistische
Arbeiten 318

Herausgegeben von Hans Altmann, Peter Blumenthal, Herbert E. Brekle, Gerhard Helbig, Hans Jürgen Heringer, Heinz Vater und Richard Wiese

Thomas Herbst

Linguistische Aspekte der Synchronisation von Fernsehserien

Phonetik, Textlinguistik, Übersetzungstheorie

Max Niemeyer Verlag
Tübingen 1994

Abdruck der Abbildungen und Diagramme mit freundlicher Genehmigung der folgenden Verlage bzw. Autoren:

S. 13: J.-Dietmar Müller. Entnommen aus »Die Übertragung fremdsprachigen Filmmaterials ins Deutsche«. (Dissertation Regensburg, 1982)

S. 42/43: Buske Verlag, Hamburg: Entnommen aus »I. Fodor, Film Dubbing«, 1976.

S. 152: Methuen Verlag, London. Entnommen aus »K. Elam, The Semiotics of Theatre and Drama«, 1980.

Die Deutsche Bibliothek – CIP-Einheitsaufnahme

Herbst, Thomas:
Linguistische Aspekte der Synchronisation von Fernsehserien : Phonetik, Textlinguistik, Übersetzungstheorie / Thomas Herbst. – Tübingen : Niemeyer, 1994
(Linguistische Arbeiten ; 318)
NE: GT

ISBN 3-484-30318-2 ISSN 0344-6727

© Max Niemeyer Verlag GmbH & Co. KG, Tübingen 1994
Das Werk einschließlich aller seiner Teile ist urheberrechtlich geschützt. Jede Verwertung außerhalb der engen Grenzen des Urheberrechtsgesetzes ist ohne Zustimmung des Verlages unzulässig und strafbar. Das gilt insbesondere für Vervielfältigungen, Übersetzungen, Mikroverfilmungen und die Einspeicherung und Verarbeitung in elektronischen Systemen.
Printed in Germany.
Druck: Weihert-Druck GmbH, Darmstadt
Einband: Hugo Nädele, Nehren

Inhalt

Vorwort

Zu den größten Herausforderungen bei den Arbeiten an synchronisierten Fernsehserien zählt es, sich des Verdachts zu erwehren, linguistische Analysen nur als Vorwand für eine wenig kulturbeflissene Freizeitgestaltung zu benötigen. Insofern ist der Nachweis dringend erforderlich, daß Beschäftigung auch mit manch trivialer Fernsehserie zu durchaus aufschlußreichen sprachlichen Beobachtungen führen kann.

Dafür daß und vor allem wie er mich in diesem Unterfangen (und auch sonst immer) unterstützt hat, danke ich Prof. Dr. Dieter Götz in Augsburg sehr herzlich. Wie man überhaupt bei der Fertigstellung einer solchen Arbeit - und anderen geht es ja offenbar nicht anders, wenn man verschiedene Exemplare der Textsorte Vorwort betrachtet - sehr sehr vielen anderen danke möchte, ohne die das Ganze nichts geworden wäre (falls es denn etwas geworden ist, wobei es auch zum Usus gehört, zu versichern, daß, wenn es nichts geworden sein sollte, es nicht an denen liegt, denen man dankt). Aber es ist eben so, daß ohne die ganz beträchtliche Hilfe vieler anderer gerade diese Arbeit nicht hätte entstehen können. Das reicht vom fachlichen Rat vieler Kollegen (im Sinne von Kolleginnen und) und angehender solcher über die Bereitschaft von Studenten, bei Experimenten mitzuwirken, und der von Hilfskräften, zu völlig unmöglichen Zeiten am Computer zu sitzen, bis hin zur Unterstützung von Praktikern in Synchronstudios und Fernsehanstalten - besonders dem unschätzbaren Engagement von Martin Hensel vom Zweiten Deutschen Fernsehen -, die sicher auch besseres zu tun gehabt hätten, als Material zur Verfügung zu stellen und sich damit womöglich auch noch der Kritik auszusetzen. Allen Mitarbeitern von ZDF, ARD, Channel 4 Wales, World Wide Pictures, Arena Synchron und Bavaria Synchron und allen anderen, die mir Manuskripte zur Analyse überlassen haben, möchte ich sehr herzlich danken.

Ansonsten möchte ich auf große Einzeldanksagungen verzichten und nur einige Namen nennen: Prof. Dr. Thomas Finkenstaedt sowie Prof. Dr. Hans Jürgen Heringer und Prof. Dr. Hans Wellmann in Augsburg und den inzwischen leider verstorbenen Prof. Dr. Broder Carstensen aus Paderborn; Dr. Ian F. Roe in Reading, Susanne Maier und Martin Schnell in Augsburg; Michael Erdmann von Arena-Synchron, Waltraud Pusl vom Bayerischen Fernsehen, Frau Tschirner vom WDR; sowie für die Phase der Drucklegung die Erlanger Hiwi-Crew mit Karola Wenninger, Kerstin Popp, Chistine Schlegel und Birgit Wacker.

Eine Anmerkung ist dennoch noch nötig. Diese Arbeit enthält sicher auch Kritik, Kritik an der gängigen Synchronisationspraxis. Diese Kritik bezieht sich aber keinesfalls auf einzelne, und schon gar nicht auf die, die mir Einblicke in ihre Tätigkeit gewährt und damit diese Analysen ermöglicht haben. Andere waren da weit weniger entgegenkommend und insofern kommen sie nicht vor. Kritik an der gängigen Synchronisationspraxis, soweit sie denn geübt wird - vorrangig geht es darum nicht - ist dann auch eher als Kritik an einem Phänomen zu verstehen, das als die Mißachtung sprachlicher Werte in unserer Gesellschaft beschrieben werden könnte, wenn das nicht zu pathetisch klänge. Und man darf eben nicht vergessen, daß der finanzielle Druck viele, die es besser könnten, zu der Art Arbeit zwingt, die hier analysiert wird, denn in der Synchronisationsbranche gilt zweifellos das Gesetz des Marktes, das dann so formuliert wird: Der frühe Vogel fängt den Wurm.

Thomas Herbst   Erlangen, April 1994

Verzeichnis häufig gebrauchter Abkürzungen und Symbole

Nachschlagewerke

CGEL	R. Quirk/S. Greenbaum/G. Leech/J. Svartvik: *A Comprehensive Grammar of the English Language* (zitiert mit Kapitelangaben)
dtv-Wahrig	*dtv-Wörterbuch der deutschen Sprache* (hrsg. von Gerhard Wahrig)(1982)
DUW	*Duden. Deutsches Universalwörterbuch*
LDOCE2	*Longman Dictionary of Contemporary English* (^{2}1987)
ODCIE	*Oxford Dictionary of Current Idiomatic English*

Allgemeine Abkürzungen

AT	Ausgangstext
RÜ	Rohübersetzung
ST	Synchrontext (gesendeter Text des synchronisierten Films)
SÜ	Synchronübersetzung

Filme bzw. Fernsehserien

BFC	Black Forest Clinic
CL	Cagney und Lacey
DC	Denver-Clan
D'K	Derrick
F	Faber (Der Fahnder)
FC	Falcon Crest
H	Hotel
HSB	Hill Street Blues (Polizeirevier Hill Street)
LH	Local Hero
P	Pygmalion
SWK	Schwarzwaldklinik
YM	Yes Minister

< >	Text im *Off* gesprochen

Zitierweise:

Film - (Staffel/) Folge - Take (YM 1/7:022)
Film - (Staffel/) Folge - Sendeminute h (Local Hero 0.30 h)

Der Text von *Continuities*, Rohübersetzungen und Synchronbüchern wird mit der im Original gebrauchten Orthographie und Interpunktion zitiert, damit auch Hinweise etwa auf Pausen deutlich werden. (Hervorhebungen wie Unterstreichungen werden in manchen Fällen nicht übernommen.)

1. Synchronisierte Filme aus sprachwissenschaftlicher Sicht - Fragestellungen und Prämissen dieser Untersuchung

1.1. Synchronisation als Untersuchungsgegenstand der Sprachwissenschaft

1.1.1. Synchronisationsspezifische und allgemein sprachwissenschaftliche Fragestellungen

Die Synchronisation von fremdsprachlichen Fernsehserien und Spielfilmen[1] stellt aus verschiedenen Gründen einen Gegenstand für eine sprachwissenschaftliche Untersuchung dar:

1. Bei der Synchronisation handelt es sich um einen Spezialfall der Übersetzung. Dennoch fehlt zum augenblicklichen Zeitpunkt eine umfassende, linguistisch fundierte Theorie der Synchronisation, die die Erkenntnisse und Prinzipien der Forschungen im Bereich der Übersetzungs- bzw. Translationstheorie mit den bei der Synchronisation gegebenen speziellen Bedingungen in Verbindung brächte. Entsprechend besteht ein Ziel dieser Arbeit darin, eine solche Theorie in ihren Grundlagen zu skizzieren.
2. Angesichts der Menge der synchronisierten Filme, die die bundesdeutschen Fernsehsender ausstrahlen (> 1.6.3), müssen die Texte dieser Filme als ein wesentlicher Bestandteil der deutschen Gegenwartssprache oder zumindest als ein potentiell für den Sprachwandel relevanter Faktor erscheinen. Das gilt insbesondere, weil sich nachweisen läßt, daß die Texte von (aus dem Englischen ins Deutsche) synchronisierten Filmen über inhärente Charakteristika verfügen. (> Kapitel 5)[2]
3. Das Wesen der Synchronisation - eine vorgegebene Bildfolge mit Lauten einer anderen Sprache zu versehen - wirft eine Reihe von sprachwissenschaftlichen Fragestellungen in bezug auf die Korrelation von Bild und Ton auf, die vor allem die Lippensynchronität betreffen, aber durchaus auch andere Fragen berühren - etwa die der Stimmqualität.

Die Fragestellungen dieser Arbeit sind also in zwei Richtungen orientiert. Zum einen ist die Synchronisation an sich Gegenstand und Ziel linguistischer Betrachtung[3]. Zum anderen stellen synchronisierte Filme den Ausgangspunkt für linguistische Überlegungen dar, weil sich bei ihnen sprachliche Tatbestände ergeben, die in dieser Form durch die speziellen

---

[1] Häufig werden auch Filme in der Originalsprache nachsynchronisiert, um Störgeräusche bei Außenaufnahmen etc. zu vermeiden; vgl. Monaco (1980: 119, 400 und 408), Strasser/Reimer/Gollwitzer/Riescher (1985: 89), Steinkopp (1987: 33-4). Diese Art der Synchronisation ist nicht Gegenstand dieser Arbeit.

[2] Vgl. in diesem Zusammenhang Rabanus (1982: 65): "Wer das Fernsehen auch als Anwendungsbereich von Sprache respektiert und überzeugt ist oder befürchtet, daß sehr viele Menschen, vornehmlich wohl Kinder und Jugendliche, einen Teil ihrer Denk- und Sprachmuster von dort her beziehen, wird von der dringlichen Notwendigkeit überzeugt sein, sich mit dem Phänomen Synchronisation ... zu befassen ...".

[3] Vgl. in diesem Zusammenhang auch den Fragenkatalog bei Delabastita (1988: 16-17).

Gegebenheiten der Synchronisation bedingt sind, und die einen eigenen Blickwinkel für die Analyse des Gegenstands Sprache eröffnen.

1.1.2. Sprachwissenschaftliche Fragestellungen

Die allgemein sprachwissenschaftlichen Fragen, die sich in diesem Zusammenhang ergeben, sind in unterschiedlicher Weise auf die Situation der Synchronisation beschränkt:

1. Im engsten Sinne synchronisationsspezifische Fragestellungen betreffen die Bereiche, die sich aus der Notwendigkeit der Korrelation von Bild und Ton ergeben: So erlaubt z.B. die Analyse des Problems der Lippensynchronität Rückschlüsse bezüglich der Austauschbarkeit von Lauten in Hinblick auf die visuelle Wahrnehmung von Sprache (> Kapitel 2). Ähnlich führt die Problematik der Besetzung von Rollen mit geeigneten Synchronschauspielern zur Frage der Funktion der Stimmqualität in der Kommunikation (> Kapitel 3).
2. Ein zweiter Fragenkomplex ergibt sich nur mittelbar aus der Notwendigkeit der Korrelation von Ton und Bild, nämlich der der spezifischen Merkmale der Texte synchronisierter Filme. Die Übersetzungstexte bei synchronisierten Filmen unterliegen insofern anderen Bedingungen als alle anderen Formen der Übersetzung, als der Text den Erfordernissen der Synchronität genügen muß. In Kapitel 5 wird gezeigt, über welche Charakteristika die Texte von ins Deutsche synchronisierten Filmen in Hinblick auf Lexis, Syntax und Textstruktur verfügen. In diesem Zusammenhang stellen sich aber Probleme, die auch in anderen Bereichen auftauchen - etwa die Frage nach Form und Funktion von Anglizismen im heutigen Deutsch.
3. Ein weiterer wesentlicher Komplex hängt nicht unmittelbar mit der Korrelation von Bild und Ton zusammen, sondern betrifft Bereiche, die für die Synchronisation, aber auch für andere Formen der Übersetzung relevant sind, etwa die Dramenübersetzung. Das gilt z.B. für das Problem der prinzipiellen Übertragbarkeit von Dialekten, das als ein wesentliches Problem der Synchronisation gesehen werden kann. Die Betrachtung dieses Komplexes anhand von Beispielen aus synchronisierten Filmen führt zur prinzipiellen Frage der Funktion verschiedener Varietäten und deren Hierarchisierung innerhalb einer Sprachgemeinschaft (> Kapitel 4).

Dabei muß betont werden, daß das Ziel dieser Arbeit vor allem darin besteht, den spezifischen Blickwinkel aufzuzeigen, der sich bei der Synchronisation ergibt, und deutlich zu machen, daß sich durch die Perspektive synchronisierter Filme für den entsprechenden Bereich ein lohnender Forschungsansatz eröffnet. Es versteht sich von selbst, daß für eine erschöpfende Diskussion der aufgezeigten Probleme zum Teil wesentlich detailliertere Einzeluntersuchungen erforderlich sind, als sie in diesem Rahmen möglich wären. Das gilt insbesondere für die Fragestellungen, die die Wirkung synchronisierter Filme beim Zuschauer betreffen: Eine präzise Untersuchung etwa der Frage, wie groß die zeitliche Abweichung zwischen sichtbarer Artikulationsbewegung und entsprechendem Lauteindruck sein kann, ohne daß eine "auffällige" Abweichung entsteht, ist z.B. nur mit einer entsprechend großen Zahl von Informanten und erheblichem technischen Aufwand (zur entsprechenden Manipulation der Ton/Bild-Diskrepanzen) möglich, wobei auch dann das Problem einer natürlichen Rezeptionssituation ungelöst bleibt. Ähnliches gilt für die Frage der Auffälligkeit der typischen Merkmale der Texte synchronisierter Filme (> Kapitel 8).[4] Aus diesen Gründen muß es als das vorrangige Ziel dieser Untersuchung angesehen werden, zu zeigen, daß der Blickwinkel der Synchronisation für die Analyse bestimmter sprachwissenschaftlicher Probleme fruchtbringende Erkenntnisse verspricht.

1.1.3. Beschränkung des Untersuchungsgegenstandes

Mit der dargelegten Beschränkung auf sprachwissenschaftliche und übersetzungstheoretische Fragestellungen sind auch die Grenzen der vorliegenden Untersuchung beschrieben: Filmische und technische Aspekte der Synchronisation sowie die Geschichte der Synchronisation[5] bleiben weitestgehend ausgeklammert[6]. Auch auf die mit der Synchronisation verbundenen wirtschaftlichen Faktoren, die Konkurrenzlage der verschiedenen Synchronisationsfirmen usw. wird nur insoweit eingegangen, als es etwa unter dem Gesichtspunkt der Bezahlung der Übersetzer für die Analyse des Themas im engeren Sinne relevant ist[7]. Letztlich sei noch betont, daß es kein Ziel der vorliegenden Arbeit ist, die gesellschaftliche Funktion synchronisierter Filme oder ihre Wirkung zu untersuchen. Es kann kein Zweifel daran bestehen, daß der hohe Anteil amerikanischer Serien und Spielfilme am deutschen Fernsehprogramm ein kulturgeschichtlich außerordentlich bedeutsames Faktum ist. Ebenso stellt die inhaltliche Konzeption vieler Spielfilme, Kriminalserien oder sog. *soap operas* wie *Dallas* oder *Der Denver-Clan* einen interessanten Gegenstand für soziologische oder literaturwissenschaftliche Untersuchungen dar[8]. Die vorliegende Untersuchung klammert diesen Fragenkomplex jedoch bewußt aus.[9]

---

4 Zwar werden im Rahmen dieser Arbeit vereinzelt Experimente mit Studenten einbezogen; aufgrund ihrer Beschaffenheit und der Zusammensetzung der Informantengruppen können diese Experimente jedoch nur zur Erhärtung aufgestellter Hypothesen herangezogen werden, aber weitergehende Versuche in der aufgezeigten Richtung nicht ersetzen.

5 Zu den Anfängen der Synchronisation vgl. Fraenkel (1957); zur Entwicklung in der Bundesrepublik Deutschland s. auch Steinkopp (1987: 22-84), zur Synchronisation in der DDR vgl. die Dissertation von Wanschura-Nawroth (1976).

6 Nicht behandelt werden auch allgemein filmtheoretische Fragen wie etwa die Untersuchung der unterschiedlichen Rollen von Sprache, Musik, Bild, etc. und ihr Zusammenwirken im Film an sich. S. dazu u.a. Kracauer (1985: bes. 147-83) oder Monaco (1980: 133-211) und die dort angegebene Literatur. S. auch Möller (1985) oder Straßner (1985).

7 Vgl. dazu etwa Steinkopp (1987).

8 Vgl. dazu etwa Borchers/Warth (1984) oder Durzak (1979).

9 Entsprechend ist auch die Auswahl des untersuchten Korpus nicht unter inhaltlichen Gesichtspunkten zu sehen. Ausschlaggebend waren dabei vor allem Kriterien wie hohe Zuschauerbeteiligung oder besondere Übersetzungsprobleme. Vgl. 1.6.3.

1.2. Materialbasis

Die in 1.1 skizzierten Zielsetzungen bestimmen weitgehend die Zusammenstellung des Korpus der untersuchten Filme. Ein wesentliches Kriterium bei der Auswahl des Materials war eine hohe Zuschauerbeteiligung der entsprechenden Sendungen. Das erscheint aus verschiedenen Gründen geboten:

1. Nachdem - in Kapitel 5 - die Texte synchronisierter Filme als potentielle Quellen für Sprachwandel betrachtet werden, erscheint es wesentlich, die Charakteristika solcher Filme aufzuzeigen, die tatsächlich von einer großen Zahl von Zuschauern gesehen werden.
2. Ebenso ist eine Reihe anderer sprachwissenschaftlicher Schlußfolgerungen (etwa in Hinblick auf den erforderlichen Grad der Lippensynchronität) nur dann möglich, wenn man davon ausgehen kann, daß die Synchronisation eines Films von den Zuschauern akzeptiert wird. Bei Fernsehsendungen mit einer hohen Sehbeteiligung - und insbesondere bei Fernsehserien - kann man wohl von einer solchen Akzeptanz ausgehen: Die Qualität der Synchronisation stellt offenbar keinen Hinderungsgrund dar, die Sendung anzusehen.[10]
3. Im Mittelpunkt der Untersuchung sollte der Normalfall stehen, d.h. daß die allgemeine Materialbasis nicht aus besonders guten (oder besonders schlechten), besonders kostenaufwendigen oder besonders schwierigen Fällen der Synchronisation bestehen sollte. Die Analyse der BBC-Shakespeare-Produktionen kann nur als Beispiel dafür dienen, was bei der Synchronisation im Extremfall möglich ist; die Qualität dieser Produktionen kann schon aus wirtschaftlichen Gründen nicht als der Normalfall angesehen werden.

Aus diesen Gründen erscheinen Fernsehserien mit hohen Einschaltquoten[11] für die Zwecke dieser Untersuchung besonders geeignet. Die Auswahl der betreffenden Serien muß insofern als zufallsbedingt betrachtet werden, als sie auch von der Kooperationsbereitschaft der betreffenden Fernsehanstalten und Synchronfirmen bestimmt ist.[12] Den Kern der Untersuchung der Synchronisation vom Englischen ins Deutsche bildet dabei folgendes Korpus:[13]

- 18 Folgen der Fernsehserie *Dynasty/Der Denver-Clan* (DC) (ZDF/ORF-Abendprogramm),

---

[10] Vgl. auch Rabanus (1982: 64).

[11] Für die Serie *Denver-Clan* gibt das ZDF Einschaltquoten von 30% für 1984 bzw. 26% für 1988 an. (Quelle: *ZDF-Jahrbuch 1984*, (1985: 204) und *ZDF-Jahrbuch 1988* (1989: 241)). Im Vergleich dazu nennt Rabanus (1982: 69-70) für die synchronisierte Fassung von *Henry VIII* eine Einschaltquote von 6%.

[12] Entsprechend ist es auch kein Ziel dieser Untersuchung, die Arbeit verschiedener Synchronstudios oder einzelner Übersetzer oder Synchronregisseure miteinander zu vergleichen.

[13] Die in Klammern angegebenen Abkürzungen (DC usw.) werden im folgenden für Quellenangaben benutzt. Angegeben wird jeweils die Serie, die Nummer der Folge und die Zahl der Takes, also etwa DC 65:312-4 (*Denver-Clan* Folge 65; Takes 312 bis 314). Falls kein Synchronbuch vorliegt, dem die Takezahl zu entnehmen gewesen wäre, werden Zeitangaben gemacht, also etwa *Pygmalion* 0.30 h.

- 16 Folgen der Fernsehserie *Falcon Crest* (FC) (WDR; ARD/ORF-Vorabendprogramme),
- 21 Folgen der Fernsehserie *Yes Minister* (YM) (ARD-Vorabendprogramme; ORF-Abendprogramm; Wiederholung in den dritten Programmen der ARD),
- 3 Folgen der Fernsehserie *Hotel* (H) (ZDF-/ORF-Abendprogramm),
- 3 Folgen der Kriminalserie *Hill Street Blues* (HSB) (ZDF-Abendprogramm),
- 2 Folgen der Kriminalserie *Cagney and Lacey* (CL) (SAT1-Abendprogramm),
- *Macbeth* (aus der Reihe der BBC-Shakespeare-Produktionen).

Für diesen Kernbereich des Korpus wurden die Drehbücher der Originalsprache und die Synchronbücher, z.T. auch die Rohübersetzungen, von den Fernsehanstalten bzw. Synchronstudios für die Zwecke dieser Untersuchung zur Verfügung gestellt; zum großen Teil liegen Videoaufzeichnungen der synchronisierten Fassungen, z.T. auch der Originalfassungen vor.

Darüber hinaus wurde - insbesondere in Hinblick auf Spezialprobleme der Übersetzung - eine Anzahl weiterer Folgen dieser und anderer Serien und eine Reihe von im deutschen Fernsehen gesendeten Spielfilmen[14] auf der Basis von Videoaufzeichnungen in die Untersuchung miteinbezogen - etwa

- aus der Reihe der BBC-Shakespeare-Verfilmungen *Ein Sommernachtstraum, Richard III, Heinrich V, Julius Caesar* und *Hamlet,*
- eine Produktion von Shaws *Pygmalion* von Yorkshire Television,
- eine BBC-Produktion von Pinters *The Room,*
- einige Folgen der britischen Serie *Poldark,*
- einige Spielfilme wie etwa *Local Hero* oder *The French Lieutenant's Woman.*

Es ist offensichtlich, daß für die Auswertung entscheidend ist, welches Material im einzelnen vorhanden ist. Zum Teil - etwa bei vielen Folgen der Serie *Yes Minister* - liegen nicht nur das Originaldrehbuch und das Synchronbuch vor, sondern auch eine Videoaufnahme im Zweikanalton, was insbesondere in Hinblick auf die Untersuchung der Zeitgleichheit von Original- und Synchronton ein großer Vorteil ist. In den Fällen, in denen nur eine Videoaufzeichnung der deutschen Synchronfassung vorhanden ist, sind die Möglichkeiten der Interpretation entsprechend beschränkter.[15] Insgesamt ergibt sich damit ein Korpus von über 80 Stunden Film.

Die Basis für die Untersuchung der Synchronisation aus dem Deutschen ins Englische ist wesentlich beschränkter: Sie besteht lediglich aus vier Folgen der Serie *Schwarzwaldklinik/Black Forest Clinic*, je zwei Folgen der Serien *Der Fahnder* und *Die Eisenbahn/ Soldier of Fortune* sowie einer Folge der Kriminalserie *Derrick*, wobei lediglich im Falle der

---

[14] Daß hier ausschließlich im Fernsehen gesendete Produktionen Gegenstand der Untersuchung sind, hängt mit den dabei gegebenen Möglichkeiten der Videoaufzeichnung zusammen. Da außerdem Spielfilme, die auch im Kino gezeigt wurden, im Korpus enthalten sind, ist damit jedoch keine prinzipielle Beschränkung auf Synchronisation für das Fernsehen gegeben.

[15] In B.1 findet sich ein Verzeichnis aller Filme, die im Rahmen dieser Arbeit untersucht werden konnten, mit einem genauen Nachweis darüber, welche Informationsquellen im einzelnen zur Verfügung standen.

Schwarzwaldklinik Videoaufzeichnungen in die Untersuchung miteinbezogen werden konnten. Die Gründe hierfür sind zum einen darin zu suchen, daß der Anteil synchronisierter Filme im britischen Fernsehen wesentlich geringer ist, liegen zum anderen aber auch in großen Schwierigkeiten bei der Materialbeschaffung (vor allem auch in bezug auf Videoaufzeichnungen[16]). Insofern sind Schlußfolgerungen in Hinblick auf die Synchronisation Deutsch/Englisch natürlich nur sehr eingeschränkt möglich. Entsprechend liegt das Schwergewicht der Untersuchung auf der Synchronisation aus dem Englischen ins Deutsche, was aber aufgrund der unterschiedlichen Bedeutung der Synchronisation in der Bundesrepublik Deutschland und Großbritannien bzw. den U.S.A. durchaus gerechtfertigt erscheint.

1.3. Linguistische Prämissen

1.3.1. Akzeptabilitätsproblematik

Eine der grundsätzlichen Schwierigkeiten einer Arbeit wie dieser liegt in der Akzeptabilitätsproblematik.[17] Die Analyse der Texte synchronisierter Filme beinhaltet unausweichlich die Notwendigkeit der Klassifikation sprachlicher Formen als akzeptabel oder nicht akzeptabel, als situationell angemessen oder nicht angemessen, und - in bezug auf die Übersetzung - als adäquat oder nicht adäquat in Hinblick auf den Ausgangstext und die Zielsetzungen der Übersetzung.[18]

Dabei ist selbstverständlich zu berücksichtigen, daß Akzeptabilitätsurteile mit einer Reihe von Problemen behaftet sind. Die Schwierigkeiten bei der Beurteilung der Akzeptabilität von Äußerungen sind ausführlich dargestellt worden; grundlegend sind hier beispielsweise die Experimente, die im Zusammenhang mit der Arbeit am Survey of English Usage durchgeführt wurden; etwa Quirk (1968), Carvell und Svartvik (1969), Greenbaum und Quirk (1970) oder Greenbaum (1988). Im wesentlichen sind folgende Faktoren zu berücksichtigen:

1. Die Beurteilung der Akzeptabilität einer Äußerung durch denselben Sprecher kann zu

---

[16] Eine Schwierigkeit liegt z.B. darin, daß die Serien *Derrick*, *Der Fahnder* und *Die Eisenbahn* wohl nur von regionalen Fernsehsendern ausgestrahlt wurden und die Sendetermine von der Synchronfirma, die die Bücher zur Verfügung gestellt hat, nicht mitgeteilt werden konnten. Ein weiteres Problem ergibt sich aus der Tatsache, daß z.B. die Folgen der *Schwarzwaldklinik* in Großbritannien in einer anderen Reihenfolge als in der Bundesrepublik ausgestrahlt wurden, was dazu führte, daß die Folgen, zu denen Originalbuch und Synchronbuch vorlagen, nicht aufgezeichnet wurden. Eine Materialbeschaffung durch zufallsbedingte Mitschnitte war durch die zeitliche Differenz der Ausstrahlung in Großbritannien und der Bundesrepublik ausgeschlossen.

[17] Zur Klärung des Begriffs Akzeptabilität vgl. auch 8.1.2.2.

[18] Zu Problemen der Norm und der Normabweichung vgl. in diesem Zusammenhang Kapitel 8.

verschiedenen Zeitpunkten der Überprüfung durchaus unterschiedlich sein.[19]

2. Die Beurteilung der Akzeptabilität von Äußerungen erfolgt nicht im Rahmen einer eindeutigen Ja-/Nein-Entscheidung, sondern in bezug auf Stufen bzw. Grade der Akzeptabilität.[20]
3. Die Beurteilung der Akzeptabilität einer Äußerung hängt entscheidend vom Vorhandensein von Kontext und der Plausibilität dieses Kontexts bzw. vom Testverfahren ab.[21]
4. Es bestehen (zum Teil) erhebliche Unterschiede in der Beurteilung der Akzeptabilität ein- und derselben Äußerung durch verschiedene Sprecher.[22]
5. In bezug auf die Beurteilung der Akzeptabilität von Äußerungen durch den untersuchenden Linguisten kommen als erschwerende Faktoren hinzu,
   - daß einerseits das Urteilsvermögen durch die längere Beschäftigung mit dem Untersuchungsmaterial beeinträchtigt wird und
   - daß andererseits zu erwartende Ergebnisse oder angestrebte Erklärungen die Klassifikation der Akzeptabilität beeinflussen.[23]

Aus diesem Grund sind Feststellungen zur Akzeptabilität, die - wie es etwa bei der *Comprehensive Grammar of the English Language* (CGEL) (1985) von Quirk, Greenbaum, Leech und Svartvik der Fall ist - auf Korpusuntersuchungen in Verbindung mit Testverfahren beruhen, als weitaus verläßlicher einzustufen als solche, die auf dem Urteilsvermögen von einzelnen beruhen. Dennoch konnte ein solches Verfahren in dieser Untersuchung nicht beschritten werden. Zwar wurde im Einzelfall versucht, Akzeptabilitätsurteile durch die Befragung von Kollegen und Studenten[24] zu objektivieren; großangelegte Akzeptabilitätstests erschienen jedoch aus einer Reihe von Gründen nicht durchführbar, vor allem aufgrund des damit verbundenen technischen Aufwands, der Problematik der Zusammenstellung einer hinreichend großen und repräsentativen Informantengruppe und der Tatsache, daß nicht Konstruktionen oder Wörter generell, sondern eine Vielzahl von Einzelfällen zu überprüfen gewesen wäre, bei denen eine sinnvolle kontextuelle Einbettung häufig die Einbeziehung von Videomaterial erfordert hätte.

Ebenso erschien die Objektivierung von Akzeptabilitätsurteilen durch die systematische Analyse eines Vergleichskorpus von Produktionen in der Originalsprache nur punktuell, nicht aber generell möglich. Im Vordergrund stehen dabei, wie in 8.1.2.1 genauer ausgeführt wird, Probleme der Auswahl und vor allem des Umfangs eines Vergleichskorpus, das Aufschlüsse in bezug auf die Akzeptabilität von Formen in den Texten synchronisierter Filme erlauben würde. Wie groß müßte ein solches Vergleichskorpus etwa sein, damit das

---

19 Vgl. in diesem Zusammenhang Greenbaum/Quirk (1970: 37-49) und Greenbaum (1988: 103-6).

20 Vgl. u.a. Quirk (1968: 188) und Leech (1981: 213-4) und 8.1.2.2.

21 Vgl. in diesem Zusammenhang Quirk (1968: 191-200), Greenbaum (1988: 139). Zum Zusammenhang von Akzeptabilität und Situation vgl. u.a. Mittins/Salu/Edminson/Coyne (1970: 12-3).

22 Vgl. dazu Quirks (1968: 195-6) Kategorie des *divided usage*.

23 Vgl. in diesem Zusammenhang Heringer/Strecker/Wimmer (1980: 63), worauf in 8.1.2.2 genauer eingegangen wird. S. auch Greenbaum (1988: 87).

24 Tests mit größeren Gruppen von Studenten wurden bezüglich der Auffälligkeit besonderer Merkmale von Synchrontexten durchgeführt. Zur Befragung von Kollegen oder Bekannten s. Greenbaum (1988: 87).

Nicht-Vorkommen einer Form wie *Ich sehe dich* (in der Bedeutung 'Wir sehen uns später') als hinreichender Beleg dafür dienen kann, daß eine solche Form im Deutschen nicht als uneingeschränkt akzeptabel anzusehen ist? Diese Probleme von Korpusuntersuchungen werden u.a. bei Greenbaum (1988: 82-3) sehr deutlich:

> We cannot expect that a corpus, however large, will always display an adequate number of examples of the phenomena relevant to a particular topic, especially when the phenomena occur relatively infrequently. ... If we are looking at syntactic data, it may be a matter of chance that a particular syntactic feature is absent or rare in our corpus. Only for very common constructions can we be certain of finding adequate evidence. We cannot know that our sampling is sufficiently large or sufficiently representative to be confident that the absence or rarity of a feature is significant.

Da ein Vergleichskorpus deutscher Originaldrehbuchtexte vor allem den Sinn hätte, zu zeigen, daß sich bestimmte Formen, die in synchronisierten Filmen auftreten, dort nicht finden, und da weiterhin z.T. sehr spezifische Erscheinungen wie bestimmte Kollokationen untersucht werden, würden sich die von Greenbaum geschilderten Probleme bei der vorliegenden Arbeit in besonders gravierender Weise stellen.[25]

Insofern scheiden sowohl umfangreiche Testreihen als auch die Untersuchung eines Vergleichskorpus zur Objektivierung von Akzeptabilitätsurteilen aus. Auch wenn sich das hier beschrittene Verfahren damit kaum von dem in vielen linguistischen und übersetzungstheoretischen[26] Arbeiten praktizierten unterscheidet, soll der Charakter von Akzeptabilitätsurteilen in dieser Weise als eine der Prämissen der Arbeit deutlich gemacht werden. Wie noch genauer ausgeführt werden wird, ergeben sich daraus in verschiedener Hinsicht Konsequenzen für die Untersuchung bzw. für die Bewertung ihrer Ergebnisse. So erscheint es aufgrund des Abstufungscharakters der Akzeptabilität von Formen wenig sinnvoll, auf dieser Basis statistische Angaben über das Vorkommen nicht akzeptabler Formen oder ähnliches zu machen. Auf der anderen Seite ist durch die Art der Darstellung die Möglichkeit der Überprüfung der Akzeptabilitätsurteile gegeben. Wesentlich ist dabei, daß eine unterschiedliche Beurteilung von Einzelfällen die Ergebnisse der Untersuchung nicht in entscheidender Weise berührt. Letztlich muß eine gewisse Subjektivität der Beurteilung von Sprache[27], wie sie auch Quirk (1988: vi) schildert, vielleicht auch als Teil des Phänomens Sprache begriffen werden:

> When we apply the adjectives *good* and *bad* to solidly physical things (eggs, say), we can be reasonably sure that we are implicitly invoking criteria of such objectivity as to guarantee acceptance of our judgment by others. Applied to abstracts, however (taste or table manners or pronunciation or linguistic usage more generally), the labels are far less obviously objective. Good is what we like, bad is what we dislike, and a good deal depends on just who 'we' are.

---

25 Vgl. u.a. auch Carstensen (1986b: 195-6) oder Greenbaum (1988: 82-3).

26 So gründen sich Urteile wie "So sagt man doch nicht!" in bezug auf bestimmte Übersetzungsvorschläge (Vermeer 1980: 2) auch auf die Beurteilung der Akzeptabilität durch einen einzelnen.

27 Ähnliche Probleme stellen sich auch in bezug auf die Beurteilung von Übersetzungsäquivalenz. Vgl. etwa Wilss (1981b: 486) oder Königs (1986: 9).

1.3.2. Linguistisches Beschreibungsmodell

1.3.2.1. Grammatikmodell

Es kann als weitere Prämisse, aber in gewisser Weise auch als Ergebnis dieser Untersuchung angesehen werden, daß der allgemeine linguistische Beschreibungsrahmen als eklektisch zu bezeichnen ist.

Es ist bemerkenswert, daß keines der in der modernen Linguistik entwickelten Modelle, also etwa die generative Transformationsgrammatik (oder eine ihrer Ausprägungen), ein Beschreibungsinstrumentarium entwickelt hätte, das es ermöglichen oder nahelegen würde, sprachliche Veränderungen und Abweichungen oder die für bestimmte Texte typischen Merkmale konsistent in diesem Rahmen zu beschreiben. Auch wenn z.B. in Kapitel 5 valenz-, kasus- oder transformationsgrammatische Elemente in die Beschreibung Eingang finden, kann als Hauptbezugsrahmen eigentlich nur eine Form der modernen deskriptiven Sprachwissenschaft angegeben werden, die - wie etwa der Ansatz der Londoner Schule[28] - kein geschlossenes Modell an sich darstellt, sondern auf der traditionellen Grammatik aufbaut und diese weiterführt, gleichzeitig aber Einflüsse verschiedener Entwicklungen innerhalb der Linguistik berücksichtigt. Nur in einem solchen Rahmen erscheint es möglich, die Fülle von Einzelerscheinungen zu beschreiben, die sich bei der Analyse der Texte synchronisierter Filme ergeben.

1.3.2.2. Übersetzungstheoretische Prämissen

Nachdem auf übersetzungstheoretische Fragen ausführlich erst - nach der Erörterung der einzelnen Probleme, die sich bei der Synchronisation stellen, und nach der Analyse der Synchrontexte in Kapitel 7 - im Rahmen der Entwicklung einer allgemeinen Theorie der Synchronisation eingegangen werden soll, andererseits aber Fragen der Übersetzung schon in vorhergehenden Kapiteln berührt werden, sei hier eine kurze Vorbemerkung zur Übersetzung gemacht. Von besonderer Bedeutung ist dabei die Unterscheidung zwischen Synchronität und Äquivalenz, die in 7.2.1 begründet wird.

Im Gegensatz zu Fodor (1976), der u.a. von *character synchrony* oder *content synchrony* spricht, wird der Terminus Synchronität hier ausschließlich verwendet, um allgemein die zeitliche Übereinstimmung eines sprachlichen Elements (Lautes, Wortes oder Satzes) mit dem Bild des Films zu bezeichnen. In Kapitel 2 wird zwischen verschiedenen Typen der Synchronität differenziert.

Zur Klärung des Begriffs der Äquivalenz genüge an dieser Stelle der Hinweis auf Kollers (1983: 186) Bestimmung als "*Beziehung* zwischen AS-Text (bzw. Textelementen) und ZS-Text (bzw. Textelementen)". In Anlehnung an Koller (1983: 187) kann die Äquiva-

---

[28] Vgl. dazu etwa Götz/Herbst (1989).

lenzforderung "*die Qualität(en) X des AS-Textes muß (müssen) gewahrt werden*" in Hinblick auf verschiedene Ebenen erhoben werden. In 7.2.1 werden im Rahmen der Diskussion verschiedener Definitionsansätze von Äquivalenz drei Hauptebenen aufgestellt, die bei der Synchronisation eine Rolle spielen, nämlich die Ebene des Textsinns, die Ebene der Synchronität und die Ebene der Textfunktion. Soweit nicht weiter spezifiziert wird, auf welche Äquivalenzebene Bezug genommen wird, wird der Terminus Äquivalenz in den folgenden Kapiteln in Hinblick auf die Ebene des Textsinns gebraucht.

Darüber hinaus sei an dieser Stelle lediglich erwähnt, daß Übersetzung wie etwa bei Reiß und Vermeer (1984) oder Hönig und Kußmaul (1984) als weitgehend vom Zweck bestimmt gesehen wird. Ansonsten kann folgende Darstellung von Wotjak (1989: 8) als vorläufige Beschreibung der Position angesehen werden:

> Als entscheidende Orientierungsvorgabe/Zielgrößenbestimmung erscheint nunmehr wohl weitgehend unbestritten die Schaffung eines zielsprachigen Textes TZS, der gegenüber dem quellensprachigen Originaltext in einem möglichst hohen Maße (...) kommunikativ äquivalent ist, d.h. dessen intendierter kommunikativer Sinn wie realisierter kommunikativer Wert sich mit den entsprechenden QS-Vorgaben weitestgehend deckt, wobei zugleich immer auch solche ZS-Mittel eingesetzt werden sollten, die textsorten- wie situationsangemessen sind.

1.4. Forschungsüberblick

Wie bereits angedeutet, ist die Anzahl von Arbeiten zur Synchronisation mit einer sprachwissenschaftlichen Ausrichtung relativ begrenzt. Gelegentlich werden Probleme der Filmsynchronisation im Rahmen übersetzungstheoretischer Überlegungen - etwa bei Hönig und Kußmaul (1984) - kurz angesprochen, aber ohne dabei eine zentrale Rolle zu spielen. Neben einer Reihe von Aufsätzen - z.B. Caillé (1960), Rowe (1960) oder Müller-Schwefe (1983) - sind vor allem die Einzeluntersuchungen von Hesse-Quack (1967), Fodor (1976), Toepser-Ziegert (1978) und Müller (1982) von Bedeutung. Allerdings unterscheidet sich deren Ausrichtung deutlich von denen der vorliegenden Untersuchung.

Hesse-Quacks Studie *Der Übertragungsprozeß bei der Synchronisation von Filmen* (1967) beschäftigt sich ausführlich mit soziologischen Aspekten der Synchronisation, dem Charakter der Massenkommunikation usw. Im Mittelpunkt steht die Frage nach den Veränderungen, die beim Synchronisationsprozeß stattfinden, wobei Hesse-Quack (1967: 61) u.a. eine Unterscheidung trifft zwischen zensurähnlichen Kontrollen, Kontrollen aus dem ökonomischen Sektor und Feedback-Prozessen mit Kontrollcharakter. Hesse-Quack (1967: 197-238) führt eine Befragung bei Verleihern und Synchronfirmen durch, um Ausmaß und Gründen solcher Veränderungen - etwa kulturelle Anpassung oder Ausrichtung am Publikumsgeschmack - nachzugehen. Dabei werden nicht nur rein sprachliche Veränderungen, sondern auch Veränderungen, die sich durch Filmschnitte ergeben, berücksichtigt. Auf der Basis des Vergleichs der Dialoglisten von zwölf Filmen stellt Hesse-Quack (1967: 195-7) eine Typik der Veränderungen auf, wobei er zu dem Ergebnis kommt, daß sich die synchronisierten Fassungen von Filmen durch eine stärkere Standardisierung und Stereotypisierung gegenüber den Originalen auszeichnen.[29]

Ebenso gilt das Hauptinteresse der Arbeit *Theorie und Praxis der Filmsynchronisation* von Toepser-Ziegert (1978) den Veränderungen, die bei der Synchronisation stattfinden. Nach einer allgemeinen Darstellung der Übersetzungsproblematik, der Rahmenbedingungen und der ökonomischen Organisation der Synchronisation konzentriert sich Toepser-Ziegert auf die Analyse von 15 Folgen der Kriminalserie *Die Zwei* und erörtert allgemein die Funktion von Serien und Kriminalserien im Fernsehen. Dabei stellt die Serie *Die Zwei*, wie in Kapitel 7 ausgeführt wird, insofern einen Sonderfall dar, als es sich dabei um eine sehr freie, verfremdende Übertragung handelt, die keineswegs als der Normalfall der Synchronisation angesehen werden kann.[30]

Auch Müller geht in seiner Arbeit *Die Übertragung fremdsprachigen Filmmaterials ins Deutsche. Eine Untersuchung zu sprachlichen und außersprachlichen Einflußfaktoren, Rahmenbedingungen, Möglichkeiten und Grenzen* aus dem Jahr 1982 auf die ökonomischen Rahmenbedingungen und Fragen der Anpassung der Dialoginhalte und - wie Hesse-Quack - auf die Frage der Filmtitel ein. Darüber hinaus stellt Müllers Arbeit eine äußerst umfangreiche Erörterung einer Vielzahl von Problemen dar, die sich im Rahmen der Sychronisation stellen. So wird z.B. die geschichtliche Entwicklung der Vertonung von Filmen dargestellt und neben anderen Formen der Präsentation fremdsprachigen Filmmaterials (wie der Untertitelung) der Synchronisationsprozeß detailliert beschrieben, wobei auch technische Aspekte wie etwa die Arbeit des Geräuschemachers dargestellt werden. Müllers Untersuchung ist auch deshalb sehr verdienstvoll, weil sie ausführlich auf eine Reihe von wichtigen Spezialproblemen der Synchronisation eingeht wie die Problematik von Gesangspassagen, die Rolle von Schrift im Film, die Frage der interkulturellen Diversität von Gestik und übersetzungstheoretische Fragen wie die Übertragung von Komik oder Vulgärsprache. Müllers Arbeit hat im wesentlichen darstellenden Charakter, d.h. sie beschreibt die Praxis der Synchronisation in allen wesentlichen Aspekten. Es entspricht aber nicht der Zielsetzung seiner Arbeit, etwa ausgehend von allgemein übersetzungstheoretischen Überlegungen eine Theorie der Übersetzung für die Synchronisation zu entwickeln.

---

29 Vgl. Hesse-Quack (1967: 196-7): "In den unterschiedlichen sozialkulturellen Symbolmilieus der 'Originalgesellschaft' und der 'Synchrongesellschaft' liegt vorrangig der Grund für die aufgefundenen Veränderungen. Die qualitative Richtung des Veränderungsprozesses ist als eine von den Trägern dieses Prozesses intendierte Anpassung des Originaltextes an das Symbolmilieu der aufnehmenden Gesellschaft anzunehmen. Kulturspezifische Details und Zusammenhänge werden als der Verdeutlichung bedürftig angesehen. Der hierdurch ausgelöste Vorgang wie auch die Charakteristika der Transposition generell bewirken einen Verlauf des Prozesses, der von einer in den Originalen vorfindbaren höhergradigen Individualisierung zu einer gewissen Standardisierung geht. Mehr sachliche Darstellungen erfahren eine Transposition in Richtung auf Emotionalisierung und Romantisierung. Fast immer wird Sozialkritik neutralisiert. In den Originalen gebotene Differenzierung von Charakteren und Situationen durch sprachliche Wendungen geht über in Stereotypisierung."

30 Zu einer Kritik an Toepser-Ziegerts Arbeit s. Prüßmann (1987: 73-80).

Das gilt wohl auch für die Studie *Through the Dubbing Glass* von Whitman-Linsen (1992),[31] die aber ein sehr breites Spektrum der bei der Synchronisation auftretenden Probleme auch unter sprachwissenschaftlichen Gesichtspunkten sehr detailliert behandelt. Neben einem Abriß der technischen Aspekte der Filmsynchronisation in verschiedenen Ländern und der Aufgaben der an ihr Beteiligten werden grundsätzliche Überlegungen zur Filmübersetzung angestellt, wobei zahlreiche Besuche in Synchronstudios und Gespräche mit Übersetzern und Regisseuren interessante Einblicke in die Praxis eröffnen. Einen Hauptteil der Arbeit von Whitman-Linsen stellt die Übersetzungskritik der deutschen, spanischen und französischen Synchronfassungen des Woody-Allen-Films *Crimes and Misdemeanors* dar. Trotz vieler interessanter Einzelbeobachtungen, bei denen sich bei dem von Whitman-Linsen untersuchten Material zum Teil durchaus ähnliche Befunde ergeben wie bei den hier untersuchten Fernsehserien, ist die Arbeit mehr im Sinne einer manchmal auch etwas impressionistischen Übersetzungskritik zu sehen als daß sie eine umfassende Theorie der Übersetzung für die Filmsynchronisation darstellte.

Im Gegensatz zu Hesse-Quack, Toepser-Ziegert und Whitman-Linsen konzentriert sich Fodor in seiner Darstellung *Film Dubbing* (1976)[32] auf den phonetischen Bereich: Er entwickelt - differenziert nach verschiedenen Kamerapositionen - ein präzises System der Austauschbarkeit von Sprachlauten und ein eigenes Transkriptionssystem, das in dieser Form - wie in Kapitel 2 gezeigt wird - für die Praxis der Synchronisation wohl als relativ wirklichkeitsfremd anzusehen ist. Auf den Aspekt der *character synchrony* verwendet Fodor (1976) nur fünf, auf *content synchrony* ganze drei Seiten, so daß von einer Theorie der Synchronisation - abgesehen vom phonetischen Bereich - nicht gesprochen werden kann. Außerdem sind der geringe Praxisbezug und die dürftige Materialbasis als Schwächen von Fodors Untersuchung zu sehen. Dennoch enthält diese Studie - vor allem in bezug auf die Lippensynchronität - durchaus wesentliche Beobachtungen.

Es bleibt festzuhalten, daß keine dieser Untersuchungen eine übersetzungswissenschaftlich umfassende Theorie der Synchronisation darstellt. Zum Teil beschäftigen sie sich ausführlich mit Fragestellungen, die in dieser Untersuchung nur am Rande oder gar nicht behandelt werden sollen. In bezug auf die gesellschaftlichen Rahmenbedingungen der Synchronisation sei vor allem auf Hesse-Quack (1967), Toepser-Ziegert (1978) und Müller (1982), für viele andere Bereiche, auch die der technischen Einzelheiten, vor allem auf Müller (1982) verwiesen. Soweit diese Untersuchungen für die hier behandelten Fragestellungen relevant sind, erscheint es angesichts der Vielfalt der mit der Synchronisation verbundenen Probleme sinnvoll, sie - zusammen mit den einzelnen Aufsätzen zum Thema - in den jeweiligen Kapiteln in die Erörterung miteinzubeziehen.

---

[31] Die Arbeit von Whitman-Linsen (1992) ist nach der ursprünglichen Fassung der vorliegenden Studie entstanden und bezieht diese vielfach mit ein.

[32] Dabei handelt sich um eine überarbeitete Fassung von Fodor (1969a und 1969b).

1.5. Technik der Synchronisation

1.5.1. Der Vorgang der Synchronisation

Auch wenn es im Zusammenhang der Diskussion der sprachlichen Aspekte der Synchronisation nicht erforderlich ist, auf technische Einzelheiten einzugehen[33], soll der Synchronisationsvorgang kurz geschildert werden.

Die Synchronisation eines Films erfolgt (bei einer in der Bundesrepublik Deutschland weithin praktizierten Technik) auf der Basis sogenannter Takes. Dabei handelt es sich um kleine Filmabschnitte, in die der Film vor der Synchronisation zerlegt wird. Die Takes umfassen selten mehr als zwei oder drei Sätze, können aber auch wesentlich kürzer sein. Eine Folge einer Fernsehserie von 45 Minuten Dauer wird beispielsweise in etwa 300 (oder mehr) Takes zerschnitten.[34]

Den Aufbau eines Synchronstudios zeigt folgende Abbildung von Müller (1982: 126):[35]

MODELL: DAS SYNCHRONSTUDIO VON HEUTE

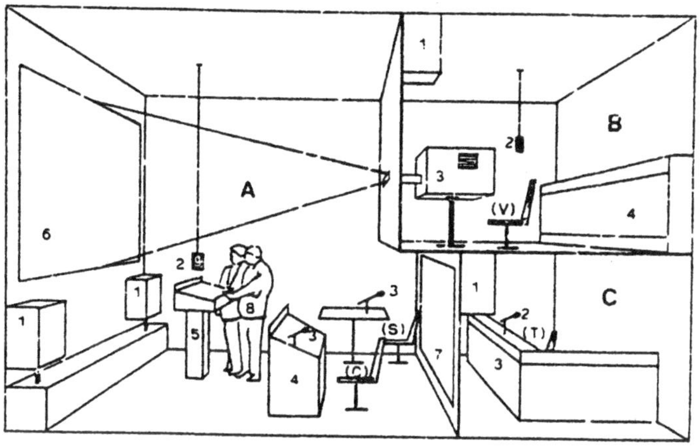

Es befinden sich im Bereich **A** = AUFNAHMERAUM:
(S) = Synchronautor bzw. Synchronregisseur, (C) = Cutterin
1 = Lautsprecher, **2** = Mikrophon zur Aufnahme der Synchrondialoge, **3** = Verbindungsmikrophone,
4 = Regiepult der Cutterin, **5** = Pult mit Dialoglisten für die Synchronsprecher, **6** = Leinwand,
7 = Schalldichte Kontroll-Glasscheibe, **8** = Synchronsprecher.

---

[33] Vgl. in diesem Zusammenhang die sehr ausführlichen Darstellungen bei Müller (1982), Strasser/Reimer/Gollwitzer/Riescher (1985: 89-95) sowie Whitman-Linsen (1992: insbes. 60-71). S. auch Webers (1976) und Delmas (1978: 414-16) oder Steinkopp (1987: 16-20).

[34] Einige Stichproben mögen dies belegen: *Denver-Clan* Folge 64 besteht z.B. aus 292 Takes, Folge 65 aus 305 Takes; *Falcon Crest* Folge 15 aus 301. Zum Teil liegen die Werte aber erheblich höher: *Cagney und Lacey* Folge 20 wurde in 371 Takes unterteilt und für die Folgen 3/3, 3/4 und 3/5 der Serie *Yes Minister*, die jeweils nur 22 Minuten dauern, ergeben sich die Werte 193, 193 und 221.

[35] Vgl. die Abbildung bei Whitman-Linsen (1992: 67).

Es befinden sich im Bereich **B** = PROJEKTIONSRAUM:
(V) = Vorführer(in)
1 = Lautsprecher, **2** = Verbindungsmikrophon, **3** = Tonfilmprojektor, **4** = Film-Archivschrank mit vorführbereiten *Takes*.

Es befinden sich im Bereich **C** = TONREGIERAUM (schalldicht):
(T) = Tonmeister
1 = Lautsprecher, **2** = Verbindungsmikrophon, **3** = Tonregie-Pult.

Im Synchronstudio stehen die Synchronschauspieler an einem Pult in einiger Entfernung vor einer großen Kinoleinwand (oder einem Videorecorder[36]) und haben das sogenannte Synchronbuch vor sich liegen, das die Synchronübersetzung, also den zu sprechenden Text enthält. Der Synchronregisseur gibt dabei den Schauspielern Anweisungen, wie der Text zu sprechen ist, und macht Angaben zum Kontext, zur Handlung und zum Rollenverständnis. Das ist insofern erforderlich, als die Synchronschauspieler den Film häufig nicht kennen. Außerdem werden die einzelnen Szenen eines Films oder der Staffel einer Serie nicht chronologisch synchronisiert, sondern alle Szenen nacheinander bearbeitet, in denen jeweils dieselben Synchronschauspieler benötigt werden.[37]

Der Synchronregisseur achtet außerdem darauf, ob die Aufnahme lippensynchron ist, und entscheidet über Textveränderungen in dieser Phase. Unterstützt wird er dabei von Cutter und Tonmeister.[38] Die verschiedenen Phasen der Bearbeitung beschreiben Strasser, Reimer, Gollwitzer und Riescher (1985: 92) folgendermaßen:

> Eine Arbeitseinheit bildet dabei jeweils die Bearbeitung eines Takes:
> - o Ein Take wird vorgeführt, d.h. das Bild betrachtet und wesentliche Stellen (Einsätze der Sprecher) sowie Qualitätsmerkmale festgelegt. Dies geschieht mit Unterbrechungen u.U. mehrere Male.
> - o Darauf folgen ein oder mehrere Aufnahmen, die wiederum durch Betrachten des Takes unterbrochen werden können. Danach wird die (letzte) gelungene Aufnahme noch einmal abgehört, überspielt, und ein neuer Take bearbeitet.

Theoretisch ist es dabei auch möglich, den Originalton des Films anzuhören, was in der Praxis jedoch wohl relativ selten geschieht.

Im Rahmen einer anderen Technik wird der Film nicht in Takes zerschnitten, wie Hensel (1987: 14-5) ausführt:

> There is also a technically somewhat different system in which the film is not spliced into loops take-by-take, but in which an entire reel is put into the projector at once. This reel can be rolled backwards and forwards. The starting cues are then displayed electronically under the screen.

---

[36] Vgl. Hensel (1987: 15).

[37] Vgl. dazu Prüßmann (1987: 49).

[38] Vgl. dazu Strasser/Reimer/Gollwitzer/Riescher (1985: 92), Müller (1982: 131-3) und Webers (1976: 226-32).

Bei dieser Technik[39] ist es durch die Simultaneität von Bild und Schrift möglich, die Einsätze der Synchronsprecher gut zu steuern und die Sprechgeschwindigkeit durch engere oder weitere Schrift in der Einblendung darzustellen.

An die Aufnahmen im Synchronstudio schließen sich die Arbeitsgänge Schnitt und Endmischung[40] an, was Hensel (1987: 15) folgendermaßen beschreibt:

> Once the speech recording is finished, the film goes back to the cutting room, where the takes are respliced in the right order and the speech is added.
> All this time the sound effects expert has been working away to insert the missing sounds - footsteps, doors slamming, horses' hooves, engine noises and, above all, 'atmosphere' -on the 'international sound' track, also known as the music and effects (M + E) track.
> Now we have one or more speech tracks produced during the dubbing recording. We have an effects track prepared by the effects technician, the international sound track with the existing original sound and music and, of course, the picture, the film.
> All this is now mixed together and transferred to a soundtrack. The mixer and sound engineer together - in the presence of the director, who has the last word here as well - make sure that the correct balance is struck in the mix.
> This means, for instance, that music should not be too much in the foreground and cover the voices, that atmosphere effects should not cover speech or be too thin. Atmosphere and sound effects can then be replaced or supplemented with library material. Music can also still be removed or altered here.
> The German version is now ready. Nowadays it is usually transferred to videotape and, after checking, is available to the broadcasting organization for transmission.

Auch wenn hier auf Faktoren wie Begleitgeräusche und Musik[41] nicht weiter eingegangen wird, weil sie nicht im engeren Sinne zu einer sprachwissenschaftlichen Analyse des Synchronisationsprozesses gehören, sei doch darauf hingewiesen, daß ihnen insofern auch in sprachlicher Hinsicht große Bedeutung zukommt, als eine gute Realisierung von Geräuschen und Musik stark illusionsfördernd sein dürfte und damit auch dazu beiträgt, die Aufmerksamkeit der Zuschauer etwa von den Lippen der Schauspieler abzulenken. Das betont z.B. auch Bakewell (1987: 17):[42]

---

[39] Diese Technik wurde beispielsweise bei der Synchronisation der *Schwarzwaldklinik* durch World Wide Pictures in London eingesetzt. Bei einem Besuch bei den Aufnahmen entstand der Eindruck, daß die Synchronschauspieler durch diese Technik sehr wenige Proben benötigen und relativ häufig bereits die erste Aufnahme zu verwenden ist (was sich aber auch zufällig durch den Charakter des behandelten Materials ergeben haben könnte). Vgl. in diesem Zusammenhang auch die Beschreibung verschiedener Verfahren - etwa die des in Frankreich praktizierten *bande rythmo* - bei Whitman-Linsen (1992: 71-7).

[40] Vgl. dazu Müller (1982: 134-5), Strasser/Reimer/Gollwitzer/Riescher (1985: 89) sowie Whitman-Linsen (1992).

[41] Zu den technischen Schwierigkeiten, die sich in diesem Zusammenhang auch durch mangelhaftes Ausgangsmaterial ergeben können, vgl. Bakewell (1987: 16-7).

[42] Große Bedeutung kommt in diesem Zusammenhang auch der Atmosphäre zu, die Müller (1982: 123) als "die von der Umgebung oder von einem bestimmten Medium beeinflußte Klangqualität von verbalen und nichtverbalen Äußerungen sowie Geräuschen und Effekten" versteht. Zu technischen Möglichkeiten, etwa den Effekt eines Gesprächs am Telefon, im Nebel etc. zu erzeugen, vgl. Müller (1982: 123). Zum

> However well you may have dubbed your voices they are not going to be realistic or meaningful unless they are properly placed among the relevant effects and music. Without this the end-product will simply not be convincing. The voices must be in the right relationship to the atmosphere around them.

1.5.2. Bearbeitungsphasen des Textes

Der Text durchläuft bei der Synchronisation verschiedene Bearbeitungsphasen, auf die in Kapitel 6 genauer eingegangen wird:[43]

1. Vom Originalmanuskript wird eine sogenannte Rohübersetzung erstellt. Den Rohübersetzern steht dabei der Film nicht zur Verfügung. Basis ist in der Regel eine *continuity*, d.h. die Dialogliste des Originalfilms. Dabei handelt es sich nicht immer um sogenannte "postproduction scripts", sondern zum Teil auch um "preproduction scripts", die Veränderungen während des Filmens nicht enthalten (Bakewell, 1987: 17).
2. Auf der Basis der Rohübersetzung wird von Synchronübersetzern das Synchronbuch erstellt. In dieser Phase wird unter Einbeziehung des Filmmaterials (und der *continuity*) ein Dialogtext geschrieben, der die Erfordernisse der Synchronität berücksichtigt. Diese Phase soll hier als Synchronübersetzung bezeichnet werden.
3. Die verantwortlichen Redakteure der Fernsehanstalt bearbeiten das Synchronbuch in verschiedener Hinsicht, wie z.B. Hensel (1987: 14) beschreibt:

   > Points the script editor has to bear in mind are to make sure that the style is relevant to the character and - if a series is to be broadcast in the early evening, for instance - that objectionable language is avoided. The script editor will also excise any unnecessarily 'heavy' sequences, depending on the scheduled time-slot.

4. Die in dieser Weise abgeänderte Synchronübersetzung bildet die Grundlage für die Arbeit im Synchronstudio. Während der Aufnahmen werden (unter Leitung des Synchronregisseurs, der häufig, aber nicht notwendigerweise mit dem Synchronübersetzer identisch ist) noch weitere Änderungen am Text vorgenommen, und zwar vor allem dann, wenn sich die Synchronübersetzung als schlecht sprechbar oder zu wenig lippensynchron erweist.[44] Die letztlich gesendete Version sei hier als Sendetext bezeichnet.

In Kapitel 6 wird untersucht, welche Veränderung der Text von der Rohübersetzung bis zum endgültigen Synchrontext erfährt.

Teil werden solche Faktoren auch bei den Arbeiten im Studio durch besondere Aufnahmetechniken berücksichtigt.

[43] Zu den an diesen Vorgängen beteiligten Personen und ihren Aufgaben im einzelnen vgl. die ausführliche Darstellung bei Whitman-Linsen.

[44] Vgl. dazu Kapitel 6.

1.5.3. Zeit und Kosten

Der Zeitaufwand, der für die Synchronisation eines Spielfilms oder einer Folge einer Fernsehserie benötigt wird, hängt natürlich von einer Reihe von Parametern ab: Zum einen handelt es sich dabei um technische Faktoren wie den Zustand des Materials in bezug auf Zuverlässigkeit der *continuities* (*preproduction* oder *postproduction script*) oder Vorhandensein eines E+M-Bandes etc.. Zum anderen spielen dabei natürlich auch Faktoren wie die Höhe des Sprechanteils, die Deutlichkeit der Lippenbewegungen, die Schwierigkeit der Übersetzung usw. eine Rolle. Insofern lassen sich schwer Angaben über den zeitlichen Rahmen machen. Für die Studioaufnahmen bei der Synchronisation einer Serie wie *Der Denver-Clan* nennt aber Hensel (1987: 15) z.B. einen Zeitraum von zweieinhalb Tagen für eine Folge.

Ähnlich lassen sich nur schwer allgemeine Aussagen über die Kosten[45] und insbesondere über die Aufschlüsselung der Kosten auf einzelne Arbeitsgänge machen. Martin Hensel vom ZDF teilte mir folgende Zahlen mit, die als Orientierungswerte für die Synchronisation einer 50-Minuten-Folge einer ausländischen Serie zu verstehen sind:

Gesamtkosten für die Synchronisation:	DM 35.000 bis DM 40.000
Rohübersetzung (4 - 5 Tage):	DM 800 bis DM 1.000
Deutsches Dialogbuch (4 - 5 Tage) und Dialogregie (2 - 3 Tage) sowie ein halber Tag für Mischung [46]	DM 4.500 bis DM 5.500

Auch die ARD gab auf eine entsprechende Anfrage DM 600.- bis DM 1000.- pro Minute an. Dabei versteht sich von selbst, daß erhebliche Unterschiede zwischen verschiedenen Produktionen bestehen: Vom Bayerischen Fernsehen war z.B. zu erfahren, daß die Syn-

---

[45] Auch die Kosten sind natürlich erheblich von den oben genannten Faktoren bestimmt. Vgl. Bakewell (1987: 16-17). Steinkopp (1987: 18) nennt als Kriterien für die Kostenkalkulation bei Spielfilmen: "Schwierigkeitsgrad der Dialoge", "Länge der Texte", "Besonderheiten der Sprache und des zu berücksichtigenden kulturellen Umfeldes des Stoffes" und "Anzahl der zu synchronisierenden Schauspieler". Steinkopp (1987: 19) gibt an, daß für die gesamten Arbeiten an der Synchronisation eines 90-minütigen Spielfilms "die Auftraggeber aus den Bereichen 'Kino' und 'öffentlich-rechtliches Fernsehen' dem Synchronbetrieb etwa drei Monate Zeit" einräumen und führt in bezug auf andere Medien aus: "Auftraggeber, die den schnellebigen Video-Markt mit Spielfilmen bedienen, können allenfalls 6 Wochen Bearbeitungszeit zugestehen." Zu Videomarkt und Privatfernsehen vgl. Steinkopp (1987: 71-84). Steinkopp (1987: 77-8) weist deutlich auf die wirtschaftlichen Gegebenheiten in diesem Bereich hin: "Wurde die Qualität der Synchronisation seitens der Auftraggeber aus dem Kinobereich als Markenzeichen verstanden, von den öffentlich-rechtlichen Sendeanstalten auch im Sinne einer kulturellen Verpflichtung zur werktreuen Aufbereitung interpretiert, so sehen sich die Auftraggeber aus dem Bereich der 'Neuen Medien' aufgrund ihrer weitaus schwierigeren Erlössituation gezwungen, das Augenmerk stärker auf den Preisrahmen zu richten."

[46] Die Summen für Dialogbuch und Dialogregie kann man in etwa halbieren. Der halbe Tag, den der Regisseur für die Mischung zur Verfügung stehen muß, ist in diesem Honorar enthalten.

chronisation der BBC Shakespeare-Verfilmungen (mit DM 700.- bis DM 800.- pro Minute) relativ teuer war, wobei u.a. eine Rolle spielt, daß besonders erfahrene Schauspieler verpflichtet wurden und die Aufnahmen wesentlich längere Zeit in Anspruch nahmen.[47]

Von besonderer Bedeutung ist auch, daß die Rohübersetzung im Vergleich zur Synchronübersetzung relativ gering bezahlt wird. Darauf wird in Kapitel 6 weiter eingegangen.

Abschließend seien noch die Angaben zur Kostenverteilung bei der Synchronisation von Graf (1986:18) zitiert:

THE AVERAGE COST STRUCTURE OF A DUBBING UNIT

10%	TRANSLATIONS	Translator of the original script Dubbing-script author
20%	TECHNICIANS	Dialogue Editor Editing assistants Casting and studio manager
28%	DUBBING-ACTORS	Social insurance costs and travelling expenses included
6%	DIALOGUE DIRECTORS	
21%	EQUIPMENT	Editor's room, dialogue-recording and sound-mixing facilities (wages of studio technicians)
5%	MATERIAL	
10%	OVERHEAD COSTS AND PROFIT	

1.6. Filmübersetzung in verschiedenen Ländern

1.6.1. Synchronisation und Untertitelung

1.6.1.1. Synchronisationsländer und Untertitelungsländer

Neben der Synchronisation gibt es noch andere Verfahren der Präsentation fremdsprachlichen Filmmaterials. Zu nennen ist hier z.B. das sog. *voice over*-Verfahren, bei dem der

[47] Rabanus (1982: 76) nennt einen Zeitraum von 12 bis 15 Tagen für die Studioaufnahmen, für *Hamlet* 18 bis 20 Tage. Entsprechend länger dauert auch die Übersetzung. Für die Erarbeitung der Dialoge gibt Rabanaus (1982: 75) 8 bis 10 Wochen, im Falle des *Hamlet* drei Monate an.

Originaltext mit der Übersetzung übersprochen wird und vielleicht im Hintergrund leise zu hören ist. Dieses Verfahren wird z.B. von den deutschen Fernsehanstalten in Nachrichtensendungen oder politischen Magazinen verwendet.[48] In einigen Ländern, etwa in Polen, wird *voice over* jedoch auch bei Spielfilmen und Fernsehserien eingesetzt, wobei dann z.T. ein Sprecher alle Rollen eines gesamten Films liest.[49]

Für Spielfilme und Serien ist das neben der Synchronisation üblichste Verfahren die Untertitelung. Innerhalb Europas besteht in den einzelnen Ländern die deutliche Tendenz zu einem der beiden Verfahren, so daß man - etwas verallgemeinernd - von Untertitelungs- und Synchronisationsländern spricht. Zu den Untertitelungsländern zählen die skandinavischen Staaten[50] und die Niederlande; zu Synchronisationsländern neben Deutschland[51] Österreich, die Schweiz, Frankreich, Italien und Spanien.[52] Innerhalb Belgiens wird im flämischen Teil mit Untertiteln gearbeitet, im wallonischen Teil werden synchronisierte Fassungen gezeigt.[53]

Die Entscheidung, ob ein Film untertitelt oder synchronisiert wird, hängt dabei in manchen Fällen von der Art des Films ab.[54] Im norwegischen Fernsehen, in dem mehr als 98% der ausländischen Filme und Serien mit Untertiteln gesendet werden, werden nur Programme für Kinder unter sieben Jahren synchronisiert, die noch nicht lesen können.[55] Von solchen Sendungen für spezielle Zielgruppen abgesehen, läßt sich aber wohl feststellen, daß in den verschiedenen Ländern die eine oder die andere Form etabliert ist - "that every country has firmly rooted traditions in this area", wie Derasse (1987: 8) in seinem Resümee der Stockholmer Konferenz der Europäischen Rundfunkanstalten über Synchronisation und Untertitelung feststellt.

1.6.1.2. Vor- und Nachteile der beiden Verfahren

Sprachwissenschaftlich interessant in Hinblick auf die Entscheidung, ob in einem Land das Verfahren der Synchronisation oder das der Untertitelung eingesetzt wird, ist dabei die

---

48 Vereinzelt finden sich *voice over*-Passagen auch in synchronisierten Filmen, etwa beim Prolog von *Henry V*; vgl. dazu Kapitel 7.

49 Vgl. Malm (1983: 405).

50 Vom norwegischen Fernsehen war zu erfahren, daß im Jahr 1988 von einer Sendezeit von 3465,5 Stunden 902,3 Stunden, also 26% auf untertitelte Sendungen entfielen.

51 Im Jahr 1988 lag z.B. der Anteil untertitelter Sendungen im ZDF-Hauptprogramm unter 0.5% aller Sendungen, das entspricht etwas über 2.1% der ausländischen Produktionen. SAT1 sendet nur synchronisierte und keine untertitelten Filme.

52 Vgl. u.a. Derasse (1987: 10).

53 Vgl. dazu Derasse (1987: 8): "The wind begins to change in Belgium. The Flemings have opted for subtitling, the Walloons for dubbing." Dabei ist allerdings sicherlich zu berücksichtigen, daß in Frankreich synchronisiert und in den Niederlanden untertitelt wird. Vgl. in diesem Zusammenhang Baetens Beardsmore/van Beeck (1984: 68-9).

54 S. Bakewell (1987: 16).

55 Auskunft des norwegischen Fernsehens NRK.

Tatsache, daß beide Verfahren z.T. sehr emotional mit einer Vielzahl von (mehr oder weniger zutreffenden) Argumenten von ihren Anhängern verteidigt werden: Der Haupteinwand gegen Synchronisation ist, daß ein Film durch die Synchronisation an Authentizität einbüßt. Das ist sicherlich allein aufgrund der Notwendigkeit berechtigt, die Schauspieler mit "neuen Stimmen" zu versehen. Dennoch erscheint fraglich, ob behauptet werden kann, ein solcher Verlust an Authentizität sei bei der Untertitelung nicht gegeben, wie es etwa Reid (1978: 426-7) tut.

Wahrung der Authentizität - in dem Sinne, daß Zuschauer, die die Ausgangssprache nicht beherrschen, charakterliche Eigenschaften oder Emotionen von Sprechern aufgrund des Originaltons zutreffend erkennen könnte - setzt aber eine Universalität suprasegmentaler und paralinguistischer Merkmale voraus, die nicht gegeben ist.[56] Insofern liegt solchen Rechtfertigungen von Untertitelungen unter Umständen ein unwissenschaftliches Sprachverständnis zugrunde, wie es auch in folgender Äußerung von Reid (1978: 427) anklingt:

> A film is conceived in a particular language, and that language is as much part of the final product as the actors themselves. Everyone knows that different countries have different ways of accenting their spoken languages, and translating spoken language is something quite different from translating written language.

Auch wenn die Übersetzung gesprochener Sprache eigene Probleme beinhaltet, lassen sich Einwände dieser Art gegen jede Art der Übersetzung vorbringen.

Damit soll nicht gesagt werden, daß es nicht gute Gründe für das Verfahren der Untertitelung gäbe. Zweifellos ist es z.B. als erheblicher Vorteil der untertitelten Versionen anzusehen, daß die Zuschauer die Originalfassung hören können. Zumindest für in den Schulen gelehrte Fremdsprachen könnte damit ein erheblicher Lerneffekt verbunden sein.[57] Fremdsprachenpädagogische Erwägungen mögen von daher für die Untertitelung sprechen. Überlegungen dieser Art zielen aber auf die Frage des Zwecks der Übertragung und nicht darauf, ob mit der Untertitelung ein höherer Grad an übersetzerischer Äquivalenz erreicht werden kann.

Ein offensichtlicher Nachteil der Untertitelung[58] ist die Tatsache, daß gesprochene Sprache in geschriebene Sprache übertragen wird. Spezielle Schwierigkeiten ergeben sich durch die Notwendigkeit der Kürzung, durch die schnelle Abfolge der Untertitel,[59] bezüglich der Markierung von Sprecherwechseln[60] usw. Das Lesen der Untertitel bedeutet natür-

---

[56] S. dazu auch 3.1.1.

[57] Vgl. etwa Dollerup (1974: 197). S. dazu auch Reid (1978: 426). Auf den Zusammenhang von Akzeptanz von Untertiteln und Fremdsprachenkenntnissen weist auch Vöge (1977: 124) hin.

[58] Zur Untertitelung allgemein vgl. Minchinton (1987), Delabastita (1988: 12-15) und Luyken et al. (1991).

[59] Zu diesen Aspekten der Untertitelung s. auch Delabastita (1988: 13).

[60] Z.T. wird der Versuch unternommen, die Zuordnung der Untertitel durch die Verwendung von verschiedenen Farben für die einzelnen Darsteller zu erleichtern. Vgl. Derasse (1987: 12).

lich eine erhebliche Ablenkung vom Bild des Films, vom schauspielerischen Ausdruck etc.[61], so daß auch bei der Untertitelung - auf andere Weise als bei der Synchronisation - ein Verlust der Wirkung des Originals entsteht, was auch bei Caillé (1960: 104) anklingt:

> On imagine mal en effet combien de gens sont incapables de déchiffrer tous les sous-titres de la version originale. Ils passent trop vite. Leur nombre fatigue, empêche de bien voir l'image, détourne l'attention du jeu. Nombre de spectateurs des salles d'exclusivité prétendent connaître la langue de l'original et, sans l'avouer, constatent en eux-mêmes qu'ils ne comprennent pas la moitié du dialogue. Enfin, pour l'énorme majorité de la clientèle, deux heures de projection dans une langue inconnue sont un supplice intolérable, surtout lorsqu'il s'agit d'un de ces innombrables films psychologiques où les protagonistes discutent sans arrêt pour savoir s'ils vont tuer, s'aimer ou s'en aller en week-end.

Auch wenn die Komprimierung der Dialoge, wie Reid (1987)[62] ausführt, mit einiger Erfahrung in der Praxis keine allzu großen Probleme beinhaltet, ist zwangsläufig eine erhebliche Reduzierung des Aussagegehalts des Originalfilms gegeben[63]. Insofern wäre es wohl unangemessen, im Falle der Untertitelung überhaupt von übersetzerischer Äquivalenz zu sprechen, worauf auch Reiß und Vermeer (1984: 138) hinweisen. Ein wesentlicher Vorteil der Synchronisation besteht jedoch darin, daß hier "'kommunikatives' Übersetzen" im Sinne von Reiß und Vermeer (1984: 135)[64] möglich ist, d.h. daß es bei der Synchronisation wenigstens prinzipiell gelingen kann, die Illusion zu erzeugen, es handele sich nicht um eine Übersetzung. Das wird z.B. auch bei Caillé (1960: 108) betont:[65] "Le cinéma est en fin de compte une fabrique d'illusions. Disons que le doublage cherche à donner l'illusion d'une illusion." Auch Bakewell (1987: 16) scheint die Illusion als Ziel der Synchronisation zu betrachten, wenn er einschränkend folgendes anmerkt:

> You are rarely going to bring about 100% illusion - particularly where the problem is that of what can only be described as 'extreme national characteristics'. English, for example, sits quite happily on the behaviour of the Germans, the French, and the Scandinavians, but the extremes of Latin temperament just don't lend themselves easily to British reticence.

---

61 Auch Reid (1978: 426), die für "sub-titling" als "The *Intelligent* Solution" plädiert, räumt ein: "Obviously, a dubbed film is easier to watch ...".

62 Zum Ausmaß der Kürzungen bei der Untertitelung vgl. u.a. Nir (1984: 89). Vgl. auch Malm (1983: 406).

63 Vgl. dazu auch Müller-Schwefes (1983: 135) Beurteilung der Untertitelung: "Dieses oft angewendete, weil auch billige Verfahren ist deshalb unbefriedigend, weil die Untertitel, die relativ kurz gehalten werden müssen, im allgemeinen auf Informationen über den Handlungsablauf und die Wiedergabe wichtiger Dialogteile beschränkt bleiben müssen."

64 "... eine Übersetzung, der man zumindest sprachlich nicht die Übersetzung ansieht; eine Übersetzung, die in der Zielkultur bei gleicher Funktion unmittelbar der (alltäglichen, literarischen oder künstlerisch-ästhetischen) Kommunikation dienen kann und dabei dem Original (möglichst) in allen seinen Dimensionen (...) gleichwertig, äquivalent ist." (Reiß und Vermeer, 1984: 135).

65 Vgl. dazu auch Delmas (1978: 414): "La grande règle, et je serais tenté de dire la seule, consiste évidemment à être convaincant. Le texte synchrone idéal est celui qui a l'air de 'sortir du personnage'".

Trotz solch notwendiger Einschränkungen ist es bei der Synchronisation viel eher möglich, das Wissen, daß es sich um eine Übersetzung handelt, in den Hintergrund treten zu lassen. Zuschauerbefragungen ergeben keine Hinweise für die Überlegenheit der einen oder der anderen Präsentationsform. Es ist zu vermuten, daß für die Akzeptanz durch die Zuschauer die Gewöhnung eine außerordentlich große Rolle spielt.[66] So weisen z.B. Untersuchungen in Schweden und den Niederlanden auf eine allgemeine Akzeptanz der Untertitelungspraxis hin[67], auf der anderen Seite haben z.B. Umfragen des Schweizer Fernsehens DRS eine wesentlich höhere Akzeptanz synchronisierter Filme gegenüber Originalfilmen mit Untertiteln ergeben[68]. Auch die ARD führt "begrenzte Akzeptanz" als Grund dafür an, daß nur 1% der Spielfilme im ARD-Programm mit Untertiteln ausgestrahlt werden.

Was dennoch darauf hindeutet, daß letztlich die Vorteile der Synchronisation gegenüber der Untertitelung im allgemeinen überwiegen[69], ist die Synchronisationspraxis in verschiedenen Ländern. Es besteht nämlich ein erheblicher Unterschied in den Kosten von Untertitelung und Synchronisation. Die Kosten für die Untertitelung sind erheblich niedriger: Derasse (1987: 11) gibt an, daß die Kosten für Synchronisation das fünf- bis siebenfache der Kosten der Untertitelung betragen, vom norwegischen Fernsehen NRK wurde mitgeteilt, daß die Kosten für die Untertitelung schätzungsweise bei einem Zehntel der Kosten für die Synchronisation liegen. Aus diesem Grund überrascht es nicht, daß kleinere Länder häufiger von der Untertitelung Gebrauch machen. Im dänischen Fernsehen sind Derasse (1987: 10) zufolge die Hälfte aller Sendungen übersetzt, so daß die Kosten für die Synchronisation außerordentlich hoch wären.[70] Wenn aber im Falle von Sprachen wie Deutsch, Französisch, Italienisch oder Spanisch die beträchtlichen Mehrkosten für die Synchronisation in Kauf genommen werden, deutet das doch darauf hin, daß die Synchronisation als

---

66 Vgl. in diesem Zusammenhang Baetens Beardsmore/van Beeck (1984: 78), die in einer Untersuchung in Brüssel zu dem Ergebnis kommen: "Subtitling or dubbing do not seem to play a decisive role in determining viewing habits."

67 Vgl. dazu Derasse (1987: 10-12) und Vöge (1977: 122-3). Vgl. Derasse (1987: 10) und Baetens Beardsmore/van Beeck (1984: 76), die bezüglich der relativ hohen Akzeptanz von Untertiteln folgendes feststellen: "It could well be that the positive scores given for subtitles merely reflect the fact that the viewing population in Brussels is accustomed to them on both television and cinema screens, whereas in countries where subtitling is less common these are often considered an irritation." Zu Kritik an Untertiteln in Dänemark vgl. Dollerup (1974: 197).

68 In der Antwort der DRS auf eine entsprechende Anfrage wird weiter darauf hingewiesen, daß die englische Serie *The Singing Detective*, die im Sommer 1989 in der Schweiz ausgestrahlt wurde, zwar von der Presse u.a. deshalb sehr positiv beurteilt wurde, weil sie mit Untertiteln gesendet wurde, daß aber die Zuschauerbeteiligung niedriger lag als bei synchronisierten Serien zur selben Sendezeit.

69 Vgl. dazu auch Fraenkel (1957: 41): "Die Synchronisation hat sich als die einzig brauchbare Methode bewährt, einen Film für ein fremdes Sprachgebiet zu 'übersetzen', denn die Alternative der einkopierten Titel ist zwar eine billige, aber dafür auch hoffnungslos unzureichende Methode."

70 Ähnliches gilt für Jugoslawien, wie Derasse (1987: 10) ausführt: "The Yugoslaws, 40% of whose programming is of foreign origin, use subtitling, partly because of the number of languages involved ...".

die überlegenere Form der Filmübersetzung anzusehen ist.[71] Rabanus (1982: 69) stellt entsprechend fest:

> ... wenn in kleinen Ländern mit eigener Sprache - Dänemark etwa, die Niederlande, Griechenland - nicht synchronisiert wird, dann nicht aus Gründen ästhetischer Moral, sondern aus kommerziellem Kalkül - es zahlt sich nicht aus.

1.6.2. Synchronisation in Großbritannien

1.6.2.1. Englische Fernsehsender in Großbritannien

Großbritannien scheint bei der Einteilung in Untertitelungs- und Synchronisationsländer eine gewisse Ausnahme darzustellen. Zum Teil wird mit Untertitelung gearbeitet: Die Serie *Eurocops*, die von verschiedenen europäischen Anstalten in den jeweiligen Ländern produziert und z.B. in ZDF, ORF und SRG in synchronisierten Fassungen läuft, wurde von Channel Four zunächst mit Untertiteln ausgestrahlt.[72] Auf der anderen Seite wurden Serien wie *Die Schwarzwaldklinik*, *Derrick* oder *Der Fahnder* auch für den britischen Markt synchronisiert. Insgesamt ist festzustellen, daß der Anteil nicht-englischsprachiger Produktionen bei BBC, ITV und Channel Four äußerst gering ist.[73] Derasse (1987: 10) beschreibt die Situation in Großbritannien folgendermaßen:

> In the United Kingdom, people are starting to accept subtitles, after resisting any linguistic artifice for many years: only original English-language productions find favour in the eyes of the British.

Dabei darf natürlich nicht außer acht gelassen werden, daß im Falle von Großbritannien kaum eine Notwendigkeit der Verwendung fremdsprachlichen Filmmaterials besteht, weil amerikanische und australische Produktionen eingekauft werden können, ohne daß Kosten für Übersetzung entstehen.

---

[71] Vgl. dazu Nir (1984: 82): "The use of subtitles for translating imported films is widespread in countries with a relatively small poulation that does not understand the source language, such as Holland, Belgium, and Scandinavia. In larger countries, such as Germany, France, and Italy, dubbing is customarily used, since the outlay involved is 'viable' because of the relatively large size of the target audience." S. auch Dollerup (1974: 198), Derasse (1987: 11) und Whitman-Linsen (1992: 17-19).

[72] Nach einer Auskunft des ZDF verstieß diese Untertitelung bei der Serie *Eurocops* aber gegen die Vereinbarungen innerhalb der europäischen Produktionsgemeinschaft, so daß auch die bereits gesendeten Folgen noch ins Englische synchronisiert werden müssen.

[73] Angaben zum Verhältnis von Synchronisation und Untertitelung im britischen Fernsehen lassen sich nicht machen, nachdem die englischen Programmzeitschriften Sendungen diesbezüglich nicht systematisch ausweisen. Entsprechende Anfragen bei den britischen Fernsehanstalten blieben unbeantwortet.

1.6.2.2. Wales

Bemerkenswert ist die Situation in Wales. Der walisische Fernsehsender Channel Four Wales (Sianel Pedwar Cymru S4C), der 1982 gegründet wurde und von der BBC und der IBA gemeinsam betrieben wird[74], strahlt Sendungen in englischer und walisischer Sprache aus. Die Bedeutung von S4C für Wales beschreiben Dodson und Jones (1984: 30-1) folgendermaßen:

> The Welsh-speaking population of Wales lacks modern institutions that can embody its particular identity and the particular flavor of its culture. Those institutions that do exist in Wales either are ambivalent in their attitude to Welshness - institutions like the University of Wales, the Welsh local authorities, and the Church of Wales - or else have failed to develop as society has developed, and have therefore lost a considerable amount of influence over Welsh life - and the whole network of Nonconformist chapels of various denominations might well be placed in this category. The establishment of S4C therefore creates a new institution, clearly committed to the encouragement and development of the Welsh language and of the kind of cultural ethos associated with it, at a time when effective institutions of the kind are not numerous.

Interessanterweise finden sich unter den walisischen Programmen nicht nur Sendungen von regionalem Interesse, sondern auch Unterhaltungsserien wie die französische *soap opera Châteauvallon* und deutsche Serien, die ins Walisische synchronisiert (oder zu einem geringeren Teil untertitelt) werden. Dabei handelt es sich um Sendungen, die im englischen Fernsehen vor der Ausstrahlung in Wales nicht zu sehen waren; z.T. wird nach der walisischen auch eine englische Synchronfassung erstellt. Naheliegenderweise wird nicht aus dem Englischen synchronisiert. Das bringt es mit sich, daß der Anteil europäischer Produktionen in Wales u.U. höher ist als im restlichen Großbritannien.

Bemerkenswert ist die Tatsache, daß sich S4C - angesichts der geringen Verbreitung des Programms und der vergleichsweise niedrigen Zahl von Sprechern des Walisischen - vor allem für die Synchronisation entschieden hat. Entscheidend dürfte dabei sein, daß der walisische Kanal mit den englischen Fernsehstationen konkurriert, die in Wales ja ebenfalls zu empfangen sind. Somit besteht die Notwendigkeit, gleichermaßen attraktive Sendungen im Programm zu haben wie die englischen Sender. Daß man dabei den Weg der Synchronisation und nicht den der Untertitelung beschreitet, kann als weiteres Indiz dafür angesehen werden, daß bei der Synchronisation doch mit einer höheren Akzeptanz und Konkurrenzfähigkeit mit englischen Programmen zu rechnen ist als bei der Untertitelung.

Andererseits ist die walisische Praxis auch ein Hinweis auf die Bedeutung, die der walisischen Sprache zugemessen wird. Bellin (1984: 470) verweist in diesem Zusammenhang auf eine Erhebung von BBC und IBA aus dem Jahr 1980, bei der 64% der Walisischsprecher angaben, an mindestens fünf Tagen in der Woche Fernsehsendungen in walisischer Sprache anzusehen. Große Bedeutung kommt walisischsprachigen Sendungen auch

---

[74] Zur Entstehungsgeschichte von S4C und der Mediensituation in Wales vor seiner Gründung s. Dodson/Jones (1984).

insofern zu, als englischsprachiges Fernsehen auch einen wesentlichen Faktor bei der Zurückdrängung des Walisischen darstellt, wie z.B. Baker (1988) ausführt:[75]

> Between the ages of 10 and 13, a decline in attendance at Welsh Church or Chapel, a decline in reading Welsh language newspapers, comics, books and magazines and an increase in watching English TV were all related to age decline in attitude to Welsh.

Interessant ist in diesem Zusammenhang der Vergleich mit gälischsprachigen Fernsehsendungen in Irland. Das irische Fernsehen RTE sendet zwar Produktionen in gälischer Sprache, aber dabei weder untertitelte noch synchronisierte Filme. Diese Praxis der Fernsehanstalten deutet neben anderen Faktoren, auf die hier nicht weiter eingegangen werden kann, darauf hin, daß die Sprache in Wales ein wesentlicheres Identifikations- und Abgrenzungsmittel darstellt als in Irland.[76]

1.6.3. Synchronisation in der Bundesrepublik Deutschland

In der Bundesrepublik Deutschland spielt die Synchronisation eine sehr große Rolle. Müller-Schwefe (1983: 133-4) stellt für das Jahr 1980 z.B. fest:[77]

> Unter den insgesamt 336 Spielfilmen, die in deutschen Kinos ur- und erstaufgeführt wurden, befanden sich 51 deutschsprachige und 285 (das sind 85%) fremdsprachige synchronisierte Filme. ... Für die beiden Fernsehanstalten ARD und ZDF und die Regionalprogramme der ARD (die sogenannten Dritten Programme) liegen die Zahlen wesentlich höher: Im Ersten und Zweiten Programm wurden im Jahr 1980 437 abendfüllende Filme ausgestrahlt. Davon waren 385 (= 88,1%) synchronisierte Filme ausländischer Produktion ... Für die Regionalprogramme ergeben sich folgende Zahlen: Die insgesamt 857 abendfüllenden Spielfilme teilten sich in 64 (= 8,7%) deutschsprachige und 793 (= 91,3%) ausländische Produktionen ...

Neben Spielfilmen nehmen im Fernsehprogramm vor allem auch synchronisierte Serien erheblichen Raum ein. Für das ZDF-Hauptprogramm[78] ergeben sich nach Auskunft des ZDF für die Jahre 1988 und 1993 folgende Zahlen:

---

75 Baker (1988: 124) stellt in seinem Forschungsbericht dabei jedoch auch fest: "Welsh language TV did not appear to have any direct effect on attitude change...". Dabei bezieht sich Baker allerdings auf eine Untersuchung aus dem Jahre 1982, so daß die Auswirkungen von S4C dabei noch nicht berücksichtigt sein können.

76 Dabei darf nicht übersehen werden, daß die Waliser aufgrund der staatlichen Integration in Großbritannien u.U. stärker Ausdrucksmittel ihrer Eigenständigkeit benötigen als die Iren. Zur Lage in Irland vgl. etwa Edwards (1984: bes. 491): "What the Irish have done is not to lose their national identity through language, but rather to enshrine it in English; that is, they have taken English and made it peculiarly their own."

77 Vgl. die Zahlen bei Rabanus (1982: 65).

78 Zum ZDF-Hauptprogramm zählen alle Sendetermine mit Ausnahme des Vormittagsprogramms von ARD und ZDF und den Sendungen von 3sat.

	1988	1993
Gesamtsendezeit:	251.247 Min.	314.323 Min.
davon synchronisiert:	55.128 Min. = 21.9%	67.603 Min. = 21.5%

Aufteilung der synchronisierten Sendeminuten:

- Serien	17.871 Min. = 32.4%	12.068 Min. = 17.8%
- Fernsehspiele	3.256 Min. = 5.9%	5.783 Min. = 8.6%
- Spielfilme	25.332 Min. = 45.9%	42.009 Min. = 62.1%

Dabei ist der Anteil an synchronisierten Produktionen in den Privatsendern SAT1 und RTL erheblich höher, was angesichts der steigenden Nutzung dieser Sender ein wesentlicher Faktor ist.[79] Im Herbst 1989 sendeten z.B. in dem Zeitraum zwischen 17.00 Uhr und dem Beginn des Hauptabendprogramms bei den jeweiligen Sendern[80]

- SAT1 an jedem Wochentag mindestens eine, freitags sogar zwei synchronisierte Serien,
- RTL plus mit der Ausnahme von Sonntag täglich eine synchronisierte Serie[81],
- das bayerische Regionalprogramm der ARD an vier Wochentagen und
- das ZDF an drei Wochentagen synchronisierte Serien.

Für das Abendprogramm ergaben sich bei einer Stichprobe folgende Werte für sechs Wochen des Jahres 1989[82]: Der Anteil synchronisierter Produktionen am Programm überhaupt liegt bei dieser Sendezeit bei den öffentlich-rechtlichen Anstalten bei über einem

---

79 Vgl. dazu *ZDF-Jahrbuch 1988* (1989: 234): "Das Jahr 1988 war geprägt von der stark zunehmenden Verbreitung privater Fernsehprogramme, vor allem von SAT 1 und RTL plus. ... Zu Beginn des Jahres waren etwa jeweils 18 Prozent der bundesdeutschen Fernsehhaushalte in der Lage, SAT 1 und RTL plus zu empfangen ... Am Ende des Jahres empfingen 40% SAT 1 und 44% RTL plus." Die Marktanteile der verschiedenen Sender lagen bei Erwachsenen 1988 bei 38% ARD, 36% ZDF, 11% Dritte Programme, 4% RTL, 6% SAT1 und 5% Sonstige (Quelle: *ZDF-Jahrbuch 1988* (1989: 235).

80 Ausgewählt wurde als Stichprobe die Woche vom 16.9.1989 bis 22.9.1989, die aber dem allgemeinen Programmschema entspricht. Aufgrund geänderter Programmschemata ist der Anteil synchronisierter Sendungen zu dieser Sendezeit im Frühjahr 1994 deutlich niedriger. ARD und ZDF senden (als Folge der Wiedervereinigung?) verstärkt deutsche Produktionen im Vorabendprogramm. SAT1 verwendet diesen Termin vorwiegend für Gameshows, bestreitet aber das Nachmittagsprogramm sehr stark mit synchronisierten Sendungen.

81 Zugrundegelegt wurde dabei der Beginn der Sendung in diesem Zeitraum. Der RTL-Sendetermin 16.35 Uhr, der ebenfalls einer synchronisierten Serie gehört, ist dabei nicht berücksichtigt.

82 Zugrundegelegt wurde dabei in der Regel der Programmbeginn nach der Hauptnachrichtensendung, also 20.15 Uhr bei der ARD, 19.25 bzw. 19.30 Uhr beim ZDF, 19.00 bei SAT1 und 19.00 Uhr bzw. 19.20 (wochentags) bei RTL. Die Stichprobe wurde in den Wochen vom 15. bis 21. Juli, vom 26. August bis 1. September und vom 21. Oktober bis 17. November 1989 durchgeführt. Dabei ergeben sich z.T. erhebliche Unterschiede zwischen den Zahlen für einzelne Wochen, was durch die Übertragung von Sportereignissen und die Ausstrahlung bestimmter Serien bedingt ist. Bei SAT1 und RTL plus wurde die Sendezeit für die Werbung bei den entsprechenden Sendungen mitgezählt. Insofern können die Zahlen nur als Anhaltspunkte für die angegebenen Größenordnungen interpretiert werden.

Viertel (ZDF) bzw. einem Drittel (ARD); bei den Privatsendern SAT1 und RTL plus bei über 60%. Für den Bereich der Spielfilme[83] und Serien liegt der Anteil synchronisierter Produktionen bei den öffentlich-rechtlichen Sendern über zwei Dritteln, bei SAT1 und RTL bei über 80%.

Unter den synchronisierten Filmen kommt der Synchronisation aus dem Englischen besondere Bedeutung zu. Müller-Schwefe (1983: 133-4) weist auf den erheblichen Anteil von Filmen hin, den unter den synchronisierten Filmen die aus dem Englischen ins Deutsche synchronisierten Filme einnehmen, nämlich 46,8% der erfaßten Kinofilme und 63,8% bzw. 64% der im Fernsehen gesendeten Spielfilme.[84] Für die untersuchten sechs Wochen ergibt sich für das Hauptabendprogramm ein noch höherer Anteil als in der Untersuchung von Müller-Schwefe, nämlich von 66% (ZDF), 69% (RTL), 76% (ARD) und 86% (SAT1).[85] Auch wenn diese Stichprobe zu klein ist, um Verallgemeinerungen zu erlauben, machen die Zahlen insgesamt doch den erheblichen Stellenwert der Synchronisation, und insbesondere der Synchronisation aus dem Englischen, im deutschen Fernsehprogramm deutlich.

Diese Zahlen müssen in Verbindung gesehen werden mit Zahlen über die Nutzung des Fernsehens durch die Zuschauer,[86] wozu das *ZDF-Jahrbuch 1988* (1989: 234) z.B. folgendes ausführt:

> Seit 1985 schalten unverändert 88 Prozent der Fernsehhaushalte mindestens einmal pro Tag ihr Fernsehgerät ein. 70 Prozent der erwachsenen Bundesbürger wandten sich 1988 täglich dem Fernsehen zu - etwas weniger als in den Jahren zuvor. Bei 63 Prozent der Kinder gehörte 1988 das Fernsehen zum Alltag - nur im Jahr 1986 waren es etwas weniger. ...
>
> Die tägliche Einschaltdauer der Fernsehgeräte hat in den letzten vier Jahren stetig zugenommen, von 3 Stunden 49 Minuten 1985 auf 4 Stunden 6 Minuten 1988. Die Sehdauer der Erwachsenen, die sich bis 1987 von Jahr zu Jahr erhöhte, ging im Jahr 1988 leicht zurück auf 152 Minuten.

Natürlich wäre es verfehlt, aus der Sehdauer von 152 Minuten und einem Anteil von synchronisierten Produktionen von 21% im ZDF-Hauptprogramm einen durchschnittlichen

---

83 Fernsehspiele wurden dabei nicht berücksichtigt.

84 Der hohe Anteil englischsprachiger Spielfilme im ZDF-Programm ist auch aus einer entsprechenden Aufgliederung des Sendevolumens ersichtlich. Im Jahr 1988 stehen etwa 148 Spielfilmen aus den USA und 14 aus Großbritannien nur 83 aus Deutschland und 9 aus Österreich gegenüber (in 14 weiteren Fällen ist Deutschland eines der Herstellungsländer, ein Film ist dabei eine deutsch-österreichische Koproduktion); vgl. *ZDF Jahrbuch 1988* (1989: 169). Für frühere Jahre ist das Verhältnis ähnlich: 1984: USA 95; Großbritannien 11, Deutschland 48, Österreich 9; 1978: USA 88, Großbritannien 12, Deutschland 26, Österreich 1 (ohne Berücksichtigung von Koproduktionen); vgl. *ZDF Jahrbuch 1984* (1985: 128) und *ZDF Jahrbuch 1978* (1979: 106).

85 Auch hier sind beträchtliche Abweichungen zwischen einzelnen Wochen zu beobachten: So schwankt der Anteil der aus dem Englischen synchronisierten Filme an den synchronisierten Produktionen überhaupt beim ZDF zwischen 46,6% und 80,6%. Eine Einbeziehung des Programms vor 20.00 Uhr würde zu einem noch weitaus höheren Wert für englischsprachige Produktionen führen, nachdem die synchronisierten Serien, die vor 20.00 Uhr gesendet werden, fast ausschließlich aus dem Englischen synchronisiert werden.

86 Vgl. in diesem Zusammenhang auch die Angaben bei Müller-Schwefe (1983: 133).

Konsum synchronisierter Sendungen von 32 Minuten pro Tag zu berechnen, weil dabei die unterschiedlichen Einschaltquoten der einzelnen Sendungen zu berücksichtigen sind. Allerdings befinden sich synchronisierte Programme durchaus unter den attraktiven Programmsparten, wie dem *ARD-Jahrbuch 86* (1986: 172) zu entnehmen ist: "Die höchsten Reichweiten erzielen zumeist unterhaltende und erzählende Angebote wie Shows, Spiel- und Fernsehfilme, Fernsehspiele und Serien." So wird für die durchschnittliche Reichweite von Sendungstypen im Jahr 1985 im *ARD-Jahrbuch 86* (1986: 173) für die synchronisierte *soap opera Dallas* ein Wert von 47% der Haushalte (33% der erwachsenen Zuschauer) angegeben, für die Eigenproduktion *Tatort* 44% (33%), für Samstagabendshows 37% (27%) für Spielfilme (zum Termin Freitag 20.15 Uhr) ein Wert von 31% (22%). Ähnlich erreichten 1988 im Abendprogramm des ZDF nach Showsendungen, der Serie *Die Schwarzwaldklinik* und deutschen Kriminalserien die Programmsparten die jeweils höchste Einschaltquote des Tages, an denen (z.T.) synchronisierte Serien und Spielfilme gesendet werden.[87] Ein ähnliches Bild ergibt sich auch für frühere Jahre.[88] Auch wenn sich aufgrund dieser Zahlen das Ausmaß des durchschnittlichen Konsums synchronisierter Serien und Filme zeitlich nicht genau bestimmen läßt, nehmen sie doch einen bemerkenswert hohen Anteil am deutschen Fernsehprogramm ein. Insofern gilt unverändert - oder durch den steigenden Marktanteil der privaten Fernsehsender vielleicht sogar verstärkt -, was Müller-Schwefe (1983: 134) feststellt:

> Die Auswertung des statistischen Materials führt zu zwei Feststellungen: 1. Phänomene und Probleme, die mit der Synchronisierung von fremdsprachigen in deutschsprachige Filme zusammenhängen, sind keineswegs Randerscheinungen im Bereich der audiovisuellen Medien. 2. Unter den fremdsprachigen Filmen, die ins Deutsche übertragen werden, haben die englischsprachigen Filme einen besonders hohen Anteil, so daß die Übertragung vom Englischen ins Deutsche besondere Beachtung verdient.

---

[87] Die höchsten Einschaltquoten des jeweiligen Wochentages ergeben sich dem *ZDF-Jahrbuch 1988* (1989) zufolge bei folgenden Programmsparten: Montag 19.30 Uhr: Spielfilm 26%; Dienstag 20.15 Uhr: Spielfilm 28%; Mittwoch 21.00 Uhr: Serie; Donnerstag 19.30 Uhr: Show, Special; Freitag 20.15 Uhr: Krimireihen 37%; Samstag 19.30 Uhr: *Schwarzwaldklinik* 47%; *Wetten daß..?* 45%; Sonntag: Specials, Spielserie 29%.

[88] So zählt z.B. im Jahr 1967 die synchronisierte Serie *Mit Schirm, Charme und Melone* mit einer Sehbeteiligung einzelner Folgen von über 61%, z.T. 66% und 67% zu den populärsten Sendungen des ZDF-Programms (*ZDF Jahrbuch 1967*, 1968: 146-8).

2. Synchronität

2.1. Lippensynchronität

2.1.1. Lippenbewegungen als Synchronisationsproblem

2.1.1.1. Lippenbewegungen

Synchronisation ist neben phonetischer Schulung im Fremdsprachenunterricht und dem Lippenlesen von Hörgeschädigten[1] eine der wenigen Tätigkeiten, bei denen die Lippenbewegungen der Sprecher bewußt einbezogen werden. Lippenbewegungen scheinen kein besonders auffälliges Merkmal der menschlichen Sprache zu sein: Urteile über Sprachen oder einzelne Sprecher beziehen sich auf die unterschiedlichsten Kriterien, nicht aber explizit auf die Lippenbewegungen. Auch im Fremdsprachenunterricht haben sie nur instrumentellen Charakter, weil durch eine bestimmte Lippenstellung eine bestimmte Lautqualität erreicht werden soll. Lediglich in bezug auf Hörgeschädigte werden Lippenbewegungen bewußt ausgenutzt, um den Verstehensprozeß zu erleichtern.

Von daher ist es eigentlich nicht selbstverständlich, sondern bemerkenswert, daß beim Synchronisieren von Filmen der Versuch gemacht wird, die Lippenbewegungen der Schauspieler im Originalfilm zu imitieren.[2]

2.1.1.2. Ausmaß des Problems der Lippensynchronität

Bei der Untersuchung der Lippenbewegungen in Hinblick auf die Übersetzung darf nicht außer acht bleiben, daß sich das Problem aufgrund der filmischen Gegebenheiten in sehr unterschiedlicher Weise stellt. Es ist keineswegs so, daß der gesamte Text eines Films dem Prinzip der Lippensynchronität unterliegt: Bei *Off*-Passagen, bei denen der Sprecher nicht im Bild ist, muß sich die Übersetzung lediglich hinsichtlich der Textlänge am Original orientieren, wobei aber erheblicher Spielraum besteht. Ähnliches gilt in Fällen, in denen der Sprecher nur von hinten zu sehen ist.

---

1 Vgl. dazu z.B. Fodor (1976: 44-8) und die dort angegebene Literatur.

2 Dabei ist interessant, daß der Grad der Lippensynchronität, der erreicht werden muß, in verschiedenen Ländern variiert, wie Rowe (1960: 117) darlegt: "American and English audiences are least tolerant, followed closely by the Germans. ... Even now this acceptance is contingent upon the synch illusion's being perfect or very close to it... The French, staunch defenders of their ***belle langue*** and accustomed to the dubbing process since those early days when rudimentary techniques made synchronization a somewhat haphazard achievement, are far more annoyed by slipshod dialogue than imperfect labial illusions. To the Italians, the play's the thing and technics take the hindmost ..." Rowe (1960: 117) führt weiter aus, daß die Postsynchronisation originalsprachlicher Produktionen in Italien auch unter dem Standard anderer Länder liegt: "... any relationship between what the actors are saying and what their lips are doing sometimes appears little more than sheer coincidence."

Lippensynchronität spielt somit nur bei *On*-Passagen eine Rolle, bei denen Lippen- und Kieferbewegungen des Sprechers zu sehen sind. Aber auch hier bestehen erhebliche Unterschiede zwischen Total- und Großaufnahmen: Wenn der Sprecher in Totalaufnahme gezeigt wird, ist häufig nur zu erkennen, daß die Lippen bewegt werden, was (neben Nukleussynchronität) zwar eine Berücksichtigung quantitativer Lippensynchronität (> 2.1.2.1) erforderlich macht, aber in die anderen Typen betreffend noch großen Spielraum erlaubt. Von Totalaufnahmen besteht ein gradueller Übergang über Nah- zu extremen Großaufnahmen, wobei der Punkt, an dem Lippen- und Kieferbewegungen deutlich zu sehen sind, auf der Kinoleinwand eher erreicht wird als auf dem Fernsehschirm. Außerdem spielt bei *On*-Szenen in Hinblick auf die erforderliche Präzision hinsichtlich bestimmter Faktoren eine große Rolle, ob der Sprecher von vorne oder von der Seite gezeigt wird.[3]

Die Zahl der Passagen, bei denen Lippensynchronität von großer Bedeutung ist, ist also beschränkt. Genaue Angaben lassen sich diesbezüglich nur schwer machen; für eine Folge der Serie *Yes Minister*[4] ergab sich, daß nur bei etwa einem Viertel des Textes sehr auf Lippensynchronität geachtet werden muß, während bei etwa einem Drittel die Lippenbewegungen weitestgehend vernachlässigt werden können. Dabei ist zu berücksichtigen, daß diese Werte von Film zu Film erheblich variieren: Die Synchronisation von Bühnenstücken wie etwa die der BBC-Shakespeare-Verfilmungen ist in diesem Punkt z.B. besonders schwierig, u.a. weil sie eine große Anzahl von *On*-Szenen aufweisen (> 7.7), während andere Filme, die sich durch mehr Handlungselemente auszeichnen als etwa *Yes Minister* unter Umständen noch einen niedrigeren Anteil von Passagen aufweisen, bei denen Lippensynchronität eine sehr große Rolle spielt.[5]

2.1.1.3. Ausgeprägtheit der Lippenbewegungen

Die Bedeutung der Lippenbewegungen ist aber nicht nur aufgrund der filmischen Gegebenheiten unterschiedlich zu gewichten. Es spielt auch eine Rolle, wie stark sich Aus-

---

3 Vgl. Fodor (1976: 40-2) und 2.1.1.3.

4 Untersucht wurde Folge 2/2 der Serie *Yes Minister*. Die angegebenen Prozentangaben beziehen sich auf die Anzahl der Wörter, die in der entsprechenden Position gesprochen wurden. Die Summe von 101% ergibt sich aufgrund der Aufrundungen auf ganzzahlige Prozentzahlen:

Lippenbewegungen sehr deutlich zu erkennen:	etwa 6%
Lippenbewegungen deutlich zu erkennen:	etwa 17%
Lippenbewegungen zu erkennen:	etwa 40%
Sprecher von der Seite gefilmt:	etwa 5%
Lippenbewegungen undeutlich zu erkennen:	etwa 16%
Lippenbewegungen äußerst undeutlich zu erkennen:	etwa 11%
Sprecher von hinten im Bild:	etwa 2%
Ton im *Off*:	etwa 4%

5 Vgl. dazu auch Bakewell (1987: 16): "Dubbed soap opera is increasingly going to become the kind of programme which companies will want to transmit. But soap opera is one of the most difficult things to dub convincingly. It consists mostly of people talking to each other in relentless close-up. The viewer has nothing to look at but the lips."

gangs- und Zielsprache in dieser Hinsicht unterscheiden. Während z.B. die Vokalsysteme des Deutschen und des Französischen mit /y/ und /œ/ Vokalphoneme besitzen, die eine starke Lippenrundung aufweisen, finden sich im Englischen keine Vokale mit vergleichbarer Lippenrundung. Die Ausgeprägtheit der Lippenbewegungen unterscheidet sich aber keineswegs nur von Sprache zu Sprache; auch zwischen einzelnen Sprechern lassen sich erhebliche Unterschiede feststellen.[6] So gestaltet sich z.B. die Synchronisation der Rolle der Fallon in der Serie *Der Denver-Clan* ungleich schwieriger als die von J.R. Ewing in *Dallas*: Die Schauspielerin der Fallon, Pamela Sue Martin, hat einen sehr großen Mund und sehr ausgeprägte Mundbewegungen mit extrem großen Öffnungen bei manchen Vokalen, während sich beim Schauspieler des J.R., Larry Hagman, selten große Mundöffnungen finden. Solche Unterschiede in Hinblick auf das Ausmaß der Mundbewegungen bzw. ihre Auffälligkeit sind sicher z.T. durch anatomische Eigenschaften der Sprecher bedingt, z.T. mögen sie auch ethnische Ursachen haben[7] - bei männlichen Schwarzen erscheinen die Mundbewegungen oft auffälliger als bei Weißen -, z.T. sind sie aber wohl auch typisch für einen bestimmten Sprechstil oder eine bestimmte Varietät. So fällt z.B. in vielen amerikanischen Serien auf, daß weiße Männer häufig wesentlich geringere Mundbewegungen ausführen als Frauen. Allerdings handelt es sich dabei wohl nicht (nur) um einen geschlechtsspezifischen Unterschied[8], denn z.B. bei britischen Männern scheinen Lippen- und Kieferbewegungen ausgeprägter zu sein als bei amerikanischen. Die Spärlichkeit von Lippen- und Kieferbewegungen ist also wohl typisch für einen bestimmten Sprechstil oder eine Sprachvarietät. Unabhängig vom einzelnen Sprecher sind Lippen- und Kieferbewegungen ohnehin Ausdruck bestimmter Sprechstile, wie auch Brown (1977: 79) ausführt:[9]

> Whereas in slow colloquial pronunciation there may be a considerable amount of vertical movement of the lower jaw - so that, for instance, the jaw moves up before the /b/ in *rubber*, stays closed, and then opens again - there is much less movement in informal speech. The jaw drops less for the vowels, and the /b/ itself may be realized by a very quick twitch of the lower lip which moves up to make a very rapid closure (...) and then moves slightly away for the following vowel. There may be no obvious movement of the jaw itself at all.

Damit ergeben sich deutliche Unterschiede bezüglich der Schwierigkeit, Lippensynchronität herzustellen, die auf verschiedene Faktoren zurückzuführen sind, die zum einen - wie etwa der Sprechstil - das Ausmaß der Lippen- und Kieferbewegungen an sich, zum anderen - wie etwa physiognomische Eigenschaften der Sprecher - ihre Auffälligkeit betreffen. So erscheinen beispielsweise bei Frauen die Lippen durch Lippenstift im optischen Eindruck noch betonter, während Bärte bei Männern zwar die Bewegung an sich unterstreichen können, die Qualität der Lippenstellung aber auch oft überdecken. Von daher ist es nicht möglich, allgemein Grundsätze über Lippensynchronität etwa in bezug auf bestimmte

---

6 Zu diesen Aspekten vgl. O'Connor (1967: 28-9) und Fodor (1976: 25).

7 Vgl. in diesem Zusammenhang etwa Smith (1970: 39), der über Untersuchungen in bezug auf die körperlichen Unterschiede zwischen Weißen und Schwarzen in den U.S.A. unter den Charakteristika für Schwarze u.a. "a more jutting (prognathous) jaw; thicker lips" anführt. Zudem mag auch der Kontrast von dunkler Hautfarbe und weißen Zähnen die Mundbewegungen deutlicher erscheinen lassen.

8 Vgl. in diesem Zusammenhang den Hinweis bei Fant (1966: 29).

9 Zum Gestencharakter von Lippenstellungen s. Brown (1977: 144-7), die in bezug auf *lip setting* zwischen den Stellungen "1 normal - unmarked" und "2 smiling/pursed - expressing attitude" unterscheidet.

Laute aufzustellen; inwieweit Lippensynchronität erforderlich ist, ist vielmehr nur im Einzelfall zu entscheiden.

2.1.2. Lippensynchronität als Untersuchungsgegenstand

2.1.2.1. Typen von Lippensynchronität

In Hinblick auf die Synchronisation erscheint es sinnvoll, verschiedene Typen von Lippensynchronität zu unterscheiden, wobei der Terminus Lippensynchronität sich nicht ausschließlich auf Lippenbewegungen, sondern auch auf Kieferbewegungen u.ä. bezieht:

1. Qualitative Lippensynchronität, die sich darauf beziehen soll, inwieweit die durch die Artikulation bestimmter Laute bedingten Lippenpositionen bzw. -bewegungen des Originalfilms im Synchrontext Entsprechungen besitzen.
2. Quantitative Lippensynchrontität, die sich darauf beziehen soll, inwieweit der Synchrontext in dem Moment beginnt und endet, in dem auch die Lippenbewegungen im Film einsetzen bzw. aufhören.
3. Lippensynchronität in bezug auf das Sprechtempo und
4. Lippensynchronität in bezug auf Lautstärke und Artikulationsdeutlichkeit.

2.1.2.2. Zur Kategorie "nicht-auffällige Abweichung"

Für die Sprachwissenschaft sind mit der Analyse der Lippensynchronität zwei Fragestellungen verbunden:

1. eine phonetische, die Fragen beinhaltet wie die, inwieweit sich verschiedene Laute in ihren Artikulationsbewegungen so weit ähneln, daß sie füreinander eingesetzt werden können, ohne daß Abweichungen bemerkbar wären,
2. eine perzeptionspsychologische, nämlich inwieweit bemerkbare Abweichungen vom Zuschauer wahrgenommen werden.

Das setzt eine Trennung von auffälligen und nicht auffälligen Abweichungen voraus, denn in Hinblick auf die phonetische Fragestellung sind natürlich nur solche Passagen aufschlußreich, die in der Synchronisation keine auffälligen Abweichungen von den Lippenbewegungen enthalten. In der Praxis ist eine solche Unterscheidung jedoch mit einigen methodischen Schwierigkeiten behaftet:

1. Zum einen ist der Unterschied zwischen verschiedenen Abweichungen (und damit auch ihre potentielle Auffälligkeit) graduell, so daß keine eindeutig bestimmbare Trennlinie zwischen auffälligen und nicht-aufälligen Abweichungen verläuft. Kategorien wie "auffällig" und "nicht-auffällig" sind also nur als Extrempunkte eines Kontinuums zu verstehen.
2. Zum anderen unterliegt die Wahrnehmung von Verstößen - wie in 2.6 genauer ausgeführt werden wird - großen Unterschieden bei verschiedenen Individuen, vielleicht auch Zufällen usw.

Jede Untersuchung dieser Art ist außerdem mit dem methodischen Dilemma konfrontiert, daß die Fokussierung auf den Untersuchungsgegenstand die Wahrnehmung entscheidend beeinflußt. So konnte ich im Verlauf dieser Arbeit durchaus feststellen, daß mir z.B. in der

Zeit, in der ich vor allem mit der Analyse der Lippenbewegungen beschäftigt war, auch beim zufälligen Ansehen synchronisierter Filme weitaus mehr Verstöße gegen Lippensynchronität auffielen, als in der Zeit, in der ich vor allem mit der Analyse des Textes beschäftigt war, wo mir entsprechend vor allem synchronisationstypische Formulierungen auffielen. Diese Erfahrung bedeutet zwar in gewisser Weise eine Erschwernis für die Untersuchung, stellt aber andererseits auch einen wesentlichen Befund unter Perzeptionsgesichtspunkten dar.

Allerdings liegt eine Beeinträchtigung nur insofern vor, als dem routinierten Betrachter eine größere Anzahl von Abweichungen bereits beim ersten Zuschauen auffallen. Zuordnungen in die Extrembereiche des Kontinuums, vor allem zur Kategorie "nicht-auffällig", erscheinen trotz der genannten Schwierigkeiten relativ unproblematisch.[10] Um unzulässige Verallgemeinerungen zu vermeiden, soll hier die Kategorie "nicht-auffällig" gegen die Kategorie "bemerkbar" abgegrenzt werden, wobei in der Gruppe der "bemerkbaren" Abweichungen nichts über den Grad der Auffälligkeit ausgesagt wird. "Nicht-auffällig" soll dabei heißen, daß eine Abweichung auch bei Konzentration auf die Lippenbewegungen nicht registriert wurde; "bemerkbar" seien Abweichungen, die bei einer entsprechenden Fokussierung festzustellen waren. Die hier als "nicht-auffällig" bezeichneten Passagen wurden alle auch anderen Personen vorgespielt, um sicherzustellen, daß es sich nicht um eine rein subjektive Zuordnung handelt.

2.2. Quantitative Lippensynchronität

Quantitative Lippensynchronität bezeichne die Simultaneität von Ton und Lippenbewegungen, unabhängig vom Charakter der Bewegung, d.h. von der Geschwindigkeit und den Positionen, die die Lippen dabei einnehmen.

Länge von Originalton und Synchronton stimmen sehr häufig nicht überein: Es ist offensichtlich, daß man Passagen, in denen der Sprecher nicht im Bild oder nur von hinten zu sehen ist, bzw. Szenen, in denen eine *On*-Passage unmittelbar mit dem Einsatz des Sprechens beginnt oder scharf mit dem Ende einer Äußerung aufhört, ausnutzt, um Spielraum für den Synchrontext zu gewinnen. Solche Fälle stellen keine Verletzung quantitativer Lippensynchronität dar.

Anhand von Zweikanaltonaufnahmen, in denen der Original- und der Synchrontext gleichzeitig abgehört werden können, läßt sich aber der Nachweis erbringen, daß es sehr häufig auch in *On*-Szenen zu diesbezüglichen Diskrepanzen zwischen Original- und Synchronton kommt, daß also der Synchronton zu früh oder zu spät einsetzt oder aufhört. In den folgenden Beispielen sind die doppelt unterstrichenen Passagen ohne sichtbare Lippenbewegung (und auf Stellen, auf denen im Original kein Ton liegt) gesprochen.

At least that's one saving we can hang on to.
Wenigstens an dieser Einsparung können wir festhalten. *YM 2/2:004*

Dabei wird die Tatsache ausgenutzt, daß der Beginn des Sprechens nicht unmittelbar mit dem Öffnen des Mundes einsetzen muß, sondern Lippenbewegungen unter Umständen

[10] Aus diesem Grund sind eine Quantifizierung der auffälligen Abweichungen in einem Film und ein entsprechender statistischer Vergleich verschiedener synchronisierter Filme nicht möglich.

schon etwas früher einsetzen. Umgekehrt ist es auch keineswegs so, daß am Ende einer Äußerung der Mund automatisch geschlossen wird, was ebenfalls bei der Synchronisation ausgenutzt werden kann:

Baillie College is going to the wall.
Baillie College geht den Bach runter. *YM 2/2:022*

Die Labiale /w/ und /b/ sind zeitgleich, so daß hier qualitative Synchronität höher als die quantitative einzuordnen ist.

Nobody in their right mind can want honours - ...
Humphrey, ich bitte Sie, kein vernünftiger Mensch kann Auszeichnungen wollen *YM 2/2:083*

She knew who I was but I didn't know her.
Sie wußte, wer ich bin, aber ich hab' sie noch nie gesehen. *Eurocops GB1:0.11 h*

I didn't know her.
Ich hab' sie nicht gekannt. *Eurocops GB1:0.39 h*

In anderen Fällen werden Pausen im Originaltext übersprochen, auch wenn sich die Lippen nicht bewegen:

I'm sure ... nothing would please them more.
Es gibt nichts, was man dort lieber täte. *YM 2/2:090*

Zum Teil ist der Ton verschoben. So liegt beim folgenden Beispiel der deutsche Ton fast vollkommen nach dem englischen:

Silly of me
Ich Dummerchen *YM 2/2:011*

In all diesen Fällen ist der Mund (zumindest leicht) geöffnet. Es ist zu vermuten, daß dadurch die Wahrnehmung der Abweichung vom Bild entscheidend erschwert wird, auch wenn die Lippen nicht bewegt werden. Es finden sich aber auch Beispiele dafür, daß der Synchronton auf geschlossenen unbewegten Lippen weiterläuft:

There are very few young men in this world who will be as powerful as Jeff Colby.
Es gibt nur wenige Männer auf der Welt, die so mächtig sein werden wie Jeff Colby. *DC 2:0.44 h*

I'm sorry if I've upset you.
Wenn ich dich verärgert habe, tut's mir leid. *DC 68:992*

In einigen Fällen kommt der Synchronisation dabei zugute, daß manche Endsilben mit zusammengepreßten Lippen artikuliert werden können:

Oh, we have work to do.
Äh, also, wir haben zu arbeiten. *CL 20:370*

Die Silbe *ten* wird mit geschlossenen Lippen gesprochen und ist von einem sarkastischen Lächeln begleitet.

Um den Grad der Abweichung genauer bestimmen zu können, wurden mit Hilfe des Videolabors der Universität Augsburg, Messungen durchgeführt. Gemessen werden konnte dabei die Anzahl der Bilder von Beginn des Films an.[11] Ein Bild entspricht 1/25 sec. Dabei ergeben sich folgende Werte:

Beispiel	Deutscher Text	Abweichung
YM 2/2:004: Beginn	14 Bilder früher	0.56 sec
YM 2/2:083: Ende	12 Bilder länger	0.48 sec
Eurocops GB1:0.11h: Ende	21 Bilder länger	0.84 sec
Eurocops GB1:0.39h: Ende	16 Bilder länger	0.64 sec

Es zeigt sich also, daß sich in synchronisierten Filmen Verstöße gegen quantitative Lippensynchronität finden, die im Einzelfall ein beachtliches Ausmaß annehmen können. Es muß aber betont werden, daß es sich bei Beispielen wie den oben aus der Serie *Denver-Clan* angeführten um Extremfälle handelt, wie sie sehr selten vorkommen. Insgesamt ist festzustellen, daß Serien wie *Yes Minister* oder *Denver-Clan* ein sehr hohes Maß an quantitativer Lippensynchronität aufweisen.

2.3. Synchronität in bezug auf die Sprechgeschwindigkeit

Mit quantitativer Lippensynchronität hängt Lippensynchronität in bezug auf die Sprechgeschwindigkeit[12] zusammen: Um quantitative Lippensynchronität zu erreichen, kann es erforderlich sein, die Sprechgeschwindigkeit zu erhöhen oder zu vermindern.

Genaue Angaben zur Sprechgeschwindigkeit sind dabei insofern schwierig, als aufgrund der Variationsmöglichkeiten bei quantitativer Lippensynchronität eine größere Silben- bzw. Phonemzahl nicht ausschließlich auf das Sprechtempo zurückzuführen ist. Dennoch sollen hier fünf Textausschnitte unter diesem Gesichtspunkt verglichen werden:

1 MH: Safe? To talk about our health, about our insides,
Nichts passieren? Sagen, wie's einem geht, über unser Inneres sprechen

and perhaps about our outsides?
vielleicht über unser Äußeres?

2 Oh really, how can you be so silly, Henry?
Oh, wie konntest du so dumm sein, Henry?

3 MH: What does that mean?
<Was> heißt das wieder?

---

[11] Bei diesen Messungen ist eine gewisse Fehlerspanne nicht auszuschließen. Präzisere Meßinstrumente standen aber nicht zur Verfügung. Die Messungen konnten nur für Filme, die im Zweikanalton gesendet wurden, durchgeführt werden, da sich sonst auch Verschiebungen durch Schnitte etc. ergeben könnten.

[12] Zu den Problemen einer experimentalphonetischen Bestimmung von Sprechtempo vgl. Löffler (1984: 112-16).

4 HH: Well, I've got her pronunciation all right. But you have to consider
Nun, ich habe ihre Aussprache in Ordnung gebracht. Aber es geht nicht

not only how a girl pronounces but what she pronounces. That's ...
darum, wie ein Mädchen spricht, sondern auch, was sie spricht. Das heißt ... *Pygmalion: 0.37 h*

5 H: Bernard. / Ministers should never know more than they need to know.
Bernard. / Minister sollten nie mehr wissen, als sie wissen müssen. *YM 1/7:011*

6 H: Certainly not, Bernard. / It is responsible discretion /
Ganz und gar nicht, Bernard. / Das ist pflichtbewußte Diskretion /

7 exercised in the national interest / to prevent unncessary disclosure
eingesetzt im nationalen Interesse / um ein unnötiges Bekanntwerden

8 of eminently justifiable procedures //
absolut gerechtfertigter Vorgänge zu verhindern, die //

9 in which untimely revelation could severely impair public confidence
vorzeitig offenbar werdend, das Vertrauen des Bürgers beeinträchtigen würden.

10 B: Oh, I see. It's like Watergate?
Oh, ich verstehe. Das ist so wie Watergate?

11 H: Bernard // if you wish to leave the service
Bernard // wenn Sie aus dem Staatsdienst ausscheiden wollen,

and become a BBC interviewer, you have only to apply.
um BBC Reporter zu werden, müssen sie sich nur bewerben.

12 B: I'm sorry, Sir Humphrey ... But ... how was Watergate different exactly?
Verzeihen sie bitte, Sir Humphrey, aber wieso war Watergate etwas anderes?

13 H: Watergate happened in America, Bernard!
Watergate ist doch in Amerika, Bernard! *YM 1/7:016-020*

14 F: A couple of years ago you were the foreman at High Ridge Chemicals.
Vor ein paar Jahren waren Sie Vorarbeiter bei High Ridge Chemicals?

15 B: That's correct.
Ja, das stimmt.

16 F: And you gave a workman named Allison an order. But instead of carrying it out he went beserk and tried to strangle you.
Als Sie eines Tages einem Arbeiter namens Allison Anweisungen gaben, hat er Sie plötzlich angegriffen und versucht, zu erwürgen. ...

17 B: Yeah, he collapsed and he, he almost died. That's right.
Ja, richtig, und danach ist er zusammengebrochen und beinahe gestorben.

18 J: Could you tell us exactly what happened?
Können Sie uns erzählen, was da im einzelnen passiert ist? *DC 65:338-340*

Wenn man das im *Off* gesprochene *was* (3) und das auf eine Pause gesprochene *zu verhindern, die* (8) außer acht läßt, ergeben sich folgende Vergleichswerte für die Anzahl der Silben und Phoneme[13] im Originaltext (OT) und der synchronisierten Fassung (ST):

Abschnitt	Phoneme				Silben			
	OT	ST			OT	ST		
1	53	64	+ 11	21%	20	28	+ 8	40%
2	25	25	0		12	10	- 2	17%
3	12	11	- 1	8%	4	4	0	
4	86	93	+ 7	8%	33	34	+ 1	3%
5	37	36	- 1	3%	15	17	+ 2	13%
6	36	46	+ 10	28%	14	15	+ 1	7%
7	53	54	+ 1	2%	19	21	+ 2	11%
8	29	28	- 1	3%	12	12	0	
9	47	51	+ 4	9%	20	21	+ 1	5%
10	17	26	+ 9	53%	8	12	+ 4	50%
11	60	75	+ 15	25%	28	31	+ 3	11%
12	45	46	+ 1	2%	17	20	+ 3	18%
13	27	22	- 5	19%	11	12	+ 1	9%
14	37	40	+ 3	8%	17	16	- 1	6%
15	10	10	0		3	3	0	
16	80	88	+ 8	10%	32	38	+ 6	19%
17	35	47	+ 12	34%	12	21	+ 9	75%[14]
18	26	39	+ 13	50%	10	16	+ 6	60%

Die Tabelle zeigt beträchtliche Schwankungen bezüglich der Phonem- und Silbenzahl, wobei z.B. eine Erhöhung der Silbenzahl - wie bei 4 - mit einer Verminderung der Phonemzahl einhergehen kann. Keiner der beiden Parameter kann als eindeutige Bezugsgröße für die Bestimmung der Sprechgeschwindigkeit herangezogen werden: Eine detaillierte Analyse müßte auch zwischen betonten und unbetonten Silben und zwischen kurzen und langen Vokalen differenzieren, was aber aufgrund des graduellen Charakters von Betonung und der verschiedenen phonetischen Realisationen der phonologischen Vokallänge ebenfalls nicht sehr aufschlußreich wäre. Dennoch zeigt sich, daß der Anteil der Veränderungen bei diesen Passagen nur bei den Abschnitten 10, 17 und 18[15] bei einer Steigerung von über 50% liegt, ansonsten aber nie höher ist als 27% der Phoneme und 36% der Silben. Auffällig ist auch, daß der Synchrontext fast immer länger ist, d.h. schneller gesprochen wird, während Abweichungen nach unten seltener und weitaus geringer sind.

Die Steigerungswerte erscheinen zwar hoch; in Fällen, wo bemerkbare Unterschiede hinsichtlich der Sprechgeschwindigkeit festzustellen sind, bestehen jedoch größere Unterschiede:

19 Fallon: Shouldn't I be?
Finden Sie das ungewöhnlich? *DC 68:528*

20 Fallon: And I have.
Ich weiß, wovon ich rede. *DC 2:0.43 h*

21 Fallon: What news?
Was für Neuigkeiten? *DC 65:535*

---

13 Diphthonge wurden dabei als ein Phonem gezählt.

14 Der erheblich höhere Anteil der Steigerung bei den Silben ist u.a. dadurch bedingt, daß silbische Konsonanten im Auslaut als Silben gezählt wurden.

15 Hier ist im Original *Sir Humphrey* ... *but* auch mit einer leichten Verzögerung gesprochen

Hierbei ergeben sich Abweichungen, die über 100% liegen:

Abschnitt			Phoneme					Silben
		OT	ST				OT	ST
18	8	20	+ 12	150%	4	8	+ 4	100%
19	3	7	+ 4	133%	7	16	+ 9	129%
20	6	13	+ 7	116%	2	6	+ 4	200%

Allerdings bestätigen auch diese Beispiele, daß beim Sprechtempo erheblicher Spielraum gegeben ist, denn auch im Falle des letzten Beispiels handelt es sich keineswegs um eine sehr auffällige Abweichung, was die Lippenbewegungen angeht. Zu berücksichtigen ist allerdings, daß auch das Sprechtempo Bedeutung vermittelt, wobei in dieser Beziehung die Gefahr der Verfälschung besteht. Wenn jemand in dieser Situation langsam *What news?* sagt, so wird damit Gelassenheit, ein gewisses Desinteresse usw. ausgedrückt, während das schnelle Sprechen im Deutschen eher Ungeduld oder Hastigkeit signalisiert.[16] Bei so kurzen Passagen spielt das zwar keine entscheidende Rolle, dennoch ist festzuhalten, daß das Sprechtempo nicht nur in bezug auf die Lippenbewegungen, sondern auch bezüglich der semantischen Äquivalenz Beschränkungen unterliegt.

Auch für auf das Sprechtempo gilt, daß die Ausgeprägtheit der Lippenbewegungen eine große Rolle spielt. Es ist auffällig, daß in Beispiel DC 65:338-340 die Werte für die Sprechanteile von Fallon wesentlich stärker miteinander korrelieren als die von Jeff oder Barrows. Der Spielraum in dieser Richtung ist jedoch insgesamt als sehr groß anzusetzen: Steigerungen der Phonem- oder Silbenzahl um bis zu 50% scheinen praktisch kaum feststellbar zu sein, aber auch weitaus höhere Steigerungen (wie in den letzten drei Beispielen) führen keineswegs immer zu besonders auffälligen Verstößen.

2.4. Qualitative Lippensynchronität

2.4.1. Identifizierung der potentiellen Problemlaute

2.4.1.1. Problemlaute

Ein erster Schritt in Richtung qualitativer Lippensynchronität ist die Identifizierung von Problemlauten, d.h. solcher Laute, deren Artikulation sichtbare Bewegungen der Artikulationsorgane beinhaltet. Es ist offensichtlich, daß nur in diesen Fällen überhaupt auf Lippensynchronität geachtet werden muß.

Im Gegensatz zu den Konsonanten, wo sich deutlich unterscheiden läßt zwischen Lauten, bei denen die Artikulationsbewegungen zu erkennen sind, und solchen, bei denen das

---

[16] Zu Unterschieden zwischen verschiedenen Sprachen in dieser Beziehung vgl. u.a. Cary (1960: 113): "Le débit est plus rapide en italien qu'en français et en français qu'en américain." Auch Löffler (1984: 114) weist auf durch unterschiedliches Sprechtempo bedingte Probleme bei der Synchronisation hin: "Die unterschiedliche grapho-phonetische Struktur einzelner Sprachen zeigt sich sehr gut bei synchronisierten oder untertitelten Spielfilmen. Die deutsche Bearbeitung französischer Fassungen hat z.B. immer Mühe, dem Originalton zu folgen."

nicht der Fall ist, ist in bezug auf die Vokale nicht so offensichtlich, daß man überhaupt Problemlaute identifizieren kann. Gängige phonetische Darstellungen wie etwa die von Gimson (^{2}1970) beziehen bei der Beschreibung der Vokale die Position der Lippen durchaus mit ein[17]: Gimson (1970: 101/105/117) charakterisiert z.B. die Vokale /ɪ/, /æ/ und /ʊ/ in bezug auf ihre Lippenstellung als "loosely spread" (/ɪ/), "neutrally open" (/æ/) und "closely but loosely rounded" (/ʊ/).[18] Dabei ist zu berücksichtigen, daß die Lippenstellung bis zu einem gewissen Grad auch als Indikator für die Vokalqualität gesehen werden kann, wie z.B. Catford (1977: 172) ausführt:

> ... there is, generally, a close correlation between tongue height and the degree of rounding. The higher the vowel the smaller the labial aperture and vice versa. Thus, the rounding of [u] is closer than that of [ɔ], and the rounding of [y] is closer than that of [œ]. ... The second special point to note about lip rounding is that the form of it generally varies according to whether it is applied to a back vowel or a front vowel. In the rounding of back vowels, the corners of the lips are somewhat pushed inwards towards the centre line ...

Falls man solche Angaben als konstitutive Eigenschaften der jeweiligen Vokale ansehen müßte[19], gäbe es bei der Synchronisation keine besonderen Problemvokale. Wäre jede Lippenstellung gleichermaßen für einen Vokal oder eine kleine Zahl von Vokalen einer Sprache charakteristisch, wären alle Vokale als Problemlaute anzusehen.

Offensichtlich ist das aber nicht der Fall. Die Beschreibungen in Phonetikhandbüchern beziehen sich auf eine quasi idealtypische Artikulation der entsprechenden Laute,[20] wobei einzelne Merkmale - nicht nur das der Lippenstellung - in zusammenhängenden Texten entscheidenden Modifikationen unterliegen können, wie auch Brown (1977: 47) ausführt:

---

17 Zu Kriterien *rounded*, *spread* und *neutral* vgl. Jones (^{9}1972: 39). Vgl. dazu die Einteilung bei Gimson (1970: 13-4). S. auch Kohler (1977: 71). Vgl. Catford (1977: 167).

18 Vgl. für das amerikanische Englisch u.a. Bronstein (1960: 146), der /i/ als "tense vowel, made with the lips spread and the mouth almost closed" beschreibt. Bezüglich /æ/ führt Bronstein (1960: 154) u.a. aus: "The lips and the mouth are more open than for any other front vowel." Bezüglich /ʊ/ und /u/ sagt Bronstein (1960: 170): "The lips are rounded for both vowels and may be slightly protruded. Lip rounding is more noticeable and tense with the /u/ than it is for /ʊ/."

19 Allerdings weist auch Catford (1977: 172) darauf hin, daß die Korrelationen zwischen Zungenhöhe und Lippenrundung nicht zwangsläufig sind: "So natural and quasi-universal does this correlation seem, that we take it as normal, indicating departures from this norm by the special terms 'over-rounding' and 'under-rounding'." Vgl. in diesem Zusammenhang auch Ladefoged (1975: 201-2): "One of the forces acting on languages may be called the **principle of perceptual separation**, whereby the sounds of a language are kept acoustically distinct so as to make it easier for the listener to distinguish one from another. As a result of this principle, the degree of lip rounding can be predicted from the degree of backness and, to a lesser extent, the degree of height in by far the majority of languages. Front vowels are usually unrounded, and back vowels are usually rounded, with the degree of rounding increasing with the degree of height." In bezug auf die Kardinalvokale vgl. auch Catford (1988: 146).

20 Es erscheint auch aus einem anderen Grund fraglich, ob Lippenstellung als unabdingbares Merkmal bestimmter Vokale zu sehen ist. Vgl. etwa Scherer/Wollmann (1972: 131): "Die auditive Qualität eines Lautes, die seine Zuordnung zu einem bestimmten Phonem ermöglicht, ist auch nicht notwendigerweise abhängig von dem Vorhandensein aller angegebenen Merkmale. /i:/ kann, wenn man will, bei einiger Anstrengung mit gerundeten Lippen gesprochen werden, ohne daß es zu /y:/ wird. Trotzdem wäre es falsch, die Lippenstellung als irrelevant zu vernachlässigen."

> Vowels in stressed syllables will have the qualities associated with them ..., for instance 'round' vowels will have lip rounding ... The 'same' vowels in unstressed syllables will be more obscure in quality, 'round' vowels will not have lip rounding ...

Auch die Analyse von Synchronisationsproblemen macht deutlich, daß eine einfache Dichotomie zwischen *stressed* und *unstressed* verfehlt wäre, sondern daß vielmehr graduelle Übergänge zwischen zwei Extremen vorliegen,[21] was entsprechende Auswirkungen auf die Artikulation einzelner Laute hat. In weniger betonten Silben kann Rundung oder Spreizung der Lippen auch weniger ausgeprägt sein. Daß sich auch die Öffnung des Kiefers nur bedingt als charakteristisches Merkmal zur Beschreibung von Vokalen eignet, zeigt die Beschreibung der englischen Monophthonge, die Jones in *An Outline of English Phonetics* ([9]1972: 64-89) gibt, bei der lediglich für die Vokale /ʌ/ und /ɜ:/ nicht die Stellung *medium* angeführt ist:

i:	narrow to medium
i	narrow to medium
e	medium
æ	medium to wide
ɑ:	medium to wide
ɔ	medium to wide
ɔ:	medium to fairly wide
u	medium
u:	narrow to medium
ʌ	wide
ə:	narrow

Dabei spielt auch die phonetische Umgebung eines Lautes eine Rolle: In Endposition (etwa bei Endbetonung von *Mama* /ma'ma:/ im Deutschen) oder zwischen nicht-labialen Konsonanten (/'ta:k/) kann die Kieferöffnung größer sein als zwischen bilabialen Konsonanten (also etwa dem ersten /a/ in /'mama/). Von daher ergibt sich also bei der Lippen- und Kieferstellung von Vokalen ein quasi-unmarkierter Bereich, der für die Synchronisation insofern (relativ) unproblematisch ist, als zumindest eine große Anzahl von Vokalen in diesem Rahmen artikuliert werden kann. Insofern ist es durchaus möglich, bei der Synchronisation Vokale zu verwenden, bei denen sich aufgrund der in phonetischen Handbüchern üblicherweise angegebenen Merkmale eigentlich Inkompatibilität mit den Vokalen der Originalversion ergeben müßte, wie das folgende Beispiel zeigt:[22]

Are you going out, today, Mister Hudd? I went out ...
Gehen Sie heut noch raus, Mister Hudd? Ich war draußen ... *Pinter: Das Zimmer 2.18*

In den phonetischen Handbüchern finden sich folgende Beschreibungen der Vokale hinsichtlich Lippen- und Kieferstellung:

/ɑ:/ "considerable separation of the jaws and the lips neutrally open" (Gimson, 1970: 110)

/e:/ "Die spaltförmige Lippenöffnung und der Abstand zwischen Ober- und Unterzähnen sind etwas größer

---

21 Vgl. u.a. Brown (1977: 47-8) und Catford (1988: 175).

22 Unterstrichene Buchstaben bezeichnen zeitgleiche Vokale.

als beim [ɪ]. Die Mundwinkel sind leicht zurückgezogen, die Oberzähne ein wenig zu sehen. ..." (Martens/Martens, 1965: 42)

/uː/ "The lips tend to be closely rounded" (Gimson, 1970: 119)

/iː/ "Die Lippen bilden einen schmalen Spalt; auch zwischen den Zähnen bleibt eine geringe Öffnung. Die Mundwinkel sind leicht zurückgezogen. Die Oberzähne sind sichtbar." (Martens/Martens, 1965: 52)

/e/ "the lips are loosely spread" (Gimson, 1970: 104)

/a/ "Von allen Vokalen hat das hintere [ɑ] die größte Lippen- und Kieferöffnung" (Martens/Martens, 1965: 36)

Durch eine Zweikanaltonaufnahme läßt sich eindeutig feststellen, daß das /eː/ von *gehen* auf dem /ɑː/ von *are*, das /iː/ von *Sie* auf dem /ʊ/ von *you* und das /aː/ von *war* auf dem /e/ von *went* liegt. Dennoch ist keine Diskrepanz von Synchronton und Lippenbewegung im Bild zu erkennen.

2.4.1.2. Problemlaute bei den Vokalen

Als Problemlaute müssen bei den Vokalen vor allem diejenigen gesehen werden, die in bezug auf die Lippen- und Kieferstellung extreme Stellungen einnehmen. Zu betonen ist dabei jedoch, daß das keineswegs für jedes Vorkommen des entsprechenden Phonems gilt, sondern eben nur dann, wenn die in der phonetischen Beschreibung als charakteristisch angegebenen Merkmale tatsächlich deutlich erkennbar sind. Dabei darf nicht übersehen werden, daß die Vokallänge (auf der phonetischen, nicht der phonologischen Ebene) ein entscheidendes Kriterium darstellt: Je länger die Artikulation eines Vokals dauert, desto ausgeprägter sind auch die entsprechenden Artikulationsbewegungen. Auch hier kann sich eine Diskrepanz zur Beschreibung in phonetischen Handbüchern ergeben: Legt man z.B. die Beschreibung der englischen Phoneme /æ/ und /ʌ/ von Gimson (1970) zugrunde, so erscheint die Synchronisation von /æ/ weitaus unproblematischer als die von /ʌ/: In bezug auf /æ/ schreibt Gimson (1970: 105) nämlich "The mouth is slightly more open than for /e/, ... the lips are neutrally open". Für /ʌ/ gibt Gimson (1970: 107) jedoch eine wesentlich extremere Kieferstellung an: "The short RP /ʌ/ is articulated with a considerable separation of the jaws and with the lips neutrally open".[23] Dennoch kann die Tatsache, daß /æ/, obwohl phonologisch meist als kurzer Vokal klassifiziert, z.B. vor Leniskonsonanten durch ein Allophon realisiert wird, das in der Quantität den englischen Langvokalen entspricht,[24] dazu führen, daß - besonders in einer stark betonten Silbe - die mit /æ/ verbundene Öffnung des Kiefers wesentlich ausgeprägter ist als bei /ʌ/, das unter denselben Bedingungen immer noch deutlich kürzer realisiert wird.[25]

Die wohl ausführlichste Beschreibung des Problems, welche Laute für welche Laute - abhängig von bestimmten Kamerapositionen und Blickwinkeln - bei der Synchronisation

---

[23] Vgl. Jones (^{9}1972: 72/86), der die Kieferöffnung bei /æ/ als "medium" und bei /ʌ/ als "wide" beschreibt.

[24] Vgl. dazu Gimson (1970: 105): "Though vowels are regularly longer before syllable-final lenis consonants than before fortis consonants, the lengthened /æ/ is equivalent in quantity to the longest varieties of /iː, ɑː, ɔː, uː, ɜː/." Vgl. dazu u.a. auch Brown (1977: 34) und Wells (1982: 129-30).

[25] Vgl. dazu die Angaben bei Gimson (1970: 95).

eintreten können, findet sich in der Untersuchung ***Film Dubbing*** von Fodor (1976). Für die Vokale führt Fodor (1976: 54-6) folgende Differenzierung durch:[26]

> ... each column contains the sounds that are undistinguishable or confusable, while the distinguishable sounds are represented by different columns: ...

I. Open	
Rounded	Unrounded
ɒ	ɑ
	a

III. Close	
Rounded	Unrounded
y	i
u	ɨ

II. Mid	
Rounded	Unrounded
œ	ɛ
ɔ	ə
ø	e
o	æ
	ʌ

> The contrast of the vowels to the consonants of any type is most conspicuous, whereas among the vowels Group II may be blurred and confounded with the vowels of any other group. Rounding vs. neutral or unrounded lip position remains, however, a relevant factor in the visual perceptibility of vowels.

Fodor (1976) betont dabei allerdings nicht in ausreichendem Maße, daß es sich bei diesen Gruppierungen nur um potentielle Problemlaute handelt.[27] So stellt die Entsprechung *Gehen Sie - Are you*, die sich in der Verfilmung von Pinters *The Room* (Beispiel in 2.4.1.1) findet, eine klare Verletzung der Fodorschen Prinzipien dar. Unter Einbeziehung der Tatsache, daß die Artikulation einzelner Vokale stark von Sprechstil und Kontext abhängen kann, lassen sich für das Englische im Bereich des Vokalismus wohl folgende potentielle Problemlaute bestimmen:

1. Vokale, bei denen eine extreme Kieferöffnung vorliegt, vor allem /æ/ und die Diphthonge /eɪ/ und /aɪ/.
2. Vokale, die mit gespreizten Lippen artikuliert werden, vor allem /iː/, bis zu einem gewissen Grad auch /ɜː/.

Von den Vokalen, die mit gerundeten Lippen gesprochen werden, könnte /uː/ aufgeführt werden, aber die Rundung der Lippen ist nicht stark genug, um /uː/ - oder auch andere Vokale mit Lippenrundung wie etwa /ʊ/ oder /ɒ/ prinzipiell zu den Problemlauten zu zählen.

Für das Deutsche ergeben sich entsprechend folgende potentielle Problemlaute:

1. Vokale, die mit starker Lippenrundung artikuliert werden:[28] /yː/, /øː/, /oː/ und /uː/
2. Vokale, die mit gespreizten Lippen gesprochen werden: /iː/
3. Vokale, bei denen eine extreme Kieferöffnung vorliegt: /aː, a/.

---

26 Diese Tabelle bezieht sich auf die Kameraposition *close-up front angle*. In bezug auf die Position *close-up side angle* führt Fodor (1976: 56) aus: "Only two differences are relevant: the open vowels can be distinguished from the rest of the vowels and all the consonants."

27 Vgl. in diesem Zusammenhang auch Müller (1982: 119) und Jadebeck (1984: 33-5).

28 Vgl. Martens/Martens (1965: 58-78).

Es muß betont werden, daß es sich aus den ausgeführten Gründen bei dieser Auflistung nur um potentielle Problemlaute handelt, daß also z.B. nicht jedes /iː/ ein Synchronisationsproblem darstellt. Dennoch wäre zu überlegen, ob die Tatsache, daß das Deutsche mit den gerundeten Vokalen Problemlaute aufweist, für die es im Englischen keine Entsprechung gibt, nicht bedeutet, daß die Synchronisation vom Deutschen ins Englische in dieser Hinsicht prinzipiell schwieriger ist als die vom Englischen ins Deutsche.[29] Eine denkbare Konsequenz für die Synchronisation ins Englische wäre, daß man aufgrund der ausgeprägten Lippenbewegungen des deutschen Films unter Umständen im Englischen einen zu formalen Sprechstil wählen muß. Dabei soll hier nicht darüber spekuliert werden, ob solche Faktoren die Rezeption der Synchronisation beeinflussen und diese Unterschiede zwischen dem deutschen und dem englischen Vokalsystem auch eine Ursache für die unterschiedliche Akzeptanz der Synchronisation als Form der Filmübersetzung (im Gegensatz zur Untertitelung) in Großbritannien und der Bundesrepublik darstellen, weil diese Problematik, wie in Kapitel 1 gezeigt worden ist, von zahlreichen anderen Faktoren überlagert ist.

2.4.1.3. Problemlaute bei den Konsonanten

Für die Konsonanten läßt sich wohl allgemein sagen - wie es sich z.B. auch bei Fodor (1976: 54)[30] findet -, daß bei Frontalaufnahmen im wesentlichen die bilabialen und labiodentalen Laute die Problemlaute ausmachen.[31] Allerdings ist der Darstellung von Fodor (1976: 55) insofern nicht ganz zuzustimmen, als er die englischen Dentale /θ/ und /ð/ als mit allen anderen nicht-labialen Konsonanten austauschbar einreiht. Das gilt zwar für die Mehrzahl der Fälle, nicht aber, wenn die Zungenstellung des /θ, ð/ deutlich erkennbar ist,

---

29 Allerdings ist hier auch der Gesichtspunkt der Frequenz einzelner Laute zu berücksichtigen: Bei Hayden (1950: 220) liegen etwa /æ/ und /aɪ/ an dritter resp. zehnter Stelle der Häufigkeit von Vokalen im amerikanischen Englisch (mit einem Frequenzanteil von 3.09% bzw. 1.46% gegenüber etwa /ə/ mit 9.96%). Bei den Konsonanten liegen die Labiale an neunter (/m/) bzw. elfter bis fünfzehnter Stelle (/v, p, w, b, f/) mit Anteilen zwischen 2.87% und 1.61%. Fry (1947: 105) gibt für das Südenglische /aɪ/ an 4. Stelle der Vokale (mit 1.83% des Vorkommens von Vokalen und Konsonanten zusammen), /a/ an neunter Stelle (mit 1.45%) gegenüber 9 (mit 10.74%) an. /m/ ist bei Fry der siebthäufigste Konsonant (3.22% aller Laute), /w/ liegt an zehnter Stelle (2.81%); /v, b, f, p/ an 12. bis 15. Stelle (2.00% - 1.78%). Vgl. Denes (1963: 894). Meier (1964: 252) gibt für die hier identifizierten deutschen Problemlaute folgende Werte an: /a/ (3. Stelle der Vokale, 2.856%); /aː/ (8.; 1.568%); /iː/ (6.; 2.449%); /uː/ (12.; 0.980%); /öː/ (20.; 0.226%); /oː/ (13; 0.971%) und /yː/ (15.; 0.441%); /m/ (7. Stelle der Konsonanten; 2.864%); /f/ (8.; 2.291%); /v/ (9.; 2.207%); /b/ (13.; 1.751%); /p/ (20; 0.509%); (22.; 0,256%). Auch wenn diese Angaben wegen unterschiedlicher Untersuchungsmethoden nicht absolut zu vergleichen sind, ist interessant zu sehen, daß sich für die Labiale im Englischen (unter Ausschluß von /w/) mit 10.71% und im Deutschen mit 9.878% ähnliche Werte ergeben. Wesentlich ist auch, daß /yː/ und /øː/ keine sehr hohe Frequenz unter Vokalen aufweisen, was die Schwierigkeit für die Synchronisation relativiert.

30 Vgl. Fodor (1976: 54): "Among the consonants spectators can distinguish the labial (bilabial and labiodental) consonants from the rest. Possibly in cases of clearly articulated utterances they can further distinguish the bilabial consonants (*p, b, m*) from the labiodental ones (*f, v*). But in longer stretches these distinctions tend to be blurred."

31 Fodor (1976: 54) weist darauf hin, daß geschlossene Vokale kaum von /j/ und /β/ zu unterscheiden sind.

was ein für die Synchronisation ins Deutsche unlösbares Problem darstellt.[32]

2.4.1.4. Auswirkungen der Problemlaute auf die Übersetzungsstrategie

Daß Fodor (1976: 67) die Bedeutung der Problemlaute für die Synchronisation überschätzt, zeigt sich am deutlichsten an seiner Konzeption eines speziellen Transkriptionssystems.

Es umfaßt Informationen über die Kameraposition in 6 Kategorien (CU: close-up, MS: medium shot), über das Einsetzen des Tons (< normal speech onset, > normal speech ending, << abnormal onset, >> abnormal ending) sowie folgende Symbole, die sich auf die Lautqualität beziehen:

┌	high unrounded vowel	♀	high rounded vowel
├	mid unrounded vowel	ϕ	mid rounded vowel
└	low unrounded vowel	♁	low rounded vowel
b̲	labial or labiodental consonant	d	non-labial consonant
├̄ ♀̄ V̄	emphatic long vowels		
X	any sound other than A-type vowels in close-up shot from side angle		
C	consonant	V	vowel

Auf dieser Grundlage erstellt Fodor (1976: 71) Transkriptionen wie die folgende, die als praktische Hilfe für Übersetzer und Synchronregisseure gedacht ist:[33]

Close-Up, Front Angle

(1)	Ringo:	Well . . . what's the matter with that?
(2)		βel βɔðəmætəβiðæt
(3)		CU FA <├> <├d├b├d├b┌d├>
(4)		Na und? Ist das vielleicht verboten?
(5)		CU FA <L♀̲> <┌dLb┌d├b├b̲♀̲d̲├>
(6)		Ne! Hast Du was dagegen?
(7)		CU FA <├> <Ld┌bLdLd̲├d├>

Ein solches System ist aufgrund seiner schweren Lesbarkeit und aufgrund des damit verbundenen Zeitaufwands in der Praxis nicht zu verwenden; zurecht wird es von Müller (1982: 118) als "völlig praxisfremd" kritisiert. Eine derart genaue Darstellung der Lippenbewegungen ist für die Synchronisation auch nicht notwendig: Das ergibt sich einerseits aus den Beobachtungen über die Genauigkeit der Lippenbewegungen in 2.4.1.3 und 2.4.1.4. Andererseits erscheint auch fraglich, ob vom rezeptiven Standpunkt aus ein solch hoher Standard an Lippensynchronität erforderlich ist, der mit einem solchen System angestrebt wird, was in 2.4.2 diskutiert werden soll.[34]

Zwar mag es in der Praxis sinnvoll sein, Laute, bei denen bei der Übersetzung beson-

---

[32] Vgl. auch DC 64:221: OT: Well, the baby has a routine ... and I'm busy at the hotel. - ST: Das Baby wird von einer Kinderschwester versorgt ... und ich hab im Hotel zu tun. Zum englischen *th* vgl. auch Cary (1960: 113).

[33] Vgl. dazu Fodor (1976: 66-72).

[34] Vgl. in diesem Zusammenhang auch Müller (1982: 118): "Der Kampf um Lippensynchronität wird keineswegs so hart geführt, wie man gemeinhin vermutet; ein guter Synchronautor weiß auch ohne Messungen und Raster sehr genau, wann er seinen ZS-Text genau 'ausfeilen' und dem Bild anpassen muß ...".

ders auf Lippensynchronität zu achten ist, besonders zu markieren.[35] Dabei braucht man sich aber keineswegs (wie in dem Modell von Fodor) an den Lauten zu orientieren, die potentiell Problemlaute sein können; wesentlich sind nur solche Laute, die tatsächlich mit auffälligen Lippenbewegungen artikuliert werden.[36]

2.4.2. Problemlaute in der Synchronisationspraxis

2.4.2.1. Nicht-auffällige Abweichungen

Es soll nun untersucht werden, inwieweit bei solchen Passagen, die keine auffälligen Abweichungen von den Lippenbewegungen enthalten, die also als gut synchronisiert bezeichnet werden können, tatsächlich Übereinstimmungen zwischen den Lippenbewegungen des Films und dem Synchrontext bestehen. Daß in dieser Beziehung für die Vokale ein relativ breiter Spielraum besteht, wurde bereits angedeutet. Mit Hilfe von Zweikanaltonaufnahmen, bei denen die englische und die deutsche Tonspur gleichzeitig abgehört werden können, läßt sich das verifizieren. Ohne daß hier eine vollständige Liste angestrebt wird, soll dieser Spielraum anhand einiger markanter Beispiele für Fälle illustriert werden, in denen sich Vokale im Synchrontext qualitativ relativ stark von denen des Originaltextes unterscheiden. Es handelt sich bei allen Belegen um Vokale, die zumindest einen Wortakzent tragen, also nicht unbetont sind:

OT	ST	OT	ST	Quelle
iː	oː	she	tot	EC-GB1:0.16 h
iː	aɪ	mean	meinen	YM 1/7:012
æ	ɔ	action	sofort	YM 2/2:082
ɑː	øː	answer	Lösung	YM 2/2:018
ʌ	ɪ	judge	Richter	YM 2/2:171
ɔː	ʊ	more	Pfund	YM 2/2:053
ɜː	ɔ	murdered	ermordet	EC-GB1:0.16h
aɪ	e	apply	bewerben	YM 1/7:019
aɪ	y	my	müßten	YM 2/2:177
aʊ	a	now	handeln	YM 2/2:082
eɪ	ɪ	eighth	mindestens	YM 2/2:007
eɪ	e	pain	schmerzlos	EC-GB1:041 h

Ähnliche Abweichungen finden sich, wenn auf eine betonte Silbe des Originals eine unbetonte in der Synchronfassung trifft:

ɑː	ɪ	grants	Stipendien	YM 2/2:089

---

[35] Vgl. dazu auch 7.6.

[36] Zu einer diesbezüglichen Markierungsmethode, die in Radio-Québec praktiziert wird, vgl. Delmas (1978: 414 und 416-18).

Diese Beispiele zeigen sehr deutlich, daß es unter bestimmten Bedingungen sogar möglich ist, selbst so große artikulatorische Unterschiede wie den zwischen den Lippenstellungen von /iː/ und /oː/ zu überspielen. Den bei der Synchronisation gegebenen Freiraum macht auch die Tatsache deutlich, daß der englische Halbvokal /w/ im Deutschen z.T. durch labiale Konsonanten - /v/ und /f/ bei 9 in der folgenden Passage -, z.T. aber auch durch gerundete Vokale - wie /o/ oder /u/ wie bei 7 oder 8 - Entsprechungen finden kann:[37]

1 HH: I came on purpose. I have a job for you - a phonetic job.
Ich habe was vor. Eine Aufgabe für dich - eine phonetische Aufgabe.

2 MH: It's no use, dear. I'm sorry.
Es hat keinen Zweck, Lieber. Tut mir leid.

3 I can't get round your vowels.
Ich komm nicht zurecht mit deinen Vokalen.

4 HH: Your part isn't phonetic. I've picked up a girl.
Dein Teil ist nicht die Phonetik. Ich hab ein Mädchen <aufgegabelt>.

5 MH: Does that mean some girl picked you up?
Soll das heißen, ein Mädchen hat dich aufgegabelt?

6 HH: Not at all. I don't mean a love affair.
Keineswegs. Ich meine keine Liebesgeschi<chte>.

7 MH: What a pity.
O so ein Jammer.

HH: <Why? - Warum?>

8 MH: Well, you never fall in love with anyone under forty-five.
Nun, du verliebst dich nie in eine unter fünfundvierzig.

9 When will you discover there are some rather nice-looking young women about?
Wann wirst du endlich entdecken, daß es auch ein paar recht schöne junge Frauen gibt? *Pygmalion: 0.35 h*

In bezug auf labiale Konsonanten lassen sich hier zwei Feststellungen treffen:

1. Die Artikulationsart der verschiedenen Labiale spielt bei der Synchronisation keine große Rolle: So finden sich unter 1 z.B. bei ***have a job for*** mit ***Aufgabe für*** zwar Entsprechungen, aber im Falle von ***I came on purpose - ich habe was vor*** entspricht dem Nasal /m/ der Plosiv /b/ und den beiden Plosiven /p/ im Original die Frikative /v/.
2. Die Anzahl der Labiale im Original- und im Synchrontext ist mit 38 und 35 in etwa gleich.[38] Ein genauer Vergleich zeigt jedoch, daß sich für die markierten kleineren Abschnitte im einzelnen größere Abweichungen ergeben:

---

37 Unterstrichene Buchstaben bezeichnen Labialkonsonanten.

38 Dabei wird der englische Halbvokal /w/ in die Zählung der Labialkonsonanten miteinbezogen. Berücksichtigt man, daß in den Abschnitten 7 und 8 in diesen Fällen Lippensynchronität durch die gerundeten Vokale /o/ und /u/ im Deutschen erreicht wird (was in der Tabelle durch die in Klammern angegebenen Vermerke berücksichtigt wird), ist die Diskrepanz noch geringer.

Abschnitt	OT[39]	ST	Differenz	
1	8	9	+ 1	
2	1	3	+ 2	
3	1	3	+ 2	
4	5	3	- 2	
5	4	3	- 1	
6	3	3	0	
7	2	1 (+ 1)	- 1	(0)
8	9	5 (+ 1)	- 4	(0)
9	5	5	0	

Da die Synchronfassung z.T. mehr, z.T. weniger Labiale enthält, kann nicht geschlossen werden, daß es nur darauf ankomme, daß auf sichtbaren Labialen des Originals auch Labiale im Synchrontext liegen, weitere Labiale im Synchrontext aber nicht auffielen, oder umgekehrt.

Was die Zeitgleichheit von Problemlauten in der Original- und Synchronfassung angeht, so ist absolute Zeitgleichheit relativ selten. Sie ist z.B. leicht zu erreichen, wenn kurze Äußerungen vorliegen, die Namen enthalten oder Wörter, die (wie z.B. *reporter - Reporter*) in den beiden Sprachen über eine relativ ähnliche Lautstruktur verfügen:

By the BBC, Bernard!
Von der BBC, Bernard! *YM 1/7:012*

Watergate happened in America, Bernard!
Watergate ist doch in Amerika, Bernard! *YM 1/7:020*

Solche Fälle stellen jedoch eher Ausnahmen dar, auch wenn bei der Synchronisation generell versucht wird, den Text so zu gestalten, daß Namen an derselben Stelle wie im Original erscheinen. Dennoch läßt sich auch in anderen Fällen absolute Synchronität erreichen:

JIM: This file is marked strictly confidential.
Hier steht nämlich drauf streng vertraulich.

BERNARD: <Oh, Minister.>
<Ach, Minister!>

JIM: Oh yes, silly of me.
Ja natürlich. Ich Dummerchen. *YM 2/2:011*

Absolute Zeitgleichheit des /f/ von *confidential* und *vertraulich*.
Der Einsatz zum deutschen Text *Ich Dummerchen* erfolgt erst nach dem /i:/ von *me*.

2.4.2.2. Bemerkbare Abweichungen

Es zeichnet sich in Hinblick auf qualitative Lippensynchronität ein beträchtlicher Spielraum ab, wenn man etwa von den phonetischen Eigenschaften der Laute bzw. ihrer ideal-

[39] OT: Originaltext, ST: Synchrontext.

typischen Darstellung in vielen Handbüchern ausgeht. Daraus kann aber nicht geschlossen werden, daß die Synchronübersetzung praktisch keinen diesbezüglichen Restriktionen unterliegt. Auch in Filmen, die ein sehr hohes Maß an qualitativer Lippensynchronität aufweisen, finden sich gelegentlich Abweichungen, die - zumindest beim bewußten Ansehen - ohne weiteres feststellbar sind. Es soll hier nicht darum gehen, die Synchrontexte zu kritisieren, sondern die Auflistung einiger Abweichungen soll lediglich dazu beitragen, aufzuzeigen, wo die Grenzen des Spielraums für qualitative Lippensynchronität liegen.[40] Ein solcher Fall scheint erreicht zu sein, wenn eine Häufung von Labialen auf einen Vokal synchronisiert wird, bei dem der Mund sehr weit offen ist:

And I have
Ich weiß, wovon ich rede. *DC 2:0.42 h*

Im englischen Original wird *And I have* mit großer Emphase gesprochen, wobei der Mund der Schauspielerin sehr weit geöffnet ist.

All right, I'll buy.
Na gut, ich kaufe. *DC 68-252*

Das /b/ von *buy* wird im Englischen so kurz artikuliert, daß der sichtbare Verschluß für das /f/ in *kaufe* zu gering ist.

Eine sehr große Öffnung des Mundes kann nicht nur in Hinblick auf Labiale problematisch sein, sondern auch, wenn im Synchrontext geschlossenere Vokale stehen (oder umgekehrt):

I didn't think it made any difference now.
Ich dachte, das hätte jetzt keine Bedeutung mehr. *Pygmalion: 0.55 h*

Oh, just the other way about!
Aber nein, es war gerade ganz umgekehrt. *Pygmalion: 1.07 h*

There isn't. Not since that.
Aber nein, ... seither nicht. *YM 2/2:156*

I thought it might be useful to have a little chat
... ich fand eine kleine Plauderei wäre vielleicht von Nutzen *YM 2/2:118*

Die Kieferöffnung bei *now*, *about*, *that* und *chat* erscheint zu groß, um dem deutschen Vokalen /e/, /ɪ/ oder /ʊ/ zu entsprechen.

Im letzten Beispiel ist die Mundöffnung von *be useful* nicht groß genug für ein deutsches /aʊ/. Hierbei ist jedoch zu beachten, daß sich die Synchronisation offensichtlich an den labialen Konsonanten orientiert.

Zwar zeichnet sich ab, daß extreme Mundöffnungen im Film am ehesten zu dem Punkt führen, an dem Abweichungen bemerkbar werden. Darüber hinaus lassen sich aber kaum

---

40 Von prinzipiellen Synchronisationsproblemen, wie etwa sichtbar artikuliertem /θ, ð/ soll hier abgesehen werden.

allgemeine Angaben machen.[41] Beispiel DC 68:252, in dem ein Labial auf einen Labial synchronisiert wurde - /f/ auf /b/ -, zeigt, daß im Einzelfall die Artikulationsart der Labiale eine Rolle spielen kann - es wäre jedoch verfehlt, wollte man generell schließen, Frikative müßten auf Frikative treffen etc. Ähnliches gilt für die Vokalqualität, wo in Beispielen wie den angeführten aus *Pygmalion* bemerkbare Abweichungen bei Lauten vorliegen, die u.U. in anderen Fällen ohne weiteres füreinander eingesetzt werden könnten. Einer der wesentlichsten Faktoren ist naheliegenderweise die Ausgeprägtheit der Mundbewegungen, was aber nicht nur Faktoren wie Sprechstil und physiologische Eigenschaften des Schauspielers betrifft, die bei der Gestaltung des Synchrontextes (außer in bezug auf die gebotene Gründlichkeit) nicht berücksichtigt werden können. Unabhängig davon sind die Lippenbewegungen bei betonten Silben besonders ausgeprägt. Entsprechend ist auch in solchen Fällen eine Verletzung der qualitativen Lippensynchronität festzustellen:

And to that end I recommend that we set up an interdepartmental committee with fairly broad terms of reference, so that <u>at</u> the end of the day we would be in a position to think through the various implications and arrive at a decision based on long-term considerations, rather than rush prematurely into precipitate and possibly ill-conceived <u>action</u> which might well have unforseen repercussions.	und deswegen empfehle ich, ein interministerielles Gremium mit weit abgesteckten Aufgabenbereichen einzusetzen, <u>was</u> uns die Möglichkeit gäbe, Auswirkungsvariationen abzuklopfen und zu einer Entscheidung zu kommen, die auf "Perspektiv-Überlegungen" beruht, anstatt uns übereilt in womöglich kaum durchdachte Aktionen zu begeben, <u>die</u> unvorhersehbare Folgen haben könnten.

YM 2/2:076-079

Sowohl *at* wie auch *action* sind sehr betont, während *was* und *die* nicht betont sind, so daß in der Synchronfassung die Kieferbewegung zu ausgeprägt ist.

2.4.2.3. Mundöffnung und Betonung als entscheidende Parameter

Zusammenfassend läßt sich also feststellen, daß sich der Rahmen, der bei der qualitativen Lippensynchronität einzuhalten ist, nicht theoretisch bestimmen läßt. Obwohl im Einzelfall eine Verletzung jedes Parameters zu einer bemerkbaren Abweichung führen kann, besteht in der Regel ein ganz beträchtlicher Spielraum in bezug auf Vokalqualität (und auch Vokallänge) ebenso wie in Hinblick auf Artikulationsart und Plazierung von Labialen. Es läßt sich eindeutig nachweisen, daß häufig keine Simultaneität von Labialen im Originalfilm und der Synchronfassung gegeben ist und es offensichtlich ausreicht, wenn Labiale im Synchrontext in der Nähe von Labialen im Originaltext zu liegen kommen, wobei auch die genaue Zahl keine Rolle spielt. Das deutet darauf hin, daß es vielleicht weniger die Labiale an sich sind, die wahrgenommen werden, als der Grad der Mundöffnung, der in der Umgebung von Labialkonsonanten aufgrund von Koartikulation in der Regel geringer ist.

Als wesentlich erweist sich auch der Faktor der Betonung von Silben[42], weil Vokale überhaupt nur in betonten Silben mit deutlich wahrnehmbaren Lippen- und Kieferbewegungen artikuliert werden. Unter Umständen ist die Tatsache, daß eine ausgeprägte Lippen- oder Kieferartikulation vorliegt, sogar bedeutender als ihre Qualität, wofür z.B. die Möglichkeit der Synchronisation von betontem /o:/ auf betontes /i:/ spricht.

---

[41] Es treten auch Fälle auf, in denen die Lippenrundung eine Rolle spielt: ***humour - lieb*** (*YM 2/2-104*).

[42] Zur Rolle der betonten Vokale bei der akustischen Wahrnehmung von Sprache vgl. u.a. Bond (1981).

Von daher erscheinen der Grad der Mundöffnung und die auch durch intonatorische Faktoren bedingte Ausgeprägtheit der Lippenbewegungen als die wesentlichsten Parameter der qualitativen Lippensynchronität.

2.5. Paralinguistische Synchronität

2.5.1. Gestensynchronität

Die Tatsache, daß betonten Silben in bezug auf qualitative Lippensynchronität aufgrund der besonderen Ausgeprägtheit der Lippenbewegungen besondere Bedeutung zuzumessen ist, hängt eng mit einem anderen Typ der Synchronität zusammen - der Gestensynchronität, die einen Typ der paralinguistischen Synchronität darstellt.[43] Als Gesten sollen dabei alle kinesischen Elemente einer Äußerung aufgefaßt werden, die ein Element der Bewegung enthalten und in direktem Zusammenhang mit der gesprochenen Sprache stehen,[44] also z.B. das Hochziehen von Augenbrauen, Kopf- oder Handbewegungen.[45]

Auch in bezug auf Gesten läßt sich nämlich feststellen, daß ihre Ausführung in der Regel mit einer betonten Silbe zusammenfällt.[46] Es erscheint z.B. kaum möglich, beim Sprechen die Augenbrauen hochzuziehen, ohne dabei eine Silbe zu betonen.[47]

Für die Synchronisation ergibt sich daraus die Konsequenz, Gesten möglichst auch in der Zielsprache mit dem Nukleus eines Satzes zu korrelieren.[48] Soweit dies nicht geschieht, kann eine Geste im Film unmotiviert erscheinen wie im folgenden Beispiel:[49]

---

[43] Der Terminus paralinguistisch wird hier in Anlehnung an Lyons (1977: 61) verwendet: "The term paralinguistic ... will be employed to cover, not only certain features of vocal signals (e.g., loudness and what may be described loosely as tone of voice), but in addition those gestures, facial expressions, eye-movements, etc., which play a supporting role in normal communication by means of spoken language." Zur terminolgischen Klärung s. auch 3.1.

[44] Vgl. in diesem Zusammenhang Elam (1980: 69-78). Ausgeklammert wird dabei die Frage der Funktion von Gesten im Gespräch und die Frage, inwieweit sie verbale Äußerungen ersetzen können. Vgl. dazu z.B. Scherer (1979b) und die dort angegebene Literatur.

[45] Auf die generelle Problematik von Körperbewegungen beim Sprechen und insbesondere ihre Funktion in Hinblick auf die Vermittlung von Bedeutung soll hier nicht eingegangen werden. Vgl. dazu u.a. Beattie (1980: 89-97) und die dort angegebene Literatur.

[46] Zum Zusammenhang von Gesten und Wortklassen vgl. Beattie (1980: 94).

[47] Vgl. dazu auch Müller (1982: 208): "Taktstock-Signale ... markieren und unterlinieren ganz bestimmte Stellen in unserer Rede und sind weder beliebig gegeneinander austauschbar noch 'asynchronisierbar', sondern korrelieren direkt mit Morphemfolge und Syntax, Prosodie und Pragmatik beim Sprechakt-vollzug."

[48] Auf die Bedeutung von Gesten bei der Synchronisation weist z.B. auch Rowe (1960: 117) hin: "Audio-image synchronism includes concordance of the text with both the gestures and the lip movements of the actors on the screen. While respecting the rhythm and action of the play, the point of emphasis of the dubbed line must be made to coincide exactly with the emphatic gesture on the screen."

[49] Bei den folgenden Darstellungen wird der Versuch unternommen, wenigstens ansatzweise die Parallelität von Originalton und Synchronton in der Graphie zum Ausdruck zu bringen. Dabei muß jedoch betont werden, daß auch Zweikanaltonaufnahmen keine ausreichend präzise Analyse erlauben. Die gegebene

Kopfbewegung	FALlon, if we were going to pro*CEED with this - FALlon, wenn wir auf diese Weise WEI*termachen wollten I'd have -- Whisked you off somewhere hätte ich dich -- an einen Ort entführt, less damp --- more INtimate. wo es inTIMer ist, weniger WINdig. *DC: 2:42 h*

Sehr schwierig gestaltet sich die konsequente Beachtung des Prinzips der Gestensynchronität in Szenen, bei denen eine Häufung von Gesten auftritt:

A Zeigefinger	Yes *AND current policy. ... We Ja, *und aktuELle PoliTIK! Da wir das GAN-
B Hände nach oben	*HAD to break the whole thing up, *ze AUFbrechen wollten,
C Hände nach unten	so we *HAD to get inside. MUSS*ten wir also hinein! Erst
D H. nach vorn/Kopfb.	We *TRIED to break it up from the outside, hab*en wir's von AUßen aufbrechen wollen, but that wouldn't work. aber das haben wir nicht geschafft!
E Kopfbewegung	*NOW that we're inside, we can make Doch *jetzt, wo wir DRIN sind, können wir in dem
F Griff	a complete *PIG'S breakfast of the whole thing - GeMISCHTwaren*laden alles durcheinANderwirbeln! ...
G Hand nach vorn	set the *GERmans against the French, Wir hetzen *FRANKreich auf ITAlien,
H Hand nach vorn	the *FRENCH against the Italians, DEUTSCH*land auf FRANKreich,
I H nach vorn/Kopfb.	the I*TALians against the Dutch. I*TAlien auf Holland,
J Kopfbewegung	the *FOReign Office is terribly pleased, im Auswärtigen Amt ist man beGLÜCKT,
F Faust nach oben	it's *JUST like old times. es ist alles wieder so wie DAmals! .. Mhmhm. *YM 1/5:185-9*

Abweichungen von der Nukleussynchronität finden sich vor allem in folgenden Fällen:
B Der Nukleus von GANze liegt vor dem stark betonten HAD.
C Obwohl MUSS vor HAD liegt, ist eine Abweichung in der Bewegung nur in der Zeitlupe festzustellen.
F MISCHT liegt deutlich vor PIG'S; die ausgeprägte Bewegung ist im deutschen Text abweichend.
Insgesamt vermag bei dieser Szene die deutsche Version in bezug auf die Gestensynchronität - abgesehen von einzelnen Verschiebungen der Nuklei - auch deshalb nicht zu überzeugen, weil die Nuklei im Deutschen weniger stark artikuliert werden als im Englischen, so daß sich eine Diskrepanz zwischen sehr ausgeprägten Gesten und im Vergleich dazu nicht so stark ausgeprägten Nuklei ergibt.

Verstöße gegen die Gestensynchronität ergeben sich aber nicht ausschließlich dadurch, daß im Film Gesten zu sehen sind, auf denen im Synchrontext kein Nukleus liegt. Der umgekehrte Fall ist zumindest auch denkbar, nämlich daß ein Nukleus im Synchrontext so pro-

---

graphische Darstellung darf nur in Hinblick auf die (durch Großbuchstaben) als Nuklei markierten Silben und die durch * markierten Kulminationspunkte einer Geste zeitlich interpretiert werden. Da die Serie *Denver-Clan* nicht im Zweikanalton ausgestrahlt wurde, wurden die Tonspuren des Originalfilms und der Synchronfassung auf ein Tonband parallel aufgenommen und dann ausgewertet.

minent artikuliert wird, daß eine Kopfbewegung oder ähnliches erwartet werden würde, die aber nicht gegeben ist:

> No, no, what I mean is that I am fully seized of your aims and, of course, I will do my UTmost to see that they are put into practice.
> Nein, Minister! Ich will damit sagen, ich bin mir Ihrer Ziele vollkommen bewußt und werde ALles tun, um sie in die Praxis umzusetzen. *YM 2/2:075*

ALles wird im Deutschen mit so starker Emphase gesprochen, daß man eine Kopfbewe-gung erwarten würde.

Dabei darf natürlich nicht übersehen werden, daß sich durchaus Konflikte zwischen Gestensynchronität und Lippensynchronität ergeben können.

> But as Head of the Service I'd like your assurance that he won't be putting that into practice.
> Aber als Leiter des Staatsdienstes hätte ich gern Ihre Zusicherung, daß er es nicht in die PRAxis umsetzen wird. *YM 2/2:114*

Es besteht Lippensynchronität zwischen /p/ von *practice* und /m/ in *umsetzen*; der Nukleus PRAxis erfolgt infolgedessen auf unbetonten Silben des Originaltextes und ohne eine entsprechende Geste.

In manchen Fällen ergibt sich aber eine sehr gute Übereinstimmung beider Prinzipien:

A Kopf nach vorn	Oh I ag*REE. Highly improbable. Das finde *ICH auch! .. "Wohl kaum denkbar"!
B Kopf	But suppose the P.M. were to answer - *YES - Aber angenommen, der Premier antwortet mit "*JA"
C Kopf	it would be very damaging in the *COUNTry? das hätte furchtbare FOLgen für unse*r LAND
D Kopfbewegung	*YES! *JA. And suppose the P.M. were to answer - no - Und angenommen, der Premier antwortet "nein", it would be very damaging in EURope? das hätte furchtbare Folgen ... für EuROpa!
E Bewegung	*To the P.M. personally. Und für *den Premier perSÖNlich ...
F auf/vor/Zwinkern	Na*POLeon *PRIZE-*WISE. "Na*POLeon*preis*mäßig"! *YM 1/5:225-7 <Minister und Daniel>*

2.5.2. Weitere paralinguistische Synchronität

Im Prinzip sind nicht nur das Hochziehen von Augenbrauen, Kopfnicken oder Handbewegungen als Gesten aufzufassen, sondern durchaus auch die Lippenbewegungen. Wie andere Gesten kann die Ausgeprägtheit der Lippenbewegungen Bedeutung tragen, und zwar in dem Sinne, daß sie Emotionen des Sprechers ausdrücken. Entscheidend für die Synchronisation ist dabei, daß sich diese Bedeutung nicht nur in den Lippenbewegungen, sondern auch in paralinguistischen phonetischen Merkmalen äußert, wie z.B. auch Brown (1977: 144) ausführt:

> The posture of the lips has a profound effect upon the sound of the spoken message. It is quite easy to tell in listening to a radio programme if the speaker is smiling as he speaks, and it is often possible to hear the effect of pouting out the lips.

Außerdem besteht, was bei Brown (1977) nicht so deutlich wird, eine direkte Korrelation zwischen der Ausgeprägtheit der Lippenbewegungen und Faktoren wie Lautstärke[50] und Artikulationsdeutlichkeit.[51] In synchronisierten Filmen finden sich nur sehr selten Verstöße in dieser Hinsicht; bei eigenen Synchronisationsversuchen stellte sich die Wichtigkeit dieser Faktoren aber sehr deutlich heraus: Von zwei vom Text her identischen Versionen, von denen eine relativ deutlich und laut, die andere etwas genuschelt und leiser synchronisiert worden war, wurde die zweite als wesentlich besser befunden, weil der Schauspieler im Original keine sehr ausgeprägten Lippenbewegungen aufweist. Auch diese Beobachtung spricht dafür, der Intensität der Lippenbewegungen gegenüber der Lippenstellung Priorität einzuräumen.

2.6. Auffälligkeit von Asynchronien

2.6.1. Bemerken von Asynchronien

2.6.1.1. Generelle Akzeptanz von synchronisierten Filmen

Die entscheidende Frage bei der Synchronisation ist, inwieweit es erforderlich ist, die verschiedenen Typen der Synchronität zu beachten und welcher Grad der Perfektion dabei erreicht werden muß. Es ist offensichtlich, daß - angesichts der verschiedenen Typen - absolute Synchronität nur sehr selten erreicht werden kann: Jeder synchronisierte Film enthält Asynchronien, d.h. Verstöße gegen die Synchronität, die bemerkbar sind.[52] Aus psycholinguistischer Sicht ist das insofern interessant, als diese Asynchronien die Rezeption eines Films wohl nicht beeinträchtigen.

---

[50] Vgl. dazu Gimson (1970: 23-4) und Lieberman (1970: 314).

[51] Zu paralinguistischen Elementen wie *loudness, articulatory setting* und *articulatory precision* vgl. Brown (1977: 139-44).

[52] Deshalb wäre es wohl auch unangebracht, die Qualität der Synchronisation eines Films danach zu beurteilen, ob er überhaupt Asynchronien enthält. Qualitätsunterschiede ergeben sich aus der Zahl und Auffälligkeit der Asynchronien. Aufgrund des graduellen Charakters und der daraus resultierenden Unmöglichkeit einer objektiven Klassifizierung der Auffälligkeit jeder einzelnen Asynchronie soll hier nicht der Versuch unternommen werden, einzelne Filme unter dem Gesichtspunkt der Qualität zu vergleichen. (Fälle, in denen z.B. die Lippenstellung so neutral ist, daß der Unterschied zwischen den Lauten der Original- und der Synchronfassung nicht feststellbar ist, sollen hier nicht als Asynchronien bezeichnet werden. In 2.1.2.2 wurde bereits auf den graduellen Charakter der Unterscheidung zwischen nicht-auffälligen und bemerkbaren Abweichungen hingewiesen, die natürlich auch die Bestimmung der Asynchronien betrifft. Dieser Faktor ist im folgenden insofern von untergeordneter Bedeutung, als es eigentlich nur darauf ankommt, daß jeder Film bemerkbare Abweichungen enthält, die eindeutig als Asynchronien bezeichnet werden können.)

Ein deutliches Indiz dafür ist die Synchronisationspraxis selbst. Auch wenn eine perfekte Synchronisation per se unmöglich ist, wäre eine Steigerung der Qualität der Lippensynchronität in vielen Fällen durchaus möglich. Die damit verbundenen Kosten würden die Fernsehanstalten mit Sicherheit aufbringen, wenn es Anhaltspunkte dafür gäbe, daß sich damit eine Steigerung der Sehbeteiligung erreichen ließe. Das scheint aber nicht der Fall zu sein: Nach Auskunft des Zweiten Deutschen Fernsehens[53] bezieht sich Zuschauerpost zu synchronisierten Filmen nur selten auf die Synchronisation und nie auf den Aspekt der Lippensynchronität. Ähnliches gilt für Kritiken in Fernsehzeitschriften.[54] Die Tatsache, daß z.B. Serien wie *Denver-Clan* oder *Dallas* in der Bundesrepublik ähnlich hohe Einschaltquoten erreichen wie in den U.S.A. oder Großbritannien und zu den Sendungen mit der höchsten Zuschauerbeteiligung zählen,[55] deutet darauf hin, daß die Synchronisation offensichtlich auch keinen Grund darstellt, eine Sendung nicht anzusehen. Dabei ist auch eine (möglicherweise existierende) generelle Bereitschaft der Zuschauer zu berücksichtigen, zu akzeptieren, daß bei synchronisierten Filmen z.B. die Lippenbewegungen nicht immer stimmen. Dennoch kann man aufgrund der Sehbeteiligung und Zuschauerreaktionen wohl davon ausgehen, daß der Standard der Lippen- und Gestensynchronität, der etwa in den Sendungen von ARD, ZDF oder ORF erreicht wird, so gut ist, daß die Zuschauer die Synchronisation akzeptieren. Zwar sind damit keine Rückschlüsse auf die Auffälligkeit einzelner Asynchronien zu ziehen, aber Häufigkeit und Ausmaß von Asynchronien werden von den Zuschauern offensichtlich in dieser Form nicht als Beeinträchtigung beim Ansehen eines Films empfunden.

2.6.1.2. Experimente zur Auffälligkeit von Abweichungen

Es stellt sich in diesem Zusammenhang die Frage, inwieweit Asynchronien bemerkt werden. Um Anhaltspunkte darüber zu gewinnen, welche Eigenheiten eines synchronisierten Films überhaupt bewußt registriert werden, wurden drei Experimente mit Studenten durchgeführt. Dabei wurde den Studenten ein synchronisierter Film vorgeführt[56] und nach jeder Szene unterbrochen (bei längeren Szenen auch innerhalb einer Szene),[57] wobei die Studen-

---

[53] Gespräch mit ZDF-Redakteur Martin Hensel.

[54] In Film- und Fernsehkritiken finden sich auch nur selten Hinweise auf die Synchronisation, wobei Kategorien wie "schlecht synchronisiert" etc. auftauchen, die sich aber wohl primär auf den Text beziehen.

[55] Das gilt zumindest für die ersten Jahre, in denen diese Sendungen liefen; der Popularitätsverlust ist aber ebenfalls unabhängig von der Synchronisation zu sehen, weil er in anderen Ländern ebenfalls zu beobachten ist. Vgl. Kapitel 1.

[56] Durchgeführt wurden die Experimente in vier Gruppen. Beim ersten Experiment, *Denver-Clan* 65, war die Sicht für manche Teilnehmer der größeren Gruppe nicht sehr gut. Deshalb wurden von den 57 Teilnehmern in Hinblick auf die Kriterien der Synchronität nur die 35 berücksichtigt, die das Fernsehbild klar erkennen konnten. Bei einer ähnlich großen Gruppe im dritten Experiment (YM 2/2) konnte ein Hörsaal mit zwei Fernsehgeräten benutzt werden. Es ist also sichergestellt, daß für alle hier berücksichtigten Teilnehmer dieser Tests ausreichend gute Sichtverhältnisse gegeben waren.

[57] Die gezeigten Folgen der Serie *Denver-Clan* wurden nach jeder Szene unterbrochen, bei *Yes Minister* wurden auch einzelne Szenen unterbrochen, so daß der Film in 14 Abschnitten gezeigt wurde. Von häufigeren Unterbrechungen wurde abgesehen, weil sonst Anmerkungen zum Text kaum möglich gewesen wären. Die Unterbrechung stellt zwar eine Verfälschung der normalen Rezeptionssituation dar,

ten gebeten wurden, Auffälligkeiten bezüglich Lippenbewegungen, Stimmen, Text usw. zu notieren.[58] Die Ergebnisse dieser Experimente in bezug auf die Lippensynchronität[59] lassen sich folgendermaßen zusammenfassen:

Die erste Zahlenkolonne bezieht sich jeweils auf den Film *Denver-Clan* 65, die zweite auf *Denver-Clan* 68 und die dritte auf *Yes Minister* 2/2:

Untersuchter Film:	DC 65	DC 68	YM 2/2
Zahl der Teilnehmer:	35[60]	10	54
Länge des Films:	44 min	44 min	24 min

Zahl und Charakter der Anmerkungen zur Synchronität

	DC 65	DC 68	YM 2/2
Anmerkungen zur LS insgesamt	254	63	243
positive Anmerkungen	14	0	5
negative Anmerkungen	240	63	238
Allgemeine, szenen- oder personenbezogene Anmerkungen	106	3	39
konkret auf Textstelle bezogene Anmerkungen	148	60	204

	DC 65		DC 68		YM 2/2	
Konkrete Anmerkungen:						
qualitative LS	76	51%	42	70%	166	81%
quantitative LS	46	31%	11	18%	30	15%
LS Tempo	1	0.7%	4	7%	8	4%
LS Paralinguistik	5	3%	1	2%	0	
Gestensychronität	20	14%	2	3%	0	

---

ist aber unvermeidlich, wenn man verhindern will, daß die Studenten Teile des Films nicht verfolgen können, weil sie damit beschäftigt sind, Beobachtungen zu notieren.

58 Um die Ergebnisse nicht zu präjudizieren, wurden keine klaren Kategorien zur Beantwortung - etwa in der Form eines vorgefertigten Antwortbogens - vorgegeben. Im wesentlichen war die Anweisung, "alles Auffällige" zu notieren.

59 Auf die anderen Ergebnisse wird in den entsprechenden Kapiteln eingegangen.

60 Im Falle von YM 2/2 handelt es sich um die Teilnehmer eines sprachwissenschaftlichen Proseminars im Wintersemester 1988/89; der Film DC 68 wurde im Sommersemester 1985 zu Beginn des Semesters gezeigt. DC 65 wurde im Wintersemester 1984/85 in einem Hauptseminar zur Synchronisation und einem Proseminar zu einem anderen Thema vorgeführt. (Von den Proseminarteilnehmern ist hier nur der Teil berücksichtigt, die das Fernsehbild ohne jede Beeinträchtigung erkennen konnten.)

Zahl, Charakter und Häufigkeit der Anmerkungen zu konkreten kritisierten Textstellen

	DC 65	DC 68	YM 2/2
Angemerkte kritisierte Textstellen:	99	57	136

Häufig-keit	DC 65 Summe	DC 65 %	DC 68 Summe	DC 68 %	YM 2/2 Summe	YM 2/2 %
1	73	73.7%	53	93.0%	107	78.7%
2	17	17.2%	2	3.5%	13	9.6%
3	4	4.0%	1	1.8%	10	7.4%
4	4	4.0%			1	0.7%
5					1	0.7%
6					1	0.7%
7					3	2.2%
8	1	1.0%				

Durchschnittswerte für die Häufigkeit von Anmerkungen:

	DC 65	DC 68	YM 2/2
Anmerkungen pro Person	7.3	6.3	4.5
Anmerkungen pro Person pro Minute	0.1649	0.1431	0.1875
Anmerkungen pro Person alle x Minuten	6.06	6.98	5.33

Diese Experimente erlauben folgende Schlußfolgerungen:

1. Es erweist sich als äußerst schwierig, Asynchronien genau zu beschreiben und zu lokalisieren. Darauf weist die große Zahl allgemeiner Anmerkungen hin, die sich nur auf eine Szene oder eine Person beziehen, ohne daß konkret ein Wort oder Laut angegeben würde, bei dem die Asynchronie beobachtet wurde. Gestützt wird diese Schlußfolgerung zudem dadurch, daß die konkreten Angaben z.T. nicht nachzuvollziehen sind.[61]
2. In den untersuchten Filmen sind offensichtlich kaum wirklich auffällige Asynchronien enthalten: Mit der Ausnahme einer Asynchronie (in DC 68), die von 30% der Teilnehmer am Experiment notiert wurde, liegen die Maximalwerte bei 23% (8 von 35) und 13% (7 von 54). Über 93% der monierten Asynchronien in den drei Fernsehfilmen fielen jeweils weniger als 10% der Testteilnehmer als asynchron auf. Selbst wenn man die unspezifischen Kommentare pro Szene der Abweichung, die die meisten konkreten Einzelanmerkungen erhielt, hinzurechnet, ändert sich das Bild nicht grundlegend.[62]

[61] Auf der anderen Seite wurden von den Testteilnehmern keineswegs alle Asynchronien tatsächlich bemerkt. Eine nachträgliche Analyse des 1. Aktes von DC 65 ergab einen doppelt so hohen Wert wie die Gesamtzahl der konkret monierten Stellen im Experiment.

[62] Für DC 65 ergeben sich bei einer solchen Rechnung z.B. folgende Werte über 10%: 4 Teilnehmer: 3 Textstellen, 5 Teilnehmer: 5 Textstellen, 6 Teilnehmer: 4 Textstellen, je 8 und 9 Teilnehmer für eine Textstelle.

3. Durchschnittlich wird nur etwa alle 5 bis 7 Minuten eine Asynchronie registriert.[63] Auch mit der gebotenen Vorsicht[64] gegenüber der Absolutheit der ermittelten Zahlen lassen sich diese Versuche jedoch eindeutig als Indiz dafür ansehen, daß bei einem Standard der Synchronisation, wie er sich bei Fernsehserien wie *Denver-Clan* oder *Yes Minister* findet, (fast) keine Asynchronien gegeben sind, die in einer normalen Fernsehsituation vom Zuschauer bemerkt werden würden.

2.6.2. Vertrautheit mit den Lippenstellungen

Eine denkbare Erklärung für die geringe Registrierung von Asynchronien bestünde darin, daß die Zuschauer nicht unbedingt in der Lage sind, Lippenstellungen mit Lautqualitäten zu korrelieren.

Um die Fähigkeit zu testen, Laute an der Lippenstellung zu erkennen, wurde folgendes Experiment durchgeführt: Es wurden Dias angefertigt, die die Lippenstellung bei der Artikulation eines bestimmtes Lautes zeigen; mit Hilfe einer Bild-für-Bild-Schaltung war es dabei möglich, die extremste Lippenstellung vom Bildschirm zu fotografieren.[65] In einem ersten Experiment wurden diese Dias Studenten gezeigt mit der Aufforderung, anzugeben, welcher Laut oder welche Laute ihrer Einschätzung nach auf dem Foto artikuliert werden, was zu folgenden Ergebnissen führte:

Teilnehmer: 21 Anglistikstudenten und -studentinnen (ohne Phonetikkurs) im ersten oder zweiten Semester

gezeigter Laut	Mehrfachnennungen (Laut Zahl)									Einmalige Nennungen
æ	æ	e	ɑː	e	ə	e	eə	aɪ		eːr, iː, ɪə,
(Foto 20)	10	6	4	3	3	2	2	2		
æ	æ	eɪ	ɑː	ʌ	ə	e	ɜː	ɪ	aɪ	əʊ, ɒ, ɪ, ɔː, r
(Foto 10)	5	4	3	3	3	2	2	2	2	
iː	ɪ	iː	ə	e	l	r				æ, uː, ʊ, j, w, g, k, ʃ, ʌ, n
(Foto 14)	7	3	4	4	2	2				

[63] Daß die Werte für *Yes Minister* dabei höher liegen als für den *Denver-Clan* erlaubt nicht unbedingt Rückschlüsse auf die Qualität der Synchronisation. Zum einen ist die Auffälligkeit von Lippenbewegungen stark von den filmischen Gegebenheiten im Einzelfall bestimmt. Zum anderen darf dabei nicht außer acht gelassen werden, daß *Yes Minister* wesentlich kürzer ist. Es zeigt sich sehr deutlich, daß die Zahl der Beobachtungen gegen Ende eines Films sinkt, was sich hier auswirken könnte.

[64] Die Ergebnisse dieser Versuche dürfen aus zwei Gründen, die sich allerdings entgegenwirken, nicht überbewertet werden: Zum einen kann man nicht mit Sicherheit davon ausgehen, daß die Kooperationsbereitschaft bei allen Testteilnehmern gleichermaßen gegeben ist. Zum anderen ist die Situation des Experiments in sich künstlich, weil der Film unterbrochen wird, und weil die Teilnehmer explizit dazu aufgefordert wurden, auf synchronisationsbedingte Besonderheiten zu achten. Damit erfolgt automatisch eine Fokussierung auf Faktoren wie Lippensynchronität, die normalerweise beim Fernsehen nicht gegeben ist.

[65] Es erschien sinnvoll, Fotos von einem Fernsehfilm zu machen, um sicherzustellen, daß keine idealtypische Artikulation für die Zwecke eines Experiments zugrundegelegt wird.

eɪ	e	ɑː	ə	h		eɪ, ɪ, æ, ʌ, aɪ, k,
(Foto 15)	6	6	3	2		g, l, r, ʒ, s, z, ŋ
ɔː	ɒ	əʊ	ɔː			ɔr, h, iː, ə
(Foto 13)	8	8	6			
uː	w	uː	ʊ	v		ɒ, y, l, n
(Foto 12)	11	5	5	3		
f	f	v	w	θ	ð	d, t, dʒ, ɒ, ɪ
(Foto 19)	14	10	5	4	4	
w	w	ʊ	uː	v		m, ɔː
(Foto 17)	9	8	8	2		
m	m	b	p			iː, ɪ, ɪə
(Foto 16)	16	3	2			
m	m	b	w			iː, n
(Foto 11)	12	6	3			

Es zeigt sich, daß die Mehrzahl der angebotenen Lösungen entweder zutreffend sind oder zumindest plausibel erscheinen, daß aber auch einige der gemachten Angaben deutliche Diskrepanzen bezüglich der Lippenstellung des gezeigten und des in der Antwort genannten Lautes bestehen, also etwa /iː/ bei /æ/ (Foto 20) oder /w/ und /uː/ bei /iː/ (Foto 14).[66]

Ein zweiter Versuch zielte genauer auf die Differenzierung verschiedener Laute ab und wurde mit Hilfe eines *multiple choice*-Fragebogens durchgeführt. Zu jedem Dia wurden vier Lösungsmöglichkeiten angeboten - und zwar Wörter, in denen der entsprechende Laut durch Großschreibung hervorgehoben war[67] -, von denen eine richtig war. Jedes dieser Wörter war bezüglich einer Fünf-Punkte-Skala einzuordnen, und zwar bezüglich der Kategorien "wahrscheinlich", "möglich", "unwahrscheinlich", "bestimmt nicht" und "weiß nicht". Der Versuch wurde zweimal durchgeführt, so daß sich insgesamt eine Anzahl von 94 Probanden[68] ergibt. Im folgenden werden die Testwörter mit den entsprechenden Angaben aufgeführt, wobei die Spalte "weiß nicht" weggelassen wurde; die richtige Lösung ist durch Unterstreichung markiert.[69]

---

66 Dabei ist bezüglich Foto 15 zu berücksichtigen, daß l, r, ʒ, s, z, ŋ alle von einer einzigen Testperson aufgeführt wurden.

67 Bei der Durchführung des Experiments wurden die entsprechenden Wörter auch vorgelesen, wobei darauf hingewiesen wurde, auf welchen Laut sich die Frage bezieht. Es wurde dabei darauf geachtet, daß die Testteilnehmer die Lippen beim Vorlesen nicht erkennen konnten.

68 Es handelt sich dabei um Anglistikstudenten und -studentinnen der Universität Augsburg. Die Tests wurden dabei jeweils in Einführungskursen in die Sprachwissenschaft abgehalten. Nur etwa ein Viertel der Teilnehmer (26.6%) hatte bereits einen Phonetikkurs besucht. Bei der Auswertung wurde das zunächst berücksichtigt; da sich aber keine wesentlichen Unterschiede ergaben, konnte dieser Faktor vernachlässigt werden.

69 Benutzt wurden Fotos aus dem *Denver-Clan* mit den Darstellern von Fallon (F) und Jeff (J). Sie sind in der ursprünglichen Version dieser Arbeit abgebildet. Die Dias wurden nicht in der hier aufgeführten Reihenfolge gezeigt. Die ersten vier Spalten führen die Nennungen in den Kategorien *wahrscheinlich - mög-*

(i) Foto 9 (F):					
Please	39	16	11	16	+ 51 /p/
When	18	30	13	24	+ 5 /w/
Find	12	26	27	18	- 13 /f/
THink	4	11	24	39	- 83 /ɔ/
(ii) Foto 41 (F):					
rePainting	76	10	0	1	+ 160 /p/
seVere	0	16	34	32	- 82 /v/
saD	0	2	26	56	- 136 /d/
caLL	0	0	23	61	- 145 /l/
(iii) Foto 47 (F):					
idioTic	9	37	26	12	+ 5 /t/
Well	19	19	22	22	- 9 /w/
oBvious	15	23	21	26	- 20 /b/
Please	9	8	22	41	- 78 /p/
(iv) Foto 11 (J):					
testiFied	28	33	17	10	+ 52 /f/
Boy	20	26	22	17	+ 10 /b/
Will	11	27	26	23	- 23 /w/
Kind	0	11	35	37	- 98 /k/
(v) Foto 19 (F):					
First	69	16	1	1	+ 151 /f/
Wish	13	28	20	28	- 22 /w/
Like	3	10	30	42	- 98 /l/
Please	2	3	20	58	- 129 /p/
(vi) Foto 16 (F):					
naMe	39	29	8	4	+ 91 /m/
Please	32	28	12	7	+ 66 /p/
seVere	3	21	35	20	- 48 /v/
Walk	5	9	35	39	- 94 /w/
(vii) Foto 17 (F):					
yOU	73	15	1	0	+ 160 /u:/
When	23	44	10	13	+ 54 /w/
Boy	7	14	27	27	- 53 /b/
Friend	0	8	29	49	- 119 /f/
(viii) Foto 27 (J):					
THink	36	30	14	5	+ 78 /θ/
driVe	17	27	18	18	+ 7 /v/
baLL	9	23	36	15	- 25 /l/
Please	1	16	31	34	- 81 /p/

---

lich - unwahrscheinlich - bestimmt nicht auf. Der Wert in der rechten Spalte errechnet sich folgendermaßen: Die ersten beiden Spalten erhalten positive, die letzten beiden negative Vorzeichen; *wahrscheinlich* und *bestimmt nicht* werden mit dem Faktor 2 multipliziert. Je höher der Wert in der letzten Spalte, desto wahrscheinlicher wurde der entsprechende Laut in bezug auf das gezeigte Bild eingestuft.

(ix) Foto 8 (F):						
plEAse	42	38	2	4	+ 112	/iː/
bEd	33	43	7	3	+ 96	/e/
whAt	1	11	40	32	- 91	/ɒ/
gOOD	1	11	35	39	- 100	/ʊ/
(x) Foto 4 (F):						
plEAse	49	25	6	3	+ 111	/iː/
Please	6	12	27	34	- 71	/p/
dAddy	1	15	35	29	- 76	/æ/
tOrrence	2	6	37	38	- 103	/ɑ/
(xi) Foto 5 (F):						
sElf	18	41	12	3	+ 59	/e/
mE	15	36	23	8	+ 27	/iː/
bAd	11	30	30	10	+ 2	/æ/
pUT	6	4	31	37	- 89	/ʊ/
(xii) Foto 40 (F):						
When	26	21	17	17	+ 22	/w/
rEpainting	5	30	25	15	- 15	/iː/
repAInting	7	23	26	26	- 41	/eɪ/
tOrrence	0	2	26	49	- 122	/ɑ/
(xiii) Foto 22 (F):						
sElf	32	29	21	3	+ 66	/e/
gArden	18	37	26	5	+ 37	/ɑː/
hIt	9	32	29	15	- 9	/ɪ/
pOT	8	21	33	22	- 40	/ɒ/
(xiv) Foto 44 (F):						
tEll	30	38	16	1	+ 80	/e/
dAddy	15	37	25	7	+ 28	/æ/
smIle	5	34	31	8	- 3	/aɪ/
Office	3	10	27	43	- 97	/ɒ/
(xv) Foto 25 (F):						
tOrrence	65	20	3	0	+ 147	/ɒ/
wOUld	20	38	17	12	+ 37	/ʊ/
cUrrent	3	28	34	17	- 34	/ʌ/
bAd	2	5	35	41	- 108	/æ/
(xvi) Foto 13 (F):						
lAWyer	46	33	4	3	+ 115	/ɔː/
wOUld	16	39	23	7	+ 34	/ʊ/
plEAse	2	15	34	34	- 83	/iː/
smIle	0	10	42	33	- 98	/ɑɪ/
(xvii) Foto 46 (F):						
dAddy	69	20	5	1	+ 151	/æ/
Obvious	12	38	23	14	+ 11	/ɑ/
smIle	2	23	36	21	- 50	/aɪ/
rEpainting	0	0	32	51	- 134	/iː/

(xviii) Foto 6 (F):						
tEll	29	42	9	2	+ 87	/e/
lIfe	15	31	29	11	+ 10	/ɑɪ/
yOU	7	9	36	35	- 83	/ʊ/
bAd	0	15	44	16	- 61	/æ/
(xix) Foto 26 (J):						
slEEp	29	45	7	5	+ 86	/iː/
Adam	19	36	26	9	+ 30	/æ/
smIle	18	34	26	9	+ 26	/aɪ/
tOrrence	1	4	34	45	- 118	/ɑ/
(xx) Foto 42 (F):						
dAddy	17	44	15	3	+ 57	/æ/
repAInting	23	33	14	8	+ 49	/eɪ/
tEll	12	33	23	12	+ 10	/e/
daddY	8	13	32	26	- 55	/æ/

Dazu ist folgendes festzustellen:

1. In den meisten Fällen wird das richtige Wort am häufigsten genannt.[70]
2. Soweit das nicht der Fall ist, erscheinen die Laute mit häufigeren Nennungen z.T. plausibel, etwa bei (vii) (/uː/ statt /w/[71] oder (xx) (/eɪ/ statt /æ/) oder (xvii) (/æ/ statt /ɑ/)[72].
3. In anderen Fällen sind Diskrepanzen nicht ohne weiteres mit der gezeigten Lippenstellung in Verbindung zu bringen: Das gilt z.B. für /iː/ statt /aɪ/ bei (xix) oder /e/ statt /uː/ bei (xviii) oder bei den Konsonanten für /t/ statt /b/ in Fall (iii).
4. Auffällig ist bei diesen Beispielen auch die relativ hohe Zahl von Nennungen in den Kategorien "unwahrscheinlich" und "bestimmt nicht", die aber auch bei Fotos, die von der Mehrzahl der Sprecher richtig zugeordnet wurden, z.T. recht hoch ist. Für die Synchronisation ist bemerkenswert, daß die Werte in diesen Spalten für *Please* (i) immerhin bei 11 bzw. 16, für *testiFied* bei 17 bzw. 10, bei *When* bei 10 bzw. 13 und selbst bei *naMe* bei 8 und 4 liegen. Allgemein ist festzustellen, daß mit der Ausnahme von /ɑ/ in *tOrrence* der richtige Laut immer auch in der Kategorie "bestimmt nicht" eingeordnet ist. Das ist immerhin nur in drei Fällen bei weniger als 3 Teilnehmern der Fall.[73]
5. Bezüglich der Labiale besteht offensichtlich doch ein gewisses Diskriminierungsver-

---

[70] Daß sich der Grad der Zustimmung auch bei zwei Fotos desselben Phonems dabei z.T. erheblich unterscheidet, ist sowohl auf die Distraktoren als auch auf die jeweilige Aufnahme bzw. die entsprechende Artikulation zurückzuführen.

[71] Dabei mag auch eine Rolle spielen, daß deutsche Studenten zu Beginn eines Phonetikkurses *When* mit dem Phonem /v/ assoziieren.

[72] Hierbei ist zu berücksichtigen, daß die Aufnahmen auf amerikanischem Englisch basieren, was die Probanden aber wußten und worauf sie in diesem Fall auch ausdrücklich hingewiesen wurden.

[73] Selbstverständlich sind dabei Fehler beim Ausfüllen des Fragebogens oder mangelnde Kooperationsbereitschaft als Erklärung nicht auszuschließen. Dabei darf allerdings nicht übersehen werden, daß sich in diesen Fällen aber gleichzeitig auch eine größere Anzahl von Nennungen unter der Rubrik "unwahrscheinlich" findet. Außerdem hat von den 8 Fällen, in denen sich nur 5 oder weniger Zuordnungen in der Rubrik "bestimmt nicht" beim richtigen Laut finden, nur ein einziger Teilnehmer drei entsprechend markiert und nur drei Teilnehmer zwei. Daraus läßt sich u.a. auf eine relativ hohe Kooperationsbereitschaft schließen.

mögen hinsichtlich der Artikulationsart.[74]
Außerdem zeigt sich, daß die Unterschiede zwischen einzelnen Teilnehmern des Tests erheblich sind: Wenn man zugrundelegt, in wievielen Fällen bei einem gezeigten Bild für den entsprechenden Laut die Spalten "wahrscheinlich" oder "möglich" angekreuzt wurden, so liegt das Minumum bei 9 der 20 getesteten Laute, das Maximum bei 19[75]. Durchschnittlich ergibt sich für die Summe der Spalten "wahrscheinlich" und "möglich" ein Wert von 12.9 (64.7%) richtiger Zuordnungen, bei 6.9 (36.2%) der gezeigten Fotos wurde im Durchschnitt der richtige Laut in der Spalte "wahrscheinlich" angekreuzt.[76]

Zusammenfassend ergeben diese beiden Experimente kein eindeutiges Bild: Zum einen weisen sie auf eine mehr oder weniger ausgeprägte Fähigkeit der Testteilnehmer hin, aufgrund gezeigter Lippenstellungen richtige oder zumindest plausible Rückschlüsse auf die entsprechenden Laute zu ziehen. Andererseits ist auch die Zahl der falschen Angaben erheblich, und zwar doch um so viel höher, daß sie nicht auf mangelnde Kooperationsbereitschaft der Teilnehmer oder Fehler beim Ausfüllen des Fragebogens zurückgeführt werden müßten.[77]

Dabei darf nicht übersehen werden, daß die Bedingungen der Lauterkennung beim Dia andere sind als im Redefluß. Experimente zur Lauterkennung mit Videomaterial zeigen aber ebenfalls, daß Zuschauer bis zu einem gewissen Grad in der Lage sind, aufgrund von Lippenbewegungen Aussagen über die Lautqualität zu machen. Jackson, Montgomery und Binnie (1976: 807) geben bei Experimenten mit 15 englischen Monophthongen und Diphthongen in einsilbigen *nonsense*-Wörtern /hVg/ einen Wert von 54% "correct vowel identification" an, was sich nicht grundlegend von anderen Experimenten dieser Art unterscheidet.[78] In bezug auf Konsonanten wurde auch bei Tests mit Videomaterial festgestellt, daß etwa Folgen wie /da, ga, ta/ oder /ka/ und /ba, pa/ oder /ma/ untereinander visuell schwer voneinander zu unterscheiden sind.[79]

2.6.3. Bemerken von Abweichungen

Sowohl die Dia- als auch die Videoexperimente zeigen folgendes: Daß Zuschauern beim Ansehen eines synchronisierten Filmes Asynchronien kaum auffallen, ist nicht darauf zurückzuführen, daß Menschen überhaupt nicht in der Lage wären, aufgrund der Lippenstellung Aussagen über die Lautqualität zu machen. Allerdings unterscheidet sich die Identifikation von Lauten beim Ansehen eines Films grundlegend von der beim Betrachten eines Dias. Neben der Größe des Bildes spielen dabei vor allem der temporale Aspekt und die Fokussierung des Perzeptionsapparats eine Rolle:

---

[74] Hinsichtlich der Synchronisation darf dabei nicht übersehen werden, daß es sich hier um länger gezeigte Momentaufnahmen handelt, die die extreme Mundstellung zeigen.

[75] In beiden Fällen handelt es sich um Teilnehmer, die noch keinen Phonetikkurs besucht hatten.

[76] Die Werte für Teilnehmer, die bereits einen Phonetikkurs besucht oder im Rahmen eines anderen Kurses an einer Einführung in die Phonetik teilgenommen hatten, liegt dabei geringfügig - etwa 2.5% - höher.

[77] Darauf deutet auch die Tatsache hin, daß die Zahl der Angaben in der Spalte "bestimmt nicht" gegen Ende des Experiments nicht merklich höher ist als am Anfang.

[78] Jackson/Montgomery/Binnie (1976: 807) verweisen auf 49% korrekter Identifikationen in der Untersuchung von Woodward/Lowell (1976) und 53.1% bei Berger (1972).

[79] S. Binnie/Montgomery/Jackson (1974). Vgl. MacDonald/McGurk (1978: 254).

Während im Diaversuch - und das gilt auch für entsprechende Versuche mit Videomaterial - der Perzeptionsapparat auf die Lippenstellung fokussiert wird, ist beim Ansehen eines Films das Gegenteil der Fall: Beim Film konzentriert man sich wohl auf den Text der Dialoge, auf die generelle Entwicklung der Handlung, wobei aber auch andere Faktoren wie Aussehen, Bewegung, Kleidung oder Schmuck der Schauspieler, Landschaft und die musikalische Untermalung in nicht unerheblichem Maße von der Sprache des Films ablenken.[80] Diese Faktoren kommen der Synchronisation natürlich sehr zugute, wobei, wie bereits angedeutet, große Unterschiede zwischen verschiedenen Filmen bestehen können.

Der zweite wesentliche Unterschied zwischen den Situationen des Diaversuchs und des Film-Ansehens besteht darin, daß während beim Dia die Extremposition der Lippen lange gezeigt wurde, sie im Film nur Bruchteile von Sekunden zu sehen und auf dem kleinen Bildschirm unter Umständen kaum zu erkennen ist. Gimson (1970: 95) gibt für die Artikulation eines englischen Langvokals Werte zwischen 10,3 und 35,7 csec an.[81] Angaben zum Sprechtempo variieren;[82] während Liebermann (1973: 61) von etwa 20 bis 30 Segmenten pro Sekunde spricht,[83] führt Gimson (1970: 25) bezüglich des Sprechtempos folgendes aus:

> An average rate of delivery might contain anything from about 6 to 20 sounds per second, but lower and much higher speeds are frequently used without loss of intelligibility. ... it seems that a vowel lasting only about 4 msecs may have a good chance of being recognized.

Der Zeitraum für die Wahrnehmung der extremen Lippenstellung ist aber noch immer geringer anzusetzen, weil diese nicht während der gesamten Artikulation eines Vokals gegeben ist, wie z.B. Catford (1988: 124) ausführt:

> Speakers of many varieties of English may notice that in saying a word like <u>too</u> there is no fixed degree of lip-rounding. At the start of the word the lips may be more or less spread, but as the utterance of the word proceeds, they become more and more closely rounded.

Der Zeitraum, der für die Perzeption von Extrempositionen von Lauten zur Verfügung steht, ist also minimal.

Für die Analyse der Synchronisation ist dabei wohl von Bedeutung, daß, wie zahlreiche

---

[80] Vgl. dazu auch Elam (1980: 32-49). Ähnliches gilt übrigens auch für die phonetisch präzise Wahrnehmung gesprochener Sprache. Vgl. etwa Brown (1977: 4-5): "On the whole people do not listen critically to the way the message is pronounced. The odd glottal stop or unusual pronunciation of a word may strike the listener, but most of the time he is busy abstracting the meaning of the message, and preparing his own mental comments on it. This is why most people are quite unaware of how Eng-lish is actually spoken. If asked to listen carefully and critically, with all their phonetic sophistication, to a tape recording of a speaker, they are usually astonished, and often shocked, to notice how the speaker is speaking."

[81] Gimson (1970: 95) bezieht sich dabei auf Wiik (1965). Stevens/House (1972: 5) machen folgende Angaben: "The duration of stressed vowels varies from 400 msec for long ones to 100 msec for short; unstressed vowels can be considerably shorter."

[82] Vgl. auch Fährmann (1960: 44-50), der eine Skala aufstellt, die von "sehr langsam" (ca. 100 Silben pro Minute und darunter) bis zu "sehr rasch" (ca. 400 Silben pro Minute und darüber) reicht.

[83] Vgl. dazu auch Matthei/Roeper (1983: 40-1). Libermann (1970: 306) nennt einen Wert von 25 bis 30 Segmenten pro Sekunde.

Experimente der Psycholinguistik zeigen[84], Sprachperzeption nicht segmental erfolgt. Matthei und Roeper (1983: 40-1) stellen dazu folgendes fest:

> The rate at which meaningful sound distinctions are transmitted in human speech is very rapid. Philip Lieberman (1973) points out that sound segments come at us at the rate of 20 to 30 segments per second. ... This is a puzzling fact, however. The fastest rate at which we can reliably identify individual sounds in sequence is only about 7 to 9 per second (Liberman, 1970). Sounds which come at us at the rate of 20 per second (or faster) merge into something like a tone in which each separate segment can no longer be distinguished. Our visual system has the same limitation, and that is why motion pictures work. A movie projector presents us with individual still images at a speed of 16 frames per second or greater; because this rate is higher than the rate at which we can perceive individual images, the images merge, and the perceived effect is that of smoothly flowing motion in the images on the screen.[85]

Wimmer und Perner (1979: 113) fassen die Forschungslage folgendermaßen zusammen:[86]

> Die Lauterkennung geht nicht nur datengetrieben vor sich, sondern wird auch von Worterwartungen geleitet. Die Worterwartungen können über erkannte Laute, aber auch über syntaktische und inhaltliche Erwartungen zustande kommen. Insofern kann die Lauterkennung von höheren Analyseebenen beeinflußt sein. Ein wesentliches Merkmal der Lauterkennung ist die Berücksichtigung von Information an anderen zeitlichen Stellen der Äußerung.

Experimente, die die Bedeutung des Kontexts für das Verstehen von Äußerungen nahelegen, zeigen z.B.
- daß Wörter, die aus Unterhaltungen isoliert wurden, einzeln wesentlich schlechter verstanden werden,[87]
- daß tatsächliche Wörter bei hohem Geräuschpegel besser verstanden werden als Phantasiewörter,[88]
- daß bei Experimenten, in denen Testpersonen einen gehörten Text sofort nachsprechen sollen, Wörter antizipiert und Fehler im Originaltext korrigiert werden[89] und
- daß die Testpersonen sich in solchen Experimenten auch dann gut auf einen Text konzentrieren können, wenn sie mit dem anderen Ohr gleichzeitig einen anderen Text hören.[90]

Entscheidend ist, wie z.B. Wimmer und Perner (1979: 112) ausführlich darlegen[91], daß

---

84 Vgl. dazu z.B. Clark/Clark (1977: 176-7), Wimmer/Perner (1979: 110-3) oder Matthei/Roeper (1983: 40-3) und die dort angegebene Literatur.

85 Vgl. Liebermann (1973: 61).

86 Zur Beeinflussung durch den Kontext beim Wahrnehmen von Sprachlauten s. Ladefoged (1967: 144-5).

87 Vgl. Pollack/Pickett (1964); dazu Clark/Clark (1977: 211-2).

88 Vgl. Matthei/Roeper (1983: 53) und die dort angegebene Literatur.

89 Vgl. Marslen-Wilson (1973 und 1975); dazu Clark/Clark (1977: 218).

90 Vgl. Cherry (1953); dazu Clark/Clark (1977: 216-7).

91 Wimmer/Perner (1979: 111) berichten z.B., "... daß ein /d/ am Silbenbeginn nicht identifiziert werden kann, wenn kein nachfolgender Selbstlaut gegeben ist." Vgl. dazu Wimmer/Perner (1979: 110-2) und Clark/Clark (1977: 191-220) und die dort geschilderten Experimente. Nach Garnes/Bond (1976: 292) spielt semantische Erwartung aber vor allem dann eine Rolle, wenn die phonetische Information nicht eindeutig ist: "When the phonetic information available to a listener is unambiguous (...), semantic expectations had little, if any, noticeable effect on the judgments. We found that listeners d o understand anomalous sentences... However, when the phonetic information available to a listener is inadequate or

"die menschliche Lauterkennung ... erwartungsgeleitet vor sich geht", wobei "Erwartungen ... einen derart starken Einfluß auf die Lauterkennung" haben, "daß sie zu eindrucksvollen auditorischen Illusionen führen". Mit einer Reihe von Experimenten ließ sich z.B. der sog. *phonemic restoration effect*[92] nachweisen:[93]

- In einem Experiment von Warren (1970) wurde z.B. im Satz *The state governors met with their respective legislatures convening in the capital city* das /s/ im Wort *legislatures* durch ein Hustengeräusch ersetzt. Versuchspersonen stellten beim Anhören nicht fest, daß das /s/ fehlte, und zwar meinten sie auch dann ein /s/ zu hören, wenn sie die Versuchsgestaltung kannten.
- Daß dabei auch Sinnzusammenhänge, die aus dem Kontext erschlossen werden, eine Rolle spielen, und daß die dadurch entstehenden Erwartungen auch rückwärts wirken können, wiesen Warren und Warren (1970) durch die folgenden Sätze nach:[94]

  It was found that the *eel was on the axle.
  It was found that the *eel was on the shoe.
  It was found that the *eel was on the orange.
  It was found that the *eel was on the table.

  Je nach Kontext meinten die Versuchspersonen *wheel, heel, peel* oder *meal* gehört zu haben.

Für die Synchronisation ist in diesem Zusammenhang interessant, daß Abweichungen von der Erwartung, soweit sie sich aus dem Kontext rekonstruieren lassen, erstens nicht bemerkt und zweitens korrigiert werden. Ähnliches könnte nämlich bis zu einem gewissen Grad zeitlichen Verschiebungen von wahrnehmbaren Lippenstellungen und gehörten Lauten der Fall sein.[95] Für akustische Eindrücke gilt ohnehin, daß eine genaue temporale Lokalisierung nur sehr schwer möglich ist. Das zeigen sogenannte *click*-Experimente, in denen Testpersonen ein Störgeräusch in einem Text lokalisieren sollen, wobei eine Verschiebung in Richtung auf die Grenzen syntaktischer Konstituenten festgestellt wurde.[96] Auch wenn gewisse Vorbehalte dahingehend angebracht zu sein scheinen, ob die Ergebnisse solcher Experimente nicht (zumindest zum Teil) auch der Reaktions- und nicht der Perzep-

---

ambiguous, semantic and/or lexical expectations were found to influence the perceptual judgments ...".

92 Vgl. Clark/Clark (1977: 213).

93 Zu diesen beiden Versuchen vgl. Clark/Clark (1977: 213-4) und Wimmer/Perner (1979: 112-3).

94 Vgl. dazu auch Goldstein/Lackner (1973: 279): "... when sentence (1) is read quickly to a listener, (1) This guy, when the moon is full and bright, turns into the wolfman, he is likely to misinterpret the first two words of the sentence as 'the sky' when he first hears them. This interpretation is consistent with the context of the sentence until the end, when he hears 'wolfman', at which point he will have to change his interpretation of the first two words in order to arrive at a coherent meaning for the sentence."

95 Bis zu einem gewissen Grad scheinen auch visuelle Wahrnehmungen von Erwartungen bestimmt zu sein; vgl. Wimmer/Perner (1979: 96).

96 Vgl. etwa Fodor/Bever (1965) oder Ladefoged (1967: 151): "The click tends in fact to be heard on the average as occuring during the word before the one which it accompanies. This inaccuracy is all the more striking when we recall that each word consists of several sounds in an order which, one might think, must be perceived if the word is to be recognized." Zu einem Überblick über Experimente dieser Art s. Barry (1983: 247-53).

tionsphase zuzuschreiben sind[97], kommt z.B. Ladefoged (1967: 161) zu folgendem Schluß:

> We may conclude from our experiments that the process of decoding information when listening to speech may involve operating on units which are somewhat larger than the duration of a single speech sound.

Aufgrund verschiedener Experimente schreibt Barry (1983: 266) der Silbe in dieser Hinsicht eine bedeutende Stellung zu:

> (1) Segments are not units of perceptual processing because placement scores are at essentially chance level.
> (2) The syllable is a strong candidate for the basic processing unit, because (a) the reduction in placement errors compared with the segment is much greater than the increase in temporal extension would lead to expect, and (b) segment errors are much more probable within the syllable than across syllable boundaries...

Wenn man davon ausgehen kann, daß Sprachlaute in der Regel nicht die Grundeinheiten der Perzeption darstellen, würde das auch die relativ große Toleranz bezüglich der Korrelation von Bild und Sprachlaut bei der Synchronisation erklären bzw. die generell akzeptierte Praxis der Synchronisation könnte unter Umständen als weiteres Indiz diesbezüglich interpretiert werden.[98] Das würde auch erklären, warum es z.B. bei einer Häufung von Labialen im Originaltext in der Synchronisation geboten erscheint, ebenfalls einen oder mehrere Labialkonsonanten zu verwenden, absolute Simultaneität der Labiale jedoch keineswegs notwendig ist. Insofern liefern psycholinguistische Befunde - vor allem in Hinblick auf die zugrundeliegende Perzeptionseinheit und in Hinblick auf eine Tendenz zur Korrektur oder Normalisierung von Gehörtem - durchaus Hypothesen zur Erklärung für die große Toleranzbreite bei synchronisierten Filmen.[99] Allerdings setzt das detaillierte psycholinguistische Forschungen in bezug auf die Korrelation akustischer und visueller Eindrücke bei der Perzeption voraus, insbesondere auch in Hinblick auf die Frage, inwieweit visuelle Faktoren wie die Lippenstellung überhaupt bei der Perzeption eine Rolle spielen.

Synchronisierte Filme zeigen sehr deutlich, daß Abweichungen der Lippenstellung das Verständnis des Textes nicht erschweren. Soweit Asynchronien festgestellt werden, wird das bestenfalls als störend empfunden, aber das Verständnis ist nicht beeinträchtigt, was eindeutig auf eine Vorrangigkeit, wenn nicht die Ausschließlichkeit der auditiven Verarbeitung hindeutet.[100] Die Analyse synchronisierter Filme liefert somit ein weiteres Indiz für

---

97 Zu einer kritischen Diskussion dieser Experimente vgl. u.a. Clark/Clark (1977: 53-5) und Garnham (1985: 74-7). Problematisch erscheint dabei vor allem, ob die in Experimenten festgestellte Verlagerung eines Klickgeräuschs in der Perzeptions- oder der Responsphase geschieht. Clark/Clark (1977: 55) merken dazu an: "Listeners try to isolate and identify constituents in working memory, for they are useful in building propositions. But whether or not click displacements occur at the initial perceptual stage is still an open question." Vgl. Lagefoged (1967: 161).

98 Das würde allerdings psycholinguistische Experimente in bezug auf die Korrelation von Lippenbewegung und Laut ähnlich den *click*-Experimenten erfordern.

99 Dabei darf jedoch nicht übersehen werden, daß akustische Faktoren wie *clicks* nicht zwangsläufig mit visuellen Faktoren bezüglich der perzeptionellen Verarbeitung gleichgesetzt werden dürfen.

100 Vgl. dazu auch Erber (1969: 423): "When one observes a talker in quiet surroundings, he receives auditory and visual cues for speech that are closely related (i.e., particular oral configurations emit

die Bedeutung von sprachlichem Kontext und Sinnzusammenhängen bei der Lautperzeption. Das gilt insbesondere auch in Hinblick auf die Bewertung von Experimenten zur Lauterkennung in Zusammenhang mit der sog. *manner-place hypothesis*, wie sie etwa MacDonald und McGurk (1978) vertreten. Ausgangsbasis sind dabei Beobachtungen wie die, daß in Experimenten, in denen der Ton /ba-ba/ auf die Lippenbewegungen von /ga-ga/ synchronisiert wurde, 80% einer Gruppe von Vorschulkindern und 98% einer Erwachsenengruppe angaben, die Lautfolge /da-da/ gehört zu haben. McDonald und McGurk (1978: 254) formulieren die Hypothese folgendermaßen:[101]

> Basically, the hypothesis says that in face-to-face communication between normally hearing people, manner of articulation of consonantal utterances is detected by ear (e.g. whether the utterance is voiced or voiceless, oral or nasal, stopped or continuant, etc.); place of articulation, on the other hand, is detected by eye. The hypothesis argues that, at an as yet unknown level of processing, information from the two sources is combined and synthesized, resulting in the "auditory" perception of a best fit solution.

Entscheidend für die Beurteilung solcher Befunde ist, daß diese Mischung der Perzeptionsebenen bei einer extremen Fokussierung der Perzeptionsmechanismen auf Sprache erfolgt; würde eine solche Mischung auch unter anderen Bedingungen erfolgen, wäre Synchronisation wohl unmöglich. Die Tatsache, daß synchronisierte Filme in der Regel keine Verständnisprobleme bereiten, hängt mit der Rolle der kontextuellen Information zusammen, die in den Experimenten von MacDonald und McGurk nicht gegeben ist; sie zeigt aber auch, daß das Verarbeiten visueller Information bei der Dekodierung von Sprache nicht mit dem akustischer auf derselben Ebene steht.

Das gilt zumindest dann, wenn der Hörer den Text ohne Schwierigkeiten verstehen kann. In anderen Fällen haben Lippenbewegungen unter Umständen subsidiären Charakter bei der Dekodierung. Dafür spricht zum einen die Beobachtung, daß Telefonieren in der Fremdsprache wesentlich schwieriger ist als eine Kommunikation, bei der sich beide Gesprächspartner sehen können. Zwar mag das nicht ausschließlich auf die Möglichkeit zurückzuführen sein, die Artikulationsbewegungen des Sprechers zu verfolgen;[102] daß Lippenbewegungen eine gewisse Rolle beim Dekodieren zukommt, wird aber auch durch folgende Beobachtung gestützt: Es scheint - bei einem bestimmten Kompetenzstand - wesentlich schwieriger zu sein, in eine Fremdsprache synchronisierte Filme anzusehen als Originalfilme in derselben Sprache.[103] Eine Erklärung dafür wäre, daß die Lippenbewegungen Information enthalten, die in der Regel für die Dekodierung redundant ist und auch nicht aus-

---

expected speech sounds). Under these conditions, audition and vision provide redundant information, and visual cues are superfluous for most individuals with normal hearing."

[101] MacDonald/McGurk (1978: 256) räumen dabei aufgrund experimenteller Befunde durchaus die Notwendigkeit einer Modifikation ein: "... the results of the experiment confirm the predictive validity of the manner-place hypothesis with respect to the nature of the illusions elicited by labial-voice/nonlabial lips presentations; it is less satisfactory with respect to nonlabial sound/ labial lips combinations and therefore will clearly require modification and refinement."

[102] Im Falle eines Telefonats spielt sicherlich auch eine Rolle, daß der Gesprächspartner, der in der Muttersprache spricht, die Verständnisschwierigkeiten des anderen nicht am Gesichtsausdruck etc. erkennt und von daher sein Gesprächsverhalten nicht darauf einstellt.

[103] Hierin mag auch eine Ursache für die ablehnende Haltung vieler Ausländer gegenüber der Synchronisation im deutschen Fernsehen liegen.

genutzt wird (so daß Asynchronien im Normallfall nicht auffallen).[104] Angesichts der Tatsache, daß bei einer Reduzierung der sprachlichen Redundanz durch mangelnde sprachliche Kompetenz - ähnliches könnte auch bei einer Beeinträchtigung des Gehörs der Fall sein[105] - auf die visuelle Information zurückgegriffen wird,[106] kann wohl zwar von einer Vorrangigkeit, nicht aber von einer Ausschließlichkeit der akustischen Information gesprochen werden.[107]

---

[104] Es erscheint jedoch fraglich, ob nicht auch Hörer mit normalem Hörvermögen die Lippenbewegungen bei der Perzeption miteinbeziehen. Summerfield (1979: 320-1) stellt z.B. fest: "... experiment I confirmed that untrained observers can benefit from viewing the face of the talker whose speech they must understand and it showed that a reduced, but significant, improvement also occurs when only the talker's lips are displayed ... Phenomenally, the effect is captured in the comments of several subjects who observed that the test sentences sounded clearer when they could see the talker's lips." Vgl. dazu Studdert-Kennedy (1979: 11-2).

[105] Interessant wäre in diesem Zusammenhang auch eine Untersuchung des Sehverhaltens älterer Zuschauer, bei denen sich eine Beeinträchtigung der Gehörleistung bemerkbar macht. Nach Auskunft der Abteilung Medienforschung des ZDF liegen aber keine Erkenntnisse dahingehend vor, daß synchronisierte Sendungen bei älteren Zuschauern eine niedrigere Sehbeteiligung aufweisen. In diesem Zusammenhang ist zu berücksichtigen, daß ältere Zuschauer ohnehin das Fernsehen stärker nutzen (vgl. etwa *ZDF Jahrbuch 1988* (1989: 239). Außerdem darf nicht übersehen werden, daß Hörschwächen durch entsprechende Lautstärkeregulierungen ausgeglichen werden können, so daß sich eventuelle größere Verständnisprobleme bei synchronisierten Filmen nicht notwendigerweise in einer niedrigeren Sehbeteiligung auswirken würden. Vgl. aber in diesem Zusammenhang etwa Erber (1975: 488): "Most hearing-impaired patients typically receive speech through both auditory and visual modalities during everyday communication. This means that they usually watch the mouth and face of the talker to maximize perception of speech information." Vgl. auch Jackson/Montgomery/ Binnie (1976: 796). Zum Zusammenhang von Hörfähigkeit und visueller, auditiver und audiovisueller Perzeption von Sprache s. auch Ewertsen/Nielsen (1971).

[106] In diesem Zusammenhang sind auch Untersuchungen interessant, die den Zusammenhang von akustischer und visueller Information bei verschiedenen Geräuschpegeln zum Gegenstand haben. O'Neill (1954: 438-9) kommt dabei z.B. zu folgenden Ergebnissen: "Individuals with normal hearing made appreciable use of visual cues (lipreading) to gain information in some communication channels. Visual recognition was always greater than non-visual recognition for all materials under all four of the speech-to-noise ratios employed in the study. ... If the auditory channel of communication is employed alone, a high level of noise tends to make communication more difficult. When the visual channel supplements the auditory channel there is an increase in understandability of the *vowels, consonants, words* and *phrases* that are transmitted." S. auch Dodd (1977: 39), die u.a. feststellt: "... in noisy environments, subjects rely heavily on vision for the perception of front consonants." Dodd (1977: 38-9) kommt in bezug auf asynchronen Ton zu folgenden Ergebnissen: "Separating the two modality inputs (hearing and vision) in the out-of-synchrony condition by 400 ms resulted in a significant increase in errors. However, despite the out-of-phase nature of the two inputs in this condition, having both inputs provided significantly more information than either vision or hearing alone. Subjects were able to combine the out-of-phase inputs from the two modalities." Vgl. auch Sumby/Pollack (1954: 213). Zur Rolle visueller Information bei der phonetischen Perzeption s. auch Summerfield (1979) und die dort angegebene Literatur.

[107] Insofern ist auch MacDonald/McGurk (1978: 256) zuzustimmen, wenn sie "a general effect of vision upon speech perception in face-to-face situations" postulieren.

2.7. Schlußfolgerungen

2.7.1. Sprachwissenschaftliche Schlußfolgerungen

In Hinblick auf sprachwissenschaftliche Fragestellungen ergeben sich Schlußfolgerungen perzeptionspsychologischer und phonetischer Art. Bei ersteren steht die Beobachtung, daß Asynchronien zwischen Lautqualität und Artikulationsbewegungen - soweit sie in einem gewissen Rahmen bleiben - nicht auffallen, in Einklang mit der aus verschiedenen Experimenten gezogenen Folgerung, daß Segmente nicht die Grundeinheiten der Perzeption bilden (bzw. diese Tatsache kann als weiteres Indiz in dieser Richtung interpretiert werden). Sehr deutlich zeigt sich an synchronisierten Filmen auch die Rolle von Kontext resp. Sinnzusammenhang bei der Perzeption. Eine Hypothese wie die von MacDonald und McGurk, derzufolge Artikulationsort visuell und Merkmale wie Artikulationsort oder Stimmhaftigkeit/Stimmlosigkeit auditiv wahrgenommen werden, erscheint aufgrund der Tatsache, daß synchronisierte Filme im allgemeinen keine Verständnisprobleme mit sich bringen, nicht haltbar. Es erschiene plausibler, die Ergebnisse der Mischung von auditiven und visuellen Eindrücken bei der Perzeption in diesen Experimenten als Indiz dafür zu sehen, daß visuelle Information bei der Perzeption genutzt werden kann. Diese Information ist aber redundant; schließlich kann man einen Sprecher auch dann verstehen, wenn man ihn nicht sieht. Es ist offensichtlich, daß auf redundante Information um so mehr zurückgegriffen wird, je stärker die Einwirkung von Störfaktoren ist. Je weniger deutlich die akustische Information ist, desto mehr wird der Hörer visuelle Information mit einbeziehen (was natürlich auch im Falle eines entsprechend ausgerichteten Experiments der Fall ist). Daß dies vor allem in bezug auf Artikulationsort von Konsonanten möglich ist, hat offensichtliche artikulatorische Ursachen. Wenn man die Gültigkeit der *manner-place hypothesis* in dieser Form einschränkt, sind die experimentellen Befunde von MacDonald und McGurk und die Ergebnisse der Rezeption von Synchrontexten durchaus miteinander vereinbar.

Außerdem kann man annehmen, daß sich bis zu einem gewissen Grad auch ein in anderen Bereichen wirksamer Korrekturmechanismus bei der Synchronisation auswirkt: Ebenso wie Testpersonen z.B. der Überzeugung sind, einen objektiv nicht vorhandenen Laut gehört zu haben (oder wie man auch elidierte und assimilierte phonetische Formen in der Regel ohne weiteres versteht), könnte sich bei der Synchronisation eine Korrektur in Hinblick auf die Simultaneität von Bild und Laut einstellen. Man kann wohl davon ausgehen, daß die für die Erkennung eines Wortes vorhandene Information häufig so viel an Redundanz enthält, daß sie auch durch widersprüchliche Informationen wie sie bei Elisionen, Assimilationen, Versprechern, dialektalen Formen und eben auch bei der Abweichung von Bild und Ton auftreten, nicht entscheidend gestört wird.

Die Tatsache, daß Asynchronien nur in relativ geringem Maße wahrgenommen werden, ist zum Teil perzeptionspsychologisch bedingt, vor allem auch bezüglich auf zeitliche Faktoren wie die Kürze der Artikulationsbewegungen. Dennoch ist festzustellen, daß in sehr vielen Fällen die Lippenbewegungen auch nicht so ausgeprägt sind, daß sie nur eine Interpretation zuließen. Insbesondere bei Vokalen ergibt sich ein sehr großer Spielraum, der praktisch nur bei sehr extremen Realisationen nicht gegeben ist.

2.7.2. Synchronisationstheoretische Schlußfolgerungen

In Hinblick auf die Synchronisation sind folgende Schlußfolgerungen zu ziehen:

1. Synchronität ist in Hinblick auf Beginn und Ende der Lippenbewegungen (quantitative Lippensynchronität), Lautqualität (qualitative Lippensynchronität), Sprechtempo, Artikulationsdeutlichkeit und Lautstärke sowie Bewegungen (Nukleussynchronität) erforderlich.
2. Welcher Grad von Lippensynchronität erforderlich ist, läßt sich nur an der konkreten Filmpassage entscheiden: Die Unterschiede zwischen einzelnen Sprechern, Sprachstilen usw. sind so groß, daß nicht aufgrund des Drehbuchs entschieden werden kann, welche Stellen problematisch sind.
3. Als Problemlaute erweisen sich Vokale mit extremen Lippen- und Kiefernstellungen und bilabiale Konsonanten. In vielen Fällen werden jedoch auch Vokale wie /iː/ oder /uː/ aufgrund von Faktoren wie Lautumgebung oder Sprechgeschwindigkeit mit einer relativ neutralen Lippenstellung artikuliert, was für die Synchronisation beachtlichen Freiraum bedeutet.
4. Auch bei Labialkonsonanten ist bei normaler Sprechgeschwindigkeit keineswegs absolute Simultaneität erforderlich.
5. Prinzipiell empfiehlt sich eine Orientierung an den betonten Silben, und zwar weil Gesten mit Nuklei zusammenfallen und weil Lippenbewegungen in betonten Silben oft ausgeprägter sind. Auch die wichtige Rolle, die betonten Silben bei der Perzeption zukommt, legt nahe, ihnen bei der Synchronisation Priorität einzuräumen.[108]
6. Es wird sehr deutlich, daß erheblicher Spielraum in bezug auf die verschiedenen Typen der Synchronität besteht; am geringsten ist er wohl in Hinsicht auf die quantitative Lippensynchronität. Von daher ergibt sich für die Möglichkeiten der Textgestaltung ein beträchtlicher Freiraum.

Natürlich kann bei der Synchronisation nur ein optimaler Kompromiß zwischen den verschiedenen Ebenen der Synchronität (und der Textgestaltung) angestrebt werden. Die Tatsache, daß vorhandene Asynchronien in Filmen nur vereinzelt auffallen, sollte aber nicht dahingehend interpretiert werden, daß der Synchronität keine große Bedeutung zukomme. Auch wenn einzelne Verstöße gegen die qualitative Lippensynchronität weitgehend unbemerkt bleiben, muß eine Häufung von Verstößen vermieden werden. Dabei sind zwei Faktoren zu bedenken: Zum einen läßt sich nicht feststellen, inwieweit Asynchronien vom Zuschauer unbewußt registriert werden und sein Urteil über den Film als Ganzes beeinflussen. Zum anderen ist durchaus möglich, daß sich eine Häufung von bemerkbaren Verstößen dahingehend auswirkt, daß etwa der automatische Korrekturmechanismus bei der Perzeption nicht mehr eingreift oder die Fokussierung vom Textinhalt auf die Lippenbewegungen gelenkt wird.[109] Ziel der Synchronisation muß also sein, eine auffällige Häufung von Asynchronien und sehr krasse Asynchronien zu vermeiden, um die Fokussierung der Perzeption auf die Lippenbewegungen zu vermeiden.

---

[108] Vgl. in diesem Zusammenhang z.B. Shields/McHugh/Martin (1974) oder Cutler/Foss (1977).

[109] Auch hier ergibt sich eine Parallele zum Fremdsprachenlernen: Wenn jemand in der Fremdsprache vereinzelt leichte Fehler macht, wird das die Unterhaltung mit Muttersprachlern kaum beeinträchtigen, sobald jemand aber einen gravierenden Fehler gemacht hat, wird die Aufmerksamkeit des Zuhörers auch in Richtung auf die sprachliche Kompetenz des Sprechers gelenkt.

3. Paralinguistische Äquivalenz - Stimmen bei der Synchronisation

3.1. Paralinguistische Äquivalenz

3.1.1. Paralinguistische Synchronität und Äquivalenz

Paralinguistische Merkmale wie Sprechgeschwindigkeit, Lautstärke oder Deutlichkeit der Artikulation sind nicht nur in Hinblick auf die Synchronität wesentlich, sondern auch unter dem Gesichtspunkt, daß sie Bedeutung tragen. Die Bedeutung, die durch solche Merkmale ausgedrückt wird, ist nicht mit denotativer Bedeutung gleichzusetzen, sondern bezieht sich eher auf das, was Leech (1981: 15-16) unter *affective meaning* oder Lyons (1977: 65) als *modulation*[1] faßt. Sehr deutlich wird dieser Charakter der Bedeutung paralinguistischer Merkmale[2] auch in der Beschreibung von Brown (1977: 129-48):

pitch span	1 medium span 2 extended span 3 restricted span	- unmarked - exposed emotion - unexposed emotion
placing in voice range	1 middle placing 2 raised or lowered placing	- unmarked - attitude/emotion
pitch direction	1 fall 2 high rise	- unmarked - demands a response
tempo	1 normal tempo is unmarked 2 *rapid* or *slow* tempo is marked for attitude	
loudness	1 normal 2 loud or soft	- unmarked - some attitude is being expressed

---

[1] Lyons (1977: 65): "By the modulation of an utterance is meant the superimposing upon the utterance of a particular attitudinal colouring, indicative of the speaker's involvement in what he is saying and his desire to impress or convince the hearer."

[2] Vgl. dazu auch die Liste bei Crystal/Quirk (1964: 66-8). Crystal (1975: 94-5) zählt zu den prosodischen Merkmalen *pitch* (*tone, pitch range*), *loudness, tempo, rhythmicality* und faßt *paralinguistic features* auf als: "Non-segmental variations *other* than those caused primarily by pitch, loudness and speed." S. auch Crystal (1969: 128-31). Zu verschiedenen Verwendungen des Terminus *paralanguage* vgl. u.a. Crystal (1975: 51-5). Vgl. in diesem Zusammenhang auch die Erörterung von "kinetic synchrony" bei Whitman-Linsen (1992).

voice setting	1 normal 2 breathy or creaky	- unmarked - some emotion or attitude is being expressed
articulatory setting	1 normal 2 tense	- unmarked - expresses emotion
articulatory precision	1 normal 2 precise/slurred	- unmarked - expressing attitude
lip setting	1 normal 2 smiling/pursed	- unmarked - expressing attitude
pause	1 no pause 2 pause	- unmarked - indicates what the speaker is going to say next

Für die Synchronisation stellen paralinguistische Merkmale insofern ein Problem dar, als ihre Bedeutung nicht universell, sondern sprachen- bzw. dialektspezifisch ist, wie auch Abercrombie (1972: 64) schreibt:

> Paralinguistic phenomena are neither idiosyncratic and personal, on the one hand, nor generally human, on the other. They must, therefore, be culturally determined, and so, as one would expect, they differ from social group to social group. They differ a great deal, and the differences go with language differences, even with dialect differences within languages, though they sometimes cut across linguistic boundaries.

So zeigt z.B. eine Untersuchung von Scherer (1979a), daß der Zusammenhang von Persönlichkeitseigenschaften wie Extrovertiertheit' und "silent hesitation pauses" bei amerikanischen und deutschen Sprechern keineswegs derselbe ist.[3] Aus diesem Grund muß zwischen paralinguistischer Synchronität, die sich auf die Übereinstimmung von Filmbild und Synchronton bezieht,[4] und paralinguistischer Äquivalenz unterschieden werden. Unter paralinguistischer Äquivalenz sei hier verstanden, daß die Bedeutung, die im Originalfilm durch paralinguistische Merkmale ausgedrückt wird, bei der Synchronisation erhalten

---

[3] Scherer (1979a: 163-4) kommt für die amerikanischen Versuchspersonen zu folgenden Ergebnissen: "The pattern of results for American speakers ... shows that *extroversion* (self- *and* peer ratings) seems to be negatively related to the *number* of silent hesitation pauses rather than to the duration of silent periods between sound bursts longer than 0.25 sec. or to speech or articulation rate. Consequently, in the juror study, extroverts seem to produce fewer pauses that are identified as hesitation pauses by listeners." In bezug auf deutsche Sprecher stellt Scherer (1979a: 164) fest: "... there is a positive correlation between self-ratings of extroversion and number of silent pauses (...). This suggests a need to look for alternative explanations of the phenomenon that could take intercultural differences into account." Zu weiteren Beispielen vgl. Scherer (1979a).

[4] Zur Unterscheidung von Synchronität und Äquivalenz s. 1.3.2.2; zum Äquivalenzbegriff s. Kapitel 7.

bleiben muß.[5] Es wäre also z.B. falsch, die extrem starken Tonhöhenbewegungen, die für den Sprechstil aufgeregter englischer Schulmädchen charakteristisch sind, bei der Synchronisation ins Deutsche durch ebenso starke Tonhöhenbewegungen wiederzugeben; im Deutschen ist nämlich eine solch starke Variation mit Exaltiertheit verbunden.

3.1.2. Konflikte zwischen paralinguistischer Äquivalenz und paralinguistischer Synchronität

Bei der Synchronisation können sich Konflikte zwischen paralinguistischer Synchronität und Äquivalenz ergeben. Das hängt damit zusammen, daß bei verschiedenen paralinguistischen Merkmalen die Notwendigkeit zur Synchronität in unterschiedlicher Weise gegeben ist. Wenn man die bei Brown (1977: 149) genannten paralinguistischen Merkmale zugrundelegt, so gilt wohl - natürlich nur für *On*-Szenen -, daß Faktoren wie Pausen, Deutlichkeit der Artikulation oder Lautstärke stark von der Synchronität bestimmt sind. Aber auch Parameter wie *articulatory setting* oder *lip setting* sind nicht vollkommen unabhängig vom Bild zu sehen, weil der Gesichtsausdruck des Sprechers in der Regel auch eine gewisse Sprechweise nahelegt. Das gilt zwar auch für *voice setting, placing in voice range* und *pitch span*, jedoch in grundlegend anderer Weise: Während - wie in 2.5.2 bereits angesprochen - im Falle von *lip setting* ein direkter Zusammenhang zwischen Lippenstellung und Lautqualität besteht, ist das bei *pitch span* nicht der Fall. Zwar kann man davon ausgehen, daß der Gesichtsausdruck eines Sprechers im Film etwa mit einem entsprechenden *pitch span* korreliert, weil sowohl Gesichtsausdruck wie auch *pitch span* Indikatoren für eine bestimmte Emotion sein können. Diese Korrelation erfolgt über die einzelsprachlich bedingte Parallelität der Bedeutung, so daß sich bei der Synchronisation Äquivalenz (auch bei niedrigerem oder höherem *pitch span* in der Zielsprache) ohne weiteres herstellen läßt, ohne daß eine Verletzung der Synchronität gegeben wäre.

Anders ist das z.B. bei den Kriterien der Artikulationsdeutlichkeit und der Sprechgeschwindigkeit, die, wie in Kapitel 2 gezeigt wurde, zumindest bis zu einem gewissen Grad von den Lippenbewegungen determiniert sind. Eine wenig ausgeprägte Artikulation scheint z.B. für bestimmte Varianten des amerikanischen Englisch (von Männern) üblich zu sein; eine Entsprechung im Deutschen gibt es nicht. Dabei ist jedoch festzustellen, daß der Spielraum in Hinblick auf die Erfordernisse der Synchronität so groß ist, daß auch eine deutlichere Artikulation möglich ist. Ähnliches gilt für die Sprechgeschwindigkeit, wo - wie in Kapitel 2 gezeigt wurde - eine erhebliche Steigerung der Sprechgeschwindigkeit von der Synchronität her in vielen Fällen durchaus möglich ist, aber eine Veränderung der Bedeutung mit sich bringen kann.

In der Praxis scheinen diese Probleme keine Rolle zu spielen. Soweit es zu

---

[5] In Kapitel 7 wird aufgrund übersetzungstheoretischer Überlegungen ausgeführt, daß Äquivalenz in diesem Fall nicht heißt, daß eine Bedeutung(skomponente), die im Ausgangstext durch paralinguistische Merkmale ausgedrückt wird, auch im Zieltext durch paralinguistische Merkmale ausgedrückt werden muß. Unter Umständen ist z.B. auch denkbar, daß solche Bedeutungen in der Übersetzung verbalisiert werden.

Verletzungen paralinguistischer Äquivalenz in dem Sinne kommt, daß paralinguistische Merkmale des Synchrontextes nicht in Einklang mit der Bedeutung des Textes stehen, handelt es sich dabei nicht um synchronitätsbedingte Verletzungen. Vielmehr entstehen solche Verletzungen dadurch, daß bei der Synchronisation die paralinguistische Ebene nicht genügend beachtet wird bzw. in Konflikt mit den Ebenen der Textgestaltung oder der Lippensynchronität steht.

3.1.3. Inadäquate paralinguistische Realisierungen

Inadäquate paralinguistsiche Realisierungen finden sich in synchronisierten Filmen vor allem in drei Fällen:

1. Sprechgeschwindigkeit: Es zeigt sich, daß sehr häufig der deutsche Synchrontext länger ist als der englische Originaltext, was in Einzelfällen den Eindruck von Hastigkeit etc. hervorrufen kann (> 2.3).
2. *pitch span*: Der deutsche Synchronton zeichnet sich gelegentlich durch eine monotone Stimmenführung aus. Eine mögliche Ursache dafür kann die Aufnahmetechnik in Takes darstellen, die es mit sich bringt, daß nur wenige Sätze hintereinander aufgenommen werden, was eine kontinuierliche Stimmführung unter Umständen erschwert.[6]
3. Pausen: Hierbei handelt es sich um ein sehr markantes Merkmal von Synchrontexten. Aufgrund der Lippensynchronität erscheinen Pausen oft unmotiviert:

Sie sind sich darüber im klaren, daß Sie von 15 vielleicht 20 // Eigentümern reden.	Well, you are talking about 15, maybe // 20 properties. *Local Hero 0.26 h*
Ich // weiß nicht, ob ich der Sohn sein kann, den du erwartest.	I don't know if I can be the son you expect. *DC 63:306*
Ich kann nur // wünschen, es wäre nicht soweit gekommen.	I ... I only wish it hadn't come this far. *DC 63:420*
Da gibt es eine Straße, die sich wie eine Schlange durch das Navaho-Land zieht, mitten durch // die Orangenhaine.	And a narrow dirt road that winds itself like a snake through Navaho country // through orange maces ... *DC 69:0.03 h*

Sie leidet noch // immer unter dem starken Blutverlust ... *Poldark 2/7:0.22 h*

An diesen Stellen erscheinen die Pausen weder die Funktion einer besonderen Hervorhebung des folgenden Wortes[7] noch die Funktion eines Verzögerungssignals, das

---

[6] Im Rahmen dieser Arbeit sind Messungen von *pitch span* nicht möglich. Ein sehr gutes Beispiel dafür findet sich etwa in den Dialogpassagen von Blake Carrington in einer Szene aus dem Pilotfilm des *Denver-Clan*, die in einem Hauptseminar übereinstimmend als zu monoton empfunden wurde.

[7] Zu Pausen als Stilmittel vgl. Brown (1977: 147). Zur Klassifizierung von Pausen vgl. auch Ballmer (1980: 212-3).

dem Sprecher Zeit zum Überlegen gibt,[8] zu erfüllen. Clark und Clark (1977: 267-8) geben drei Stellen an, an denen Planungspausen wahrscheinlich sind:[9]

> (1) *Grammatical junctures.* ...
> (2) *Other constituent boundaries.* ...
> (3) *Before the first content word within a constituent.* ...
> These pauses reveal how speakers are pulled by two opposing forces: the ideal delivery and the press of conversation. In their efforts to produce an ideal delivery, they would like to pause until they have fully planned the next sentence, or at least the next major constituent. This tendency leads to pauses of Types 1 and 2. On the other hand, there is the press of conversation. If they wait too long at these points they know that other people will think they have finished their contribution and will begin to take their turns. To avert this possibility, speakers must boldly start in on the first function words of the next constituent, especially when it begins a sentence, and only then stop to plan the constituent in detail. In this way they can signal to their audience that they are not yet finished with their contribution, but in so doing, they will produce a pause of Type 3.

Das erste Beispiel (*Local Hero*) zeigt sehr deutlich, daß es sich zwar im Englischen, nicht aber im Deutschen um eine solche Planungspause handelt. *Twenty* kann beim Sprechen Gegenstand der Überlegung sein, nicht aber *Eigentümer*.[10] Verstärkt wird die Künstlichkeit von Pausen in synchronisierten Filmen dadurch, daß häufig auch Lautstärke und Sprechgeschwindigkeit nicht zu einem nachdenklich überlegenden Sprechstil passen, so daß ein Konflikt paralinguistischer Merkmale entsteht.

3.2. Der Faktor Stimme

3.2.1. Extralinguistische und paralinguistische Elemente der Stimmqualität

Wenn man den Faktor der Stimmqualität[11] in die Untersuchung mit einbezieht, stellen sich zwei Abgrenzungsprobleme: einerseits das zwischen paralinguistischen und extralinguistischen Merkmalen und andererseits das von paralinguistischen und extralinguistischen stimmlichen Merkmalen. Laver und Hutcheson (1972: 13) nehmen dabei folgende

---

8 Zur Pause als *hesitation marker* vgl. Brown (1977: 90-7). Allgemein s. auch Crystal (1969: 166-72).

9 Vgl. in diesem Zusammenhang auch Butcher (1980: 89), der z.B. ausführt, daß bei einem Experiment keine Pausen nach kurzen Subjekten (*Jeder // wußte, daß* ...) oder Konjunktionen (... *daß // man ganz früh kommen müsse* ...) aufgetreten sind. Zum Vergleich von Pausen im Englischen und Deutschen vgl. Butcher (1980: 88-90). Grosjean (1980: 94) weist ebenfalls auf den Zusammenhang von Pausen und grammatischer Struktur hin, stellt aber fest, daß auch andere Faktoren wirksam sind; vgl. Grosjean (1980: 99): "... pausing is affected both by the relative importance of constituent breaks, reflected by the complexity indices, and the relative length of the constituents."

10 Selbst wenn man beim spontanen Sprechen solche Pausen vielleicht nicht ausschließen kann, ist zu berücksichtigen, daß es sich bei Filmen um geplante Sprache handelt. Vgl. dazu Garnham (1985: 218-9) und Henderson/Goldman-Eisler/Skarbek (1966) und Kapitel 5.

11 Zur Beschreibung von Stimmqualität vgl. vor allem Crystal (1969: 100-4 und 123-5) und Laver (1980). Vgl. auch die Beschreibung habitueller Stimmqualitäten bei Fährmann (1960: 30-44).

Abgrenzung vor:

> We personally favour a view that paralinguistic features are comprised of all those non-linguistic, non-verbal features (both vocal and non-vocal), which participants manipulate in conversation. The interpretation of such paralinguistic features, like that of linguistic features, is subject to conventions which are shared with other members of one's culture. ...
>
> ... Extralinguistic features also communicate indexical information, but, unlike linguistic and paralinguistic features, they are not subject to manipulation by the speaker within the course of a single interaction. They are by definition non-verbal, non-linguistic and non-paralinguistic, but they can be either vocal or non-vocal. One vocal extralinguistic feature would be voice quality, the personal vocal background to an individual speaker's speech-articulations. Voice quality as such is not voluntarily manipulable during an interaction, but it does signal a good deal of indexical information to the listener about biological, psychological and social characteristics of the speaker.

Damit ergibt sich das Problem, daß *voice quality* in einer Weise bestimmt werden muß, die paralinguistische Merkmale wie *placing in voice range* oder *voice setting* ausgrenzt.[12] Das ist jedoch kaum durchzuführen. Abercrombie (1967: 91) spricht von *voice quality* als "those characteristics which are present more or less all the time that a person is talking". Eine präzise Abgrenzung zu paralinguistischen Merkmalen ist damit noch nicht gegeben, denn auch Abercrombie (1967: 92) schreibt:

> The components of voice quality are of two different kinds, those which are outside the speaker's control, and those which are within it. The latter components can therefore be acquired by learning from other people, while the former can not.

Letztere Faktoren sind also nur bedingt als extralinguistisch zu bezeichnen.[13] Das äußert sich auch in Crystals (1969: 100 und 133) Unterscheidung zwischen *voice quality*[14] als

---

[12] Vgl. z.B. Robins (^{2}1971: 106-8), der den Terminus *voice quality* in einem recht weiten Sinn verwendet; er umfaßt einerseits Faktoren wie *pitch range*, die der Kontrolle des Sprechers unterliegen, um z.B. Emotionen zum Ausdruck zu bringen. Andererseits schreibt Robins (1971: 107-8): "Other aspects of voice quality are purely personal. It is highly unlikely that any two people are exactly alike in their speech ... Everyone is aware that differences in voice quality are part of each person's total individuality ...". Vgl. die Kategorien *voice quality* und *voice qualification* bei Crystal/Quirk (1964: 37-43). S. auch Fährmanns (1960: 29) Unterscheidung von habituellen Stimmqualitäten und individuellen Verlaufsqualitäten.

[13] Die Unmöglichkeit einer eindeutigen Zuordnung der Stimmqualität zu paralinguistischen oder extralinguistischen Merkmalen ergibt sich auch aus folgenden Bemerkungen von Abercrombie (1967: 93) in bezug auf bestimmte stimmliche Merkmale: "Such adjustments of the vocal cords and larynx, when they are assumed only for short stretches of time, will have to be considered again below among features of voice dynamics, under the heading of 'register'." Wenn man etwa Abercrombies (1967: 7) Unterscheidung von "indices which are present in pronunciation"

"(a) those that indicate membership of a group;
(b) those that characterize the individual;
(c) those that reveal changing states of the speaker"

auf stimmliche Merkmale überträgt, ist (c) wohl den paralinguistischen Merkmalen zuzurechnen, (b) den extralinguistischen, während (a) eine Zwischenstellung einnimmt. Vgl. Laver/Trudgill (1979: 3).

[14] Vgl. dazu auch Fährmanns (1960: 30) Kategorie der habituellen Stimmqualitäten.

"that relatively permanent, non-instutionalised, idiosyncratic, background voice quality which accompanies a person when he speaks ..." und *voice qualifications*, wobei Crystal (1969: 131) letztere den "paralinguistic systems" zurechnet, *voice quality* hingegen den "non-linguistic features". Laver und Trudgill (1979: 8) führen deshalb folgende genauere Differenzierung durch:[15]

Signalling function	informative		informative and communicative	
Relation to language	extralinguistic voice characteristics		paralinguistic 'tone of voice'	phonetic realizations of linguistic units
Temporal perspective	permanent	quasi-permanent	medium-term	short-term
Vocal variables	vocal features deriving from anatomical differences between individuals influencing both quality and dynamic aspects	voice settings, i.e. habitual muscular adjustments of the vocal apparatus, including voice quality settings and voice dynamic settings	'tone of voice' achieved by temporary use of voice settings, including paralinguistic quality settings and paralinguistic dynamic settings	momentary articulatory realizations of phonological units, including short-term manipulations of phonetic quality features and short-term manipulations of phonetic dynamic features
Marking function	physical markers	social and psychological markers		
Potential controllability	uncontrollable, therefore unlearnable	under potential muscular control, therefore learnable and imitable		

Die Unterscheidung zwischen "communicative" und "informative", die Laver und Trudgill (1979: 3-4) mit den "indexical features" von Abercrombie (1967: 6-8) in Verbindung bringen, geht auf Lyons (1977: 33) zurück, der sie folgendermaßen charakterisiert:

> 'Communicative' means "meaningful for the sender". ... A signal is informative if (regardless of the intentions of the sender) it makes the receiver aware of something of which he was not previously aware. 'Informative' therefore means "meaningful to the receiver". If the signal tells him something he knew already, ... it is uninformative.

Dabei erscheint es verfehlt, die Kategorie 'informative' durch den Bezug auf den Hörer zu definieren - das Wissen des Hörers kann den Charakter der Bedeutung nicht bestimmen; die Tatsache, daß ein Hörer etwa das Alter eines Gesprächspartners kennt, hat keinen Einfluß darauf, daß dieses Alter auch durch stimmliche Merkmale deutlich wird. Das

---

[15] Zu *voice settings* vgl. Laver/Trudgill (1979: 13-5).

wesentliche Unterscheidungsmerkmal ist die Intentionalität bzw. im Gegensatz dazu der Automatismus, mit dem bestimmte Informationen durch Sprache deutlich werden. Das gilt natürlich nicht nur für stimmliche, sondern auch für (andere) paralinguistische Merkmale. Dabei ist die Intentionalität, mit der bestimmte Indexmerkmale ausgedrückt werden, wohl graduell zu sehen. So schreibt Abercrombie (1967: 9):

> Other such indices accompany conditions such as fatigue, excitement, catarrh, grief, over-consumption of alcohol, nervousness. Physical states which directly affect the operation of the vocal organs naturally produce indices automatically ... More interesting are those indices that do not have a direct physical cause, those from which we infer feelings such as amusement, anger, contempt, sympathy, suspicion, and everything else that may be included under 'tone of voice'. ... on occasion they may convey, wittingly or unwittingly, an impression entirely different from that conveyed by the actual words which they accompany.

Entscheidend ist hierbei "wittingly or unwittingly": Die Tabelle von Trudgill und Laver müßte also insofern modifiziert werden, als zumindest bei einem Teil der "quasi-permanent extralinguistic voice characteristics" Intentionalität keineswegs auszuschließen ist. Auch wenn, wie angedeutet, Stimmqualität und andere sprachliche Merkmale in Hinblick auf diese Bedeutungskomponenten in Verbindung gebracht werden müssen, soll zunächst der Faktor der Stimmqualität isoliert betrachtet werden.

3.2.2. Stimmqualität bei der Synchronisation

3.2.2.1. Konsequenzen für die Synchronisation

Für die Synchronisation sind dabei folgende Gesichtspunkte von Bedeutung:

1. Auch Stimmqualität trägt in gewisser Weise Bedeutung, wobei Lavers und Trudgills Kategorie *informative* auf Abercrombies (1967: 6-9) *indexical features* zurückgeht.[16] Folglich ist bei der Synchronisation auch Äquivalenz auf der Ebene dieser Bedeutungskomponenten erforderlich.
2. Zum Teil können solche stimmlichen Merkmale durch die Schauspieler bei der Synchronisation gesteuert werden. Daß ein Teil der Faktoren, die Stimmqualität ausmachen, nicht kontrollierbar, also personenbezogen sind, hat entsprechende Konsequenzen für die Besetzung der Rollen mit Synchronschauspielern.

3.2.2.2. Feststellungen zur Synchronisationspraxis

Interessant ist in bezug auf den Zusammenhang von Stimme und Persönlichkeitsmerkmalen natürlich die Frage, inwieweit Stimme bestimmte Persön-

---

[16] Vgl. dazu Laver/Trudgill (1979: 3-4) und 3.3.

lichkeitsmerkmale (zwingend) nahelegt oder mit ihnen in Konflikt steht.[17] Hier kann sich die Untersuchung der Praxis der Synchronisation als nutzbringend erweisen. Dazu sind im wesentlichen drei Feststellungen zu machen:

1. Das Auswahlverfahren für Synchronsprecher ist weitgehend von der Intuition des Redakteurs und seiner Mitarbeiter bestimmt. In der Praxis erfolgt die Auswahl von Synchronsprechern häufig nämlich so, daß verschiedene Synchronschauspieler einige Passagen einer Rolle "probesprechen" und der Redakteur dann die Entscheidung trifft, welche Stimme am besten zur Rolle paßt.[18]
2. Bei der Besetzung von Synchronstimmen wird nicht primär auf stimmliche Ähnlichkeit zwischen Original- und Synchronschauspieler geachtet; in der Praxis bestehen oft beachtliche Unterschiede.[19]
3. Die Synchronstimmen werden von den Fernsehzuschauern akzeptiert.

Diesem letzten Gesichtspunkt kommt insofern große Bedeutung zu, als die Akzeptanz der Synchronstimme Rückschlüsse auf die Kompatibilität von Synchronstimme und Originalschauspieler bzw. Rolle zuläßt. Hauptgrund für diese Überzeugung ist die Tatsache, daß die Fernsehanstalten offensichtlich kaum Zuschriften von Zuschauern in dieser Richtung erhalten.[20]

Auch bei den Experimenten, in denen Studenten gebeten wurden, Auffälligkeiten in Folge 65 der Serie *Denver-Clan* und Folge 2/2 von *Yes Minister* zu notieren, fanden sich

---

[17] Zur Auswahl der Synchronschauspieler schreibt Rabanus (1982: 68) folgendes: "Ich habe ... bei der Synchronisation von Richard II. nicht ... - wie es gelegentlich zu lesen steht - einen deutschen Sprecher zu suchen, der dem englischen Schauspieler Derek Jacobi 'seine Stimme leiht', sondern ich habe die Kunstfigur Richard II. stimmlich zu besetzen. Ich lasse also eben nicht 'einen Menschen mit einer Stimme sprechen, die nicht die seine ist', sondern bemühe mich, eine ästhetisch verbindliche Kunstfigur auf eine Weise sich ausdrücken zu lassen, die der Verstehensmöglichkeit einer durch die Gemeinsamkeit der Sprache konstituierten Gruppe in zumutbarer Weise Rechnung trägt."

[18] Dabei kann man sicher davon ausgehen, daß nicht die extralinguistische Stimmqualität allein in die Entscheidung mit einfließt, sondern auch die sprachliche Realisierung der Rolle durch den Schauspieler. Zu den Prinzipien der Stimmenbesetzung in verschiedenen Ländern s. Derasse (1987: 11).

[19] Müller (1982: 125) ist nicht uneingeschränkt zuzustimmen, wenn er als einen Grund (vgl. dazu auch 3.2.2.4) für die Tatsache, daß manche Schauspieler immer von denselben Synchronsprechern synchronisiert werden, anführt, daß "ihre Stimme und ihre Diktion besonders gut zu deren Erscheinung paßt und sich weitgehend in Höhe und Timbre mit der des Originals deckt", was bei Müller (1982: 125) jedoch nicht weiter untersucht wird. Wesentlich ist jedoch der Hinweis bei Müller (1982: 125), daß eine solche Ähnlichkeit der Stimme "besonders bei Schauspielern von Bedeutung ist, die in ihren Filmen des öfteren Gesangseinlagen bieten", weil Gesang in der Regel nicht synchronisiert wird. Vgl. dazu auch Götz/Herbst (1987: 22-3) und Prüßmann (1987: 66).

[20] Anfragen wie die folgende sind wohl nicht sehr häufig: "Ich möchte gern wissen, wem die Synchronstimme der Fee Cleary gehörte - die Stimme, die so wunderbar zur Person paßte." (*Hörzu* 47 (15.11.1985)). Ähnlich finden sich Kommentare dann, wenn Zuschauer zufällig die Originalstimme kennen und deshalb die Synchronstimme als unpassend empfinden, wie im folgenden Leserbrief zur Serie *Dallas*: "Nachdem die ARD dem Larry Hagman als J.R. ein schäbiges Lachen aufsynchronisiert hat, was im Original nicht vorhanden ist, wird nun Cathy Podewell, die eine zwar schlagfertige und leider recht naive, aber ansonsten sehr liebenswerte und (noch) recht schüchterne Landlady mit auffälligem Slang darstellt, nun mit einer frechen, trivialen Stimme in einen völlig falschen Charakter verwandelt." (*Gong* 33 (11.8.1989)).

vergleichsweise wenige Anmerkungen zur Stimmqualität. Im Falle von *Yes Minister* wurde vor allem die Besetzung der Rolle des Arnold als sehr negativ empfunden und häufig (von 22 der 54 Testteilnehmer) kommentiert.[21] Im Falle des *Denver-Clan* bezog sich eine größere Anzahl von Kommentaren auf vier Rollen - mit 23, 12, 10 bzw. 7 Anmerkungen von 57 Testteilnehmern.[22] Für alle anderen Rollen werden Kommentare zur stimmlichen Besetzung von weniger als 10% der Testteilnehmer gemacht.[23]

3.2.2.3. Die Bedeutung biologischer Faktoren

Vor allem ist in diesem Zusammenhang wichtig, welche Schlüsse aufgrund der Stimmqualität in bezug auf den Sprecher gezogen werden können. In verschiedensten Experimenten wurde Stimmqualität hinsichtlich verschiedener Parameter getestet.[24] Laver (1972: 196-9) unterscheidet dabei zwischen biologischer,[25] psychologischer[26] und sozialer Information.[27] Es kann wohl als erwiesen gelten, daß die Stimmqualität einen zuverlässigen Indikator für biologische Information darstellt, insbesondere was die Faktoren Alter[28] und Geschlecht betrifft, wie auch Laver (1972: 199) ausführt:

---

21 Auch eine Nebenrolle, einer der Oxforder Dons, wurde mit 9 Nennungen relativ häufig erwähnt.

22 Insgesamt ergibt sich dabei folgendes Bild: Sammy Jo 23 Anmerkungen (22 negativ, 1 positiv); Adam 12 (negativ); Claudia 10 (negativ); Fallon 7 (6 negativ, 1 positiv); Steven 4 (negativ); Barrows 4 (3 negativ, 1 positiv); Blake 3 (2 negativ, 1 positiv); Laird 3 (1 negativ, 2 positiv); Mark 2 (negativ); Krystle 2 (negativ); Jeff 2 (je 1 negativ und positiv); Alexis 2 (negativ); Richter 1 (negativ). Die Kritik geht dabei in etwa in folgende Richtung: Sammy Jo (zu kindlich, dümmlich, schrill, piepsig, unnatürlich, affig, quietschend, zu hoch); Adam (zu brav, zu lieb, zu stark, zu ausdruckslos, langweilig). Dabei zeigt sich auch die Subjektivität solcher Urteile: Bei Claudia finden sich sowohl die Angaben "zu hoch" als auch "zu tief" (3 mal). Am Ende der Vorführung der Folge wurden die Testteilnehmer gebeten, anzugeben, bei welchen Rollen ihrer Meinung nach die deutsche Synchronstimme besonders gut oder besonders schlecht passe. Explizit wurde dabei nach der Rolle der Fallon gefragt, die überwiegend negativ beurteilt wurde. Dabei ergibt sich ein ähnliches Bild: Sammy Jo und Adam werden am häufigsten kritisiert; Blake erhält vorwiegend positive Wertungen; ansonsten äußern sich weniger als 10% der Teilnehmer zu einzelnen Rollen. Einschränkend ist in Hinblick auf diese Testergebnisse natürlich zu sagen, daß keineswegs sicher ist, daß die Urteile der Testpersonen ausschließlich auf der Stimmqualität basieren.

23 Verstärkend kommt noch hinzu, daß in der Situation des Experiments der Film wesentlich bewußter angesehen werden dürfte, also auch Stimmen wahrscheinlich mehr auffallen.

24 Vgl. etwa Allport/Cantril (1934/1972) und Kramer (1972) oder Scherer (1979a). S. auch Scherer (1972). Vgl. auch Giles/Powesland (1975: 52-5).

25 Vgl. die Unterscheidung zwischen *social markers, physical markers* und *psychological markers* bei Laver/Trudgill (1979: 3).

26 Mit psychologischer Information sind bei Laver (1972: 197-8) Angaben zu "long-term psychological characteristics of a speaker" gemeint. Zur Frage der Persönlichkeit vgl. Scherer (1979a: 148-51).

27 In bezug auf soziale Information schreibt Laver (1972: 198): "... voice quality may serve as an index to features of regional origin, social status, social values and attitudes, and profession or occupation, where these features characterize speakers of the particular accent in question." Vgl. dazu auch Robins (1971: 108) oder Sapir (1927/1972: 73).

28 Vgl. dazu auch Helfrich (1979: 79-86) und Laver/Trudgill (1979: 7).

> Of the three types of indexical information in voice quality, biological, psychological and social, it is the biological information which probably tends to lead to the most accurate conclusions, especially as to sex and age. Biological conclusions are possibly more reliable because of the fact that they derive principally from the involuntary, largely invariant aspects of a speaker's anatomy and physiology. Psychological and social conclusions are much more likely to be erroneous, because of their culturally relative nature, and because they derive from a more variable strand of the speaker's voice quality, the habitual muscular settings of the larynx and vocal tract.

Insofern besteht bei den Parametern Alter und Geschlecht auch der geringste Spielraum bei der Besetzung von Synchronsprechern,[29] beim Alter kann man wohl etwa von einer Toleranzspanne von ± 10 Jahren ausgehen. Dennoch besteht auch ein deutlicher Zusammenhang zwischen Körpergestalt und Stimme, wie etwa Laver und Trudgill (1979: 7) ausführen:[30]

> Listeners' judgements of physical attributes, based on the product of such anatomically derived features, are amongst the most accurate conclusions drawn. ... Physique and height are probably judged accurately because of the good correlation that seems to exist between these factors and the dimension of the speaker's vocal apparatus.

Dieser Befund findet insofern eine Parallele in der Synchronisationspraxis, als häufig auch eine gewisse körperliche Ähnlichkeit zwischen Original- und Synchronschauspielern festzustellen ist.[31] Daß die Stimme auch Aufschluß über den Gesundheitszustand eines Sprechers gibt, ist für die Synchronisation insofern von Bedeutung, als Synchronschauspieler wohl kaum eingesetzt werden können, wenn sie unter einer starken Erkältung leiden, etc.

Aus der Notwendigkeit, biologische Faktoren, vor allem Geschlecht und Alter, zu berücksichtigen, folgt nicht, daß die Synchronstimme der Originalstimme überhaupt möglichst ähnlich sein müsse. Das mag damit zusammenhängen, daß mit derselben Stimmqualität in verschiedenen Kulturen unterschiedliche Eigenschaften assoziiert werden, was ebenfalls in der Untersuchung von Scherer (1979a: 157) deutlich wird:

> Higher f_0 seems to be associated with a personality syndrome of competence and dominance in male American and - to some extent - male German speakers as well as with a syndrome of discipline/dependability in male German and female American speakers. An explanation in terms of habitually elevated level of arousal is suggested in both cases.[32]

Zudem ist angesichts der Forschungslage[33] keineswegs klar, in welchem Ausmaß von der

---

29 Eine Ausnahme bilden dabei Kinderstimmen, wo die Rollen kleiner Jungen häufig von (etwas) älteren Mädchen gesprochen werden.

30 Vgl. dazu auch den Forschungsüberblick bei Laver/Trudgill (1979: 7-9).

31 Das ist jedoch keineswegs immer der Fall. Zu Gegenbeispielen s. Prüßmann (1987: 44-5).

32 S. auch Scherer (1974: 295).

33 Vgl. in diesem Zusammenhang auch die Kritik entsprechender Untersuchungen bei Kramer (1972: 174-6). Vgl. auch Scherer (1979a: 151): "A sizeable number of (mostly German) voice and speech experts have written lengthy books or book chapters on the relationship of virtually every aspect of voice and speech style to virtually every imaginable personality trait (...). While these workers have doubtless

Stimmqualität eines Sprechers auf (tatsächliche) Persönlichkeitsmerkmale geschlossen werden kann, was z.B. bei Laver (1972: 199)[34] anklingt:[35]

> Psychological and social conclusions are much more likely to be erroneous, because of their culturally relative nature, and because they derive from a more variable strand of the speaker's voice quality, the habitual muscular settings of the larynx and vocal tract.

Aber selbst wenn man davon ausgeht, daß Schlüsse auf die Persönlichkeitsmerkmale von Sprechern aufgrund ihrer Stimmqualität bis zu einem gewissen Grad möglich sind, legt diese Praxis bei der Synchronisation - Synchronstimmen nicht vorrangig unter dem Gesichtspunkt einer Ähnlichkeit mit den Originalstimmen zu besetzen - auch einige Überlegungen in bezug auf die Rolle der Stimme als *personality marker* nahe: Auch wenn man sich aufgrund der Stimmqualität ein Bild von Menschen macht, wenn man sie nicht sieht, heißt das nicht, daß man einen Widerspruch zwischen der Erscheinung der Menschen und ihrer Stimme bemerken würde, wenn man sie gleichzeitig sähe.[36] In dem

---

engaged in extensive and careful case observations, their conclusions must be treated as hypotheses rather than hard data."

[34] Laver (1972: 198) schreibt in diesem Zusammenhang: "The belief that personality characteristics, both normal and psychopathological, are correlated with voice quality, has been tested experimentally by many writers, mainly in the medical and psychological fields (...). Some controversy remains, but in general writers seem to agree that some such broad correlations do exist. Intuitively, one would agree with them, but one major obstactle in the way of reliable scientific statements has been the lack of any standard system of labelling the voice qualities concerned, and a related inability to attain more than a fairly crude quantification of the voice quality variables which act as the experimental stimuli." S. Allport/Cantril (1934/1972: 167) Vgl. in diesem Zusammenhang etwa Addington (1968b: 495-502). Addington (1968a: 70) stellt dabei Korrelationen auf wie die, daß bei Frauen verstärkte Tendenz zum Merkmal "breathy" in Richtung auf "feminine, pretty, callow, high-strung, ... effervescent", zum Merkmal "flat" in Richtung auf "sluggish, cold, masculine" interpretiert wird. Vgl. Addington (1968a: 63-70).

[35] Ähnliche Ergebnisse ergaben sich bei einem kleinen Experiment, das mit den Teilnehmern an einem Hauptseminar zur Synchronisation zu Beginn des Semesters durchgeführt wurde: Die Teilnehmer wurden aufgrund kurzer Dialogausschnitte englischer Originalschauspieler und ihrer deutschen Synchronschauspieler gebeten, alle Assoziationen bezüglich der Persönlichkeit der Sprecher zu notieren. Interessant ist, daß sich dabei zeigt, daß die meisten Zuhörer offensichtlich sehr konkrete Ansichten hinsichtlich Aussehen, Größe, sozialer Position, Charakter und Alter mit einer Stimme verbinden. Zumeist sind die gemachten Angaben jedoch sehr weit gestreut (z.B. Blake: sympathisch - unsympathisch; Fallon: blond - dunkel). In den meisten Fällen werden etwa ebensoviele Eigenschaften aufgeführt, die zur entsprechenden Rolle passen, wie solche, die nicht mit dem Charakter im Film übereinstimmen. Das Alter wird meist richtig eingeschätzt; Ausnahmen bilden lediglich die deutschen Stimmen von Blake Carrington und Cecil Colby, die zu jung (Blake: 6 Antworten im Bereich zwischen 30 und 45; Cecil 5 Angaben im Bereich von 35 bis 45) eingeschätzt werden und der Chauffeur Michael, der für zu alt gehalten wird (bei der deutschen Stimme zwischen 50 und 60, bei der amerikanischen Stimme weniger krass). Diese Ergebnisse stehen durchaus in Einklang mit den Schlußfolgerungen von Laver, sollen hier aber nicht überbewertet werden, weil einerseits nicht auszuschließen ist, daß inhaltliche oder paralinguistische Faktoren die Entscheidung beeinflußt haben, obwohl versucht wurde, möglichst nichtssagende, neutrale Passagen als Grundlage für die Beurteilung auszuwählen.

[36] Eine solche Diskrepanz kann dann auffallen, wenn man eine Person - etwa im Rundfunk - häufig gehört hat und sie zum ersten Mal sieht.

Moment, in dem die Stimme nicht mehr eine der Hauptinformationsquellen für die Persönlichkeit darstellt, ist die Toleranzschwelle, bei der die Stimme als eigenartig oder unpassend empfunden wird, in bezug auf psychologische Faktoren weitaus höher als bei biologischen.

Auch wenn im Rahmen dieser Arbeit die einzelnen Parameter der Stimmqualität nicht isoliert gemessen und mit einzelnen Persönlichkeitsmerkmalen in Beziehung gesetzt werden können - wie es Scherer (1979a: 151) zu Recht fordert -, zeigt sich, daß synchronisierte Filme eine sinnvolle Ausgangsbasis für Analysen dieser Art bieten. Zwar läßt sich nicht mit Sicherheit sagen, ob die Tatsache, daß Synchronstimmen in den meisten Fällen akzeptiert werden, vor allem damit zusammenhängt, daß intuitiv immer die richtigen Synchronschauspieler ausgewählt werden. Es spricht jedoch viel dafür, zu vermuten, daß bei Berücksichtigung wesentlicher Faktoren, die vor allem die biologischen Merkmale - Geschlecht, Alter und (in etwas geringerem Maße) körperliche Statur betreffen, auch erheblicher Spielraum bei der Besetzung mit Synchronsprechern besteht.

3.2.2.4. Stimme als Teil der Persönlichkeit

Die Praxis der Synchronisation beleuchtet auch einen anderen Aspekt der Korrelation von Stimme und Bild bzw. Person, nämlich den, daß die Stimme offensichtlich als Teil der Persönlichkeitsmerkmale registriert wird.[37]

Gestützt wird eine solche Überlegung durch die Tatsache, daß die Fernsehzuschauer Umbesetzungen von Synchronschauspielern bei Fernsehserien nur sehr zögernd akzeptieren. Das war z.B. in der Serie *Denver-Clan* mit der Rolle der Fallon der Fall oder in der Serie *Dallas* bei der Rolle der Miss Ellie.[38] Solche Umbesetzungen werden offenbar als so störend empfunden, daß sich Zuschauer bei den Fernsehanstalten beschweren; auch Fernsehzeitschriften berichten oder drucken Leserbriefe zum Thema ab.[39] Die Tatsache, daß die neue Stimme dann als unpassend kritisiert wird, bedeutet jedoch nicht, daß es sich dabei um Fehlbesetzungen handelt. Man kann mit Sicherheit davon ausgehen, daß die neuen Synchronschauspielerinnen vom Publikum ohne weiteres akzeptiert worden wären, wenn sie die Rollen von Anfang an gesprochen hätten.[40]

---

37 So bezeichnet Crystal (1969: 123) "identifying individuals" als eine der Hauptfunktionen der *voice quality*.

38 Zu *Dallas* vgl. Prüßmann (1987: 61). Ein weiteres Beispiel ist die Umbesetzung der Rolle der Verity in der zweiten Staffel der Serie *Poldark*.

39 Vgl. etwa folgende Zuschriften im *Gong* 49 (30.11.1984): "Fallon wurde früher absolut optimal synchronisiert - wissen Sie, warum ihr jetzt diese piepsige, neue Stimme verpaßt wurde? Vergleichbar: 'Magnum' ohne Norbert Langers Stimme wurde plötzlich absurd!" und "Die neue Stimme von Pamela Sue Martin ist ja wohl die absolute Peinlichkeit und paßt nicht im geringsten zum Charakter der Fallon. Sie ist vom Typ her forsch, selbstbewußt und immer ein wenig 'patzig', was sich besonders in der Stimme ausdrückt. Die Stimme ist oberflächlich, nichtssagend, geradezu langweilig ohne ihren gewohnten 'Biß' - viel zu piepsig."

40 Studenten, die offenbar mit der Serie nicht vertraut waren, wurden (unter einem anderen Gesichtspunkt) verschiedene Ausschnitte mit Fallon vorgespielt, ohne daß jemand bemerkt hätte, daß es sich um verschiedene Synchronsprecherinnen handelt.

Aus diesem Grund werden zumindest bekanntere Schauspieler in der Regel immer von denselben Synchronschauspielern synchronisiert.[41] Ebenso erklärt sich dadurch, daß Ausländer die Synchronisation als eigenartig empfinden, weil sie die Originalstimmen der Schauspieler kennen,[42] was übrigens auch umgekehrt gilt: Wenn man die synchronisierte Fassung einer Serie zuerst gesehen hat, muten einen die Stimmen der Originalschauspieler eigenartig an, was wiederum ein Indiz dafür ist, daß viele stimmliche Merkmale nur gewohnheitsmäßig,[43] nicht aber charakter- oder personenbedingt mit einer bestimmten Person verbunden werden.

3.3. Äquivalenz des Charakters

3.3.1. Faktoren, die Charakteräquivalenz bewirken

Die Auswahl der Synchronsprecher muß also vor allem in Hinblick auf zwei Kriterien erfolgen:

1. die Übereinstimmung von Bild und Ton, so daß sich kein Widerspruch zwischen Stimmqualität und Aussehen (Alter, körperlicher Statur usw.) des Schauspielers ergibt,
2. die Übereinstimmung bezüglich solcher Bedeutungselemente, die darüberhinaus Aufschluß über die Persönlichkeit geben.

Letzteres soll als Charakteräquivalenz bezeichnet werden. Fodor (1976: 72) spricht in diesem Zusammenhang von *character synchrony*, was hier nicht übernommen wird, weil mit dem Terminus Synchronität eine zeitgleiche Abstimmung von Originalbild und Synchronton bezeichnet werden soll.[44] Mit Charakteräquivalenz ist also gemeint, daß sich das

---

[41] Vgl. Müller (1982: 125). Vgl. auch auch folgende Zeitungsartikel: Ludwig Harig: "Gelingt immer und klebt nicht!" (1986) (ursprünglich *Die Zeit* 40 (26. Spetember 1986)) und Karl Forster: "Das schwierige Geschäft mit der Leihstimme", *Süddeutsche Zeitung* 43 (21. Februar 1989).

[42] Besonders von Ausländern wird häufig kritisiert, daß dieselben Synchronschauspieler häufig verschiedene Schauspieler synchronisieren. So hat etwa Arnold Marquis, einer der meistbeschäftigten deutschen Synchronschauspieler, über 100 verschiedene Schauspieler synchronisiert; vgl. dazu die Aufstellung bei Prüßmann (1987: 116-21). Das ist wohl durch die begrenzte Anzahl geeigneter Synchronschauspieler bedingt. Zu Hintergrund und Bezahlung der Synchronschauspieler vgl. Müller (1982: 124-5). Steinkopp (1987: 86) geht davon aus, daß in Hamburg insgesamt 250 bis 300 Synchronsprecher arbeiten. Größtenteils sind Synchronsprecher auch als Schauspieler in Theater, Film, Fernsehen oder Werbung tätig. Zu einer sehr detaillierten Analyse vgl. Steinkopp (1987: 85-112). S. auch Prüßmann (1987).

[43] Einen gewissen Hinweis auf die Rolle der Gewöhnung bei der Beurteilung von Stimmen mag die Tatsache bieten, daß bei dem Experiment, in dem *Denver-Clan* Folge 65 einer Gruppe von 46 Studenten gezeigt wurde, die Gruppe von 26 Teilnehmern, die angaben, die Serie zu kennen und gelegentlich anzusehen, insgesamt 23 Anmerkungen zur stimmlichen Besetzung machte, während die Gruppe von 20 Teilnehmern, die die Serie nicht kannte, 39 diesbezügliche Anmerkungen machte.

[44] In bezug auf das erste der beiden Kriterien erscheint es aus diesem Grund ebenfalls nicht sinnvoll, von Synchronität zu sprechen. Allerdings darf nicht übersehen werden, daß es sich hierbei neben der Synchronität um einen entscheidenden Faktor handelt, bei dem sich die Synchronisation am Bild des

Persönlichkeitsbild einer Rolle im Originalfilm und in der Synchronfassung entsprechen.

Dabei ist aber zu berücksichtigen, daß Persönlichkeitsmerkmale nicht allein durch die Stimmqualität, sondern auch durch eine Reihe anderer Merkmale ausgedrückt werden, die z.T. dem Bereich der Paralinguistik zuzuordnen sind. Das wird z.B. bei Fährmann (1960) sehr deutlich, der den Versuch unternimmt, Charaktereigenschaften[45] mit sprachlichen Parametern zu korrelieren[46] und dabei ein breites Spektrum von Faktoren miteinbezieht. Fährmann (1960: 174) drückt diese Korrelationen u.a. in Tabellen[47] wie der folgenden aus:

TIEFE STIMMLAGE

in Verbindung mit großer Lautstärke (...) guter Stimmfülle und sonorer Klangfarbe		in Verbindung mit geringer Lautstärke (...) und geringer Stimmfülle, evtl. etwas heiser, belegt	
bei eher langsamem Tempo:	bei eher raschem Tempo:	bei eher langsamem Tempo:	bei eher raschem Tempo:
Gemütswärme, bes. "Mütterliches" (+) Fülle, behagliche Breite (+), gesetztes Wesen, ruhig (+) schwerblütig (meist -)	für sich einnehmend (+/-) werbend, will "zum Herzen" sprechen (+/- bes. bei weicher Stimme) Triebnatur (+/-)	Verhaltenheit, Zurückhaltung (+) Zurücktreten der Affektivität, Gehemmtheit (- bei Stockungen, Stauungen)	Unsicherheit (-), bei Temposchwankungen
mit deutlich melodischem Akzent:	mit gutem Sprechmelos und lebendigen Rhythmen:	bei entsprechenden Rhythmen:	
Genießernatur (+/-) selbstgefällig, Ichbespiegelung (-) Einbildung, Dünkel (-) Kraftmeierei (-)	Phantasie (+) sinnlich (-)	Spannungslosigkeit bis Erstarrung (-)	

Ohne daß diese Korrelationen hier im einzelnen diskutiert werden sollen,[48] wird in diesem Ansatz deutlich, daß stimmliche Parameter in bezug auf Persönlichkeitsmerkmale nicht isoliert betrachtet werden können, sondern mit anderen sprachlichen Merkmalen in Zusammenhang gesehen werden müssen: Auch Scherer (1979a) untersucht "vocal aspects of

---

Films orientieren muß, um eine entsprechende Angemessenheit bei der stimmlichen Besetzung zu gewährleisten.

45 Vgl. dazu Fährmann (1960: 169).

46 Vgl. etwa Fährmanns (1960: 115-7) sprachdiagnostischen Protokollbogen, bei dem die erfaßten Kriterien über Stimmqualität und paralinguistische Merkmale hinausgehen.

47 Aus Platzgründen kann die Tabelle nur unvollständig (und ohne die Hervorhebung durch Sperrschrift) wiedergegeben werden. In der linken Spalte führt Fährmann (1960: 174) noch eine Beschreibung "weniger Melos, aber straffe, feste Rhythmen" an. ("+ bedeutet immer *positives* (überdurchschnittliches) Gesamtsprechniveau; - = negatives (untermittleres) Gesamtsprechniveau"; vgl. Fährmann (1960: 170).)

48 Zu Kritik an Fährmanns (1960) Ansatz s. Scherer (1979a: 151).

speech style", "fluency aspects of speech style" und "morphological and syntactic aspects of speech style".

Damit wird deutlich, daß Charakteräquivalenz nicht allein durch die Stimmqualität der Synchronschauspieler erreicht werden kann, sondern daß neben dem Übersetzungstext vor allem auch paralinguistische Merkmale des Sprechstils eine große Rolle spielen.

3.3.2. Charakteräquivalenz in der Synchronisationspraxis

3.3.2.1. Verletzungen von Charakteräquivalenz

Es ist schwer zu beurteilen, inwieweit in synchronisierten Filmen im Einzelfall Charakteräquivalenz erreicht wird, weil Urteile in dieser Richtung nicht objektiv zu treffen sind.[49] Dennoch ist es wohl nicht abwegig zu behaupten, daß die Synchronisation in manchen Fällen einen gewissen Verlust an Subtilität der Charakterzeichnung mit sich bringt.

Ein Beispiel hierfür ist die Rolle der Alexis in der Serie *Denver Clan*, die von der Boulevardpresse und in Rundfunkzeitschriften häufig mit dem Epitheton "Biest" belegt wurde. In der deutschen Synchronisation entsteht tatsächlich vorwiegend der Eindruck der Gefühlskälte, Berechnung und Aggression. Das gilt oft auch für Szenen, in denen Alexis sich z.B. um ihre Kinder Sorgen macht, was in der deutschen Fassung fast wie eine Tarnung für eine von ihr geplante Intrige wirkt. In der deutschen Version dieser Szene erscheint die Aggression ausgeprägter als in der englischen. Im englischen Original wirkt Alexis auch in der Sorge der Großmutter, die ihre Enkel besuchen möchte, überzeugend. In der deutschen Fassung erscheint dieser Aspekt der Auseinandersetzung ebenfalls nur als Teil des Kampfes einer aggressiven Frau gegen ihren früheren Mann, während die Figur in der Originalfassung in dieser Hinsicht menschlich doch etwas vielschichtiger angelegt scheint. *DC65: 455-503*

Ähnliches läßt sich auch über die Frauenrollen in der Serie *Dallas* sagen, die - vor allem in den ersten Staffeln der Serie - in der Synchronfassung als relativ geistlose, untergeordnete Personen erscheinen, die den Männern eindeutig unterlegen sind. Interessanterweise wurde dieser Punkt auch in einer Fernsehdiskussion über *Dallas* angesprochen, und zwar vom Deutschlandkorrespondenten der amerikanischen Zeitschrift *Variety*, Ronald Holloway, der feststellte, daß die Frauenfiguren durch die Synchronisation "auf weiche Stimme gebracht"[50] sind, was im Kontrast zu ihren Charakteren im Original steht. Insofern kann durch die Synchronisation die in diesen Serien angelegte Tendenz zu klischeehaften Figuren noch wesentlich verstärkt werden. Im *Denver Clan* gilt das in ähnlicher Form wie bei *Dallas* für die Rolle der Krystle, während der jugendlich-trotzige Charakter der Tochter Fallon in den ersten Folgen in der Synchronisation ausgezeichnet getroffen wird. Auch bei Blake Carrington beeinträchtigt eine etwas monotone prosodische Gestaltung die Synchronisation, was ebenfalls zu einer gewissen Verletzung der Charakteräquivalenz führt (vgl. 3.1.3).

---

[49] Außerdem ist nicht eindeutig zwischen Verletzungen der Charakteräquivalenz und eventuell bei der Synchronisation mißglückten Realisierungen eines Charakters in einer Szene zu unterscheiden.

[50] Wörtlich: "Zuerst muß man auch sagen, daß die Frauen, die Frauenfiguren, weil sie synchronisiert sind auf Deutsch, sind auf eine deutsche Weichheit, weiche Stimme gebracht und haben eine viel härtere Existenz in Amerika ...", Fernsehdiskussion *Moment mal: Dallas* unter Leitung von Ernst Elitz, Südfunk Stuttgart (1985).

In anderen Fällen findet eindeutig eine Veränderung des Charakters einer Rolle statt, wie etwa bei der auch im Vorführexperiment von vielen Studenten monierten Besetzung der Rolle des Arnold in der Serie *Yes Minister*. Die viel zu hohe deutsche Synchronstimme und die sehr piepsige Sprechweise verzerrt den Charakter zur Karikatur bzw. übersteigert diese Tendenz des Originals. Im Kontext dieser Serie, einer politischen Satire, fällt das allerdings weniger ins Gewicht, zudem es sich bei Arnold um eine Randfigur handelt und Hauptfiguren wie der Minister, Sir Humphrey oder Bernard charakteräquivalenzmäßig sehr gut getroffen sind.

3.3.2.2. Anforderungen bei der Synchronisation

Es ist denkbar, daß solche Veränderungen in der charakterlichen Darstellung von Rollen ihre Ursache in speziellen Schwierigkeiten bei der Synchronisation haben. Daß sich die Persönlichkeitsmerkmale nicht allein aus den Übersetzungstexten ergeben, sondern durch Merkmale, die nur in der gesprochenen Sprache erkennbar sind, bedeutet, daß die Synchronschauspieler einen Film (oder Teile davon) eigentlich erst selbst sehen müßten, um den Charakter zu erfassen (was auch eine sehr hohe Kompetenz in der Fremdsprache bezüglich stimmlicher und paralinguistischer Merkmale voraussetzt) bzw. vom Synchronregisseur genaue diesbezügliche Anweisungen erhalten. Selbst wenn, was wohl die Regel ist, das zumindest am Anfang der Fall ist, liegt nahe, daß sich im Laufe der Synchronisation einer langen Serie die Charaktere bei der Synchronisation verselbständigen, d.h. daß die Synchronschauspieler ihr eigenes Verständnis der Rolle entwickeln. Erschwerend kommt noch hinzu, daß die Synchronsprecher ja nie den Film in seinem chronologischen Ablauf, sondern nur einzelne Passagen bearbeiten. Auf die hohen Anforderungen, die in dieser Hinsicht an die Fähigkeiten der Synchronschauspieler gestellt werden, weist auch Müller-Schwefe (1983: 135-6) hin:

> Der Übertragungsprozeß der Synchronisation, soweit er das *Sprachliche* betrifft, erstreckt sich bei Spielfilmen auf *parole* und nicht auf *language*. Das bedeutet, daß es sich neben der adäquaten lexikalischen, syntaktischen und semantischen Wiedergabe des Originaltextes auch darum handelt, den Ausdruck des Originals phonetisch angemessen wiederzugeben, dem Zusammenhang zwischen gestischem Ausdruck und sprachlicher Vermittlung Rechnung zu tragen und die Funktion der Figuren im Zusammenhang der Figurenkonstellationen nicht zu verändern. In dieser Hinsicht hat es der Schauspieler auf der Bühne wesentlich einfacher als der Synchronsprecher eines Filmes: Er kann, ja er muß das gesprochene Wort der vom Regisseur mit dem Dramaturgen und den Schauspielern gemeinsam erarbeiteten Konzeption, auch wenn es sich um einen aus einer anderen Sprache übersetzten Text handelt, entsprechend gestalten. Mit anderen Worten, die Interpretation des übersetzten Textes ist nicht wie im Film, der synchronisiert werden soll, bereits vollkommen vorgegeben. Der Synchronsprecher hingegen muß sich, vor allem wenn es sich um tragende Rollen handelt, im Sprechen den Bedingungen anpassen, die bereits durch die in der Originalfassung festgelegte Interpretation fixiert sind.

Natürlich darf auch nicht außer acht gelassen werden, daß, wie bereits angedeutet, angesichts der Takes-Technik suprasegmentale Merkmale ohnehin schwer zu realisieren sein dürften und daß der offensichtliche Zwang, die Sprechgeschwindigkeit in den Takes auf die Lippensynchronität hin zu orientieren, die Konzentration auf die Realisierung weiterer paralinguistischer Merkmale beeinträchtigen mag.

3.4. Schlußfolgerungen

3.4.1. Synchronisationstheoretische Schlußfolgerungen

In Hinblick auf paralinguistische und extralinguistische Merkmale ergeben sich für die Synchronisation folgende Schlußfolgerungen:

1. Die Bedeutungselemente, die durch paralinguistische Merkmale und die Stimme im Originalfilm enthalten sind, sollten auch in der Synchronfassung entsprechend ausgedrückt werden. Sie sind generell der bei der Übersetzung angestrebten Äquivalenz zuzuordnen (> 8). Eine Verletzung dieser Äquivalenzebene kann zu einer Veränderung der Persönlichkeitsmerkmale der Rollen im Film führen, insbesondere mit einer Tendenz zur Verflachung und zur stärkeren Klischeehaftigkeit.[51]
2. Bei der Besetzung der Rollen von Synchronsprechern kommt von der Stimme her biologischen Faktoren wie Geschlecht, Alter und auch Körperstatur Priorität zu. Darüber hinaus ist die gängige Praxis, Synchronrollen weitgehend intuitiv durch Probeaufnahmen zu vergeben, offensichtlich ausreichend, wobei weitgehende Ähnlichkeit zwischen Original- und Synchronstimme nicht erforderlich ist.
3. Offenbar wird die Stimme soweit als Teil der Persönlichkeit empfunden, daß es geboten erscheint, bekannte Schauspieler auch in verschiedenen Produktionen und in verschiedenen Rollen immer von denselben Synchronsprechern synchronisieren zu lassen.

3.4.2. Sprachwissenschaftliche Schlußfolgerungen

Aus sprachwissenschaftlicher Sicht läßt sich zusammenfassend feststellen, daß die Analyse synchronisierter Filme bestätigt, daß Sprache auch Hinweise auf verschiedenste Aspekte der Persönlichkeit von Sprechern enthält, was sich etwa in der Unterscheidung zwischen *social markers, physical markers* und *psychological markers* bei Laver und Trudgill (1979: 3) niederschlägt. Dabei sind - im Gegensatz zur Darstellung bei Laver und Trudgill - nur die *physical markers* in ihrer Bedeutungsfunktion ausschließlich als 'informative' im Lyonsschen Sinne zu bezeichnen. Weiterhin erscheint es sinnvoll, die Unterscheidung zwischen *informative* und *communicative* nicht vom Kenntnisstand der Hörer, sondern von der Intention der Sprecher her zu treffen.

Physical markers sind die einzigen, die ausschließlich mit Faktoren der Stimmqualität zu assoziieren sind. Die Tatsache, daß die Stimmen von Synchronschauspielern primär in bezug auf diese biologischen Faktoren mit denen der Originalschauspieler übereinstimmen müssen, erklärt sich auch dadurch, daß *social* und *psychological markers* auch eine breite Palette anderer sprachlicher Mittel (etwa Pausen, Zögerungssignale, *pitch range*) umfassen. Dazu zählen auch Akzent und Dialekt eines Sprechers, worauf im nächsten Kapitel eingegangen werden soll.

---

[51] Auch solche Faktoren können zu der von Hesse-Quack (1967: 197) festgestellten Tendenz zur Stereotypisierung in synchronisierten Filmen beitragen.

4. Akzent und Dialekt als Synchronisationsprobleme

4.1. Funktionen sprachlicher Varietäten

4.1.1. Das Problem bei der Synchronisation

Synchronisiert wird fast ausnahmslos in die Standardsprache. Da die Ausgangstexte keineswegs rein standardsprachlich sind, ist eine direkte Äquivalenz bezüglich der Varietäten nicht gegeben.

4.1.2. Terminologie

Terminologisch soll im folgenden differenziert werden zwischen Varietät, Dialekt und Akzent. Dialekt und Varietät werden dabei im Sinne der Definition von Mattheier (1980: 13 und 14) verwendet, der schreibt:[1]

> Stand etwa vor der Ausbildung der Standardsprache das Merkmal 'regionale Sprache zu sein' im Vordergrund einer Dialektdefinition, so ist heute die Tatsache bestimmend, daß ein Dialekt eine Substandard-Varietät ist, daß er in jedem Fall von einer sprachsoziologisch übergeordneten Standardsprache überdacht ist. Neben dem Merkmal 'Substandardcharakter' hat der Dialekt jedoch auch das Merkmal 'Regionalsprache' behalten ...
>
> Varietäten sind ... sprachliche Existenzformen, die innerhalb einer größeren Sprachgemeinschaft nebeneinander vorkommen, und die linguistisch verwandt sind. Im Verhältnis zu 'Dialekt' oder 'Standardsprache' ist 'Varietät' also ein übergeordneter Begriff, der durch gemeinsames Vorkommen in einer Sprachgemeinschaft und durch sprachliche Verwandtschaft zu definieren ist.[2]

Damit wird Dialekt terminologisch im Gegensatz zu Standardsprache gesehen, wie es in der germanistischen Forschung - zum Beispiel bei Ammon (1973: 24), Löffler (1980: 9-10), Goossens (1977: 19) oder Lewandowski (1984: 213-4) - weithin üblich ist.[3]

In Anlehnung an den Gebrauch von *regional* und *social dialect* bei Hudson (1980: 38-43) sollen mit den Termini *regionaler* und *sozialer Dialekt* Varietäten bezeichnet werden, die sich

---

1 Allgemein zur Abgrenzung verschiedener Varietäten vgl. auch Haugen (1966/1972: 110) oder Heger (1969). Zu Hegers Dialektdefinition vgl. Wolf (1975: 2-11).

2 Da es sich bei Dialekten um Varietäten handelt, fügt Mattheier (1980: 14) entsprechend noch das Kriterium der Verwandtschaft zur Bestimmung von Dialekt hinzu.

3 Diese Verwendung des Terminus 'Dialekt' deckt sich nicht mit der in der angelsächsischen Forschung üblichen Definition von *dialect*, was bei Trudgill (1975: 17-8) oder Hudson (1980: 44) eher im oben definierten Sinn von Varietät gebraucht wird und entsprechend die Standardsprache miteinschließt. Vgl. auch Ammon (1973, 1986), sowie Halliday/Hasan (1989: 41-3).

hinsichtlich ihrer geographischen bzw. sozialen Verteilung voneinander unterscheiden.

Schließlich soll analog einer in der englischen Terminologie etablierten Unterscheidung der Terminus Akzent (*accent*) für Unterschiede verwendet werden, die sich lediglich auf die Aussprache beziehen: Zugrundegelegt wird dabei die Differenzierung von Wells (1982: 3), die sich in ähnlicher Form bei anderen Soziolinguisten - etwa Trudgill (1974: 17)[4] oder Hudson (1980: 43-4) - findet:

> A difference between varieties ... may involve any or all of syntax, morphology, lexicon, and pronunciation. ... A difference of **accent**, on the other hand, is a difference between varieties of General English which involves only pronunciation.

4.1.3. Funktionen von Akzent und Dialekt

Akzent und Dialekt sind auch im Rahmen der Synchronisation ein relevantes Problem, weil sie als konstitutive Elemente einer Sprechsituation anzusehen sind. Das deckt Leech (1981: 14) in einer Kategorie *social meaning* ab:

> In part, we 'decode' the social meaning of a text through our recognition of different dimensions and levels of style within the same language. We recognize some words or pronunciations as being dialectal, i.e. as telling us something of the geographical or social origin of the speaker ...

Insofern sind Akzent und Dialekt auch als Ausdruck der Sprecher-Hörer-Konstellation[5] zu verstehen, die im Rahmen einer pragmatischen Analyse (etwa bei Leech 1983: 13) ebenfalls Berücksichtigung finden muß.

Zu den wesentlichsten Komponenten von *social meaning* im Sinne von Leech (1981), die durch Akzent oder Dialekt zum Ausdruck gebracht werden können,[6] zählen:

1. die regionale Einordnung eines Sprechers,
2. die soziale Einordnung eines Sprechers,
3. die ethnische Zugehörigkeit eines Sprechers.[7]

Wesentlich erscheint aber noch, daß ganz offensichtlich in bestimmten Sprachgemeinschaften mit bestimmten Varietäten gewisse Klischeevorstellungen verbunden werden, die auch einen Teil der Bedeutung eines Textes ausmachen können. Verschiedenste Untersuchungen im

---

4 Trudgill (1974: 17) verwendet *dialect* in dem Sinne, wie Ammon (1986: 227) Varietät definiert, also in einer Weise, daß *dialect* auch *Standard English* umfaßt.

5 Vgl. u.a. Firth (1937/1964: 110) und Firth (1957/1968: 155) und in diesem Zusammenhang Halliday/Hasan (1989: 8-10).

6 Damit soll nicht behauptet werden, daß Akzent- bzw. Dialektunterschiede die einzigen sprachlichen Mittel wären, um diese Faktoren sprachlich auszudrücken; vgl. hierzu u.a. Robinson (1979), Giles (1979). Zu dialektalen und funktionalen Varietäten s. auch Barnickel (1980a: 18-24).

7 Darüber hinaus geben Akzente, wie z. B. Wells (1982: 18-25) anführt, auch Aufschluß bezüglich Geschlecht oder Alter der Sprecher. Bei der Synchronisation werden diese Faktoren durch entsprechende Besetzung der Synchronschauspieler in der Zielsprache (> Kapitel 3) berücksichtigt. Vgl. Smith (1979) und Helfrich (1979).

englischen Sprachraum haben gezeigt, daß solche Vorstellungen existieren, auch wenn sie nicht durch varietätsinterne Charakteristika begründet werden können, und daß sie intersubjektiven Charakter haben.[8] Für die Zwecke der Synchronisation ist dabei weniger wichtig, daß bestimmte Akzente als angenehmer oder schöner empfunden werden als andere,[9] sondern daß die Ursachen solcher Einschätzungen in den sozialen Konnotationen der entsprechenden Akzente zu suchen sind, was Trudgill und Giles (1978: 180) als "'social connotations' hypothesis" bezeichnen:

> ... aesthetic judgements of linguistic varieties are the result of a complex of *social connotations* that these varieties have for particular listeners. (We use the term *social* here in its general sense. We do not intend to refer only to social class and status.)

Urteile bezüglich der Ästhetik von Akzenten spiegeln also die Stereotypen wider, mit denen Sprecher dieser Varietäten verbunden werden. So ist leicht erklärbar, daß in Großbritannien der Akzent der *Received Pronunciation* (RP) sehr hoch eingestuft wird und daß ländliche Akzente offensichtlich gegenüber städtischen bevorzugt werden, wie Trudgill und Giles (1978: 181) feststellen.

Entsprechend ergibt sich in einer Untersuchung von Giles (1970: 218) auf einer Skala des *aesthetic content* folgende Reihenfolge: RP, Irish English, South Welsh, Northern England, Somerset, North American, Cockney, Affected RP, Birmingham.[10] Ästhetische Urteile gehen dabei offensichtlich nur bedingt mit Einschätzungen des Sozialstatus der Sprecher einher, denn auf der Skala des *status content* ergibt sich bei Giles folgende Reihenfolge: RP, Affected RP, North American, South Welsh, Irish, Northern England, Somerset, Cockney, Birmingham.

Auch wenn man bezweifeln mag, ob die Ergebnisse solcher Untersuchungen im einzelnen als vollkommen gesichert anzusehen sind,[11] kann kein Zweifel daran bestehen, daß die Sprecher einer Sprachgemeinschaft nicht nur ästhetische, sondern auch soziale und die Persönlichkeit betreffende Konnotationen mit bestimmten Akzenten verbinden. Interessant ist dabei z.B., daß sowohl schottische wie auch englische Informanten in einer Untersuchung von Cheyne (1970:78) Sprecher eines regionalen englischen Dialekts - genauere Angaben finden sich bei Cheyne leider nicht - gegenüber Sprechern eines schottischen Akzents in bezug auf folgende

---

[8] Eine ausführliche Diskussion der Zusammenhänge zwischen der Beurteilung eines Dialekts und eventuell inhärenten ästhetischen Qualitäten unter Berücksichtigung der ***imposed norm hypothesis*** und der ***inherent value hypothesis*** findet sich z.B. in Trudgill/Giles (1978). Daß Urteile über Akzente bzw. Dialekte weitgehend mit den Stereotypen hinsichtlich der Sprecher dieses Dialekts übereinstimmen, stellt auch Edwards (1977a: 284) fest. Vgl. auch Strongman/Woosley (1967). oder Dretzke (1985: 12-25).

[9] S. dazu etwa die Untersuchungen von Giles (1970: 218) oder Trudgill/Giles (1978: 184).

[10] Die in diese Untersuchung miteinbezogenen englischen Akzente ausländischer Sprecher werden hierbei außer acht gelassen.

[11] Vor allem zwei Vorbehalte sind gegen Untersuchungen dieser Art angebracht: Zum einen stellt sich bei Informantenbefragungen immer das Problem der Repräsentativität der Antworten; zum anderen werden die getesteten Varietäten in der Regel in den Arbeiten nicht genau phonetisch beschrieben. Charakterisierungen wie ***Northern English*** wie bei Giles (1970) oder gar ***English regional accent*** wie bei Cheyne (1970) sind nicht ausreichend, um die Ergebnisse ohne weiteres nachvollziehbar zu machen.

Attribute höher einstuften: "Wealth, prestige, intelligence, height, occupational status, ambition, leadership, cleanliness, good looks, self-confidence", während die schottischen Sprecher nur in bezug auf "friendliness" von Engländern und Schotten, von Schotten auch in bezug auf "sense of humour, generosity, goodheartedness, likeability" und "nervousness" bzw. "entertainingness" und "sense of humour"[12] höher klassifiziert wurden. Innerhalb Englands kommt dabei insbesondere dem Gegensatz von Dialekt und RP große Bedeutung zu. Ein Experiment von Elyan, Smith, Giles und Bourhis (1978: 127-8) zeigt z.B., daß erhebliche Unterschiede in der Einschätzung einer Sprecherin bestehen, je nachdem, ob sie mit einem nordenglischen Akzent oder in RP spricht:[13]

> It was found that listeners considered the RP speakers to be higher in self-esteem, clearer, more fluent, intelligent, self-confident, adventurous, independent, feminine and less weak than the regional accented speakers. In addition, the former were more likely to have a job which was well-paid and prestigious and an egalitarian relationship with their spouse in the home, but less likely to have children than Northern accented speakers. At the same time, regional speakers were perceived to be more sincere and likeable, and less aggressive and egotistic than their RP counterparts.

Auch für die Zwecke der Synchronisation ist an diesen Untersuchungen die unterschiedliche Bewertung von Standardaussprache und regionalem Akzent besonders interessant. Edwards (1982: 25) faßt diese Ergebnisse folgendermaßen zusammen:

> Overall, these British (and Irish) studies of accent evaluation show that speech samples may evoke stereotyped reactions reflecting differential views of social groups. Standard accents usually connote high status and competence; regional accents may be seen to reflect greater integrity and attractiveness.

Der Akzent von Sprechern kann also Klischeevorstellungen auslösen, die sich auch auf ihren Charakter beziehen.[14] Trudgill und Giles (1978) haben gezeigt, daß diese Vorstellungen stark von den Klischees der Informanten bzw. ihrem Wissen über die Sprecher abhängen: Die Urteile bezüglich der ästhetischen Qualität verschiedener englischer Akzente variieren erheblich zwischen Gruppen britischer, irischer, kanadischer und amerikanischer Informanten. Tucker und Lambert (1969: 468), die sechs verschiedene Akzente des amerikanischen Englisch in Hinblick auf ihre Beurteilung durch weiße Studenten aus dem Norden, schwarze und weiße Studenten aus dem Süden der Vereinigten Staaten untersucht haben, kommen ebenfalls zu

---

[12] Dabei bestehen gewisse Unterschiede bezüglich der Einordnung von männlichen und weiblichen Sprechern; vgl. Cheyne (1970: 78).

[13] Eine Untersuchung in Südwales, in der die Frage der unterschiedlichen Bewertung der Sprache von Männern und Frauen in RP und südwalisischem Akzent im Mittelpunkt stand, kommt zu ähnlichen Ergebnissen: "RP speakers (irrespective of sex) were rated as more intelligent, self-confident, profeminist, independent, egotistic, and as having a higher status job and more of an egalitarian view of sex roles than South Welsh speakers." (Giles/ Marsh, 1979: 305-6).

[14] Solche Bewertungen von Sprechern zeigen sich nicht nur in Befragungen, sondern wirken sich auch auf das Verhalten gegenüber dem Sprecher aus: Giles/Baker/Fielding (1975) stellten in einem Experiment fest, daß ein RP-Sprecher detailliertere und ausführlichere Auskünfte bekam als jemand, der mit einem Birminghamer Akzent sprach.

dem Ergebnis, daß in der Einschätzung dieser Varietäten in bezug auf Parameter wie "friendly", "trustworthy", "talented" oder "honest" durch die drei Gruppen z.T. erhebliche Unterschiede bestehen.[15]

Für das Deutsche liegt keine so große Anzahl von Untersuchungen in Hinblick auf die Verbindung von Dialekt und Stereotyp bzw. Vorurteil vor wie für das Englische.[16] Was die Aussprache angeht, so ist wohl unbestreitbar, daß ihr nicht dieselbe Rolle als *social marker* zukommt, wie das in Großbritannien bis zum zweiten Weltkrieg der Fall war und in etwas abgeschwächter Form heute noch der Fall ist. (> 4.1.4.1-2) In Hinblick auf den Kontrast von Standardsprache und regionalem Dialekt kann eine solche Funktion aber durchaus festgestellt werden, wie z.B. Hartig (1981: 12) darstellt:

> Dialekte haben ihre Funktion als öffentliches Kommunikationsmittel in begrenzten regionalen Bereichen verloren und werden zunehmend als sozialer Indikator entweder für soziale Rückständigkeit und Inferiorität oder als Indikator für ein bestimmtes elitäres Bewußtsein (wie beispielsweise in Bayern) eingesetzt.

Im Deutschen besteht ebenfalls ein Zusammenhang zwischen dem Gebrauch von Dialekt oder Standard und der Einschätzung von Sprechern. So ergab z.B. eine Untersuchung von Schmid (1973: 127), in der "Bayrisch", "Berlinisch", "Hamburgisch" und "Hochsprache" unter den Gesichtspunkten des Inhalts des Gesagten, der Stimme und der Persönlichkeit zu beurteilen waren, daß Hochsprache-Sprecher in der Tendenz besser beurteilt wurden als Dialektsprecher.[17] Ähnlich kommt Hartig (1981: 28) zu dem Schluß

> ... daß der Dialekt ... eine hohe Funktion als soziales Identifikationsmittel erworben hat. Der Dialekt ist Etikett und wird auch so von den Verwendern eingeschätzt. Bemerkungen wie "daran erkennt man, ob ..." wenn jemand den Dialekt spricht sind ein deutlicher Hinweis auf diese Funktion.

Man kann also wohl davon ausgehen, daß auch im deutschen Sprachraum mit bestimmten regionalen Dialekten bestimmte Klischeevorstellungen verbunden werden.[18]

Für die Synchronisation ergibt sich daraus, daß sie - soweit wie möglich - der Tatsache Rechnung tragen muß, daß im Originalfilm Akzent bzw. Dialekt nicht nur Aufschluß über regionale Herkunft, soziale Stellung und Rasse gibt, sondern daß mit bestimmten Varietäten auch Stereotypen verbunden werden, was auch filmisch genutzt werden kann.

---

[15] Ähnliche Ergebnisse finden sich für Irland bei Edwards (1977a).

[16] Vgl. für das Deutsche u.a. König (1978: 136) und Mattheier (1986: 273).

[17] Vgl. dazu Schmid (1973: 127-30).

[18] Das wurde z.B. durch eine kleine empirische Untersuchung, in der Gruppen von englischen, irischen und deutschen Informanten gebeten wurden, aufgrund von Tonbandaufnahmen desselben Textes in verschiedenen Akzenten ästhetische Bewertungen des Dialekts vorzunehmen und sich auch hinsichtlich typischer Eigenschaften der Sprecher des Dialekts zu äußern, bestätigt.

4.1.4. Die Sonderstellung der Standardsprache

Interessanterweise nimmt der Standard unter den Varietäten eine Sonderstellung ein, was die Einschätzung der Sprecher angeht. Die Ursachen dafür sind wohl darin zu suchen, daß der Standard eben in bestimmten Kommunikationssituationen, die in der Gesellschaft hohen Prestigewert besitzen, als die angemessene Variante gilt, also beispielsweise in geschäftlichen Besprechungen, wissenschaftlichen Vorträgen und dergleichen. Dabei ist natürlich zu berücksichtigen, daß eine scharfe Trennung zwischen Standardsprache einerseits und Dialekt andererseits nicht sinnvoll wäre, sondern daß Registervarianten eben durch ein Mehr oder Weniger von Standard bzw. Dialekt bestimmt sind.

4.1.4.1. Bühnendeutsch

Für das Deutsche läßt sich dabei wohl sagen, daß die Situationen, in denen eine Standardaussprache des Deutschen im Sinne einer deutschen Hochlautung üblich wäre, äußerst begrenzt sind. Zu denken wäre hier vor allem an Nachrichtensendungen in Rundfunk und Fernsehen, an Theateraufführungen oder z.T. an wissenschaftliche Vorträge. Entsprechend waren auch Bemühungen, eine Aussprachenorm für das Deutsche zu bestimmen, von der Sprache der Bühne bestimmt, wie sie sich dann im Wörterbuch von Siebs (1898) niedergeschlagen hat. Kohler (1977: 41) weist darauf hin, daß neuere Versuche dieser Art sich weniger an Schauspielern, sondern an professionellen Sprechern des Rundfunks und des Fernsehens orientieren.[19] Das gilt z.B. für das ***Wörterbuch der deutschen Aussprache*** (^{4}1974: 11), in dem die allgemeine deutsche Hochlautung als Form der Lautung beschrieben wird, "die sich für die Hochsprache, wie sie beispielsweise ... in den Nachrichtensendungen des Rundfunks ihren mündlichen Ausdruck findet, als angemessen herausgebildet hat". Daß sie dabei als "die allgemein gültige Aussprache, die von jedem verstanden und realisiert werden kann" charakterisiert wird, wird von Kohler (1977: 42) zu Recht als "Rückfall in die jüngere Siebstradition" kritisiert. Vielmehr ist wohl davon auszugehen, daß es im heutigen Deutschen kaum Situationen gibt, in denen eine Standardaussprache üblich wäre, die keinerlei regionale Kennzeichen aufweist. Zu diesem Ergebnis kommt auch König (1978: 110):[20]

> Die gesprochene Hochsprache besitzt immer noch viele regionale Varianten. Die Schriftsprache erlebt von einem Bayern, einem Schwaben und einem Holsteiner jeweils eine andere Aussprache. Damit ändert sich auch das phonologische System dessen, was man als Hochsprache bei jedem Sprecher bezeichnet.

Krasser formuliert noch Pilch (1966: 248), der schreibt: "Deutsche Bühnensprache ist eine Spielart des Deutschen, von der eines sicher ist: Kein Deutscher spricht sie."[21]

---

19 Vgl. etwa *Siebs - Deutsche Aussprache* (^{19}1969: 2-3).

20 Zur Frage des Aussprachestandards in Deutschland und Großbritannien vgl. auch Herbst/Heath/Dederding (1980: 105-7).

21 Vgl. die Konzeption einer "landschaftlichen Hochsprache" bei Ruoff (1973: 48).

Damit haftet dem ausschließlichen Gebrauch des Hochdeutschen in sychronisierten Filmen zwangsläufig etwas Unnatürliches an. Dabei darf natürlich nicht vergessen werden, daß auch die Sprache deutscher Fernsehserien z.T. im Bühnendeutsch gehalten ist. Deutsche Produktionen verwenden jedoch häufig - *Tatort, Derrick* oder *Der Alte* sind hierfür nur einige Beispiele - auch den Kontrast von Standardsprache und Dialekt[22] zum Ausdruck der oben aufgeführten Faktoren; und dadurch unterscheiden sie sich grundlegend von synchronisierten Filmen.[23]

4.1.4.2. RP

Die Varietät, in die ausländische Filme in Großbritannien synchronisiert werden, ist die *Received Pronunciation*. Im Gegensatz zum Bühnendeutschen handelt es sich dabei um eine Varietät des Englischen, die auch in natürlichen Kommunikationssituationen gesprochen wird. Allerdings ist die Verwendung von RP in der Synchronisation keineswegs unproblematischer als die des Bühnendeutschen: Innerhalb von England und Wales ist RP zwar nicht regional beschränkt, RP-Sprecher werden aber eindeutig einer klar umrissenen sozialen Schicht zugerechnet, wie auch aus der Beschreibung von Wells (1982: 117) deutlich wird:[24]

> Socially, it is characteristic of the upper and upper middle class, insofar as members of the latter class, sociologically defined, speak with an accent not localizable within England. Occupations perhaps most typically associated with RP are barrister, stockbroker, and diplomat. Most of those who speak it have spoken it since childhood; they have not needed to go to speech classes in order to acquire it. Typically they belong to families whose menfolk were or are pupils at one of the 'public schools' ...

Nach dem Zweiten Weltkrieg hat die soziale Bedeutung von RP entscheidend nachgelassen. Es bahnt sich eine Entwicklung an, die der Situation in Deutschland nahekommt, daß nämlich Standard English mehr und mehr auch mit leicht regionalen Akzenten gesprochen wird.[25] Dennoch besteht das Problem bei der Synchronisation, daß die Varietät, die auf den britischen Inseln oder unter Umständen sogar weltweit über die größte Verständlichkeit verfügt und die innerhalb von England und Wales als geographisch neutral bezeichnet werden kann, sozial deutlich markiert ist.

---

22 Dabei handelt es sich allerdings häufig um abgeschwächte Formen bestimmter Dialekte.

23 Allerdings ist zu berücksichtigen, daß der Gebrauch von Standard und Dialekt in Fernsehserien nicht unbedingt denselben Gebrauchsbedingungen unterliegt wie in alltäglichen Kommunikationssituationen. In Serien wie *Derrick* oder *Schwarzwaldklinik* zeigen die Hauptfiguren kaum regionale Kennzeichen in ihrer Aussprache. Dialekt wird in solchen Filmen einerseits zur sozialen Markierung oder zu einer deutlich regionalen Einordnung eingesetzt. In der *Schwarzwaldklinik* ist z.B. ein deutlicher Unterschied zwischen der Sprache der Klinikärzte und der des im Schwarzwald praktizierenden Landarztes festzustellen. Auffällig ist in dieser Hinsicht, daß z.B. auch die Lernschwestern nicht Dialekt sprechen.

24 Vgl. hierzu auch Trudgill (1975: 20-1), Gimson (1970: 85), Jones (^{9}1972: 12) und EPD (^{14}1977: x-xii).

25 Vgl. dazu Gimson (1970: 85-9) und Gimson (1984: 46). Vgl. in diesem Zusammenhang auch Leitners (1983) Beschreibung der Veränderungen des Gebrauchs von RP in Rundfunksendungen der BBC.

4.1.4.3. U.S.A.

In den Vereinigten Staaten ähnelt die Situation in Hinblick auf einen Standard wohl eher der in Deutschland als der in Großbritannien. Es gibt keine "universally accepted totally regionless standard pronunciation" (Trudgill/Hannah 1082: 31), obwohl sich in Hinblick auf regionale Unterschiede größere Uniformität zwischen den Dialekten des amerikanischen Englisch feststellen läßt (vgl. Barnickel 1980a: 81). Die Charakterisierung eines Aussprachestandards, die Francis (1965: 247) gibt, ähnelt stark der Position des Bühnendeutschen:

> In America ... there is no such thing as a single standard form of American English, especially in pronunciation. The nearest thing to it is the speech of anonymous radio and television announcers, which one linguist has aptly called "network English".

Während Barnickel (1980a: 81) diese "Aussprache von ihren Gebrauchsbedingungen her" als "viel zu beschränkt" sieht, um sie als Standardaussprache anzuerkennen, verweist die Beschreibung von Wells (1982: 470) nicht auf Restriktionen im Gebrauch des *General American*, die mit denen einer hochdeutschen Standardaussprache vergleichbar wären:

> '**General American**' comprises that majority of American accents which do not show marked eastern or southern characteristics ...
> Obviously, GenAm is not a single unified accent. But as a concept referring to non-eastern non-southern accents, the label has its uses. It corresponds to the layman's perception of an American accent without marked regional characteristics. It is sometimes referred to as '**Network** English', being the variety most acceptable on the television networks covering the whole United States.

In jedem Falle läßt sich aber sagen, daß in Amerika ähnliche Probleme hinsichtlich des Standards auftauchen, in den synchronisiert werden kann, weil die Entscheidung selbst für *Network English* eine Nivellierung bedeutet.

4.2. Synchronisation in die Standardsprache

4.2.1. Die Unmöglichkeit direkter Äquivalenz

Eine direkte Äquivalenz hinsichtlich der von Akzent oder Dialekt getragenen Bedeutungselemente eines Textes in dem Sinne, daß diese Bedeutungselemente auch in der synchronisierten Fassung durch Akzent oder Dialekt ausgedrückt werden könnten, erscheint unmöglich.[26] Der

---

[26] Der einzige Fall, in dem der Gebrauch von Dialekt in Synchronfassungen überzeugend wirkt, ist, wenn es sich um einen Dialekt der Zielsprache handelt, der im Film aufgrund des Ortes der Handlung bzw. der Herkunft bestimmter Personen gesprochen wird. So spielen z.B. in der Serie *Dallas* einige Folgen in Salzburg, wo in der deutschen Synchronfassung für manche der im Film auftretenden Österreicher eine modifizierte Form eines österreichischen Dialekts verwendet wird.

Grund hierfür ist darin zu suchen, daß Faktoren wie regionale oder soziale Einordnung zwar durch Varietäten der Sprache zum Ausdruck kommen, daß diese Faktoren aber gebündelt auftreten, d.h. es gibt - abgesehen eben vom Standard - keine Varietät, die nicht gleichzeitig regional und sozial bestimmt wäre.

Für die Zwecke der Synchronisation bzw. der Übersetzung allgemein bedeutet das, daß es unmöglich ist, etwa die Information, daß ein Sprecher in der sozialen Hierarchie relativ weit unten steht, durch einen Akzent oder Dialekt zum Ausdruck zu bringen, ohne gleichzeitig auch eine regionale Einordnung vorzunehmen. Würde man also versuchen, das soziale Gefälle einer Serie wie *Upstairs - Downstairs/Das Haus am Eaton Place*[27] im Deutschen auch durch den Gebrauch unterschiedlicher sozialer Dialekte wiederzugeben, so müßte man sich entscheiden, in welcher deutschen Stadt die Handlung anzusiedeln wäre. Da die Serie aber in London spielt, wäre jede Entscheidung dieser Art unglaubwürdig. Ähnlich ist es wohl kaum möglich, die Bauern aus Yorkshire in der Tierarztserie *All Creatures Great and Small/Der Doktor und das liebe Vieh* mit einem mecklenburg-vorpommerschen, schleswig-holsteinischem oder bairischen Dialekt sprechen zu lassen, um der soziolektalen Ebene gerecht zu werden.[28] Dieselben Schwierigkeiten stellen sich hinsichtlich der mit einem Akzent oder Dialekt verbundenen stereotypischen Assoziationen. Es wäre wohl nicht denkbar, die in London angesiedelte britische Serie *East Enders* im Deutschen zu synchronisieren, indem man einen deutschen Stadtdialekt, also etwa das Ruhrgebiet oder Frankfurt, zugrundelegt. Sprachlich ist das insofern interessant, als es durchaus möglich erschiene, die Dialekte der Ausgangssprache in der Zielsprache durch Dialekte wiederzugeben, die über dieselben allgemeinen Konnotationen verfügen, also etwa 'Bergarbeitergegend', 'ländliche Idylle' oder dergleichen. Der Faktor der Zuordnung zu einer bestimmten Gegend mit ganz spezifischen Konnotationen scheint jedoch so stark zu sein, daß - da die Zuschauer schließlich wissen, daß die Handlung nicht in der Gegend spielt, in der der entsprechende deutsche Dialekt gesprochen wird - auf eine Benutzung regionaler Dialekte in der Synchronisation, zumindest im Falle von Sprachen wie Deutsch oder Englisch, weitgehend verzichtet werden muß. Das Problem bei der Übersetzung fremdsprachlicher Dialoge besteht nun darin, daß die Regionalität von Dialekten im Bewußtsein der Sprecher offensichtlich unlösbar mit der entsprechenden Gegend verbunden ist. Eine getrennte Übersetzung der Merkmale '+ regional markiert' und '+ sozial markiert' ist also nicht möglich. Diese Unmöglichkeit

---

27 Die Serie *Upstairs - Downstairs* spielt im London des beginnenden 20. Jahrhunderts. Dabei spielt der Kontrast zwischen dem Leben in der Herrschaftsetage und dem der Bediensteten eine Rolle. Die Serie wurde in der Bundesrepublik Deutschland vom ZDF gesendet.

28 Rowe (1960: 119) schreibt zu diesem Problem: "A frequent solution is to 'write' in an accent for the character speaking in dialect, leaving the rest of the cast to speak standard English. Although not entirely logical, the effect is generally truer to the spirit of the original than the insertion of new textual material." Gelegentlich wird bei der Synchronisation der Versuch unternommen, Berlinerisch oder zumindest ansatzweise einzelne Elemente des Berliner Dialekts zu übernehmen, um Dialektsprecher im Originalfilm zu übersetzen. Vgl. in diesem Zusammenhang auch Hesse-Quack (1967: 196), der ebenfalls ausführt, daß solche Versuche nicht zu überzeugen vermögen. Ein Beispiel dieser Art ist etwa die Rolle der Demelza in den ersten Folgen der Serie *Poldark*, wo sich zuweilen Anlehnungen an den Berliner Akzent finden. Formulierungen wie *Der hat sich dünne gemacht.* oder *Ich denk, Sie brauchen wen, der sich um Sie kümmert*, wie sie in der Serie Poldark: 1/16: 0.27 h vorkommen, taugen jedoch nicht als Entsprechungen für den Regionaldialekt Cornwalls.

der Wiedergabe der sozialen Dialektkontraste mag auch ein Grund dafür sein, daß manche Erfolgsserien des englischen Fernsehens wie etwa *Coronation Street*[29] oder *East Enders* von den deutschen Fernsehanstalten (bisher) nicht aufgekauft wurden.[30] Aus sprachwissenschaftlicher Sicht kann die Tatsache, daß Dialekt in der Synchronisation nicht eingesetzt werden kann, auch als Indiz für ein spezifisches Charakteristikum der Standardsprache gegenüber Dialekten gesehen werden: Der Standard ist die einzige Varietät, die - im Falle einer Übersetzung - als frei von regionalen und sozialen Konnotationen empfunden wird. Zuschauer finden es offensichtlich nicht merkwürdig, daß J.R. Ewing, Alexis Colby oder ein englischer Minister sowie seine Putzfrau fließend Hochdeutsch sprechen;[31] sprächen sie aber Bairisch oder Sächsisch, wäre der Effekt bestenfalls komisch.[32] Was die regionalen Unterschiede betrifft, ist es nicht weiter verwunderlich, da der Standard in diesem Punkt eine neutrale Varietät darstellt; daß aber Standardsprache auch in Situationen oder von Sprechern akzeptiert wird, bei denen eine andere soziale Varietät angemessen wäre, markiert sie auch in dieser Hinsicht als neutral. Zumindest für den Fall der Übersetzung läßt sich also sagen, daß der Standard im Gegensatz zu anderen Varietäten der Sprache die Möglichkeit der Neutralisation, wenn man diesen Begriff aus der Phonologie oder der strukturellen Semantik überträgt, von regionalen und sozialen Bedeutungskomponenten bietet.[33]

4.2.2. Kriterien zur Bestimmung nationaler Standards

Diese Möglichkeit der Neutralisation könnte ein entscheidendes Kriterium zur Bestimmung von Standard darstellen, insbesondere in Hinblick auf Sprachen, die verschiedene nationale Standards besitzen. Hier ergeben sich zum Beispiel wesentliche Unterschiede zwischen Deutschland und Österreich einerseits und den U.S.A. und Großbritannien andererseits.

In diesem Zusammenhang ist bemerkenswert, daß Fernsehserien wie *Die Schwarzwaldklinik*, die ins Englische synchronisiert werden, soweit sie für den amerikanischen und den britischen Markt gekauft werden, in zwei verschiedenen Versionen synchronisiert werden - einer amerikanischen und einer britischen. Da das britische Fernsehen eine große Zahl

---

29 *Coronation Street* ist in einer Industriestadt in Lancashire angesiedelt. Wie bei *East Enders* handelt es sich dabei um eine sehr erfolgreiche Vorabendserie, bei der das Milieu der "working class culture" eine große Rolle spielt.

30 Die Kulturspezifik solcher Serien ist sicher ebenfalls als Hinderungsgrund für den Ankauf zu sehen, vgl. 7.

31 In Hinblick auf diese Akzeptanz mögen ethnische Gesichtspunkte nicht ganz unwesentlich sein: Manche Zuschauer empfinden es zumindest im ersten Moment als auffälliger und unglaubwürdiger, wenn etwa Schwarze, Chinesen, Japaner oder Inder in synchronisierten Filmen perfekt deutsch sprechen als bei Weißen. Eine naheliegende Erklärung dafür ist, daß ein fehlerlos deutsch sprechender Chinese oder Japaner eben nicht in den Erfahrungsbereich der meisten Zuschauer fällt; sie sich im Falle von weißen Amerikanern aber der Tatsache, daß es sich nicht um Deutsche handelt, weniger bewußt sind.

32 Entsprechend setzen Fernsehanstalten gelegentlich Dialekt bei der Synchronisation ein, wenn komische Effekte erzielt werden sollen, die dann aber in dieser Form im Original nicht angelegt sind. Zu denken wäre hier z.B. an parodistische Bearbeitungen englischer oder amerikanischer Kriminalserien.

33 Zu unterschiedlichen Bedeutungsebenen, die durch Dialekte ausgedrückt werden können, s. Mattheier (1986).

amerikanischer Filme und Serien übernimmt und britische Produktionen ebenfalls unbearbeitet in Amerika gezeigt werden, kann diese immerhin sehr kostspielige Praxis der Doppelsynchronisation nicht in mangelnder Verständlichkeit der beiden Varietäten[34] oder einer prinzipiell ablehnenden Haltung der Zuschauer bedingt sein. Der Grund ist vielmehr darin zu sehen, daß für britische Zuschauer *British Standard English* die Möglichkeit zur Neutralisation im oben geschilderten Sinne bietet, *American Standard English* aber als regional markiertes Englisch ähnlich wie ein englischer Dialekt empfunden wird und umgekehrt.[35]

Anders sind die Verhältnisse im Falle von Österreich.[36] Der ORF übernimmt nicht nur die Synchronfassungen aller vom deutschen Fernsehen angekauften Serien, sondern auch die österreichischen Synchronstudios verwenden in der Regel Hochdeutsch und nicht den österreichischen Standard. Ein Grund dafür mag kommerzieller Natur sein und auf einen möglichen Verkauf an westdeutsche Fernsehanstalten zielen. Daß dies aber nicht der einzige Grund ist, zeigt die Tatsache, daß sich ein Versuch, eine amerikanische Serie ins "Österreichische" zu synchronisieren, als Fehlschlag erwies. Die Serie *Serpico* wurde zunächst vom ORF erworben und ins "Österreichische" synchronisiert. Später wurden dieselben Folgen vom ZDF neu synchronisiert und in Deutschland gesendet. Die deutsche Fassung wurde dann auch in Österreich gezeigt und erreichte ein positiveres Echo beim Publikum als die ursprüngliche österreichische Fassung.

Das erlaubt folgende Schlußfolgerungen: Offensichtlich wird von Österreichern der eigene Standard im Deutschen,[37] der z.B. in den Nachrichtensendungen des ORF gebraucht wird, trotz seines Status als Standard, noch als regional markiert und von daher für die Zwecke der Synchronisation als ungeeignet empfunden. Umgekehrt liegen die Verhältnisse im Falle von Großbritannien und den U.S.A., wo der Standard des jeweils anderen Landes als regional markiert und der des eigenen als neutral gesehen wird, was letztlich zwei Synchronfassungen nötig macht.

Linguistisch bedeutet das, daß zwischen verschiedenen nationalen Standards unterschieden

---

[34] Unter kommerziellen Gesichtspunkten überrascht dabei, daß etwa bei der *Schwarzwaldklinik* die britische und die amerikanische Synchronfassung unabhängig voneinander erstellt werden, d.h. es wird nicht derselbe Text mit britischen und amerikanischen Schauspielern synchronisiert.

[35] Unterstützt wird diese Beobachtung der Akzeptanz verschiedener nationaler Varietäten in der Übersetzung durch subjektive Einzelbeobachtungen: So stellte z.B. eine österreichische Lektorin an einer britischen Universität fest, daß sie am Film *Amadeus*, den sie in englischer Sprache gesehen hatte, nicht gestört hatte, daß Österreicher Englisch sprechen, sondern daß sie amerikanisches Englisch sprechen. Auch hier gilt also - auf der individuellen und subjektiven Ebene - daß eine nationale Varietät des Englischen als regional markiert und eine andere, wahrscheinlich die dem Sprecher subjektiv vertrautere, als regional neutral empfunden wird.

[36] Zur Entwicklung des österreichischen Standards s. R.E. Keller (1961: 201).

[37] Zur Standardsprache in Österreich vgl. auch Lipold (1988: 31-2) und Wiesinger (1988: 20-3). Wiesinger (1988: 20) verweist zwar auf die "Hochlautung rhetorisch geschulter Berufssprecher wie Schauspieler, Rundfunk- und Fernsehansager, deren prononcierte Lautgebung an den auf Siebs zurückgehenden Ausspracheregeln orientiert ist". Damit ist aber nicht gesagt, daß auf dieser Ebene keine Unterschiede zwischen österreichischer und etwa bundesdeutscher Hochlautung bestünden. Da sich die Aussprache in den ORF-Nachrichten durchaus von der der deutschen Tagesschau unterscheidet, kann man wohl auch auf dieser Ebene von einem spezifisch österreichischen Standard sprechen.

werden muß. *British* und *American Standard English* stehen als gleichberechtigte nationale Standards nebeneinander, indem sie beide für die Sprecher des jeweiligen Sprachraums die Möglichkeit der Neutralisation regionaler und sozialer Bedeutungskomponenten aufweisen. Die Praxis der Fernsehanstalten deutet darauf hin, daß das beim irischen oder australischen Englisch nicht in derselben Weise der Fall ist. In Australien wird z.B. nicht selbst synchronisiert; das australische Fernsehen kauft aber britische und amerikanische Synchronfassungen ausländischer Filme.[38] Ähnlich ist der nationale Standard des Deutschen in Österreich in dieser Hinsicht nicht als gleichberechtigter Standard neben dem Hochdeutschen mit der Aussprache im Sinne des Bühnendeutschen zu sehen.

Das bedeutet, daß die Möglichkeit zur Neutralisation ein zusätzliches Kriterium zur Bestimmung der Standardsprache bietet, das sich in den gängigen Definitionen der Soziolinguistik - also etwa bei Garvin (1964), Haugen (1966/1972), Trudgill (1975: 18), Ammon (1979: 25-6), Hudson (1980: 32-4) oder Barnickel (1980a: 28-9) - in dieser Form nicht findet. Hudson (1980: 33) beschreibt z.B die von Haugen (1966/1972: 107-110) entwickelten Kriterien zur Bestimmung der Standardsprache folgendermaßen:

> (1) *Selection* - somehow or other a particular variety must have been selected as the one to be developed into a standard language. ...
> (2) *Codification* - some agency such as an academy must have written dictionaries and grammar books to 'fix' the variety, so that everyone agrees on what is correct. ...
> (3) *Elaboration of function* - it must be possible to use the selected variety in all the functions associated with central government and with writing, for example in parliament and law courts, in bureaucratic, educational and scientific documents of all kinds, and of course in various forms of literature. ...
> (4) *Acceptance* - the variety has to be accepted by the relevant population as the variety of the community - usually, in fact, as the national language. Once this has happened, the standard language serves as a strong *unifying* force for the state, as a symbol of its *independence* of other states (assuming that its standard is unique and not shared with others), and as a marker of its *difference* from other states.

Andere Standarddefinitionen, etwa die von Barnickel (1980a: 28-30) in Anlehnung an Garvin (1964), führen als weitere Kriterien an,[39]

- daß "der Standard keinen *Gebrauchsrestriktionen*" unterliegt, sondern "grundsätzlich für alle Zwecke in allen Situationskontexten verwendbar" ist,[40]
- daß er hohen Prestigewert besitzt,
- daß die Standardsprache die Grundlage für den Fremdsprachenunterricht bildet.[41]

---

38 Auskunft von SBS Television (Special Broadcasting Service).

39 Vgl. auch Bähr (1974: 52-5). Zu Attributen, die Standard English zugeschrieben wurden, vgl. Götz (1980).

40 Dieses Kriterium ist wohl im Sinne der *elaboration of function* bei Haugen (1966/1972) zu verstehen. Es weist zwar auf eine gewisse Neutralität des Standards hin, ist aber mit dem Kriterium der Neutralisierung in Übersetzungen gesprochener Sprache keineswegs identisch. Die Tatsache, daß der Standard "in allen Situationskontexten" verwendbar ist, bedeutet ja nicht, daß sein Gebrauch dann keinerlei Assoziationen in bezug auf Sozialstatus oder Persönlichkeit des Sprechers auslösen würde.

41 Vgl. dazu auch die Charakterisierung von Standard English bei Trudgill (1975: 18).

Varietäten wie *Scottish Standard English*[42] oder *Irish English*, die in der CGEL (1.24-26) als "National Standards of English" bezeichnet werden,[43] erfüllen - abgesehen vom Aspekt des Fremdsprachenunterrichts - diese Kriterien durchaus: *Educated Scots* hat z.B. innerhalb Großbritanniens einen ähnlichen Prestigewert wie RP, es erfüllt über die Grenzen mehrerer Dialekte hinweg die Funktion einer Einheitssprache mit weitgehender Verständlichkeit und ist in bedingtem Maße auch kodifiziert.[44] Ähnliches dürfte für den österreichischen Standard des Deutschen gelten. Dennoch stellen diese Varietäten - zumindest was die rezeptive Seite angeht - auch innerhalb ihrer Sprachgemeinschaften nicht die neutralste Varietät der Sprache dar: Sowohl *Scottish Standard English* wie auch der österreichische Standard sind noch regional markiert und nicht neutral etwa bei der Synchronisation ausländischer Filme einsetzbar. Diese Varietäten werden übrigens tatsächlich auch nicht als Lehrstandard verwendet. Aus diesem Grund müssen Hochdeutsch (im Sinne von Bühnendeutsch) und *British Standard English* mit RP-Aussprache in diesem Sinne als übergeordnete Standardvarietäten beschrieben werden, was darauf hinweist, daß eine Varietät nicht entweder Standard ist oder nicht, sondern daß man zwischen unterschiedlichen Graden des Standardcharakters einer Varietät unterscheiden kann, also etwa zwischen Regionalstandards wie *Scottish Standard English* und neutralisationsfähigen Standards wie RP.

In Anlehnung an die Darstellungen von Trudgill (1974: 41-2 oder 1975: 21) und unter Berücksichtigung der Tatsache, daß es sich um ein Kontinuum und nicht um scharf abgrenzbare Varietäten handelt[45] läßt sich das Verhältnis von Regionalstandard und Dialekten in der Form eines Trapezes oder einer Pyramide darstellen:

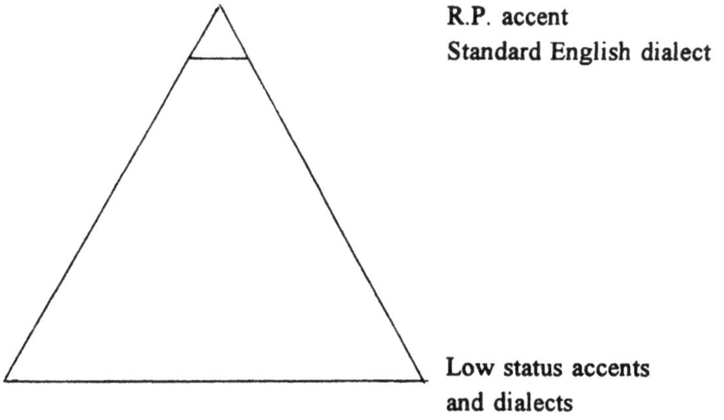

---

[42] Vgl. Aitken (1984: 94). Zum Englischen in Schottland vgl. auch Bähr (1974: 127-74) oder Barnickel (1980a: 120-5). Barnickel (1980a: 120) weist dabei auch darauf hin, daß viele Forscher dem schottischen Englisch nicht den Status einer eigenen nationalen Varietät absprechen.

[43] Dabei wird die besondere Bedeutung des amerikanischen Englisch und des britischen Englisch in der CGEL (1.24) hervorgehoben als die "... national standards that are overwhelmingly predominant both in the number of distinctive usages and in the degree to which these distinctions are institutionalized".

[44] Vgl. etwa M. Robinson (1985).

[45] Vgl. dazu u.a. Trudgill (1975: 22).

Die Unterscheidung zwischen einem Regionalstandard und einem übergeordneten, neutralen Standard entzieht sich jedoch einer solchen Darstellung. Stellt man, wie Trudgill (1975: 21), RP an die Spitze des Dreiecks, so verkennt man dabei, daß z.B. in Schottland RP keineswegs ein höheres Sozialprestige genießt als etwa Standard English mit schottischem Akzent.[46] Stellt man aber Scottish Standard English und RP auf dieselbe Stufe, so wird dabei nicht deutlich, daß es sich nur bei RP um eine neutralisationsfähige Varietät handelt.

Eine zusätzliche Komplikation ergibt sich im Englischen dadurch, daß die Neutralisationsfähigkeit der beiden Hauptstandardvarietäten regional begrenzt ist. *British* und *American Standard English* stehen dann gleichberechtigt nebeneinander, aber hierarchisch über Varietäten wie dem kanadischen, irischen oder schottischen Englisch.

Ein gewisses Paradoxon ergibt sich daraus, daß innerhalb eines Sprachgebietes sowohl nationale Substandards wie schottisches Englisch als auch die als neutraler Standard auf der gleichen Stufe stehende Varietät des *American Standard English* als regional markiert empfunden werden.

4.3. Konsequenzen mangelnder Umsetzung bei der Synchronisation

4.3.1. Unterschiedliche Bedeutung der Unmöglichkeit direkter Äquivalenz

Die Tatsache, daß Akzent und Dialekt in der Synchronisation nicht durch dieselben sprachlichen Mittel wiedergegeben werden können, hat Auswirkungen unterschiedlicher Tragweite, je nach Charakter des zu synchronisierenden Films. Soweit im Film soziale und regionale Unterschiede keine Rolle spielen, ist auch die Gleichförmigkeit der Standardsprache kein allzu großes Manko. Das gilt z.B. für Fernsehserien wie *Dallas* oder *Dynasty*, in denen die einzelnen Charaktere eher schemenhaft agieren und von denen man wohl kaum behaupten könnte, sie seien in einem konkret realistischen soziokulturellen Kontext eingebettet. Dennoch ist selbst hier zu bemerken, daß die beiden Serien untereinander in den deutschen Synchronfassungen wesentlich ähnlicher wirken als sie es im Original sind: Die Charaktere von *Dynasty* bedienen sich einer weit weniger regional dialektal gefärbten Variante des amerikanischen Englisch als die in *Dallas*, die eindeutig Texas zuzuordnen ist. Entsprechend ist die Familie Carrington auf der sozialen Ebene sprachlich höher anzusiedeln als die Ewings in *Dallas*. Die Tendenz zur Standardisierung, die Hesse-Quack (1967: 197) beobachtet, ist sicherlich z.T. dadurch bedingt, daß durch den Gebrauch der Standardsprache Unterschiede verwischt werden, die zwischen ansonsten relativ ähnlichen Serien im Original bestehen: In den deutschen Synchronfassungen australischer Serien wie *Wer Haß sät* oder *Carson und Carson* finden sich - abgesehen vom gelegentlichen Ge-

---

[46] Vgl. dazu Wells (1982: 393): "... RP does not enjoy the same tacit status in Scotland as it does in England and Wales; a Scottish accent can be prestigious in a way that a local English accent is not."

brauch von Ortsnamen - keine sprachlichen Hinweise auf das Ursprungsland. Allerdings handelt es sich bei diesen *soaps* um Beispiele von Serien, in denen die Bedeutung von Akzent oder Dialekt marginal ist.

4.3.2. Verlust an Atmosphäre oder Charaktertreue durch mangelnden Varietätenkontrast

Von größerer Bedeutung ist das Problem der Wiedergabe von Akzenten und Dialekten in Filmen, in denen soziale oder regionale Unterschiede zwischen einzelnen Personen eine Rolle spielen.[47] Bemerkenswert dabei ist, daß sich die Bedeutung des Dialekts nicht in der sachlichen Information äußert, daß die Sprecher Amerikaner, Engländer, Schotten usw. sind, sondern daß sich mit dem Dialekt bzw. mit den damit verbundenen Klischeevorstellungen im oben geschilderten Sinne ein atmosphärisches Element durch den gesamten Film zieht, das das Aufeinanderprallen verschiedener Welten kontinuierlich unterstreicht.[48]

Im Film *Local Hero* soll ein amerikanischer Geschäftsmann ein schottisches Fischerdorf aufkaufen, um in der Bucht, in der das Dorf gelegen ist, eine große Raffinerieanlage zu errichten. In der Originalfassung wird der Kontrast zwischen den Lebenseinstellungen der Amerikaner und den ortsansässigen Schotten durch den Kontrast des amerikanischen und des schottischen Englisch kontinuierlich verstärkt. Durch den Wegfall dieses sprachlichen Kontrasts büßt die Synchronfassung von *Local Hero* viel der Wirkung des Originals ein. *Local Hero*

Die Hauptfiguren der Kriminalserie *Dempsey und Makepeace* sind ein amerikanischer Polizist, der vorübergehend bei der Londoner Polizei arbeitet, und seine britische Kollegin Makepeace. Nachdem Makepeace mit einen deutlichen *upper class RP accent* spricht, wird der Kontrast zwischen den verschiedenen Welten der beiden Hauptfiguren auch durch die Sprache sehr deutlich. Diese zuweilen recht witzigen Elemente des Originals gehen bei der Synchronisation verloren. *Dempsey und Makepeace*

Diese Serie beschreibt das Leben in der Herrschaftsetage und bei den Bediensteten eines Londoner Parlamentsmitglieds zu Anfang des 20. Jahrhunderts. Auch hier ist eine sprachliche Markierung des sozialen Status, wie sie durch den Dialekt im Original erfolgt, in vielen Fällen redundant, weil der Sozialstatus einer Person aus der Handlung des Films hinreichend deutlich wird. Vom Atmosphärischen her betrachtet kann aber etwa der Kontrast der Sprache der Bediensteten untereinander und der Sprache der Herrschaft in der Serie *Upstairs - Downstairs/Das Haus am Eaton Place* ein wesentliches Element darstellen. Die Uniformität der Standardsprache führt insbesondere bei Angehörigen weniger gehobener

---

[47] Bedingt gilt das auch für *soaps* wie *Dynasty* oder *Dallas*, in denen die sprachlichen Unterschiede zwischen einzelnen Personen durch die Synchronisation nivelliert werden. Daß z.B. die Figur der Cally in *Dallas* sich soziolektal von den übrigen Mitgliedern der Familie sehr unterscheidet, geht in der Synchronisation ebenso verloren wie die Tatsache, daß Alexis und Amanda im *Denver-Clan* in der Originalfassung britisches Englisch sprechen.

[48] Ein besonderes Problem stellt dabei die Synchronisation Farbiger dar, weil durch den sprachlichen Gegensatz zwischen Weißen und Schwarzen u.U. eine Distanz zwischen Personen ausgedrückt werden kann, die in der Synchronfassung verloren geht. *Black English* ist insofern eine spezielle Schwierigkeit, als im Deutschen ohnehin eine direkte Entsprechung dazu nicht gegeben ist.

sozialer Schichten unweigerlich zu einem Verlust an Charaktertreue.[49]	*Das Haus am Eaton Place*

In all diesen Fällen ist die durch den Dialekt gegebene Information nicht in dem Sinne für das Verständnis des Films wichtig, daß diese Information nur durch die verwendete Varietät gegeben wäre, und insofern ist sie redundant. Das bedeutet aber nicht, daß der Wegfall des Varietätenkontrasts keinen qualitativen Verlust darstellte, denn Redundanz dieser Art ist ein integrativer Bestandteil von Kommunikationssituationen.

Ein besonderes Problem stellt sich, wenn - wie es insbesondere im britischen Fernsehen häufig geschieht - sprachliche Kontraste als Grundlage für Situationskomik dienen.

<Situation: Der Besuchskalender des Ministers Jim Hacker wurde ohne sein Wissen geändert, so daß er einen Gewerkschaftsvertreter anstelle eines Arbeitergebervertreters empfängt.>

JIM:	
Mr. Watson, bevor wir uns unterhalten, möchte ich eines absolut klarstellen: Das muß alles unter uns bleiben. Wenn die Gewerkschaften davon erfahren würden, dann wäre in Großbritannien der Teufel los.	Mr. Watson, before we start there's one thing I must make absolutely clear. This must not get out. If the unions were to get to hear of this all hell would be let loose.
RON:	
Ja, natürlich!	Oh yes.
JIM:	
Natürlich gibt es Entlassungen! ... Es ist nicht möglich ..., es ist nicht möglich, eine so ... aufgeblähte, riesige Bürokratie zu entschlacken, ohne Leute rauszuschmeißen! Es werden viele ... dran glauben müssen.	Of course there'll be redundancies. You simply can't slim down a giant bureaucracy like this without getting rid of people. Ultimately, a lot of people.
RON:	
Aber Sie möchten doch sicher erst Gespräche mit den Gewerkschaften führen!	Won't you be holding discussions with the Unions first?
JIM:	
Wir werden dieses Affentheater natürlich durchziehen! Aber Sie wissen ja, wie Gewerkschafter sind: Sie sind stur wie Panzer und saublöde!	We'll go through the charade of discussions, but you know what Trade Unionists are like; thick as two short planks and bloody-minded.
RON:	
Alle, Minister!?	All of them?
JIM:	
Na, die meisten jedenfalls! Das müßten Sie doch eigentlich wissen!	Pretty well. Good lord, you should know. *YM 1/3: 166-72*

Im Englischen gewinnt diese Szene dadurch an Reiz, daß der Gewerkschaftsvertreter offensichtlich nicht RP spricht, sondern etwa ein Wort wie ***discussions*** /dɪsˈkʊʃnz/ ausspricht; so daß der Minister leicht hätte bemerken müssen, daß er nicht mit einem Vertreter der Arbeitgeber spricht.

---

49 Das ist auch im Falle der beiden Ärzte in *All Creatures Great and Small/Der Doktor und das liebe Vieh* festzustellen, die im englischen Original zwar *Standard English*, aber mit einem *modified regional accent* sprechen, was Aufschluß über ihre soziale Stellung, aber auch ihren Charakter gibt.

Situationskomik, die durch den Kontrast von RP und sozial niedriger einzuordnenden Soziolekten entsteht, ist in der deutschen Fassung in dieser Form ebenfalls nicht nachvollziehbar.[50]

4.3.3. Handlungsrelevante Information

Von noch größerer Bedeutung ist das Varietätenproblem in solchen Fällen, in denen die regionale Herkunft einer Person für das Verständnis der Handlung entscheidend ist.

<Thema des Films: die politische Situation in Nordirland.
Situation: Der Film beginnt mit einer Szene, in der sich eine junge Frau mit einer älteren darüber unterhält, daß ihr Mann verhaftet worden ist. Sie kann nicht fassen, daß ihr Mann an einem Terroranschlag beteiligt war und will von ihrer Nachbarin erfahren, ob sie gewußt hatte, daß er für die I.R.A. arbeitet. Daran schließt sich eine Rückblende an, eine Szene in einem Pub, in dem (in englischer Sprache) gesungen wird, dann schwenkt die Kamera auf die Frau, die alleine am Fenster sitzt, und ein junger Mann geht auf sie zu.>

PADDY:	Bist du allein?
BETTY:	Nein, ich bin mit meiner Freundin hier. Sie ist mit ihrem Freund grade mal rausgegangen.
PADDY:	Darf ich mich zu dir setzen?
BETTY:	Wenn's unbedingt sein muß.
PADDY:	Ich sah dich zuhören. - Du hörst nett zu. Ich hatte gehofft, du wärst allein.
BETTY:	Nein.
PADDY:	Ein Kerl?
BETTY:	Ein was? Nein!
PADDY:	Ich finde ...
BETTY:	Ich ... (Lachen)
PADDY:	Wolltest du mir nicht etwas sagen?
BETTY:	Du hast was sagen wollen. Also schieß los.
PADDY:	Wie heißt du eigentlich? Jetzt bist du an der Reihe?
BETTY:	Mh, Betty. Ich find den Namen nicht schön, aber ich hab ihn nun mal. Ich hab mir sogar schon überlegt, ob ich ihn einfach ändern soll, aber mir fällt kein besserer ein. - Und wie ist dein Name?
PADDY:	Mna, mir gefällt mein Name auch nicht.

---

50 Das wird auch in anderen Untersuchungen deutlich. Hesse-Quack (1967: 196) kommt zu folgendem Ergebnis: "Auch die in den Originalfilmen häufiger durch die Verwendung von Dialekten gegebene Charakterisierung von Personen geht in den deutschen Fassungen fast immer entweder vollständig verloren oder wird in ihrer Anmutungsqualität durch den Einheitsdialekt 'Berlinerisch' oder andere unvollkommene Versuche der Übertragung umgebogen." Er schreibt in diesem Zusammenhang der 'inadäquaten Wiedergabe von Argot und Slang' große Bedeutung zu. Vgl. dazu die Einzelanalysen bei Hesse-Quack (1967: 113 oder 127). Es ist aber zu fragen, ob die Gründe für die bei Hesse-Quack beschriebene Tendenz zur Standardisierung nicht in den bei der Synchronisation begrenzten Möglichkeiten zur Wiedergabe von Varietäten allgemein zu suchen sind. Müller stellt für den Film *Messidor* fest, daß die beiden Protagonistinnen "in der Originalfassung erheblich sympathischere Figuren sind", was er auf die inadäquate Übertragung von "Argot, vulgär- und populärsprachliche(r) Äußerungen der Mädchen" zurückführt.

BETTY:	Laß mich raten!
PADDY:	Das dürfte nicht schwierig sein. Fast jeder Ire, den du triffst, heißt so wie ich.
BETTY:	Mick oder Paddy!
PADDY:	Richtig.
BETTY:	Mick würde nicht zu dir passen, also kannst du nur Paddy heißen.
PADDY:	Stimmt. Bist du von drüben - ich meine, Großbritannien?
BETTY:	Ja.
PADDY:	Von wo?
BETTY:	Manchester. - Was dagegen?
PADDY:	Was soll ich dagegen haben? *Vergib uns unsere Schuld*

Daß Betty Engländerin ist, erfährt der deutsche Zuschauer aber erst nach fünf Minuten; im englischen Original ist das von Anfang an aufgrund des Akzents deutlich. Diese Information ist aber ein Schlüssel zum Verständnis sowohl der ersten wie auch der zweiten Szene: Sowohl Bettys vollkommenes Unverständnis für das Engagement ihres Mannes bei der I.R.A. wie auch die Dialogpassage "Fast jeder Ire, den du triffst, heißt so wie ich" erscheinen angesichts dieser Tatsache in einem anderen Licht. Es ist zu bezweifeln, ob der deutsche Zuschauer diese Information für eine (nachträgliche) Interpretation der ersten beiden Szenen nutzen kann. Vom Standpunkt der Textanalyse her ist zu ergänzen, daß in der deutschen Synchronfassung die Frage "Bist du von drüben - ich meine, Großbritannien" vollkommen unmotiviert erscheint, nachdem der deutsche Text keinerlei Anlaß zu einer solchen Frage gibt.

Vergib uns unsere Schuld ist ein Beispiel dafür, daß in manchen Fällen die Information, die Akzent oder Dialekt eines Sprechers vermitteln, für das Textverständnis so entscheidend ist, daß sie übersetzt werden muß. Nachdem direkte Äquivalenz aus den genannten Gründen ausgeschlosen ist, kann hier nur eine indirekte Übersetzung erfolgen, etwa durch eine entsprechende Verbalisierung (> 4.4.2).

4.3.4. Sprache als Thema

Ein Problem besonderer Art stellt sich in diesem Zusammenhang, wenn Sprache bzw. Dialekt thematisiert wird. Die Tatsache, daß die Unterschiede zwischen verschiedenen Varietäten der Ausgangssprache in der Zielsprache nicht entsprechend realisiert werden können, bedeutet einen Verlust an Authentizität und führt in manchen Fällen in sinnlosen Dialogen.

DEMPSEY:	Die passen wirklich gut zusammen. Frauchen-am-Herd und V-Mann.
MAKEPEACE:	V-Männer,Kind, Frauchen-am-Herd, Hund. Sie werden immer englischer.

Dempsey und Makepeace: Kidnapping

<Demelza, ein einfaches Mädchen aus Cornwall, hat in eine vornehmere Familie eingeheiratet.>

DEMELZA:	Die schlimmste Schwierigkeit is, sich mit feinen Damen zu unterhalten. Die Zunge klebt einem am Gaumen.
VERITY:	Das is mir auch so gegangen.
DEMELZA:	Dir? Wenn man ne Dame is, die die gehobene Sprache spricht, kann man doch reden.
VERITY:	Nun ja, die gehobene Sprache hab ich beherrscht, aber ich wußte nie, was ich sagen sollte.

Poldark 1/5: 0.11 h

Soweit man auf solche Elemente des Originaltextes nicht verzichten will, ist eine Wiedergabe sprachlicher Unterschiede in der synchronisierten Version notwendig. Das klassische Beispiel hierfür ist *Pygmalion* (> 4.5), ein Stück, bei dem Sprache so sehr im Mittelpunkt steht, daß die Wiedergabe sozialer Dialekte des Englischen auch im Deutschen für das Verständnis der Handlung unabdingbar ist. Die zwangsläufige Koppelung regionaler und sozialer Markierung im Dialekt stellt aber ein unüberwindliches Hindernis für eine wirklich überzeugende Übersetzung dar.

4.3.5. Die Wichtigkeit der Übersetzung von Dialekten

Zusammenfassend kann man also sagen, daß die Wichtigkeit, die der adäquaten Übersetzung von Dialekt in der Synchronisation zukommt, von Film zu Film variiert:

1. Die Informationen, die durch die von den Personen benutzten Varietäten vermittelt werden, können in einem engeren Sinne handlungskonstitutiv sein, d.h. ohne diese Informationen ist ein Verständnis der Handlung nicht möglich. Auch hier gibt es Abstufungen: Während im Falle von *Vergib uns unsere Schuld* eine im englischen Original über Dialekt vermittelte Information dem Zuschauer durch eine entsprechende Übersetzung einmal gegeben werden kann, um das Verständnis der Problematik des folgenden Films zu gewährleisten, erfordert *Pygmalion* eigentlich im gesamten Film eine adäquate Wiedergabe der Varietätenunterschiede des englischen Originals.
2. Die Bedeutung, die mit Varietäten vermittelt wird, ist für das Verständnis der Handlung nicht unbedingt relevant. Im Falle von *Local Hero* ist die regionale Markiertheit der Sprache redundant als auch so deutlich wird, wer Schotte und wer Amerikaner ist. Es wäre jedoch verfehlt, daraus zu folgern, die Übersetzung von Varietäten stelle in solchen Fällen kein Problem dar, weil sich wie eben bei *Local Hero* die Nicht-Übersetzung der Bedeutung der Varietäten z.B. in einem Verlust eines generellen atmosphärischen Elements oder von Charakteräquivalenz niederschlägt, d.h. also, daß das Verständnis des Films nur auf einer sehr oberflächlichen Ebene nicht berührt ist.

4.4. Möglichkeiten indirekter Äquivalenz

4.4.1. Notwendigkeit der Übersetzung

Somit ergibt sich für die Übersetzer folgendes Dilemma: Einerseits ist die durch Varietäten ausgedrückte Bedeutung von so großer Wichtigkeit, daß sie übersetzt werden sollte, wenn die Übersetzung Äquivalenz nicht nur hinsichtlich der Satz- oder Wortbedeutung aufweisen soll. Andererseits ist aber - zumindest im Falle von Sprachen wie Deutsch oder Englisch - kaum eine Möglichkeit gegeben, die im Original durch eine Varietät vermittelte Bedeutung auch in der Synchronfassung durch eine entsprechende Varietät auszudrücken.

Folglich besteht die Notwendigkeit, nach Möglichkeiten der indirekten Äquivalenz zu suchen, also nach anderen sprachlichen Mitteln, die benutzt werden könnten, um diese Bedeutung zu vermitteln.

4.4.2. Verbalisierung

Eine Möglichkeit indirekter Äquivalenz wurde bereits angedeutet. Soweit es nur darum geht, eine Information über eine Person, die im Original durch Akzent oder Dialekt ausgedrückt wird, zu vermitteln, bietet es sich an, diese Information im Dialog zu verbalisieren.

Das gilt vor allem für die rein faktenmäßige Bestimmung der regionalen Herkunft oder des sozialen Status eines Sprechers wie eben im Fall der englischen Frau des irischen Terroristen in *Vergib uns unsere Schuld*, wo eine Verbalisierung in der Form einer Anrede *Du als Engländerin* oder eines Satzes wie *Das muß für dich schwer zu verstehen sein, aber eine Engländerin sollte vielleicht keinen Iren heiraten* ohne weiteres möglich gewesen wäre.[51] In Hinblick auf soziale Dialekte ließen sich entsprechend Bemerkungen über den Bildungshintergrund oder den familiären Hintergrund einer Person konstruieren.

Im Rahmen eines pragmatischen Übersetzungsansatzes versteht es sich natürlich von selbst, daß in solchen vermeintlichen Veränderungen des Textes keine Verfremdung des Originaltextes zu sehen ist, wie viele Fernsehproduzenten zu glauben scheinen, sondern daß im Gegenteil auf diese Weise größere Äquivalenz bei der Übersetzung erreicht wird.

4.4.3. Stilebene

Eine bei der Synchronisation relativ häufig angewandte Methode, tiefer stehende Soziolekte wiederzugeben, besteht darin, zwar in der Standardsprache zu synchronisieren, aber eine niedrigere Stilebene anzusetzen als in Fällen, in denen im Original Standardsprache gesprochen wird. Damit wird die Bedeutung, die eine Varietät zum Ausdruck bringt, auf einer anderen sprachlichen Ebene realisiert, nämlich der der funktionalen oder stilistischen Varianten bzw. der Registervarianten.[52] Ein solcher Übersetzungsansatz ist linguistisch durchaus zu rechtfertigen, und zwar vor allem aus zwei Gründen:

1. Der angemessene Gebrauch von Registern ist vom Situationskontext determiniert, wie etwa Halliday, Strevens und McIntosh (1964: 87) darlegen:"When we observe language activity in the various contexts in which it takes place, we find differences in the type of language selected as appropriate to different types of situation."[53]

---

[51] Zu entsprechenden Verbalisierungen der Information, die sich aus dem Kontrast zwischen britischem und amerikanischem Englisch in der Serie *Denver Clan* ergibt, siehe Jadebeck (1984: 48-51).

[52] Zu dieser Unterscheidung s. Halliday/McIntosh/Strevens (1964: 87). Zu einem Forschungsbericht zur Abgrenzung von sozioregionalen und funktionalen Varianten vgl. Barnickel (1980b: 11-34).

[53] S. auch Trudgill (1975: 19).

Dasselbe gilt aber auch für den Gebrauch von Varietäten. So führt z.B. Barnickel (1980b: 13) aus, daß

> ... in manchen Situationen der Gebrauch des Dialekts, in anderen wiederum der Gebrauch des Standards einzig angemessen ist, d.h. manche Register-Varianten u.a. durch den Unterschied zwischen den (sozioregionalen) Varianten Standard - Dialekt beschrieben werden können.

Also ergeben sich deutliche Parallelen in den Gebrauchsbedingungen für z.B. bestimmte stilistische Varianten einerseits und soziolektale Varietäten andererseits. Dabei korrelieren beispielsweise die Faktoren, die Ammon (1973: 39) für den Gebrauch des Dialekts nennt[54] - "soziale Nähe, Direktheit und Emotionalität" - mit denen, die in der Regel auch für eine informelle Stilebene gelten.

2. Nichtbeherrschung der Standardsprache[55] fällt häufig mit einer Unfähigkeit, sich in einer formellen Stilebene auszudrücken, zusammen, was sich u.a. in Hyperkorrektheit äußern kann.[56]

Den Kontrast zwischen verschiedenen Stilebenen der Standardsprache als Ausdrucksmittel für soziolektale Variation im Original einzusetzen, erscheint also durchaus als Möglichkeit, indirekte Äquivalenz in diesem Bereich zu erreichen.

<Situation: Minister Jim Hacker im Gespräch mit Putzfrau Nellie>

NELLIE:	
Oh! Morgen, Schätzchen!	'Morning, duck.
JIM:	
Ja! Morgen. Müssen Sie das <u>jetzt</u> machen?	Er, do you have to do that now?
NELLIE:	
Ja! Ja, die Nachtschicht ist gestrichen worden! Hier gibt's irgendeinen Idioten, der wieder mal mit Sparmaßnahmen angefangen hat!	Yes. Yes. They've cancelled the night shift. Some idiot's started another of these economy drives.
JIM:	
Tja, hm.	Oh.
NELLIE:	
Ich bin Nellie!	I'm Nellie.
JIM:	
Äh, schön, ich wollte Sie fragen, ob Sie viel...	Good. Well, the point is ...
NELLIE:	
Und wer sind Sie?	Who are you?
JIM:	
Ich bin der Minister!	I'm the minister.

54 Vgl. dazu auch Hartig (1981: 11). Zu situationsbedingten Unterschieden in der Verwendung von Standardsprache und Dialekt vgl. auch Hartig (1981: 28-30) und Mattheier (1980: 161-71).

55 Auf das damit zusammenhängende Problem der Sprachbarrieren kann hier nicht eingegangen werden. Vgl. dazu u.a. Trudgill (1974: 76-83).

56 Vgl. dazu Barnickel (1980b: 19). Zu der engen Verflechtung von Varietät und Register vgl. auch Hudson (1980: 51) und Hartig (1981: 94).

NELLIE:

Oh, wirklich!? Oh, Mann, freu ich mich, Sie mal kennenzulernen! Ich habe Sie gewählt, Hackerchen!	Oh really? Oh, I'm ever so pleased to meet you. I voted for you.
JIM:	
Oh, wie schön! Danke sehr!	Oh good. Thank you. *YM 1/3:128-31*

Hier zeigt sich, daß der deutsche Text im Stilniveau etwas niedriger liegt als der englische. Der Versuch, die Sozialmarkierung der typischen "Putzfrauensprache" des Originals in dieser Weise zu übertragen, scheitert dabei insofern, als durch den deutschen Text zwar eine soziale Markierung stattfindet, er aber ansonsten in eine andere Richtung tendiert als der englische, indem sich die Putzfrau fast unverschämt ausdrückt: ***duck*** ist z.B. im heutigen englischen Sprachgebrauch zwar eindeutig soziolektal markiert, aber nicht abwertend, während die Anrede ***Schätzchen*** im Deutschen doch eher befremdend wirkt. Deutsche Soziolekte scheinen über Anreden, die dem englischen ***love*** oder ***duck*** entsprechen, nicht zu verfügen, was Nicht-Übersetzung nahelegt. Ähnlich impliziert ***Hackerchen*** eine äußerst herablassende Haltung, die im Original nicht angelegt ist. Das Hauptproblem liegt aber wohl darin, daß ein Äußerung wie ***I am ever so pleased to meet you. I voted for you*** besonders mit der entsprechenden Intonation im Englischen fast ein Klischee darstellt und von daher sehr witzig wirkt, während die deutsche Antwort in dieser Sprecher-Hörer-Konstellation aus anderen Gründen komisch wirkt.

<Situation: Ross Poldark schenkt seinem Hausmädchen Demelza ein Kleid.>

DEMELZA:	Hey, seh ich nicht aus wie ne Lady.	
ROSS:	Gut, das trägst du, wenn Gäste kommen.	
DEMELZA:	Soll ich den Fetzen jetzt mal anziehn?	
ROSS:	Fetzen, kannst du nicht Kleid sagen?	
DEMELZA:	Ja, wolln Sie's denn nich an mir bestaunen?	*Poldark 1/3:0.06 h*

Der Kontrast zwischen ***Fetzen*** und ***Kleid*** kann insofern nicht zur Darstellung eines Unterschieds auf der Ebene der Soziolekte herangezogen werden, als ***Fetzen*** eine abwertende Bedeutung hat.

Unabhängig davon, ob diese Übersetzungen unter dem Gesichtspunkt der Genreäquivalenz gelungen sind oder nicht, zeigen sie sehr deutlich die Schwierigkeiten bei dem Versuch, eine soziolektale Markierung stilistisch zum Ausdruck zu bringen.[57] Es besteht dabei offensichtlich die Gefahr, die mit einem niedrigen Soziolekt u.U. verbundene Komponente des Primitiven oder Ordinären durch die Wortwahl zu überhöhen, so daß mit dem Soziolekt verbundene stereotype Assoziationen nicht mehr als Stereotypen, sondern als individuelle Eigenschaften der entsprechenden Person interpretiert werden müssen.

Eine Ursache dafür mag sein, daß der Gebrauch einer niedrigen Stilebene in der Standardsprache nicht in dem Sinne als für eine sozial definierbare Sprechergrupppe typisch anzusehen ist, wie das bei Varietäten der Fall ist. Von daher löst der Gebrauch einer unangemessen niedrigen Stilebene vielleicht eher charakterbezogene als gruppenbezogene Assoziationen aus. Damit erweist sich der Versuch, Varietätsunterschiede durch stilistische Va-

[57] Die in vielen Synchrontexten zu beobachtende stilistische Inkonsistenz steht einem bewußten Einsatz stilistischer Faktoren in diesem Sinne natürlich sehr im Wege.

riation zu übersetzen, auch nur als sehr eingeschränktes Mittel zur Herstellung indirekter Äquivalenz in diesem Bereich.

4.4.4. Stimmqualität

Hinsichtlich der durch Dialekt vermittelten Charakterstereotypen eignet sich unter Umständen die Stimmqualität als äquivalenzschaffender Parameter. Sprechern werden offensichtlich sowohl aufgrund der von ihnen benutzten Varietät (> 4.1.3), aber auch aufgrund ihrer stimmlichen Eigenschaften gewisse Charaktereigenschaften zugeschrieben (> 3.2). Wenn etwa Scherer (1979a: 154) berichtet, daß sich in einem Experiment bei männlichen amerikanischen Sprechern deutliche Korrelationen zwischen der Grundfrequenz und "self-attributions ... of achievement, task ability, sociability, dominance and aggressiveness, and peer attributions of dominance and assertiveness" gezeigt haben, so sind das ähnliche Assoziationen, wie sie sich in dem Experiment von Elyan, Smith, Giles und Bourhis bezüglich eines nordenglischen oder eines RP-Akzents ergeben haben. Die Tatsache, daß solche Persönlichkeitsurteile nicht allein auf einem Parameter beruhen, kann man sich bei der Synchronisation entsprechend zunutze machen.[58]

Natürlich ist schwer nachweisbar, inwieweit solche Überlegungen bei der Besetzung von Synchronrollen berücksichtigt sind. Ein Beispiel, bei dem nach Auskunft des Synchronregisseurs Michael Bakewell das Bestreben, eine angemessene Entsprechung für den deutschen Dialekt zu finden, bei der Auswahl des Synchronschauspielers entscheidend war, ist die englische Synchronisation der Folge *Der Landarzt* aus der ZDF-Serie *Die Schwarzwaldklinik*. In der deutschen Fassung spricht der Landarzt leicht badischen Dialekt, was nach Meinung des Synchronregisseurs Konnotationen wie Vertrauenswürdigkeit, Verbindlichkeit und Freundlichkeit beinhaltet. Um Charakteräquivalenz zu erreichen, wurde die Rolle in der englischen Version von einem Schauspieler mit einer sehr tiefen Stimme und sonoren Sprechweise übernommen.[59]

Black Forest Clinic/Schwarzwaldklinik

4.4.5. Sprechweise

In ähnlicher Weise wie die Stimmqualität des Synchronschauspielers läßt sich auch die Sprechweise zur Erzeugung indirekter Äquivalenz ausnutzen. Darauf daß z.B. Lautstärke und Sprechgeschwindigkeit als *personality markers* fungieren können, haben Markel, Phillis, Vargas und Howard (1972) hingewiesen.

Untersuchungen mit synthetischer Sprache - etwa Brown, Strong und Rencher (1974: 316) oder Smith, Brown, Strong und Rencher (1975: 150) - zeigen, daß Einschätzungen wie "competence" und "benevolence" auch von der Sprechgeschwindigkeit bestimmt sind, wobei höhere Sprechgeschwindigkeit einen positiveren Wert hinsichtlich der "competence"

---

[58] Daß diese Urteile u.U. sprachenspezifisch sind, stellt keinen Hinderungsgrund dar. Vgl. Scherer (1979a).

[59] Gespräch mit Michael Bakewell im Juni 1987.

und einen negativeren hinsichtlich der "benevolence" ergibt.[60] Auch die beim Sprechen gemachten Pausen können Einschätzungen hinsichtlich der Extrovertiertheit von Sprechern beeinflussen, wie Experimente gezeigt haben.[61]

Dabei ist zu berücksichtigen, daß in *On*-Szenen die Lippensynchronität dem Übersetzer hinsichtlich der Pausen keinerlei Spielraum läßt und selbst Lautstärke und Sprechgeschwindigkeit von daher deutlichen Zwängen unterliegen. In begrenztem Rahmen können aber auch diese Faktoren zur Erzielung indirekter Äquivalenz bezüglich Information, die im Original durch die verwendete Varietät ausgedrückt wird, herangezogen werden.

Ein weiterer Parameter, der in diesem Zusammenhang bei der Synchronisation eingesetzt werden kann, ist der Sprechstil. Informelle Sprechweise, die durch eine größere Anzahl von Elisionen oder Assimilationen gekennzeichnet ist, wird gelegentlich bei der Synchronisation verwendet, um einen niedrigeren Soziolekt darzustellen. Umgekehrt wird hyperkorrekte Sprechweise, die sich durch sehr prononciertes Aussprechen einzelner Wörter, Betonung von Endsilben usw. charakterisieren läßt, als Entsprechung für höher stehende Soziolekte eingesetzt. Soweit hyperkorrektes Sprechen als Entsprechung für *affected RP* verwendet wird, ist hier tatsächlich ein hohes Maß an indirekter Äquivalenz gegeben. Häufig wird jedoch bereits auch die Varietät, die Wells (1982: 279) als *mainstream RP* bezeichnet, durch hyperkorrektes Sprechen synchronisiert, um den Kontrast zu niedrigeren Soziolekten deutlich zu machen. Damit findet jedoch eine unzulässige Verschiebung der Konnotationen statt: RP ist als soziale Einstufung zu verstehen, die im Gegensatz zu einem hyperkorrekten Sprechstil im Deutschen in vielen Kontexten keineswegs das Merkmal 'affektiert' besitzt, so daß diese Form der Gleichsetzung, die sich auch in Boulevardstücken im Theater häufig findet, stark verfälschend wirken kann.

4.5. Pygmalion

4.5.1. Das Problem bei der Synchronisation

Das Stück *Pygmalion* von Bernard Shaw und seine Musical-Fassung *My Fair Lady* sind aus verschiedensten Gründen auch unter dem Gesichtspunkt der Übersetzung und insbesondere der Synchronisation interessant:

1. Im Mittelpunkt des Stücks steht die englische Sprache, und zwar vor allem dialektale Unterschiede, die, wie gesagt, offensichtlich zu den schwierigsten Übersetzungsproblemen im Bereich der gesprochenen Sprache zählen.

---

[60] Vgl. dazu auch Laver/Trudgill (1979: 16-7) und die dort genannte Literatur.

[61] Zu den Faktoren der Sprechgeschwindigkeit und Pausen in diesem Zusammenhang s. u.a. Scherer (1979a: 163-7) und die dort angegebene Literatur.

2. Der sprachliche Hintergrund von *Pygmalion* ist kulturspezifisch, weil dem Dialekt und insbesondere dem Akzent in Deutschland nie der Stellenwert zukam wie im England zur Zeit von Shaw.
3. Obwohl das Stück von daher eigentlich fast unübersetzbar erscheinen mag, zählt es zu den populärsten englischen Theaterstücken auf den deutschen Bühnen und im deutschen Fernsehen.

Im folgenden soll kurz dargestellt werden, welche der oben geschilderten Mittel die Synchronfassung einer Verfilmung von *Pygmalion* von Yorkshire Television einsetzt und warum mangelnde Äquivalenz hier vom Zuschauer offensichtlich akzeptiert wird.

4.5.2. Auswahl des Dialekts

Nachdem der soziale Aufstieg Eliza Doolittles mit dem "Aufstieg" von Cockney zu RP zusammenfällt, ist es notwendig, für diese beiden Varietäten Entsprechungen im Deutschen zu finden. Als Äquivalent für RP bzw. für *Standard English* mit RP-Aussprache kommt wohl nur Bühnendeutsch in Frage, auch wenn, wie oben schon angedeutet, sich beide Varietäten nur bedingt entsprechen: Bühnendeutsch ist und war in seinem Gebrauch auf bestimmte formale Kommunikationssituationen beschränkt, während es sich bei RP um eine für eine bestimmte soziale Klasse typische Varietät handelt (> 4.1.4.1-2). Bühnendeutsch und RP haben aber beide keine regionale Kennzeichnung und Bühnendeutsch wurde damals häufig auch als besonders gute deutsche Aussprache gesehen,[62] so daß die Verwendung von Bühnendeutsch für RP als relativ unproblematisch gesehen werden kann.

Ein geeignetes Äquivalent für Cockney zu finden, ist ungleich problematischer. Die Varietät des Deutschen, durch die Cockney wiedergegeben soll, muß folgende Bedingungen erfüllen:

- Sie muß ein sozialer Dialekt sein, der im Dreiecksmodell von Trudgill unten anzusiedeln ist.
- Sie muß wohl aufgrund der mit Cockney verbundenen Konnotationen und der im Stück auftretenden Müllkutscher ein städtischer Dialekt sein.
- Sie muß aber auch für die Zuschauer im Theater bzw. im Fernsehen verständlich und ihnen mit den oben angegebenen Konnotationen bekannt sein.

Da alle sozialen Dialekte außer dem Standard gleichzeitig regional markiert sind, stellt sich die Frage, ob bzw. inwieweit man überhaupt einen "echten" deutschen Dialekt als Grundlage nimmt oder versucht, die soziale Markierung des Cockney durch Mittel der indirekten Äquivalenz darzustellen, wie sie in 4.4 aufgezeigt worden sind.

---

[62] Vgl. dazu Kohler (1977: 31), der in diesem Zusammenhang auch Goethes "Regeln für Schauspieler" von 1803 zitiert: "Daher ist das Erste und Notwendigste für den sich bildenden Schauspieler, daß er sich von allen Fehlern des Dialekts befreie und eine vollständige reine Aussprache zu erlangen suche. Kein Provinzialismus taugt auf die Bühne. Dort herrsche nur die reine deutsche Mundart, wie sie durch Geschmack, Kunst und Wissenschaft ausgebildet und verfeinert worden."

In den meisten Aufführungen von *Pygmalion* wird ein deutscher Stadtdialekt - unter Umständen in abgemilderter oder stilisierter Form - zugrundegelegt; in den Theatern sind unterschiedliche Fassungen mit z.B. Berlinerisch, Münchnerisch oder Wienerisch gespielt worden, die z.T. auch im deutschen Fernsehen gezeigt wurden. Auch die Synchronfassung des Musicals und der Verfilmung von Yorkshire Television gehen vom Berliner Dialekt aus.[63] In Hinblick auf die kulturelle Transponierung ist dabei interessant, daß zwar die Sprache nach Berlin oder München verlagert wird, nicht aber die Handlung insgesamt: Higgins, Pickering und Eliza bleiben Engländer und der Satz *Ich hol mir ne Lungenentzündung, wenn ich noch länger hier in diesem Zug stehe* ist immer noch ein Indiz für Mrs. Eynsford-Hills Herkunft aus Earl's Court und nicht aus Wannsee oder Pasing.[64] Der kulturhistorische Hintergrund dieses Stückes im Gegensatz zu anderen - ein Beispiel hierfür ist *Class Enemy* von Nigel Williams[65] - gestattet eine vollkommene Transponierung nach Deutschland offensichtlich nicht.

Im Falle von *My Fair Lady* muß die deutsche Entsprechung für Cockney noch eine weitere wesentliche Bedingung erfüllen:

- Sie muß ein oder mehrere phonetische Merkmale enthalten, die sie, auch im Bewußtsein der deutschen Zuhörer, geeignet erscheinen lassen, den Lernprozeß der Eliza Doolittle auf der Bühne darzustellen.

My Fair Lady nutzt in dieser Hinsicht den Bekanntheitsgrad der Cockney-Diphthonge und des *h-dropping*[66] in den Übungssätzen *The rain in Spain stays mainly in the plain* /ðɪ 'raɪn ɪn 'spaɪn 'staɪz maɪnly ɪn ðɪ 'plaɪn/ und *In Hertford, Hereford and Hampshire, hurricans hardly ever happen* /ɪn ʔɑːtfəd ʔerɪfəd ənd ʔæmpʃə ʔʌrɪkənz ʔɑːdlɪ hevə ʔæpən/ aus. Die deutsche Übersetzung *Es grünt so grün, wenn Spaniens Blüten blühen* zielt gut auf das /iː/ - /yː/ Problem im Berlinerischen ab, verletzt aber in krasser Weise die Lippensynchronität in bezug auf die Lautqualität: /eɪ/ hat neutrale Lippenstellung; /yː/ weist aber von allen deutschen Vokalen die stärkste Lippenrundung auf. Dabei ist natürlich zu berücksichtigen, daß sich für *My Fair Lady* auch dadurch eine besondere Schwierigkeit in der Synchronisation ergibt, daß die Produktion einzelner Laute Handlungsgegenstand ist, wodurch auch die Aufmerksamkeit der Zuschauer auf die Lippen gelenkt wird. Im Theaterstück stellen sich diese Probleme nicht in so krasser Weise, weil die phonetische Schulung Elizas nicht dargestellt wird.

---

63 Hier sind starke Einschränkungen bezüglich der Authentizität dieser Dialekte auf der Bühne angebracht, wie noch zu zeigen sind wird.

64 In der Übersetzung von Harald Mueller (1969: 15) ist Earl's Court allerdings zu Hampstead verändert. Vgl. in diesem Zusammenhang auch Hönig/Kußmaul (1984: 126).

65 Eine vollkommene Transponierung der Handlung in ein anderes Land ist durchaus denkbar. So ist z.B. das Stück *Class Enemy* von Nigel Williams, das in einem "South London Comprehensive" spielt in deutschen Theatern in einer Fassung gespielt worden, die in Berlin Kreuzberg angesiedelt ist. Bühnenaufführungen bzw. Originalverfilmungen in Deutschland haben hier natürlich einen größeren Freiraum als Synchronfassungen, in denen in den meisten Fällen aus dem Film ersichtlich sein dürfte, in welchem Land er spielt.

66 Zu *h-dropping* vgl. Wells (1984: 60)

4.5.3. Sprachliche Mittel zur Wiedergabe dialektaler Unterschiede des Originals

Dialekt ist in *Pygmalion* in zweierlei Hinsicht von Bedeutung, und zwar:

- in Szenen, in denen der Gegensatz von Cockney- und RP-Sprechern verdeutlicht wird, also im 1. Akt, in dem Higgins damit Aufsehen erregt, daß er Leute innerhalb von London bis auf zwei Straßen genau plazieren kann, und im 2. Akt bei der Ankunft Elizas und dem Besuch von Doolittle,
- in Hinblick auf den sprachlichen Wandel von Eliza, der vom Blumenmädchen des 1. Aktes über den mißglückten Versuch, sie beim Besuchsnachmittag von Mrs. Higgins einzuschleusen, im 3. Akt bis zum Ende verschiedene Stadien durchläuft.

Der Erfolg der Synchronisation wird also daran zu messen sein, inwieweit es gelingt, diese beiden Aspekte auch in der deutschen Fassung zu verdeutlichen.

Bei der Umsetzung dieser sprachlichen Unterschiede des Originals setzt die Synchronfassung der *Pygmalion*-Fernsehverfilmung eigentlich alle in 4.4 genannten Möglichkeiten der indirekten Äquivalenz ein:

1. Der Kontrast zwischen *upper class* und *lower class speech* wird durch Stimmlage und Sprechweise wiedergegeben: Im 1. Akt sprechen RP-Sprecher in ihrer normalen Stimmlage, relativ langsam und deutlich artikuliert; während männliche Cockney-Sprecher durch eine besonders tiefe, fast versoffene Stimmlage synchronisiert sind. Eliza spricht in den ersten beiden Szenen stimmlich offensichtlich überhöht und sehr schnell, so daß ein Eindruck des 'Weinerlichen', 'Aufgeregten' oder auch 'Ordinären' entsteht. In späteren Szenen läßt sich eine solche überhöhte Stimmlage nur in emotionalen Dialogen feststellen. Für das englische Original gilt das nicht in der gleichen Weise. Ähnlich ist Doolittle in der deutschen Version stimmlich so besetzt, daß er als Saufbold überzeugt.[67]
2. Phonetisch heben sich die Cockney-Sprecher in der deutschen Fassung nur durch den Sprechstil von den RP-Sprechern ab. Im Englischen weist Elizas Sprache deutliche Merkmale von Cockney auf: /f/ in *mother*, /ʔ/ in *better* oder *right*, *h-dropping* in *harm*, Cockney-Diphthonge in /paɪɪn/ *paying*, /rɒɪt/ *right* und /aʊθ/ *oath;* ähnlich verwenden die *bystanders* Formen wie /blaʊk/ *bloke* oder /ɪə/ *here*. Die Sprache von Mrs. und Miss Eynsford-Hill ist phonetisch ebenfalls von der von Higgins oder Pickering abgehoben und kann als *exaggerated RP* bezeichnet werden.[68] Interessanterweise behält die Synchronfassung sowohl bei Eliza wie bei Doolittle die Aussprache /laɪdɪ/ für *lady* bei.[69] Wenn man von /ze/ für /ziː/ absieht, kommen hier eigentliche Dialektaussprachen nicht vor. Das hauptsächliche Mittel zur Erreichung von Äquivalenz ist der Sprechstil:

---

[67] Eine Parallele zu Doolittle findet sich etwa in der stimmlichen Besetzung der Rolle des Jud Painter in der Serie *Poldark*.

[68] Sehr markant ist die Artikulation der Vokale in *try, square, at all* oder *go*. Zu Variation innerhalb von RP vgl. Gimson (1970: 88-9), Gimson (1984) und Wells (1982: 279-300).

[69] Störend ist aber, daß es auch in *Pygmalion*, das die richtige Aussprache des Englischen so betont, zu vielen Fehlaussprachen englischer Namen in der Synchronfassung kommt: z.B. /ɔːlfred/ für *Alfred*.

Elisionen und Assimilationen wie bei /kønnze/, /kanste/ oder /nɪç/ werden offensichtlich zur Markierung des Dialektalen verwendet; auf der anderen Seite wird der Versuch unternommen, die *exaggerated RP* von Miss Eynsford-Hill durch eine hyperkorrekte Sprechweise im Deutschen wiederzugeben.

3. Die Hauptrolle bei der Kennzeichnung der Cockney-Sprecher in der deutschen Synchronfassung spielt die Stilebene:

ELIZA:	
Was is'n das, Freddy? Kannst'de nich' schielen, wo de hintrittst? ... Benimm hat der. Zwei Sträuße Veilchen ganz schwer im Dreck.	Theres menners fyer. Te-oo banches of voylets trod into the mad.
MRS. EYNSFORD HILL:	
Woher wissen Sie, daß der Name meines Sohnes Freddy ist?	How do you know that my son's name is Freddy, pray?
ELIZA:	
Oh, is Ihre Geburt, ist er? Solln Se mal machn, was ne Mutter machen soll. Keine gute Sache, die Blumen versauen nem armen Mädchen und gleich abzuhauen ohne was blechen.	Ow, eez y -ooa san is e? Wal, fewd dan y'd -ooty bawmz a mother should, eed now bettern to spawl a pore gel's flahrzn ran awy athaht pyin. Will ye-oo py me f'them?
...	
ELIZA:	
Ich sagte Freddy oder Charly, so wie Sie auch sagen mit einem, wo Se nich kennen und Sie wollen mal'n bißchen nett sein mit.	I called him Freddy or Charlie same as you might yourself if you was talking to a stranger and wished to be pleasant.
...	
ELIZA	
Wenn's schlimmer is, isses kurz vor vorbei.	If it's worse, it's a sign it's nearly over.
...	
THE BYSTANDER:	
Da is so'n Bursche da hinten, der schreibt jedes verdammte Wort hin von dir.	Theres a bloke here behind taking down every blessed word youre saying.
...	
ELIZA:	
Das ist kein richtiges Schreiben. Kann kein Schwein lesen.	That aint proper writing. I cant read that. ...
...	
THE BYSTANDER:	
Hören Sie, hören Sie. Ist kein Detektiv.	He aint a tec. He's just a blooming busybody ...

Pygmalion: 0.01-0.03h[70]

Niedriges Sprachniveau wird hier einerseits durch den Gebrauch von Wortschatz erreicht, der der informellen Stilebene zuzurechnen ist wie ***kein Schwein, abhauen, blechen, versauen*** usw. Andererseits wird aber auch defizitäre Sprache verwendet: ***Das ist kein richtiges Schreiben, ist kein Detektiv, zwei Sträuße Veilchen ganz schwer im Dreck*** oder ***abzuhauen, ohne was blechen***. In der englischen Originalfassung findet sich

[70] Bei der Darstellung des englischen Textes wurde der Text des Films zugrundegelegt, die Schreibweise orientiert sich dabei aber an der Shawschen Bühnenfassung.

solch defizitäre Sprache nicht. *Wenn's schlimmer is, isses kurz vor vorbei* heißt z.B. *If it's worse it's a sign it's nearly over;* Abweichungen von der Grammatik von Standard English finden sich in Formen wie *That ain't proper writing* oder *He won't get no cab now, missis, not till half past eleven.* Diese Formen entsprechen aber dem grammatischen System des Cockney-Dialekts, während man die deutschen Übersetzungen wohl nicht ohne weiteres einem deutschen Dialekt zuordnen kann, wenn man einmal davon absieht, daß die Verwechslung von *mir/mich*, die bei Eliza, vor allem aber bei Doolittle (*Das Mädchen gehört mich, Kann ich mich nich leisten, Chef, Werd' mich ja nicht unverschämt*) häufig eingesetzt wird, wohl dem Berlinerischen zuzuordnen ist. Wie im Englischen findet zwar Abweichung von der hochsprachlichen Norm statt, aber nicht in der Form eines etablierten, auch den Zuschauern bekannten, dialektalen Systems.

Damit ergeben sich folgende sprachliche Mittel zur Darstellung der verschiedenen Varietäten des englischen Originals:[71]

	Akzent	Sprachliche Mittel im Deutschen
Prof. Higgins	(general) RP	Bühnendeutsch
Col. Pickering	Conservative RP	Bühnendeutsch ruhige Stimme
Eliza (1. Akt)	Cockney: - Aussprache - Wortschatz	informeller Sprechstil niedrige Stilebene defizitäre Sprache überhöhte Stimmlage schnelles, aufgeregtes Sprechen
Eliza (3. Akt)	RP non-standard	hyperkorrekte, abgehackte Sprechweise informeller Sprechstil
Eliza (5. Akt)	RP Standard English	Bühnendeutsch
Doolittle	Cockney	informeller Sprechstil "versoffene" Stimmlage niedrige Stilebene defizitäre Sprache
Miss Eynsford-Hill	affected RP	hyperkorrekte Sprechweise

[71] Die Termini *mainstream RP, Conservative RP* und *affected RP* werden hier nicht im strengen Sinne verwendet, sondern sollen nur die verschiedenen Sprechweisen einzelner Personen grob charakterisieren. Zu berücksichtigen ist hier auch, daß die Handlung zu Beginn des 20. Jahrhunderts spielt, obwohl in der hier analysierten Verfilmung z.B. der Akzent von Higgins dem der heutigen *mainstream RP* entsprechen dürfte. Zu verschiedenen Ausprägungen von RP siehe Gimson (1970: 85-9) und Wells (1982: 279-301).

In der deutschen Synchronfassung ist also sowohl der Kontrast verschiedener Varietäten in der Originalfassung wie auch die sprachliche Entwicklung Elizas durch sprachliche Kontraste im Deutschen wiedergegeben. Eine solche Übertragung muß zwangsläufig unbefriedigend bleiben, denn die Sprache der Cockneys kann im Deutschen eben bestenfalls als 'sozial niedrig' markiert erscheinen; die speziell mit Cockney verbundenen Assoziationen fallen natürlich weg. Ähnlich entsteht aus der extrem konservativen Form der RP, die Colonel Pickering verwendet, ein Element der Komik, das in der Übersetzung vollkommen verloren geht; die stimmliche Besetzung Pickerings vermag eine ähnliche Einordnung wie sie sich im Englischen aufgrund des Akzents ergibt, nicht zu leisten. Die vielleicht krasseste Verletzung der Charakteräquivalenz findet sich bei Doolittle, der im Englischen eher als ein sympathischer, etwas durchtriebener, fast bescheidener Cockney erscheint, im Deutschen aber etwas aufgeregt und aggressiv wirkt - wahrscheinlich eine Konsequenz des Versuchs, den Cockney-Dialekt durch die stimmliche Besetzung und die Sprechweise wiederzugeben.

Im 3. Akt ergibt sich insofern eine Diskrepanz zwischen der Original- und der Synchronfassung, als Eliza in der deutschen Version unnatürlich deutlich artikuliert und sehr abgehackt spricht, während sie im Englischen eine (fast) natürliche RP-Aussprache hat.

Die Verwendung von überhöhter Stimmlage und defizitärer Syntax als Entsprechungen für Dialektsprache bei Eliza schafft in der deutschen Fassung in der ersten Szene einen guten Kontrast zur Sprache der Oberschicht. Die Problematik dieser Art der Äquivalenzerzeugung zeigt sich aber z.B. im 5. Akt des Dramas:

HIGGINS:	
Du redest über mich als wäre ich ein Autobus.	You talk about me as if I were a motor bus.
ELIZA:	
Sind Sie auch. Ein Autobus. Aufs Gas getreten und los. Keine Rücksicht auf irgendjemand.	So you are a motor bus: all bounce and go, and no consideration for anyone. *Pygmalion: 1.17 h*

Von ihrer Formulierung her sind diese Sätze ähnlich defizitär wie viele der Dialoge im 1. Akt und da sie noch dazu in einer hohen Stimmlage, wenn auch nicht ganz so hoch wie im 1. Akt, spricht, könnte man annehmen, sie sei in ihren alten Dialekt zurückgefallen. Dem ist aber nicht so, denn der englische Text wird in RP gesprochen, allerdings ebenfalls leicht erregt. In der Synchronfassung ist es nicht ohne weiteres möglich, zu erkennen, inwieweit ein Parameter wie etwa überhöhte Stimmlage zum Ausdruck seiner eigentlichen Bedeutung eingesetzt wird oder inwieweit er als Ersatz für eine dialektale Sprechweise fungiert.

Obwohl es im Falle der Synchronisation von *Pygmalion* gut gelungen ist, in Szenen, in denen Varietätskontraste im Original eine große Rolle spielen, ebenfalls sprachliche Gegensätze zwischen den verschiedenen Personen aufzubauen, ist festzustellen, daß dieser Art der Äquivalenzherstellung enge Grenzen gesetzt sind. Zum einen findet ein Zusammenfall der Ausdrucksmittel verschiedener Bedeutungsebenen - also etwa 'Emotionalität' und 'soziale Einordnung', also *social* und *affective meaning* in der Terminologie von Leech (1981: 14-5) - statt. Zum anderen reichen die zur Wiedergabe von Varietäten zur Verfügung stehenden Möglichkeiten nicht aus, um die mit einzelnen Varietäten verbundenen assoziativen Bedeutungselemente vollkommen wiederzugeben, was auch zu einem Verlust an Charakteräquivalenz führt.

4.5.4. Aspekte der Unglaubwürdigkeit

Da eine direkte Äquivalenz verschiedener regionaler Dialekte nicht gegeben ist, die Handlung des Stücks aber auch nicht nach Deutschland verlegt werden kann, müssen in der Übersetzung manche der Dialoge von *Pygmalion* zwangsläufig befremden; hier einige Beispiele aus der Eröffnungsszene:[72]

THE NOTE TAKER:	
Wie geht's Ihren Leuten unten in Selsey?	And how are all your people down at Selsey?
THE BYSTANDER:	
Wer hat Ihnen gesagt, sie kommen aus Selsey?	Who told you my people come from Selsey?
THE NOTE TAKER:	
Ist ja egal, ist doch so. Was hat dich so weit nach Osten verschlagen? Du bist in Lisson Grove geboren.	Never you mind. They did. How do you come to be up so far East? You were born in Lisson Grove.
...	
THE BYSTANDER:	
Sie sind der Dreck unter Ihren Füßen. Leisten Sie sich das doch mal mit dem Gentleman. Na los, sagen Sie, wo er herkommen, wenn Sie so gern den Hellseher spielen.	You take us for dirt under your feet, dont you? Catch you taking liberties with a gentleman. Yes: tell him where he come from if you want to go fortune telling.
THE NOTE TAKER:	
Cheltenham, Harrow, Cambridge und Indien.	Cheltenham, Harrow, Cambridge and India.
THE GENTLEMAN:	
Ganz recht.	Quite right.
...	
THE DAUGHTER:	
Ich hole mir ne Lungenentzündung, wenn ich hier noch länger in diesem Zug stehe.	I shall get pneumownia if I stay in this draught any longer.
THE NOTE TAKER:	
Earl's Court.	Earlscourt.
THE DAUGHTER:	
Würden Sie bitte Ihre unverschämten Bemerkungen für sich behalten?	Will you please keep your impertinent remarks to yourself? *Pygmalion: 0.04-0.06 h*

Von den Schwierigkeiten, die verschiedenen Akzente, auf denen Higgins' Klassifikation beruht, im Deutschen adäquat wiederzugeben abgesehen, stellt sich in jeder deutschen Version natürlich das Problem, daß es deutsche Sätze sind, aufgrund derer die Herkunft eines

[72] Zitiert nach der Bühnenfassung: Bernard Shaw: *Pygmalion*, Penguin (1941/1972). Zu einer Diskussion von ***eintun*** als Übersetzung von ***do somebody in*** vgl. 5.1.

Sprechers innerhalb Englands bestimmt wird. Hönig und Kußmaul (1984: 126) kommentieren das folgendermaßen:[73]

> Hier werden unbedenklich die Soziokulturen der AS und der ZS gemischt, aber offensichtlich ist der Leser bereit, diese Ungereimtheiten zu akzeptieren. Streng genommen ist ein solcher Dialog geradezu grotesk, aber der Leser und Zuschauer ist offensichtlich bereit, in einer Übersetzung Gesetze der Logik außer Kraft zu setzen. Er weiß, daß das Stück in England spielt, und daß gerade die gesellschaftlichen Verhältnisse dort sein eigentliches Thema sind. Den Berliner Dialekt versteht er deshalb als ein Mittel, sich in dieser "fremden" Welt der ZS orientieren zu können.

Obwohl dieser Beobachtung im wesentlichen zuzustimmen ist, erscheint eine Einschränkung angebracht. Zum einen ist dieser Bereich nicht der einzige, in dem sich in *Pygmalion* Ungereimtheiten finden. Andere sind in der Handlung angelegt und nicht durch die Übersetzung bedingt: Pickerings großes Erstaunen über Higgins' Fähigkeiten ist angesichts der Tatsache, daß er selbst Phonetiker ist, wohl auch nicht sehr plausibel. Ebensowenig ist es realistisch, davon auszugehen, zwei Sprachwissenschaftler könnten allen Ernstes davon überzeugt sein, ein Blumenmädchen allein durch die Verbesserung ihrer Aussprache unter Ausklammerung von Wortschatz und Grammatik gesellschaftsfähig zu machen. Ebenso ist die Befürchtung Pickerings, Eliza mache es zu gut, bzw. die Tatsache, daß sie in *My Fair Lady* gar für eine ungarische Prinzessin gehalten wird, weil ihr Englisch besser sei als das einer Engländerin, letztlich kein Kompliment für Higgins' Erfolg als Lehrer. Auch die Ermahnung *that your native language is the language of Shakespear and Milton and the Bible* darf wohl nicht auf die Goldwaage gelegt werden. Diese Beispiele zeigen, daß die "Gesetze der Logik" nicht unbedingt ein Kriterium zur Bewertung von Literatur darstellen. Wenn Literatur aber als Kunstwelt mit eigenen Gesetzen rezipiert wird, dann ist vielleicht das durch die Übersetzung zusätzlich entstehende Moment der Verfremdung auch in diesem Zusammenhang zu sehen. Dennoch ist.es an und für sich erstaunlich, daß Zuschauer in dieser Weise bereit sind, einen Übersetzungstext, der in sich derart unschlüssig ist, zu akzeptieren und ihn offensichtlich so zu interpretieren, daß er einen Sinn ergibt. Wahrscheinlich muß man hierin aber nur einen extremen Fall der Anwendung eines allgemeinen Prinzips der Sprachperzeption sehen, daß als *no-nonsense principle* oder *reality principle* bezeichnet worden ist.[74] Clark und Clark (1977: 72-3) beschreiben es folgendermaßen:

> According to the reality principle, listeners interpret sentences in the belief that the speaker is referring to a situation or set of ideas they can make sense of. On this basis, listeners can build up an internal model of that situation piece by piece. The model might be of a country scene, a murder mystery plot, a series of actions to be performed, or a mathematical problem. Because of concrete facts they know about country scenes, mystery plots, actions and mathematics in general, they can set limits on the situation the speaker is likely to have been referring to. They can parse and interpret the current sentence in such a way that it adds the next logical piece onto the model they are building. The reality principle is potentially very powerful.

---

[73] Vgl. in diesem Zusammenhang auch Vermeer (1979: 7).

[74] Vgl. Leech (1983: 30-45).

Wenn man dieses Prinzip zugrundelegt, kann man wohl davon ausgehen, daß deutsche Zuschauer z.B. die Zuordnungen von Higgins nicht unmittelbar als aus dem vorher Gesagten folgerichtig empfinden, sondern aus der ganzen Szene folgern, daß es um soziolektale Differenzen geht. Es ist demnach ausreichend, wenn die deutsche Fassung die Zuordnung von Sprachvarietäten auf der Skala verdeutlicht, auch wenn sie die Skala an sich nicht vollkommen darstellen kann. Es ist also vielleicht nicht so wesentlich, ob in der deutschen Fassung tatsächlich ein 'hoher' und ein 'niedriger' Soziolekt gesprochen werden, solange über die Unterschiede in der Stilebene die Merkmale 'hoch stehend' und 'tief stehend' hinreichend deutlich werden und außerdem aufgrund des Kontextes, zu dem im Film oder auf der Bühne im Gegensatz zum Hörspiel ja auch Faktoren wie Aussehen und Kleidung der Personen gehören, klar ist, daß es um eine soziale Einordnung geht.
Die indirekten Schlüsse, die deutsche Zuschauer ziehen müssen, sind dabei nicht auf die Transponierung der sprachlichen Varietäten beschränkt, sondern sind in derselben Weise in bezug auf den kulturellen Hintergrund erforderlich. Der Situationskontext macht aber vollkommen klar, daß es sich bei Selsey oder Lisson Grove nicht um die vornehmsten Wohnviertel Londons handelt, usw. Im Falle der Erwähnung von Harrow gilt ebenfalls, daß viele deutsche Zuschauer vielleicht nicht wissen, daß es sich dabei um eine der bekanntesten Public Schools Englands handelt - insofern wäre Eton vielleicht eine bessere Übersetzung gewesen -, sie werden aber die Einordnung *Cheltenham, Harrow, Cambridge und Indien* insgesamt als positive begreifen.[75]

Damit sind für das Verständnis der Übersetzung vielleicht mehr Interpretations- oder Ableitungsschritte notwendig als beim Original. Dabei darf aber nicht übersehen werden, daß der Unterschied zwischen der Rezeption des englischen Originals und der der deutschen Übersetzung insofern verwischt, als auch Muttersprachler des Englischen, abhängig von ihrem kulturellen Hintergrund, ähnliche Interpretationsleistungen vollbringen müssen. Zum einen sind sie nicht alle gleichermaßen mit der Sozialgeographie Englands bzw. Londons vertraut, zum anderen kann man wohl, was den sprachlichen Aspekt angeht, auch davon ausgehen, daß englischsprachige Zuschauer zwar den Unterschied zwischen Cockney, RP und *exaggerated RP* hören, die von Higgins weiter diagnostizierten Unterschiede - soweit sie von den Schauspielern überhaupt realisiert werden - aber ebenfalls nicht wahrnehmen können.

Dennoch stellt sich natürlich die Frage, inwieweit sich hier entscheidende Unterschiede hinsichtlich der Rezeption des Originals und der Übersetzung ergeben. Es kann aber nur Gegenstand von Spekulationen sein, ob ein Text wie *Pygmalion* von deutschen Zuschauern mehr als Information über die gesellschaftlichen Verhältnisse in England zu Anfang dieses Jahrhunderts begriffen wird als von englischen, ob der Erfolg des Stückes in Deutschland auf ganz anderen Faktoren beruht als in Großbritannien, usw. Ähnlich kann man nur darüber mutmaßen, ob sich die Zuschauer der Interpretationsschritte beim Verstehen der Übersetzung bewußt sind, ob die angedeuteten Folgerungen in bezug auf die soziolektale

[75] Interessanterweise wird im 2. Akt Pickerings Satz *I am West Country myself* mit *Ich komme selbst aus Wales* übersetzt. Vgl. in diesem Zusammenhang auch 7.6.2.3.

Einordnung der Sprecher etc. bewußt oder unbewußt stattfinden bzw. ob es im Falle einer deutschen Version von *Pygmalion* schwieriger ist, dramatische Illusion herzustellen als bei anderen Übersetzungen.

Aber selbst wenn die Zuschauer im Falle von *Pygmalion* die Grenzen der Übersetzung als Grenzen der Übersetzbarkeit erkennen würden und hinnähmen, erlaubt das weder den Schluß, daß Analoges für alle Übersetzungen gälte, noch die Folgerung, einer adäquaten Wiedergabe von Varietätskontrasten käme keine große Bedeutung zu. Der Unterschied zwischen *Pygmalion* und den meisten anderen Texten, in denen gesprochene Sprache übersetzt wird, ist nämlich der, daß das Dialektproblem so stark im Mittelpunkt steht, daß der Zuschauer - ganz im Sinne des *no-nonsense*-Prinzips - gezwungen ist, Deduktionen über den Originaltext in dieser Hinsicht anzustellen, weil der Text bzw. entscheidende Passagen des Textes, ansonsten vollkommen sinnlos wären. Das ist unter Umständen vergleichbar mit den unterschiedlichen Reaktionen auf ausländische Sprecher mit schlechten oder hervorragenden Fremdsprachenkenntnissen. Bei sehr guten Sprechern werden kulturell falsche Verhaltensweisen - etwa unangemessene Reaktionen auf eine Aufforderung vom Typ *You must come round for a cup of tea* - sicher häufig nicht als sprachliche Fehler erkannt, sondern dem Charakter des Betreffenden zugeschrieben; während man bei Personen, die die Sprache schlechter sprechen, eher geneigt ist, die Ursachen für unangemessenes Verhalten dieser Art in mangelnder sprachlicher Kompetenz oder (davon abgeleitet) mangelnder Vertrautheit mit den Gepflogenheiten des Landes zu suchen bzw. das eigene Verhalten von vorneherein darauf einzustellen. Übertragen auf die Rezeption von Übersetzungen würde das bedeuten, daß im Falle von *Pygmalion* die Probleme der Dialektübertragung so gravierend sind, daß sie zu dem Gedanken "das muß im Original so sein" zwingen,[76] während andererseits z.B. das Fehlen des Dialektkontrasts in Filmen wie *Local Hero* oder auch *Yes Minister* deutschen Zuschauern gar nicht zwingend bewußt wird. Die Konsequenz ist, daß sie in solchen Fällen nicht bemerken, daß durch die Übersetzung ein wesentliches Element des Originaltextes verloren gegangen ist, was dazu führt, daß sie die übersetzte Fassung eines Films nicht als Übersetzung rezipieren, sondern daß sie ihre Urteile als Urteile über den Film an sich fällen werden. Von daher berechtigen auch der große Erfolg von *Pygmalion* bzw. *My Fair Lady* und die daraus ersichtliche Tatsache, daß Zuschauer zu Deduktionsleistungen erheblichen Umfangs fähig und bereit sind, nicht zu allgemeinen Schlußfolgerungen bezüglich der Wichtigkeit einer adäquaten Wiedergabe von Varietätsunterschieden bei der Synchronisation.

[76] Vgl. in diesem Zusammenhang auch 7.3.4.3-4.

4.6. Das Walisische als Sonderfall

4.6.1. Standard im Walisischen

Bei der Synchronisation in das Deutsche oder in das Englische stellt sich, wie in 4.3.5 dargestellt, das Problem, daß unterschiedliche Varietäten des Ausgangstextes nur in der Standardvarietät wiedergegeben werden können, was zu einem Verlust an Äquivalenz führt. Die Standardsprache wurde dementsprechend als neutrale Varietät einer Sprache beschrieben, in die auch gesprochene Sprache übersetzt werden kann.

Während für das Englische mindestens zwei solcher Standards - nämlich British Standard English/RP und American Standard English/Network English - bestehen, liegen die Verhältnisse im Walisischen grundlegend anders. Eine für das gesamte Sprachgebiet gültige Standardisierung liegt hier nur bei der Schriftsprache vor; einen überregionalen Aussprachestandard gibt es hingegen nicht, wie z.B. aus den einleitenden Bemerkungen zu einem Aufsatz über das Walisische von Awbery (1984: 259) ersichtlich ist:[77]

> So far as syntax is concerned, there is a fair consensus with respect to the present-day language as to what counts as 'Standard Welsh'. There is however no one accent which counts as a prestige norm. Regional accents vary widely and no single accent based on the usage of a particular social class can be seen as overlying this diversity, providing a model for speakers from all parts of Wales.

Im wesentlichen verfügt das Walisische über einen nordwalisischen und einen südwalisischen Akzent, von denen jedoch keiner soziolektal markiert ist.[78]

4.6.2. Konsequenzen für die Synchronisation

Für die Synchronisation in das Walisische hat das Fehlen eines überregionalen Aussprachestandards erhebliche Konsequenzen: Der Unterschied von Nord- und Südwalisisch kann zur Darstellung sprachlicher Unterschiede im Original benutzt werden.

---

[77] Awbery (1984: 259) führt konsequent weiter aus: "Accordingly, the treatment of syntax below refers to accepted standard forms, but it is necessary in the sections on phonology to make frequent references to dialectal variation." Dem steht in gewisser Weise die Darstellung von Lockwood (1975: 35) entgegen, der sagt: "The spelling of Welsh is very well suited to represent the sounds of the standard language". Allerdings führt auch Lockwood an, daß das Graphem <u> in Süd- und Nordwales verschieden ausgesprochen wird. Vgl. dazu Awbery (1984: 269). Bourhis/Giles (1976: 14) geben allerdings auch an, in einem Experiment "a standard, nonlocalised Welsh" benutzt zu haben, während sich die Untersuchung von M. Jones/A.R. Thomas (1977: xi) in bezug auf das *colloquial level* ausdrücklich an der Sprache von Nordwales orientiert.

[78] Zu anderen Charakteristika der walisischen Sprache und zum historischen Hintergrund der Entwicklung des Status des Walisischen vgl. u.a. Burgschmidt (1980), Lockwood (1975: 29-35) oder Bellin (1984).

Ein Beispiel hierfür ist die französische Fernsehserie *Chateauvallon*, die einige Zeit vor der Synchronisation in das Englische für Channel Four Wales synchronisiert wurde. In dieser Serie stehen zwei Familien im Mittelpunkt, die sich im französischen Original durch verschiedene regionale Akzente sprachlich unterscheiden. In der walisischen Fassung wurde eine der beiden Familien im nord- und die andere im südwalisischen Akzent synchronisiert, um Äquivalenz auf dieser Ebene zu erreichen. *Châteauvallon*

In der Schweizer Serie *Peppino* wurde der Unterschied zwischen den beiden walisischen Akzenten nicht zur Verdeutlichung von Dialektunterschieden verwendet, sondern um den Gebrauch verschiedener Sprachen im Original nachzuvollziehen. Peppino ist ein Junge aus der italienischen Schweiz, der in die deutschsprachige Schweiz kommt und mit seiner Familie dort lebt. In der Schule spielen auch Sprachprobleme eine Rolle, was in der walisischen Version durch den Gebrauch der verschiedenen regionalen Akzente verdeutlicht wurde. In der synchronisierten walisischen Version wird der nordwalisische Dialekt verwendet, wenn im Original deutsch gesprochen wird, und der südwalisische, wenn im Originalfilm italienisch gesprochen wird.[79] *Peppino*

Anscheinend wird die Methode, den Gebrauch verschiedener Varietäten oder gar verschiedener Sprachen im Originalfilm durch zwei Akzente im Walisischen darzustellen, von den walisischen Zuschauern auch akzeptiert. Darauf deutet zumindest hin, daß bei Channel Four Wales (S4C) keinerlei negative Reaktionen in Hinblick auf die Synchronisation der beiden Serien in dieser Hinsicht eingegangen sind. Da in diesem Bereich jedoch keine detaillierten Untersuchungen vorliegen, schiene es verfehlt, weitreichende theoretische Konsequenzen in Hinblick auf die Übersetzbarkeit von Varietäten aus der walisischen Synchronisationspraxis abzuleiten. Diese legt jedoch die Vermutung nahe, daß die Möglichkeiten zum Erreichen direkter Äquivalenz in bezug auf Varietäten in Sprachen wie dem Walisischen, in denen kein allgemein akzeptierter Aussprachestandard besteht, größer sind als in Sprachen wie dem Deutschen oder dem Englischen. Dabei ist natürlich folgendes zu berücksichtigen:

1. Aufgrund der Gegebenheiten im Walisischen ist eine soziale Markierung in der Synchronisation ebenfalls ausgeschlossen.
2. Obwohl in die regionalen Dialekte des Süd- und des Nordwalisischen synchronisiert wird, kann damit naturgemäß keine echte regionale Zuordnung erfolgen.[80]

Daraus läßt sich folgern, daß die Funktion der Verwendung verschiedener Dialekte in der Synchronisation auch im Falle des Walisischen nicht weiter gehen kann, als den Zuschauern zu signalisieren, daß sich verschiedene Sprecher im Original in der verwendeten Varietät unterscheiden. Selbst wenn die Tatsache, daß das Walisische über keine einheitliche Standardsprache verfügt, im Vergleich zu Sprachen wie dem Deutschen oder dem Englischen eine zusätzliche Möglichkeit bietet, auf Varietätsunterschiede des Originals hinzuweisen, ist wohl auch in diesem Falle der erreichbare Grad an Äquivalenz äußerst gering.

---

79 Quelle: Gespräch mit der Synchronregisseurin Pat Griffith in Cardiff.

80 Eine theoretisch denkbare Ausnahme wären nur Filme, die in Wales spielen, ursprünglich in englischer Sprache gedreht und später in das Walisische synchronisiert worden wären, weil nur hier in den Dialekt synchronisiert werden könnte, der in der betreffenden Gegend tatsächlich gesprochen wird.

4.7. Wiedergabe von Fremdsprachen

Das Beispiel von *Peppino* zeigt bereits ein verwandtes, aber doch etwas anders gelagertes Problem im Bereich der Wiedergabe der Varietäten auf, nämlich das der Sprache von Ausländern im Film.[81] Bei der Synchronisation ergeben sich hierbei jedoch weit geringere Schwierigkeiten als bei der Wiedergabe muttersprachlicher Varietäten, da ein direktes Äquivalent existiert: "Französisches Englisch" läßt sich bei der Synchronisation ohne weiteres als "französisches Deutsch" wiedergeben.[82]

Dabei dürften die sprachlichen Mittel, die zur Verdeutlichung der fremdsprachlichen Varietät eingesetzt werden, nicht synchronisationsspezifisch sein. Es handelt sich dabei:

1. um die Imitation eines ausländischen Akzents im Deutschen,
2. um den Gebrauch fremdsprachiger Wörter im Text, insbesondere bei Floskeln, bei denen man davon ausgeht, daß sie auch der Zuschauer versteht.

<Situation: Ross Poldark, ein Unternehmer aus Cornwall, reist zur Zeit der französischen Revolution in die Bretagne, um einen Freund aus französischer Gefangenschaft zu befreien. Dabei wird von einem Commissaire de la Republique verhaftet.>
Ihr habt /apt/ versucht, einen Bürger zu bestechen /ʃ/, um Information /ɛ̃fɔʀmasjɔ̃/ über unsere Festungsanlagen zu bekommen /g/ *Poldark 2/2:0.50 h*

Dabei wird auf bekannte Ausspracheschwierigkeiten, die Franzosen im Deutschen haben, Bezug genommen; prominent sind vor allem /ʃ/ statt /ç/, die Nicht-Aspiration von Fortisplosiven, [R] statt [r] und der Wegfall von /h/ im Wortanlaut; aber auch die Übertragung intonatorischer Eigenschaften des Französischen auf das Deutsche.[83]

LISON:	Jacques Lison. A votre service.
POLDARK:	Habt Ihr die Liste?
LISON:	O, Monsieur. Ihr wißt nicht, was Ihr verlangt. 2000 Gefangene, alle streng bewacht.
POLDARK:	Geld löst Zungen.
LISON:	Und Madame la Guillotine wartet schon.
POLDARK:	Ihr habt Euer Geld. Habt Ihr nichts erreicht?
LISON:	Mais, oui, aber es braucht Zeit.
POLDARK:	Wenn Ihr Euch zu viel Zeit nehmt, werden alle Gefangenen tot sein.
LISON:	Aber ich habe schon Kontakt.
POLDARK:	Ein Wächter?
LISON:	Non, non. Ein Schreiber. Die Listen sind doch im Büro, oder?

---

[81] Vgl. in diesem Zusammenhang auch Müller (1982: 270-80) zu Problemen bei der Synchronisation mehrsprachiger Filme.

[82] Sofern der ausländische Akzent in der Originalsprache und der Zielsprache unterschiedliche Konnotationen auslösen, ist dies wohl unvermeidbar und dem Bereich kulturspezifischer Übersetzungsschwierigkeiten zuzuweisen.

[83] Daß diese verfremdenden Elemente dabei nicht konsistent eingesetzt werden, Lison in der zitierten Szene z.B. anlautendes /h/ bei manchen Wörtern spricht, bei anderen aber nicht, fällt dabei eigentlich nicht ins Gewicht, weil sich bei Performanzfehlern in der Fremdsprache dasselbe beobachten läßt.

POLDARK:	Gib ihm 50 Guineas.
LISON:	Oh, nicht so schnell. Man muß vorsichtig vorgehen. Ein Wort zu schnell, und ...

Poldark 2/2:0.50 h

Demgegenüber treten andere Fehler, die Ausländer machen, also vor allem in den Bereichen Wortwahl und Grammatik, deutlich in den Hintergrund.[84] Da viele Synchrontexte ohnehin starke Abweichungen hinsichtlich Wortwahl, Grammatik und Textkohäsion aufweisen, sind diese Mittel natürlich auch äußerst ungeeignet, die unvollkommene Sprachbeherrschung von Ausländern zu verdeutlichen. Da ein ausländischer Akzent und der Gebrauch von Wörtern aus der Fremdsprache aber auch in deutschen Filmen oder Theaterstücken eine sehr wesentliche Rolle bei der Markierung einer fremdsprachlichen Varietät spielen, dürfte die Hauptursache für den Einsatz dieser Mittel wohl in der hohen Auffälligkeit zu suchen sein, die diesen Fehlern im Vergleich zu Wortschatz- und Grammatikfehlern in gesprochener Sprache zukommt.[85]

Insgesamt bereitet die Wiedergabe der fehlerhaften Sprache von Ausländern wohl weit weniger Schwierigkeiten als die Äquivalenz hinsichtlich regionaler oder sozialer Dialekte. Eine Ausnahme stellt dabei natürlich der Fall dar, in dem zum Beispiel jemand in einem deutschen Film, der ins Englische synchronisiert wird, mit englischem Akzent spricht oder umgekehrt. Situationen wie diese sind über die Verwendung verschiedener Varietäten in der Synchronfassung wohl nicht zu lösen.[86]

Im wesentlichen bestehen hinsichtlich der Wiedergabe fremdsprachlicher Varietäten bei der Synchronisation keine anderen Probleme als bei nicht synchronisierten Filmen; es sei denn, daß Sprache an sich thematisiert wird.

SOLDAT:	Au nom de la République.[87]	
POLDARK:	Was zum Teufel soll das? Sprecht Ihr vielleicht Englisch?	
COMMISSAIRE:	Ich bin Commissaire de la République. Ihr Name?	
POLDARK:	Ross Poldark. Aus Nampara in der Grafschaft Cornwall.	*Poldark 2/2: 0.47 h*

Daß in solchen Fällen auf die Frage *Sprecht Ihr vielleicht Englisch?* die Unterhaltung in deutscher Sprache fortgesetzt wird, ist ähnlich absurd wie die Eröffnungsszene von *Pygmalion*, stellt aber ein ebenso unlösbares Paradoxon der Übersetzung dar. Eine Übersetzung *Sprecht Ihr vielleicht Deutsch?* würde in noch viel stärkerem Maße Äquivalenz (hinsichtlich des kulturspezifischen Kontextes im Film und der sich daraus

---

84 Bei der Darstellung von Pidgins - etwa bei der Sprache der Schwarzen in dem Spielfilm *Jenseits von Afrika* (0.20-22 h) - werden neben Aussprachefehlern auch eine simplifizierte Syntax und z.T. auch stimmliche Merkmale eingesetzt.

85 Vgl. dazu die Diskussion solcher Fehler im Rahmen der Synchronisation in 5.

86 Whitman-Linsen (1992: 52) führt ein interessantes Beispiel an, in dem das Problem, daß in einem englischsprachigen Film jemand spanisch spricht, bei der Synchronisation ins Spanische durch Ausweichen auf Portugiesisch gelöst wurde.

87 Daß in einem Film Personen auftauchen, die nur die Fremdsprache sprechen, ist natürlich ebenfalls kein synchronisationsspezifisches Problem. Solche Rollen werden zwar in der Regel neu synchronisiert, da sie aber wahrscheinlich im Original ebenfalls nicht von Muttersprachlern gesprochen wurden, entsteht dadurch kein Qualitätsverlust.

ergebenden Charakteräquivalenz) verletzen. Festhalten läßt sich allerdings, daß der deutsche Zuschauer in solchen Filmen offensichtlich akzeptiert, daß die deutsche Sprache eigentlich nur ein Medium für eine andere Sprache, eben die Muttersprache der Personen ist.

4.8. Schlußfolgerungen

4.8.1. Sprachwissenschaftliche Schlußfolgerungen

In Hinblick auf die linguistische Theorie erlaubt die Diskussion des Problems der Übersetzung von Varietäten in synchronisierten Filmen vor allem eine Schlußfolgerung hinsichtlich des Charakters von Standardsprachen.

Aufgrund der Synchronisationspraxis in Großbritannien, Irland oder den U.S.A. bzw. in Deutschland, Österreich oder der Schweiz läßt sich sagen, daß der Standard die einzige Varietät ist, in die synchronisiert werden kann. Obwohl in soziolinguistischen Untersuchungen vor allem für den englischsprachigen Raum der Nachweis erbracht wurde, daß Mitglieder einer Sprachgemeinschaft mit der Standardsprache in gleicher Weise wie mit Dialekten Assoziationen hinsichtlich der sozialen Stellung, aber auch der Persönlichkeit eines Sprechers verbinden, scheint eine Abstrahierung von diesen Assoziationen bzw. eine Neutralisation der regionalen und sozialen Zuordnungsfaktoren ausschließlich bei der Standardsprache möglich zu sein. Damit kann die Möglichkeit einer solchen Neutralisation, die auf rezeptives Sprachverhalten beschränkt ist, als zusätzliches Kriterium bei der Bestimmung von Standardsprachen herangezogen werden.[88]

Verschiedene Varietäten, die gemeinhin als nationale Standards bezeichnet werden, erfüllen dieses Kriterium jedoch nicht. *Irish* oder *Scots English* sind z.B. nicht in diesem Sinne neutralisationsfähig, obwohl sie andere Kriterien von Standardsprachen, also etwa überregionale Verbreitung etc., durchaus erfüllen. Das legt nahe, von verschiedenen Standardisierungsgraden bestimmter Varietäten auszugehen.

Dabei bleibt zu berücksichtigen, daß für eine Sprache mehrere Varietäten mit demselben Standardisierungsgrad bestehen können. British und American Standard English er-

---

[88] Hierbei ergeben sich zwar gewisse Parallelen zu dem häufig angeführten Kriterium, daß der Standard die Varietät sei, die Ausländern gelehrt werde (vgl. etwa Barnickel 1980a: 30); es bestehen aber doch deutliche Unterschiede zwischen den beiden Kriterien: Als Grundlage für den Fremdsprachenunterricht wird die Standardsprache wohl aufgrund ihrer großen Verständlichkeit innerhalb eines Sprachraums, ihres Sozialprestiges oder der vorhandenen Beschreibungen in Grammatiken und Wörterbüchern ausgewählt; perzeptionspsychologische Gesichtspunkte der geschilderten Art dürften dabei keine Rolle spielen. Außerdem ist zu berücksichtigen, daß sich die Situation des Fremdsprachenunterrichts von der der Synchronisation dadurch grundlegend unterscheidet, daß die Lernenden die Fremdsprache in der Regel nur unvollkommen beherrschen, also keineswegs das Ideal des Lehrstandards erreichen, sondern durchaus eine eigene Varietät sprechen. In dem Moment, in dem ein Ausländer z.B. perfekt Standard English mit einer RP-Aussprache spricht, wird er wohl von englischen Muttersprachlern (zumindest anfangs) entsprechend sozial eingeordnet, so daß eine Neutralisation in diesem Fall nicht stattfindet.

scheinen zum Beispiel nur für Sprecher innerhalb der jeweiligen Verbreitungsgebiete neutralisationsfähig, werden aber gegenseitig als regional markiert empfunden, so daß sie gleichberechtigt als Varietäten mit dem höchsten Standardisierungsgrad gesehen werden können.

4.8.2. Synchronisationstheoretische Schlußfolgerungen

In Hinblick auf die Synchronisation - wie die Übersetzung gesprochener Sprache überhaupt - stellen Dialekt und Akzent eines der schwierigsten Übersetzungsprobleme überhaupt dar. Von wenigen Ausnahmen wie etwa dem Walisischen abgesehen erscheint die Verwendung von Dialekten in synchronisierten Filmen nicht möglich. Das bedingt zwangsläufig einen Verlust an Textqualität in der Übersetzung. In beschränktem Umfang kann dabei indirekte Äquivalenz erreicht werden

- bei sozialen Dialekten etwa durch eine entsprechende intonatorische oder stilistische Gestaltung der Synchronisation,
- bei regionalen Dialekten durch eine entsprechend explizite Übersetzung.

Es ist offensichtlich, daß sich dieses Übersetzungsproblem in verschiedenen Filmen unterschiedlich stark auswirkt. In Filmen, in denen Sprache thematisiert wird, kann dies dazu führen, daß der Film unsynchronisierbar wird bzw. daß die Synchronisation wie im Falle von *Pygmalion* (stärker als die Bühnenübersetzung) nur noch als Information über einen Originaltext zu verstehen ist, was der Übersetzung eine grundlegend andere Funktion zuweist. Daß solche Übersetzungen vom Standpunkt des Zuschauers her dennoch sinnvoll sind, zeigt der große Erfolg der deutschen Fassungen von *Pygmalion* oder *My Fair Lady*.

Es ließe sich sogar der Standpunkt vertreten, daß Filme, in denen Sprache in so offensichtlicher Weise thematisiert wird, den unproblematischeren Fall darstellen, gerade weil offensichtlich ist, daß die Übersetzung eben nur "Übersetzung" ist. Das ist in Fällen wie *Local Hero* nicht in derselben Weise der Fall, weil den Zuschauern beim Ansehen des Films nicht durch irgendwelche textliche Widersprüche bewußt wird, daß der Synchronfassung eine wichtige Komponente fehlt. Insofern läßt sich sagen, daß Akzent und Dialekt für die Übersetzung dann ein relativ geringes Problem darstellen, wenn der Originalfilm entweder keine nennenswerten Dialektkontraste aufweist oder Dialekt deutlich thematisiert. Für den Zwischenbereich, in dem Sprecher verschiedener Dialekte in einem Film agieren, ohne daß die Sprache an sich dabei im Vordergrund steht, erscheint es am schwierigsten, geeignete Übersetzungsäquivalente zu finden: Zwar läßt sich die rein faktische Information, die sich auf die Herkunft eines Sprechers bezieht, in den Übersetzungstext verbal einbauen; soweit Dialekt aber Ausdruck von Persönlichkeit ist bzw. ein atmosphärisches Element im Film schafft, stößt die Übersetzung gesprochener Sprache an enge Grenzen.

5. Charakteristika von Synchrontexten

5.1. Anglizismen

5.1.1. Zum Untersuchungsgegenstand Anglizismen in Synchrontexten

Die Texte synchronisierter Filme können in zweierlei Hinsicht Gegenstand sprachwissenschaftlicher Analyse sein: Zum einen können sie als Übersetzungen betrachtet werden, d.h. in Hinblick auf die Umsetzung des Originaltextes in die Fremdsprache (> 6 und 7). Zum anderen kann kann untersucht werden, welche Charakteristika diese Texte aufweisen und sie von anderen Texten unterscheiden, auch wenn diese natürlich z.T. dadurch bedingt sind, daß es sich um Übersetzungen handelt. Ein solches Charakteristikum besteht in der häufigen Verwendung von Anglizismen.[1]

Daß die englische Sprache einen starken und nachhaltigen Einfluß auf die deutsche Sprache ausübt und daß dieser Einfluß im 20. Jahrhundert besonders wirksam ist, ist offensichtlich.[2] Weniger offensichtlich sind die Kategorien, in denen dieser Einfluß in der Sprachwissenschaft beschrieben wird. So werden z.B. zum Teil allgemein Anglizismen untersucht, wie sie etwa von Zindler (1959: 2) definiert werden:[3]

> Ein Anglizismus ist ein Wort aus dem britischen oder amerikanischen Englisch im Deutschen oder eine nicht übliche Wortkomposition, jede Art der Veränderung einer deutschen Wortbedeutung oder Wortverwendung (Lehnbedeutung, Lehnübersetzung, Lehnübertragung, Lehnschöpfung, Frequenzsteigerung, Wiederbelebung) nach britischem oder amerikanischen Vorbild.

Auf der andere Seite analysiert ein Teil der Forschung gezielt den Einfluß des amerikanischen Englisch[4] - auch angesichts der von W. Viereck geschilderten Abgrenzungsproble-

---

1 An dieser Stelle soll nicht auf die ausführliche Forschungslage zu Anglizismen und Amerikanismen eingegangen werden. Die ursprüngliche Version dieser Arbeit, die an der Universität Augsburg hinterlegt ist, enthält ein sehr ausführliches Kapitel zum Thema Anglizismen mit einem langen Materialanhang, das hier nur äußerst verkürzt wiedergegeben werden kann.

2 Da der Einfluß des Englischen auf das Deutsche in einer großen Zahl von Studien ausführlich untersucht worden ist, kann hier auf eine ausführliche Darstellung verzichtet werden. Das gilt auch für die Darlegung verschiedener kontroverser Ansätze in diesem Bereich. Es sei aber verwiesen auf die ursprüngliche Version der Arbeit sowie die im Literaturverzeichnis zu diesem Thema aufgeführten Titel. Zur Anglizismenforschung allgemein vgl. vor allem Galinsky (1975c), Carstensen/Galinsky (^{3}1975) und Viereck (1982).

3 Vgl. etwa K. Viereck (1980: 12).

4 S. Fink (1968) und dazu Galinsky (1975c). Vgl. auch die Differenzierung bei Engels (1976).

me.[5] Für die Zwecke dieser Arbeit erscheint es ausreichend, Anglizismen im allgemeinen zu betrachten, also unabhängig davon, ob eine Erscheinung primär auf das britische oder amerikanische Englisch zurückzuführen ist. Insgesamt wird hier der Terminus Anglizismus sehr weit gefaßt, so daß alle Erscheinungen der Beeinflussung der deutschen Sprache durch die englische darunter subsumiert werden können, wie das etwa auch bei Leisi (1969: 215) anklingt.[6]

5.1.2. Typen von Anglizismen in Synchrontexten

Wenn man sich - aufbauend auf Carstensen (1975: 20-7), Zindler (1959), Gneuss (1955) und Betz (1936 und 1949) - an gängigen Klassifikationen für Anglizismen orientiert, lassen sich in den Texten synchronisierter Filme, was übrigens auch die Studie von Whitman-Linsen (1992) materialreich belegt, Einflüsse verschiedenster Art feststellen.

5.1.2.1. Fremd- und Lehnwörter

Fremd- und Lehnwörter, die aus dem Englischen in das Deutsche eingedrungen sind, finden sich selbstverständlich auch in den deutschen Übersetzungen englischer oder amerikanischer Filme. Dabei handelt es sich zum Teil um Wörter wie *Public Relations*, *Manager*, *Publicity*, *Job*, *Story*, *Boss*, *Image*, *Teenager*, *Babysitter* oder *Clan* (*Der Denver-Clan*). Zum Teil erfüllen sie sicherlich die Funktion, bewußt widerzuspiegeln, daß die Handlung eines Films in Amerika oder Großbritannien spielt. Wenn etwa *What do you want on your sandwich?* mit *Was willst du auf dein Sandwich haben?* (DC 68:108) und nicht mit *Was willst du auf dein Brot?* übersetzt wird, dann unter Umständen deshalb, weil *Brot* zu deutsch klingen würde und auch, weil es sich bei einem amerikanischen Sandwich doch um eine andere Art von Brot handelt. Ebenso läßt sich etwa die Verwendung von Wörtern wie *Farmer* (DC 60:507) erklären.

Der Aspekt der Betonung der englischen oder amerikanischen Atmosphäre spielt sicher auch bei der Verwendung von *Drink* (FC 29:186, YM 3/1:131) oder *Scotch-on-the-rocks*

---

[5] Zu Problemen der Trennung vgl. Carstensen (1965). Vgl. dazu auch den Forschungsbericht von Galinsky (1977: 465-7). Carstensen (1975: 12) weist darauf hin, daß nach 1945 vor allem das amerikanische Englisch für Anglizismen in der deutschen Sprache verantwortlich ist. Vgl. W. Viereck (1986: 121): "It has been particularly noticeable in the postwar era not only that there has been an enormous increase of borrowings into German from English but also that their place of origin has shifted from England (and Scotland) to the USA (and Canada)... It would certainly be welcome if it were possible to determine and delimit both quantitatively and qualitatively the influence of American English as against Briticisms. This, however, is no longer possible ..."

[6] Zur Terminologie in bezug auf Anglizismen vgl. die Ansätze von Carstensen (^{3}1975), Duckworth (1977), Gneuss (1955), Polenz (1977).

(YM 1/5:27) eine Rolle. Besonders deutlich wird diese Funktion von Lehnwörtern bei Titeln oder Dienstgraden, etwa wenn *Sergeant* oder *Inspector* nicht übersetzt werden.[7] Aus ähnlichen Gründen bleiben häufig auch Ausdrücke wie *United Kingdom* (YM 1/2:032) oder *Queen* (YM 1/2:081) unübersetzt, für die es durchaus deutsche Entsprechungen gibt. Der Gebrauch von Fremd- oder Lehnwörtern, die nicht in dieser Weise als kulturspezifisch aufzufassen sind oder wie etwa *Publicity* im Deutschen bereits als weitgehend etabliert betrachtet werden können, ist hingegen relativ selten. Unterstützt wird diese Funktion, einen Teil des Lokalkolorits des Originalfilms zu erhalten, auch durch eine Klasse von Wörtern, die wohl nur am Rande als Fremdwörter eingestuft werden können, nämlich Namen. Daß sowohl Personen-, Institutions- als auch Ortsnamen nicht übersetzt und englisch ausgesprochen werden, führt zu einer erheblichen Durchsetzung von Synchrontexten mit fremdsprachlichem Wortgut:

Wenn man in Henley wohnt und möchte in die City fahren, .. dann braucht man eine Bahnfahrkarte nach Paddington und einen U-Bahn-Fahrschein zur "Bank"-Station!	If you want to commute from Henley to the City, you have to buy one British Rail ticket to Paddington and then buy an underground ticket to the Bank. *YM 3/5:032*

Ähnlich wie bei Titeln ist auch bei Personennamen eine Tendenz zu einer zunehmenden "Anglisierung" in der deutschen Synchronisationspraxis festzustellen. In den Verfilmungen von Agatha Christies *Miss Marple*-Romanen aus den sechziger Jahren wird bei der Synchronisation noch der Versuch einer möglichst weitgehenden Eindeutschung gemacht: Namen wie *Edith*, *Edmund*, *Albert* und *Harold*[8] werden deutsch ausgesprochen. Heute hingegen werden die englischen Namen auch englisch ausgesprochen, und zwar in der Regel auch dann, wenn - wie etwa bei *Amanda* oder *Adam* - der entsprechende Name auch im Deutschen existiert. Dabei kommt es allerdings zu denselben klassischen Aussprachefehlern wie sie etwa auch in Nachrichtensendungen zu beobachten sind: /ə'mendə/, /edəm/, /feln/, /feɪs/, /ki:s/ oder /merɪ bes/ (für *Mary Beth*).[9] Die offensichtlich gestiegene Akzeptanz englischsprachiger Formen führt also nicht zu einem gleichermaßen gestiegenen Bewußtsein für korrekte englische Aussprache.[10] Dabei kommen selbst solche Aussprachefehler vor, die nicht in dem Sinn interferenzbedingt sind, daß sie ihre Ursache in der unvollkommenen Beherrschung des englischen Lautsystems durch die Synchronschauspieler

---

[7] In diesem Punkt hat sich die Synchronisationspraxis in den letzten Jahrzehten auch geändert. Während Kriminalfilme aus den sechziger Jahren die Dienstbezeichnungen englischer oder amerikanischer Polizisten häufig noch eindeutschen, ist das in jüngerer Zeit nicht mehr üblich.

[8] Belege aus: *16 Uhr 50 ab Paddington*.

[9] Belege finden sich in den Serien *Denver-Clan*, *Wer Haß sät* und *Cagney und Lacey*.

[10] Wesentlich krassere Verstöße gegen die englische Aussprache finden sich allerdings z.B. in den in das Französische synchronisierten Fassungen von Serien wie *Dynasty*. In der Regel handelt es sich dabei um eine an der Orthographie orientierte Aussprache entsprechend den französischen Ausspracheregeln; z.B.: /alɛk'si, sti'vɛn, kris'tɛl, 'blɛk, kariŋ'tɔn/.

haben,[11] also etwa /tʃɔfrɪ/ für *Geoffrey*, /bæθ/ für *Bath*, /fɔːlməθ/ (statt /fælməθ/) für *Falmouth,*[12] /edɪnbɜːk/ für *Edinburgh* oder /'æbədiːn/ für *Aberdeen*[13] vor. Dies ist insofern erstaunlich, als im Synchronstudio die Gelegenheit zum Anhören des Originals bestünde.

5.1.2.2. Lehnübersetzungen und Lehnübertragungen

Ein besonders auffälliges Beispiel für eine Lehnübersetzung findet sich in der synchronisierten Fassung von *Pygmalion*:

ELIZA:	
Meine Tante starb an der Grippe, hat es geheißen, aber ich glaube, sie haben die alte Frau eingetan.	My aunt died of influenza: so they said. But it's my belief they done the old woman in.
MRS. HIGGINS:	
Sie eingetan? <...>	Done her in?
MRS. EYNSFORD-HILL:	
Was heißt das, sie eingetan?	What does doing her in mean?
HIGGINS:	
Oh, das ist die ... der neue Plauderton. Eine Person eintun heißt sie töten.	Oh, that's the eh ... the new small talk. To do a person in means to kill them.
	Pygmalion: 0.41-0.42 h

Bei *do in* handelt es sich um einen idiomatischen Ausdruck, dessen Bedeutung sich nicht aus den Bedeutungen von *do* und *in* ableiten läßt. Die Übersetzung *eintun* ist wie *abtun* (in der Übersetzung der Bühnenfassung von Harald Mueller 1969: 64-5) im Deutschen nicht verständlich und bringt die Tatsache, daß *do in* einer sehr niedrigen Stilebene (ODCIE1 kennzeichnet es als "slang") zuzuordnen ist, nicht zum Ausdruck.[14]

Allerdings sind in synchronisierten Filmen Lehnübersetzungen, die nicht verständlich erscheinen, die Ausnahme. In der Regel berühren sie das Problem der sprachlichen Norm wie etwa *Wetterbedingungen* (DC 65:506), *Selbstkontrolle* (DC 63:643), *Küstenlinie* (*Local Hero*: 1.21 h) oder:

---

11 Allerdings sind in diesem Punkt insofern Einschränkungen angebracht, als die Qualität der englischen Aussprache stark zwischen einzelnen Schauspielern variiert.

12 Belege aus *Poldark* 1/16.

13 Belege aus *Local Hero* (1.23 h bzw. 0.46 h). Die Aussprachevariante /edɪnbɜːk/ wird dabei nicht nur von Amerikanern, sondern auch von Schotten verwendet.

14 Vgl. 4.5 zur speziellen Problematik von *Pygmalion*.

Sie haben mir schon bei meinem Drogenproblem geholfen.	You helped me out once. With my drug problem. *DC 60:525*

Bei dem Wort ***Drogenproblem*** handelt es sich zwar um eine vielleicht schon etablierte Lehnübersetzung. Es wird hier allerdings zusätzlich in einer Lehnbedeutung verwendet, denn ***Drogenproblem*** bezeichnet im Deutschen im Gegensatz zum Englischen nur die gesellschaftliche Erscheinung, nicht aber die Drogenabhängigkeit eines einzelnen.

In diesem Zusammenhang ist auch noch das häufige Auftreten von Wortbildungen des Typ *Washington-Rede* (YM 2/7:008), *Colorado Hotel* (DC 88:457), *Furness-Bucht* (*Local Hero* 0.04 h) oder *Oxford-Colleges* (YM 2/2:023) zu nennen.

5.1.2.3. Frequenzsteigerung

Ein sehr wesentliches Charakteristikum synchronisierter Filme betrifft den Aspekt, den Carstensen (1975: 25) als "mögliche Frequenzsteigerung deutscher Wörter unter englischem Einfluß" beschreibt. Auch wenn sicherlich nicht jedes deutsche Wort, das formale Ähnlichkeiten zu einem englischen aufweist, als Anglizismus zu interpretieren ist und das exakte Ausmaß dieser Art der Beeinflussung nicht zu festzumachen ist, läßt sich zweifellos englischer Einfluß auf den Gebrauch bestimmter Wörter in synchronisierten Filmen feststellen. Im Korpus finden sich Belege dieser Art z.B. für *Priorität*, *sensitiv* (*sensitiv vorgehen*), *lokal* (*lokale Implikationen*, *lokale Auswirkungen*), *national* (*nationale Verkehrspolitik*) oder *real* (*reale Welt*, *ein Sanatorium kann sehr real sein*, *es war unwahrscheinlich real*, *ein realer Wunsch nach Reformen*).[15]

5.1.2.4. Lehnbedeutung

Lehnbedeutungen[16] sind in Synchrontexten sehr häufig anzutreffen.

ALEXIS:	
Wenn du den Fehler begehst, einige beiläufige Bemerkungen von mir als Eifersucht zu interpretieren, dann allerdings mußt du noch sehr viel über mich lernen.	Well, if you're really going to interpret a few casual remarks on my part as being jealous? Oh, do you have to learn a lot about me -- a lot.
DEX:	
Das weiß ich. ... Über dich kann man gar nicht genug lernen. ... Ich will alles.	I know. In fact, I never want to stop learning about you. ... All about you ... *DC 89:511-2*

[15] Belege in A.5. der ursprünglichen Arbeit und DC 63:605, FC 21:108, YM 1/5:066. Zu ähnlichen Beispielen s. Whitman-Linsen (1992:257).

[16] Vgl. Carstensen (1964: 359), der u.a. auf die Schwierigkeiten, Lehnbedeutungen zu erkennen, eingeht.

Eine solche Bedeutung von ***lernen*** erscheint insofern als Anglizismus, als ***lernen*** im Deutschen entweder einen bewußten Prozeß des Aneignens von Kenntnissen etc. bezeichnet oder, soweit es sich um einen unbewußten, längeren Vorgang handelt, sich nicht auf Wissen bezieht.[17]

Ich schickte eine Kopie meines Papiers an Nummer 10 <...>	I did send a copy of my paper here, to Number Ten <...> *YM 3/5:160*

Papier wird hier in der Bedeutung von ***paper*** 'Arbeitspapier, Thesenpapier' verwendet, ***Kopie*** in der von 'Exemplar'.

Ihr Hauptanliegen ist es doch, daß das Baby in einer normalen Familie aufwächst.	Mr. Carrington, it seems that your whole case is based on raising the baby in a "straight" family? *DC 65:423*
Erinner' dich, du hast die Wasserversorgung im Tal kontrolliert.	You controlled the reservoirs ... in the valley. *FC 30:312*
Sie meinen, Sie kontrollieren Webster Wine and Storage?	You mean ... you control Webster Wine and Storage, huh? *FC 29: 339*

5.1.2.5. Kollokationen und Idiome

Auch im Bereich der Idiomatik und der Kollokationen ergeben sich in Synchrontexten vielfach unübliche Formulierungen. So finden sich Kollokationen wie *ein frischer Topf Kaffee* (FC 23:131) oder *ein hübscher Mann* (DC 63:327-9) oder auch Wendungen wie *privates Vermögen* (anstelle von *Privatvermögen*, DC 87: 452). Auch bei Idiomen sind vielfach Abweichungen von der deutschen Norm festzustellen: Ein häufig auftretendes Beispiel ist *Der frühe Vogel fängt den Wurm*. für *The early bird catches the worm*, für das sich mehrere Belege finden.[18]

ADAM: Nanu, Jeff, so früh am Morgen schon Sport treiben?	Jeff - up early and dressed for play?
JEFF: Der frühe Vogel fängt den Wurm ... bist du ein Wurm, Adam?	Well, they say the early bird gets the worm.. Which are you, Adam? *DC 113:201*

---

[17] Vgl. dazu die Definition im DUW: "im Laufe der Zeit /durch Erfahrungen, Einsichten/ zu einer bestimmmten Einstellung, inneren Haltung, einem bestimmten Verhalten, Handeln gelangen", wobei Beispiele wie "er hat verzichten gelernt" oder "aus Fehlern, aus der Geschichte lernen" angeführt werden. Die Übersetzung *Ich will alles* ist unter dem Gesichtspunkt der Textstruktur natürlich als Übersetzung nicht akzeptabel.

[18] Es sei nur am Rande erwähnt, daß diese Übersetzung belassen wurde, obwohl dem Synchronstudio zur Zeit der Synchronisation ein alternativer Übersetzungsvorschlag von Folge 113 vorlag.

Um mir so einen bezaubernden Wurm wegzuschnappen, muß dieser komische Vogel schon früher aufstehen. *Bettgeflüster*

HAUSHÄLTERIN:	Ich hab' immer gedacht, ihr Londoner liegt den halben Tag im Bett.
DIENER:	Nein, Mam, immer früh auf den Beinen. Nur der Vogel, der früh auf ist, erwischt den Wurm, sagen wir Londoner. *French Lieutenant's Woman: 0.03 h*

Abgesehen davon, daß *The early bird catches the worm* im Deutschen keine Entsprechung als *Der frühe Vogel fängt den Wurm*[19] besitzt, ist auch eine Fügung *der frühe Vogel* im Deutschen inakzeptabel. Soweit *Vogel* in dieser Weise metaphorisch gebraucht wird, ist die Bedeutung eher negativ oder pejorativ wie in *ein komischer Vogel* etc., was im Falle des englischen Idioms nicht gilt. Noch krasser wird dieser Gegensatz, wenn *Wurm*, das im Deutschen noch negativere Assoziationen besitzt, auf eine Person angewandt wird. Im letzten Fall ist das Idiom insofern im Deutschen akzeptabler, als es durch die Einbettung (zwar fälschlicherweise, aber doch plausibel) als sprachliche Besonderheit des Londoner Dialekts erscheinen könnte.

Selten sind Belege für Idiome, deren Übertragung im Deutschen keinen Sinn ergibt:[20]

Es geht bei ihr vorwärts wie ein Haus in Flammen.	She is getting on like a house on fire. *Pygmalion: 0.37h*

<Situation: Kellner bringt Getränke an den Tisch; *Off*>
Hier sind Sie, Miss Gordon. *Die Stunde des Siegers: 0.15 h*

Eine solche Übersetzung von *Here you are* ergibt im Deutschen keinen Sinn. Mögliche Übersetzungen wären *Bitte sehr* oder ähnliches.

Sehr häufig sind hingegen Beispiele, bei denen eine gewisse Transparenz gegeben ist:

Ich greife nach jedem Strohhalm.	I'm grabbing at straws, so fire away. *FC 28:158*
Ich gebe zu, daß ... daß es mich einige schlaflose Nächte gekostet hat, daß ich zu dir gekommen bin.	I admit that my coming to you has caused me a few sleepless nights. *DC 65:329*

In diesem Beispiel ist eine Mischung von *schlaflose Nächte bereiten* und *den Schlaf vieler Nächte kosten* zu beobachten. Bei diesen Modifikationen handelt es sich jedoch nicht um "nonce formations" im Sinne von Cowie, Mackin und McCaig (1983: xv-xvi), die bewußt als Stilmittel eingesetzt werden.[21]

---

[19] In einer deutschen Fernsehserie fand sich ein Beleg für *Früher Vogel greift den Wurm* (*Großstadtrevier*, Folge: Prost Neujahr; Bayerisches Regionalfernsehen, 2. Januar 1989).

[20] In der Bühnenübersetzung von Harald Mueller (1969: 58) ist *she's getting on like a house on fire* mit *sie kommt mit Riesenschritten voran* übersetzt.

[21] Vgl. in diesem Zusammenhang Cowie/Mackin/McCaig (1983: xvi), die die Möglichkeit der "manipulation of idioms" zum Beispiel in bezug auf "the achievement of humorous effects" diskutieren.

Zum Teil werden in Synchrontexten deutsche Idiome verwendet, die den englischen semantisch, aber nicht formal enstprechen: So wird *beat about the bush* mit *um den heißen Brei herumreden* (YM 1/4:011) oder *She has got us over the proverbial barrel* mit *Sie hat uns wirklich in der sprichwörtlichen Zange* (FC 29:343) übersetzt. Dennoch werden solche entsprechenden Idiome - häufig wahrscheinlich aus Gründen der Lippensynchronität - nicht verwendet; daß statt *Wer zuerst kommt, mahlt zuerst* eben *der frühe Vogel fängt den Wurm* gebraucht wird, ist nur ein Beispiel hierfür.

5.1.2.6. Verletzungen auf der Ebene der Pragmatik

Die Verletzung der Angemessenheit von Äußerungen ist in der Regel als die Entsprechung der Erscheinung der Lehnbedeutung auf der Ebene der Pragmatik zu betrachten.[22] Ähnlich wie dort wird aus einer pragmatischen Teiläquivalenz zweier Äußerungen im Deutschen und im Englischen das deutsche Übersetzungsäquivalent auch dann verwendet, wenn die Äußerung in einem Kontext steht, in dem sie im Deutschen nicht angemessen erscheint.

<Situation: Blake Carrington und seine Tochter Fallon sind bei einem Ausritt. Fallon stürzt vom Pferd und fällt in einen Bach.>

BLAKE:		
Alles in Ordnung?	Are you okay?	
FALLON:		
Mir geht es gut.	I'm fine.	*DC: P 0.30h*

Zwischen *I'm fine* bzw. *I'm okay* einerseits und *mir geht es gut* andererseits ist eine Teiläquivalenz der beschriebenen Art gegeben: Hat man jemanden längere Zeit nicht gesehen und fragt *Wie geht es Ihnen?* oder erkundigt man sich explizit nach dem Gesundheitszustand, so sind sowohl *I'm fine* als auch *Mir geht es gut* situationell angemessene Antworten. Im vorliegenden Fall wäre aber eine Antwort wie *Nichts passiert* oder selbst *Alles okay* situationell angemessen.

Ein anderer Typ von Verstoß gegen die Norm der deutschen Sprache auf der Ebene der Pragmatik liegt in solchen Fällen vor, in denen die Situation eine konventionalisierte Sprechhandlung erfordert, die sich im Synchrontext aber nicht findet. Das ist z.B. häufig bei Begrüßungen der Fall. Im amerikanischen Englisch stellt zum Beispiel die Nennung des Namens eine durchaus akzeptable Form der Begrüßung dar, was im Deutschen aber eine Verletzung der Norm ist.

<Situation: Adam kommt ins Zimmer, Dex geht>

DEX:		
Adam	Adam.	
ADAM:		
Dex.	Dex.	*DC 88:531*

---

[22] Vgl. in diesem Zusammenhang die Diskussion situationaler Interferenzen bei Oksaar (1981: 107-114).

Überhaupt ist die Anrede mit Vornamen, die in Großbritannien und den U.S.A. bei einem wesentlich geringeren Vertrautheitsgrad üblich ist als im deutschsprachigen Raum, häufig eine Verletzung der pragmatischen Regeln des Deutschen. Das mag oft beabsichtigt sein, um kulturspezifische Elemente des Originalfilms zu erhalten, führt aber auch zu eigenartigen Mischformen wie einer Anrede mit Vornamen und *Sie*.[23]

Sehr typisch für synchronisierte Filme ist ein weiterer Anglizismus im Bereich der Anrede: So werden Ärzte z.B. mit *Doktor* und nicht mit *Frau Doktor* oder *Herr Doktor* angesprochen; in der Serie *Yes Minister* ist der Minister immer *Minister* und nie *Herr Minister*, ebenso würde man die in Synchrontexten häufig als *Vikar* titulierten Personen eher als *Herr Pfarrer* ansprechen. In diesem Zusammenhang sei auch auf den pragmatisch oft nicht angemessenen Gebrauch von Kosenamen wie *darling* oder *Schätzchen* verwiesen.

5.1.2.7. Anglizismen im Bereich der Grammatik

Auch im Bereich der Syntax finden sich in Synchrontexten eine erhebliche Anzahl von Anglizismen. Besonders auffällig sind dabei Verstöße im Bereich der Valenz:

Witze gegen den Premierminister.	<...> jokes against the Prime Minister. *YM 3/2:157*
Ich hab schon mal was gehört über die Nachtluft von Montana.	Well I've heard about this Montana night air. *DC 65:216*
Kannst du mir sagen, worüber du redest?	What are you talking about? *DC 60:611*
Sie sind sich darüber im klaren, daß wir von 15, vielleicht 20 Eigentümern reden. Sie reden über Familien, Geschäfte, Bauernhöfe. Sie reden über einen schönen Haufen Geld.	Well, you are talking about 15 maybe 20 properties. You are talking about families, business, farms. You are talking about a lot of money. *Local Hero 0.26 h*

Die Verwendung von *über* statt *von* bei Verben wie *sprechen*, *reden*, *hören* etc. ist eine sehr häufig zu beobachtende Erscheinung in Synchrontexten.

Darüber hinaus treten Anglizismen etwa im Bereich der Determiners auf:

Ach wirklich? ... Ein bestimmter Polizist ist nicht dieser Meinung.	Is it? Not according to a certain cop, it isn't! *DC 60:558*
Jeannette, irgendeine Nachricht von meinem Vater, während wir weg waren?	Jeannette, has there been any word from my father while we were out? *DC 60:123*

[23] Vgl. Whitman-Linsen (1992: 223-4).

Der wahrscheinlich wesentlichste Bereich von Anglizismen in der Syntax ist der Gebrauch der Tempora. Während im (britischen) Englisch von einem Bedeutungsunterschied zwischen *past tense* und *present perfect* ausgegangen werden kann,[24] läßt sich das von Präteritum und Perfekt im Deutschen nicht in derselben Weise behaupten,[25] wie z.B. Wunderlich (1970: 146) ausführt.[26] Zu den Faktoren, die die Wahl des Tempus beeinflussen, zählen bei Wunderlich (1970: 147-8) u.a.:

> In Gesprächen, Erörterungen, usw. wird wahlweise Perf oder Prät verwendet, in Erzählungen, wenn sie hochsprachlich sind (vor allem in Texten), aber fast ausschließlich Prät.[27]
>
> ...
>
> Umgangssprachlich wird Prät, auch wenn erzählt wird, nur selten gebraucht, in den süddeutschen Mundarten sogar so gut wie nie.

Von daher liegt die Vermutung nahe, daß der Gebrauch des Präteritums in den folgenden Beispielen auf das Vorkommen von *past tense* im Ausgangstext zurückzuführen ist:

Und an dem Abend, in dem Restaurant, ... ist da noch irgend etwas, äh, besonderes passiert... das Sie ärgerte?	Now on the night in question, did anything else in particular happen to upset you? *DC 64:342*
Zu der Tageszeit solltest du so was nicht spielen... hätte Beethoven auch nicht getan, ... er nannte das Stück Mondscheinsonate.	You shouldn't be cooped up in the house on a day like this. Beethoven wouldn't be. That's why he called that the Moonlight Sonata. *DC 64:412*
Vor einer halben Stunde rief ich an, wie lange dauert es, bis Sie ein Pferd satteln?	I phoned down here one hour ago. How long does it take you to get one horse ready? *DC 60:636*

Vergleicht man den Anteil von Präterital- und Perfektformen (aus der Summe aller Präterital- und Perfektformen) allgemein,[28] so ergibt sich folgendes Bild:[29]

---

24 Vgl. u.a. CGEL (4.20-3).

25 Vgl. dazu u.a. Trier (1968), Kluge (1969), Hauser-Suida/Hoppe-Beugel (1972) sowie Bartsch (1980). S. auch Carstensen (1980 b).

26 Damit soll nicht behauptet werden, daß die beiden Tempora im Deutschen beliebig austauschbar wären. Wunderlich (1970: 142) führt dazu z.B. aus: "Ohne Zweifel lassen sich Kontexte finden, in denen entweder nur ein Perf, oder nur ein Prät akzeptiert wird. Doch gelten dabei recht unterschiedliche Bedingungen, die sich nur schwer generalisieren lassen."

27 Vgl. dazu auch Weinrich (1964: 84).

28 Es versteht sich von selbst, daß ein solcher Vergleich nur sehr bedingt Rückschlüsse erlaubt, da in den verschiedenen Filmen keine identischen Gebrauchsbedingungen für die einzelnen Tempora vorliegen und das Korpus nicht groß genug ist, um solche Unterschiede auszugleichen. Die im Korpus enthaltenen Folgen von *Die Eisenbahn* konnten wegen der archaischen Sprachebene nicht in die Untersuchung miteinbezogen werden. Bei der Serie *Diese Drombuschs* standen nur Auszüge aus den Drehbüchern zur Verfügung. Da dadurch das Verhältnis der Verteilung der Tempora nicht berührt sein dürfte, konnten sie mit in die Untersuchung einbezogen werden.

Anzahl der Verben in Präteritum und Perfekt:

	F5	F13	DD2	DD4	SWK5	D'K	Summe
Summe	69	166	52	34	65	260	646
Perf.	44	119	40	21	44	101	369
Prät.	25	47	12	13	21	159	277

	DC60	DC61	DC63	DC64	DC65	FC29	FC30	YM1/5	YM3/1	Summe
Summe	176	183	147	175	171	129	95	66	67	1209
Perf.	83	115	70	82	103	101	53	46	42	695
Prät.	93	68	77	93	68	28	42	20	25	514

Prozentanteil der Verben in Präteritum und Perfekt:

	F5	F13	DD2	DD4	SWK5	D'K	Summe
Perf.	64%	72%	77%	62%	68%	39%	57%
Prät.	36%	28%	23%	38%	32%	61%	43%

	DC60	DC61	DC63	DC64	DC65	FC29	FC30	YM1/5	YM3/1	Summe
Perf.	47%	63%	48%	47%	60%	78%	56%	70%	63%	57%
Prät.	53%	37%	52%	53%	40%	22%	44%	30%	37%	43%

Damit ergibt sich für deutsche Produktionen und synchronisierte Filme genau derselbe Durchschnittswert. Dabei ist allerdings zu berücksichtigen, daß die *Derrick*-Folge, in der als einziger der untersuchten deutschen Produktionen mehr Präterital- als Perfektformen vorkommen, die Statistik beträchtlich beeinflußt.[30] Ohne diese Folge beträgt der Durchschnitt des Perfektgebrauchs bei den deutschen Produktionen 69,5% und liegt damit erheblich höher als bei den synchronisierten Filmen. Einschränkend ist allerdings anzumerken, daß vor allem in den Folgen von *Der Denver-Clan* ein bemerkenswert hoher Anteil von Präteritalformen zu finden ist. Es ergeben sich folgende Werte:

	DC	FC/YM	DD/F/SWK	D'K
Perf	53%	68%	69%	39%
Prät	47%	32%	31%	61%

Berücksichtigt man beim Vergleich allerdings, daß - wie z.B. Hauser-Suida und Hoppe-Beugel (1972: 128) ausführen - bestimmte Verben im Deutschen bevorzugt im Präteritum stehen, ergibt sich eine deutlichere Diskrepanz zwischen synchronisierten und nicht-syn-

---

29 Vorkommen von Plusquamperfektformen werden hier außer acht gelassen. Der Anteil des Plusquamperfekt an allen Vergangenheitstempora schwankt bei den deutschen Texten zwischen 0% und 5%, bei den Synchrontexten zwischen 1% und 6%. Es ergeben sich also keine signifikanten Unterschiede.

30 Der hohe Anteil von Präteritum läßt sich z.T. durch die Thematik des Films, in dem es um die Rekonstruktion des Lebens eines totgeglaubten Wissenschaftlers geht, erklären; zum Teil vielleicht auch durch den Versuch der Serie, eine gehobene Sprachebene zu benutzen.

chronisierten Filmen. Schlüsselt man die Zahlen für das Präteritum nach Verben auf, so ergeben sich folgende Werte:[31]

Verteilung der Präteritalformen in bezug auf bestimmte Verben:

	F5	F13	DD2	DD4	SWK5	D'K	Summe
Vollverben[32]	1	1	3	3	3	76	87
sagte	1	1	0	0	0	12	14
dachte	3	4	2	2	1	2	14
war/waren	5	26	7	6	14	53	111
wurde/wurden	1	3	0	2	3	6	15
wollte	13	9	0	0	0	6	28
andere Modalverben	1	3	0	0	0	4	8

	DC60	DC61	DC63	DC64	DC65	FC29	FC30	YM1/5	YM3/1	Summe
Vollverben	35	23	32	46	30	12	16	6	12	212
sagte	11	2	6	10	5	0	1	3	3	41
dachte	2	1	1	0	3	1	0	2	1	11
war/waren	26	20	23	17	19	10	16	2	7	140
wurde/-n	4	8	1	4	3	1	0	2	0	23
wollte	13	9	12	10	4	1	6	4	2	61
andere Modalverben	2	5	2	6	4	3	3	0	1	26

Klammert man (i) *sein, werden* und die Modalverben, (ii) zusätzlich *denken* und *sagen* aus, so ergibt sich für die verbleibenden Vollverben folgender Anteil an den Präterital- und Perfektformen:[33]

	F5	F13	DD2	DD4	SWK5	D'K	Summe
(i)	7%	4%	10%	15%	6%	35%	18%
(ii)	1.5%	0.6%	6%	9%	5%	29%	13%

	DC60	DC61	DC63	DC64	DC65	FC29	FC30	YM1/5	YM3/1	Summe
(i)	27%	14%	27%	32%	22%	10%	18%	17%	24%	22%
(ii)	20%	13%	22%	26%	18%	9%	17%	9%	18%	17.5%

Damit ergeben sich, wenn man als Vergleichsparameter den Gebrauch von Vollverben (mit der Ausnahme von *sagen* und *denken*) zugrundelegt, deutlichere Unterschiede zwischen synchronisierten und nicht-synchronisierten Filmen. Dennoch gilt auch hier, daß im Falle der untersuchten *Derrick*-Folge höhere Werte festzustellen sind als bei den Synchrontexten,

---

[31] Zu einer statistischen Untersuchung des Vorkommens von *sein, haben* und den Modalverben in den Vergangenheitstempora vgl. Hauser-Suida/Hoppe-Beugel (1972: 128-50).

[32] *Sagen* und *denken* sind dabei nicht berücksichtigt.

[33] Die Prozentzahlen beziehen sich also nicht auf das Vorkommen der Präteritalformen insgesamt, sondern auf alle vorkommenden Präterital- und Perfektformen.

so daß sich in bezug auf den Gebrauch der Vergangenheitstempora kein generelles Charakteristikum der Synchrontexte ableiten läßt.[34] Im Einzelfall können auftretende Präteritalformen sicherlich als Anglizismen analysiert werden, wie die zitierten Textbeispiele zeigen.

Es läßt sich weiterhin feststellen, daß die Synchrontexte einen weitaus höheren Anteil an Perfektformen enthalten als die englischen Originalfassungen:

Präteritalformen und ihre Tempora im englischen Ausgangstext:

	DC 64	DC 65	YM 1/5	YM 3/1
Gesamtvorkommen:	93	68	20	25
past tense	80 (86%)	61 (90%)	14 (70%)	19 (76%)
present perfect	3 (3%)	1 (2%)	2 (10%)	2 (8%)
present tense	0	0	2 (10%)	1 (4%)
andere Formen	10 (11%)	6 (9%)	2 (10%)	3 (12%)

Perfektformen und ihre Tempora im englischen Ausgangstext:

	DC64	DC 65	YM 1/5	YM 3/1
Gesamtvorkommen:	82	103	46	42
past tense	54 (66%)	74 (72%)	13 (28%)	18 (43%)
present perfect	16 (20%)	12 (12%)	24 (52%)	17 (40%)
present tense	3 (4%)	13 (13%)	5 (11%)	3 (7%)
andere Formen	9 (11%)	4 (4%)	4 (9%)	4 (10%)

Aus diesen Tabellen ist ersichtlich, daß ein erheblicher Prozentsatz der Perfektformen der deutschen Übersetzung auf *past tense*-Formen des Originals zurückgeht.

5.1.2.8. Unidiomatische Sprache

Bei den in synchronisierten Filmen auftretenden Anglizismen handelt es sich keineswegs nur um Phänomene des sprachlichen Systems, sondern auch um solche der Norm.[35] Die mangelnde Akzeptanz eines Satzes wie *Mein Leben ist in Gefahr* (DC 61:431) ergibt sich aus der Normverletzung gegenüber *Ich war in Lebensgefahr*, was wohl die im Deutschen übliche Formulierung wäre. Das gleiche gilt für die Übersetzung von *kill* mit *töten* in Fällen wie

---

[34] Dabei ist zu berücksichtigen, daß verschiedene Texte in bezug auf die Gebrauchsbedigungen der Vergangenheitstempora nicht ohne weiteres vergleichbar sind. Die Unterschiede, die sich zwischen den untersuchten Folgen der Serie *Denver-Clan* einerseits und *Falcon Crest* bzw. *Yes Minister* andererseits ergeben, deuten jedoch auch darauf hin, daß stilistische Vorlieben des einzelnen Übersetzers, die u.a. durch seine regionale Herkunft bestimmt sein können, eine Rolle spielen.

[35] Vgl. dazu Kapitel 8.

Du glaubst im Ernst, ich hätte versucht, dich zu töten!	You really think I'm the one who tried to kill you! *DC 61:431*

die eben einfach insofern gekünstelt wirkt, als man im Deutschen eher *ermorden* oder *umbringen* sagen würde. Mit solchen Aussagen ist aber wieder die generelle Akzeptabilitätsproblematik berührt, die in Kapitel 1 diskutiert wurde. Interessanterweise beziehen sich Urteile darüber, ob eine Formulierung in einer bestimmten Situation möglich ist, nicht nur auf die Bedeutung eines Wortes, sondern auch auf bestimmte Konstruktionen. So kann wohl kein Zweifel daran bestehen, daß ein Satz wie *Wir sehen uns dann später* im Deutschen ohne weiteres möglich ist; Meinungsverschiedenheiten ergeben sich aber bei folgender Verwendung von *sehen*:

Ich seh dich dann später	See you later, Sweetie	*FC 23:129*

Zum Teil halten befragte Studenten *Ich seh dich dann später* für akzeptabel, andere hingegen lehnen es, auch bei vorgegebenem Kontext, eindeutig ab. Natürlich ist nicht auszuschließen, sondern eher anzunehmen, daß diese Unterschiede in der Beurteilung auf eine Veränderung der Bedeutung von *sehen* im Deutschen hinweisen, die letztlich durch Übersetzungen, u.a. auch durch Synchronübersetzungen, bedingt ist. Jedenfalls zeigt dieses Beispiel, daß eine eindeutige Zuordnung der beschriebenen Anglizismen zu den Ebenen Bedeutung, Kollokation oder Grammatik nicht immer möglich ist,[36] sondern daß die Akzeptabilität von Äußerungen durch das Zusammenwirken verschiedener Faktoren bedingt ist.

5.1.3. Quantitative Analyse: Synchronisierte Filme und andere Texte

Auch die quantitative Verteilung der verschiedenen Typen von Anglizismen in deutschen Produktionen und synchronisierten Filmen ist sehr aufschlußreich. In den Folgen 5 und 6 der *Schwarzwaldklinik* und in *Derrick* finden sich Anglizismen vor allem im Bereich des Lehnwortschatzes (etwa *Chip*, *Computer*, *Pipeline* oder *cool*), andere Typen von Anglizismen treten aber nicht oder nur äußerst selten auf.[37]

In synchronisierten Sendungen finden sich zwar auch Fremd- bzw. Lehnwörter wie *Drink*, *Story*, *Job*, *top secret*; sie machen aber nur einen sehr kleinen Teil der festgestellten Anglizismen aus (in DC 65 beispielsweise 7 Belege gegenüber 57 weiteren Lehnerscheinungen). In YM 1/7 bilden Lehnübersetzungen und -übertragungen (mit über 40 Vorkommen) die weitaus größte Gruppe; in DC 65 wurden 17 Vorkommen von Lehnbedeutungen (in DC 60 13), in DC 60 und 65 je 7 von Lehnwendungen und 6 Erscheinungen der Lehn-

---

[36] Vgl. dazu die ausführliche Diskussion von *sehen*, *lieben*, *Leben* und *Teil* in der ursprünglichen Fassung dieser Arbeit.

[37] Der einzige Fall von Lehnbedeutung in Folge 5 der *Schwarzwaldklinik* ist: *Das Auto auf dem Rastplatz vergessen wir. Wir nehmen ein anderes.* Als Lehnübertragung könnte gelten *Kognitionswissenschaft* und als Lehnübersetzung *psychiatrische Klinik* (*Derrick*).

syntax festgestellt; in FC 28 ist Lehnsyntax innerhalb der Anglizismen (mit 20 Vorkommen) die am häufigsten festzustellende Erscheinung. Es muß betont werden, daß diese Zahlen nur mit großem Vorbehalt interpretiert werden können. Sowohl was die Zuordnung zu bestimmten Typen als auch was die Klassifizierung als Anglizismus überhaupt angeht, sind sie aufgrund der großen Anzahl von Grenzfällen nicht absolut zu sehen.[38] Trotz dieser Vorbehalte zeichnet sich als Ergebnis der Untersuchung folgendes klar ab:

1. Das Auftreten von Fremd- und Lehnwörtern in Synchrontexten ist relativ gering und liegt nur unwesentlich über dem in nicht-synchronisierten Filmen.
2. Sehr häufig treten hingegen folgende Typen von Anglizismen auf:
   - Frequenzsteigerung von Wörtern, die im Englischen eine formal ähnliche Entsprechung besitzen,
   - Lehnbedeutungen
   - Normverstöße, die vor allem im Bereich von *collocative meaning* liegen, aber nicht direkt als Lehnbedeutungen oder Lehnwendungen beschrieben werden können.

Vergleicht man die Verteilung der einzelnen Typen von Anglizismen in synchronisierten Filmen etwa mit denen der Sprache der Werbung oder der der Moderation von Popmusiksendungen im Radio, so ergeben sich interessante Unterschiede. Legt man beispielsweise als Stichprobe die Analyse der Werbetexte aus der Fernsehzeitschrift *Gong* (10/1988)[39] und der 45-minütigen Popmusiksendung *Fritz and the Hits* (vom 11.3.1988)[40] zugrunde, so stellt man ein erhebliches Ausmaß an Anglizismen[41] fest und vor allem eben auch, daß es sich dabei in beiden Fällen vorwiegend um Lehnwörter oder Wortbildungen mit englischen Lehnwörtern handelt.

5.1.4. Funktionen von Anglizismen

Die unterschiedliche Verteilung der einzelnen Typen von Anglizismen in Texten verschiedener Art läßt sich durch die verschiedenen Funktionen von Anglizismen erklären. In

---

[38] Aus diesem Grund wird hier auf detailliertere Statistiken auch verzichtet.

[39] Es soll hier keine erschöpfende Analyse gegeben werden; es finden sich aber immerhin folgende Belege: *Audio Video Center*, *Automatic code timer*, *ACT-Lesestift* (2), *Cap* (Zinsinstrument) (2), *CD Klang*, *Come to Marlborough Country*, *Diolen controlled quality* (2), *Knabberfans*, *fit*, *Fitness*, *live* (3), *top international quality* (2), *Express Polier-Pad* (4), *Polo-Coupé-Fox* (3), *rich choice tobaccos* (2), *Service*, *Glückskauf-Service-Telefon*, *Sorglos-Service*, *Zahlungs-Service*, *Stereo-Sound*, *Styling*, *Sweat-Shirt*, *Sweat-Rock*, *Opel Kadett Tiffany*, *Time is money*, *Video*, *Videorecorder* (3), *Young Collections* (2).

[40] Mit einer Ausnahme sind alle gespielten Musiktitel englisch; im Laufe der Sendung wird die Aufzeichnung eines englischen Interviews eingespielt, wobei der Originalton ganz gesendet und dann vom Moderator übersetzt wird. Außerdem wird ein "Promo", ein kurzer Werbespot für den Moderator, in englischer Sprache unübersetzt eingeblendet. Entsprechend enthält die Moderation eine Vielzahl von Anglizismen, und zwar 32 vom Typ *heavy metal* und *Hitparadensound* (insgesamt 91 Vorkommen) sowie 41 englische Musiktitel und 68 englische Namen von Interpreten.

[41] Zur Häufigkeit von Anglizismen in der Werbung vgl. Meyer (1974) oder Viereck, Viereck und Winter (1976:54). Vgl. Steinbach (1984), K. Viereck (1980: bes. 220), Fink (1980) und Carstensen (1984).

Fachsprachen spielen Fremd- und Lehnwörter eine große Rolle, weil neue technische Entwicklungen oder auch neue gedankliche Konzepte benannt werden müssen. Weinreich (1974: 56) beschreibt diese Funktion folgendermaßen: "The need to designate new things, persons, places, and concepts is, obviously, a universal cause of lexical innovation." Zum Teil mag das auch für Anglizismen in der Werbesprache gelten, wo allerdings auch noch eine andere Funktion zum Tragen kommt, die Fink (1968: 445) folgendermaßen beschreibt:[42]

> Immerhin dürfte allgemein gelten, daß manche Amerikanismen dem Benutzer zugkräftig erscheinen. Er möchte an dem Ansehen, dem "Prestige" teilhaben, das die Kultur genießt, aus der diese Amerikanismen stammen... Dieser AE-"Anstrich" des deutschen Sprechers oder Schreibers ist in Herkunft oder Ziel nicht immer klar. Einerseits kann der Verwender selbst eine Schwäche für die Verwendung von AE haben, andererseits kann er auf die Schwäche des oder der Angesprochenen für AE oder zumindest für Fremdländisches zielen.

Engels (1976: 84) spricht in diesem Zusammenhang von einer "Signalfunktion":

> Amerikanismen weisen den Sprecher oder Schreiber als einer bestimmten, kulturell "anspruchsvollen" Schicht angehören wollend aus. Die Verwendung des rechten Amerikanismus zur rechten Zeit signalisiert ihn "den richtigen Leuten" als Mitglied ihrer eigenen, in ihren Augen gesellschaftlichen erstrebenswerten Gruppe.

Es geht dabei jedoch nicht nur um den "Anschein des Gebildeten", von dem auch Fink (1968: 445) spricht. In der Werbesprache oder der Sprache von Rundfunk- oder Fernsehmoderatoren erfüllen fremdsprachige Ausdrücke auch die Funktion, den Eindruck des Zeitgemäßen, des Internationalen,[43] des "In"-seins zu vermitteln.[44] Das zeigt auch die Tatsache, daß in einer Sendung wie *Fritz and the Hits* rein englischsprachige "Promos" eingesetzt werden, oder daß Werbungen, die sich vorwiegend an Jugendliche wenden, ebenfalls ohne ein deutsches Wort auskommen, etwa "Come to Marlborough Country" oder "Coke is

---

[42] Vgl. dazu auch Engels (1976: 86). Zur Bedeutung der Werbung für das Eindringen von Anglizismen ins Deutsche s. auch K. Viereck (1986: 170-1). Vgl. in diesem Zusammenhang auch Hausmann (1986: 93).

[43] Die Funktion von Anglizismen in der Werbung wird auch durch den Text deutlich, mit dem im Jahr 1988 die Waschmittelmarke *Korall* auf den Packungen die Umstellung auf den Firmennamen *Coral* begründete: "Das ist der neue Name für Korall - Warum KORALL jetzt CORAL heißt: 1. **Erfolg in Deutschland**. KORALL ist in Deutschland die erfolgreichste Marke unter den Feinwaschmitteln .... 2. **Erfolg international**. CORAL ist auch international erfolgreich ....3. **CORAL - der Name für Erfolg**. Ein erfolgreiches internationales Produkt ... bekommt jetzt seinen zeitgemäßen Namen: CORAL. CORAL, der neue Name für Ihr vertrautes Produkt in der gewohnten hervorragenden Qualität."

[44] S. auch Ortner (1982: 206-7). Unter Berücksichtigung dieser beiden Funktionen erscheint es in diesen Fällen auch nicht so wesentlich, ob der Anglizismus verstanden wird. Für den Rundfunkmoderator ist entscheidend, daß durch den Gebrauch englischer Ausdrücke die Einschätzung seiner Kompetenz bei den Hörern steigt. Das mag auch die große Zahl von den Moderatoren selbst ohne Übersetzer geführter Rundfunk- und Fernsehinterviews in englischer Sprache erklären. Vgl. in diesem Zusammenhang Götz (1985). Zu Fragen des Verstehens von Anglizismen vgl. Viereck/Viereck/Winter (1976: 54), Fink (1977), Carstensen (1979c: 323-4) und Carstensen/Hengstenberg (1983).

it!".[45] Eine Sprache, die reich an englischsprachigen Ausdrücken ist, kann auch als Gruppensprache eine Abgrenzungsfunktion gegenüber anderen Sprechergruppen erfüllen.[46] Sowohl in der Werbung wie auch in der Moderatorensprache kann jedoch wohl davon ausgegangen werden, daß der Anglizismus bzw. eine anglizismenreiche Sprache bewußt gebraucht wird.[47] Das Motiv kann dabei einerseits kommunikative Notwendigkeit und andererseits die intendierte Wirkung auf den Hörer sein.[48]

Der Gebrauch von Anglizismen läßt sich damit den beiden Funktionen von Sprache, die Brown und Yule (1983: 1) unterscheiden, zuordnen:[49]

> That function which language serves in the expression of 'content' we will describe as **transactional**, and that function involved in expressing social relations and personal attitudes we will describe as **interactional**.

In Synchrontexten erscheint ein solches Motiv durch die *transactional* oder *interactional function* nur selten gegeben. Kommunikative Notwendigkeit liegt bis zu einem gewissen Grad dann vor, wenn Institutionen des Landes, in dem ein Film spielt, mit dem entsprechenden Ausdruck wiedergegeben werden, obwohl das Erzeugen von Lokalkolorit in dieser Form wohl eher als eine eigene Funktion von Anglizismen anzusehen ist.[50] Für die große Mehrzahl von Anglizismen in Synchrontexten besteht jedoch weder das Motiv der kommunikativen Notwendigkeit noch das einer intendierten Wirkung in dem Sinne, daß eine besonders progressive Sprache gebraucht werden soll. Entscheidend ist in diesem Falle wohl vielmehr, was Leisi (1969: 219) als "Gedankenlosigkeit" - Weinreich (1974: 60) in etwas anderem Zusammenhang als "oversight" - bezeichnet hat:

> Anders verhält es sich mit den Anglizismen aus Gedankenlosigkeit, wie sie bei den heutigen Übersetzern zahlreich sind: *Sensation* in der Bedeutung "Empfindung", *realisieren* für "merken" usf. Hier wird nichts Neues geschaffen, keine Lücke ausgefüllt, d.h. hier besteht keine Notwendigkeit zur Entlehnung.

---

45 Ende 1987 setzte Coca-Cola einen Fernsehwerbespot ein, in dem nur englisch gesprochen wurde.

46 Vgl. in diesem Zusammenhang Weinreich (1974: 58): "A third reason for lexical innovation is related to the well-known tendency of affective words to lose their expressive force."

47 Das klingt auch in einem Interview an, in dem sich B3-Moderator Fritz Egner zur Verwendung von englischen Sprachelementen in seinen Sendungen äußerte. Egner führt in diesem Zusammenhang u.a. aus, daß ein Grund für die Verwendung des Englischen in der Musikauswahl zu sehen ist und daß die Moderationstexte sich reibungslos in die englischsprachige Popmusik einfügen müssen. (Quelle: Gespräch mit Fritz Egner; abgedruckt bei Kehlbach 1987). Zum bewußten Gebrauch von Anglizismen vgl. auch Lehnert (1986: 145).

48 Vgl. die Untersuchung von Fink (1977: 400). Zur Frage der Einstellung gegenüber Anglizismen s. auch Stickel (1984); zur Haltung der Franzosen s. Hausmann (1986).

49 Brown/Yule (1983: 3) weisen dabei auf die Parallelität zu Darstellungs- und Ausdrucksfunktion bei Bühler (1934), zu *referential* und *emotive* bei Jakobson (1960: 353-4), *descriptive* und *social expressive* bei Lyons (1977: 50-6) oder zur *ideational* und *interpersonal function* bei Halliday (1970) hin.

50 Galinsky (1975b: 529) zeigt, daß die Funktion "providing American color, mainly of settings" auch in der deutschsprachigen Literatur sehr wesentlich ist. Vgl. Zindler (1959: 21), Galinsky (1975a) und Jadebeck (1984: 60).

Auch wenn hier keineswegs alle Faktoren angesprochen wurden,[51] die die Übernahme von Anglizismen in die deutsche Sprache erklären, zeigt die Betrachtung der Funktion von Anglizismen doch, daß sich die Anglizismen, die in Synchrontexten festzustellen sind, auf einer grundlegend anderen Ebene bewegen als die in vielen anderen Texten.[52]

5.1.5. Klassifikation des englischen Einflusses auf das Deutsche

5.1.5.1. Fremd-, Lehn- und Interferenzerscheinungen

Aufgrund dieser Überlegungen ergibt sich folgende Einteilung des englischen Einflusses auf die deutsche Sprache: Zum einen muß bei den Erscheinungen, die im Deutschen aufgrund englischen Einflusses festzustellen sind, unterschieden werden zwischen

1. solchen, die von den Sprechern des Deutschen nicht (mehr) als fremd empfunden werden[53] und
2. solchen, bei denen dies der Fall ist.

Bisher wurden - in Anlehnung an die Unterscheidung zwischen Fremd- und Lehnwort[54] im Sinne von von Polenz[55] (1967: 72) und Gneuss (1955: 19)[56] - die Termini Lehnerscheinung und Fremderscheinung benutzt, um diesen Unterschied deutlich zu machen. Es erscheint nun denkbar, bei den Fremderscheinungen weiter zu differenzieren zwischen

a) Formen, die von den Sprechern des Deutschen mit einer motivierten Intention gebraucht werden,

---

51 Vgl. dazu u.a. Fink (1968: 441-7), Engels (1976: 74-88) und Carstensen (1975: 30-2).

52 Das gilt natürlich vor allem für solche Texte, die keine Übersetzungen sind.

53 Vgl. dazu auch Lehnert (1986: 140).

54 Vgl. v. Polenz (1967: 75), der Lehnwörter als "alle Wörter fremdsprachlicher Herkunft, die mindestens in einer größeren Gruppe von Sprachteilhabern zum üblichen Wortschatz gehören" beschreibt. Dabei werden hier nicht formale Kriterien zur Unterscheidung von Fremd- und Lehnwort herangezogen. Zu solchen Ansätzen vgl. Duckworth (1970 und 1977), Müller (1979), Iluk (1974) oder Carstensen (1975). Vgl. Steinbach (1984: 29-37), Zindler (1959: 10) und Schank (1979: 51-2).

55 "Das Fremdwort/Lehnwortproblem kann mit ... äußerlichen Kriterien des Wortkörpers nicht gelöst werden. Es kommt im gegenwärtigen Zustand einer Sprache vielmehr darauf an, von wem ein Wort benutzt wird, gegenüber welchem anderen Sprachteilhaber, in welcher Sprech- oder Schreibsituation, mit welchem Sachbezug, in welchem Kontext, mit welcher Stilfärbung und vor allem mit welcher Bedeutung im Verhältnis zu den Bedeutungen der anderen Wörter des Wortfeldes, in dem das entlehnte Wort seinen Platz gefunden hat." (von Polenz 1967: 72)

56 Vgl. dazu Gneuss (1955: 19): "'Fremdwort' soll ja heißen, daß der Hörende oder Lesende es als 'fremd' in seiner Sprache empfindet - sei es, weil er es zum ersten Male oder nur selten hört oder liest, sei es, weil das Wort fremde Laute, Lautkombinationen, Betonungsverhältnisse und Endungen aufweist. Dagegen bezeichnet 'Lehnwort' das endgültig aus einer fremden Sprache entlehnte und in allgemeinen Gebrauch gekommene Wort - ohne Rücksicht auf Lautstand, Flexionsendungen, Betonungsverhältnisse. Entscheidend ist daher, wie das Wort gebraucht wird, nicht seine Form."

- weil eine kommunikative Notwendigkeit zur Bezeichnung einer Sache besteht
- damit eine stilistische, z.T. gruppensprachliche Wirkung erzielt werden kann.

b) Formen, die von den Sprechern des Deutschen nicht in dieser Weise motiviert gebraucht werden.[57]

Terminologisch könnte man entsprechend eine Unterscheidung zwischen Fremderscheinungen - 2a - und Interferenzerscheinungen - 2b - machen. Eine solche Klassifikation beruht nicht auf sprachimmanenten Kriterien wie der Angleichung an das lautliche oder morphologische System des Deutschen, sondern auf sprecher- bzw. sprachgemeinschaftsbezogenen Kriterien. Die Schwierigkeit einer solchen Orientierung auf die Beurteilung durch die Sprecher ist ohne Zweifel darin zu sehen, daß Kriterien wie "fremd wirken" oder "motiviert gebrauchen" nicht objektivierbar sind, so daß sich hier dieselben Probleme wie bei der Beurteilung der Akzeptabilität von Äußerungen ergeben. Auf der anderen Seite besteht kein grundlegender Unterschied zwischen Urteilen über Akzeptabilität bzw. Grammatikalität und Urteilen über die Fremdheit von Erscheinungen in der Sprache, so daß auch letztere unter Chomskys Kompetenzbegriff (1965/[12]1980: 4) - "the speaker/hearer's knowledge of his language" - subsumieren lassen. Motivierte Intention kann in diesem Zusammenhang auch nicht unbedingt bedeuten, daß dem Sprecher im Einzelfall diese Motivation bewußt ist. Damit ergibt sich folgendes Klassifikationsmodell: [58]

	nicht als fremd empfunden	mit motivierter Intention
Lehnerscheinungen:	+	-
Fremderscheinungen:	-	+
Interferenzerscheinungen:	-	-

5.1.5.2. Beziehungen zwischen Lehn-, Fremd- und Interferenzerscheinungen

Lehnerscheinungen sind als das sprachgeschichtliche Ergebnis eines Einflusses zu sehen, der sich zunächst in einer Fremd- oder Interferenzerscheinung niederschlägt. Anders ausgedrückt: Der Einfluß, den eine Sprache auf eine andere ausübt, wirkt sich zunächst immer in einer Fremd- oder Interferenzerscheinung aus. Solche Erscheinungen können vorübergehend sein und wieder aus der Sprache verschwinden. Sie können sich aber auch zu Lehn-

---

[57] Zindler (1959: 21-2) verweist in Hinblick auf die Sprache des Journalismus auf den Zeitdruck, unter dem solche Texte entstehen.

[58] Aufgrund des oben Gesagten versteht es sich von selbst, daß es sich bei dieser Einteilung nicht um scharf voneinander abzugrenzende Entitäten handeln kann, sondern nur um quasi prototypische Kategorien, wobei manche Erscheinungen im Rahmen von *gradience* nicht als einem Typ direkt, sondern als mehr dem einen als dem anderen zugehörig zu beschreiben sind.

erscheinungen entwickeln,[59] wobei nach der hier zugrundegelegten Definition das Urteil der Sprecher über die Fremdheit einer Erscheinung entscheidend ist. Dabei darf aber nicht übersehen werden, daß der Grad, bis zu dem sich eine Erscheinung an das System der Zielsprache anpaßt bzw. (zufällig) mit ihm übereinstimmt,[60] einen wesentlichen Faktor bei dieser Beurteilung darstellt.

Aufschlußreich ist diese Einteilung vor allem in Hinblick auf die beobachteten Typen von durch das Englische beeinflußten Erscheinungen in der deutschen Sprache:

1. Ein Wort, das aus einer anderen Sprache stammt und im Deutschen gebraucht wird, kann Fremd- oder Lehnwort sein. Die Möglichkeit eines Interferenzwortes kann wohl ausgeschlossen werden.
2. Bei X-Übersetzungen, X-Übertragungen und X-Schöpfungen zeigt die Unterscheidung zwischen Lehn- und Interferenzerscheinungen die Notwendigkeit einer weiteren Differenzierung. Soweit bei diesen Wortbildungen die Wortbildungsregeln des Deutschen nicht verletzt werden, handelt es sich wohl immer um Lehnerscheinungen:[61] Da Bildungsmittel der Zielsprache zugrundeliegen, handelt es sich nicht um Fremdkörper innerhalb dieser Sprache. Werden Wortbildungsregeln der Zielsprache verletzt, so handelt es sich um Interferenzerscheinungen (die natürlich ihrerseits zu Lehnerscheinungen werden können).
3. X-Bedeutungen, X-Verwendungen, X-Kollokationen, X-Wendungen bzw. X-Idiome und X-Syntax sind zunächst ebenfalls der Ebene der Interferenzerscheinungen zuzurechnen, bis sie unter Umständen zu Lehnerscheinungen geworden sind.

Aufschlußreich ist das insofern, als es sich sowohl im Falle der Lehn-Wortbildungen wie auch im Falle von Kollokation und Valenz um Phänomene handelt, die die Norm betreffen. Offensichtlich besteht aber ein entscheidender Unterschied zwischen einer Normverletzung wie im Falle der Interferenzkollokation oder der Interferenzsyntax und dem Füllen einer Lücke in einer Ausnutzungsnorm in der Wortbildung, was die Annahme verschiedener Normebenen unterstützt, wie sie z.B. von Burgschmidt (1977)[62] formuliert wurde. Damit ergeben sich folgende Schlußfolgerungen:

1. Lehnwörter sind die einzigen Lehnerscheinungen, die auf Fremderscheinungen zurückgehen.
2. Mit der Ausnahme von Lehnübersetzungen, Lehnübertragungen und Lehnschöpfungen,

---

59 Der Fall, daß eine Erscheinung nicht wieder verloren geht, aber Fremd- oder Interfernzerscheinung bleibt, soll hiermit keineswegs ausgeschlossen werden. *Lord*, das bereits im 17. Jahrhundert in die deutsche Sprache eingedrungen ist, könnte als Beispiel angesehen werden.

60 Zur Integration eines englischen Wortes wie *test* sind weniger formale Angleichungsprozesse erforderlich als etwa im Falle von *tuner*.

61 Damit soll nicht behauptet werden, daß jede Wortbildung dieser Art sofort den Status eines Lehnwortes im Deutschen hat. Allerdings sind diese Wortbildungen wohl auf derselben Ebene zu sehen wie neue Wortbildungen, die unabhängig vom Einfluß einer anderen Sprache geprägt werden. Wie okkasionelle Wortbildungen zu usuellen werden können, können sich aus okkasionellen Bildungen nach fremdsprachigen Vorbild Lehnübersetzungen etc. entwickeln.

62 Vgl. Burgschmidt (1973) und (1977).

bei denen wohl nicht immer eine vergleichbare Vorstufe anzusetzen ist, lassen sich alle anderen Lehnerscheinungen auf Interferenzerscheinungen zurückführen.

So läßt sich auch der Unterschied des Vorkommens von Anglizismen in verschiedenen Textsorten einfacher beschreiben: In der Moderation von Rundfunksendungen oder der Werbesprache lassen sich vor allem Fremderscheinungen feststellen, während sich die Synchronsprache vor allem durch einen wesentlich höheren Anteil an Interferenzerscheinungen auszeichnet. Das gilt mit Sicherheit auch für andere Texte im Bereich der Übersetzung.[63]

Damit zeigt sich sehr deutlich, daß Anglizismen auf zwei sehr verschiedenen Wegen in die deutsche Sprache der Gegenwart eindringen:

1. Fremd- bzw. Lehnwortschatz: Das englische Wortgut, das ins Deutsche eindringt, ist vorwiegend intentional motiviert: Zum einen werden neue Gegenstände mit englischen Ausdrücken bezeichnet (*chip*, *quark*), wobei, was betont werden muß, keine eigentliche Notwendigkeit zum Gebrauch eines englischen Ausdrucks besteht. Daß in vielen Fällen hier nicht Lehnübersetzungen, Lehnübertragungen oder Lehnschöpfungen gebraucht werden, hängt z.T. mit der "Internationalität" neuer Erscheinungen etwa im Bereich der Fachsprachen zusammen. In anderen Bereichen spielt aber mit Sicherheit auch das Prestige, das mit dem Gebrauch englischer Ausdrücke verbunden ist, eine Rolle, das völlig unabhängig von der kommunikativen Notwendigkeit im Sinne der Existenz neuer Gegenstände ein deutliches Motiv für das Eindringen vieler englischsprachiger Ausdrücke ins Deutsche darstellt.
2. Lehnbedeutungen, Lehnverwendungen, Lehnkollokationen, Lehnwendungen und Lehnsyntax sind im wesentlichen darauf zurückzuführen, daß eine große Anzahl von Texten aus dem Englischen ins Deutsche übersetzt wird. Interessant ist, daß es sich dabei ausschließlich um Interferenzerscheinungen handelt, also um einen unbewußten, durch den Sprecher nicht beabsichtigten Einfluß der englischen Sprache.[64] Anglizismen in diesem Bereich sind also nicht durch das hohe Prestige der englischen Sprache (in bestimmten sozialen Gruppen) bedingt, sondern durch die (davon allerdings nicht ganz zu trennende) dominierende Stellung des Englischen als Weltsprache sowie die kulturelle Dominanz vor allem der U.S.A., die sich u.a. in der großen Zahl amerikanischer Produktionen im deutschen Fernsehen niederschlägt.

Angesichts der hohen Zahl von Anglizismen in Synchrontexten und angesichts des großen Anteils aus dem Englischen synchronisierter Fernsehproduktionen im Programm der deut-

---

[63] Zu denken wäre hier vor allem an Übersetzungen von Gebrauchstexten wie Agenturmeldungen, bei denen sich sicherlich ebenfalls viele Interferenzerscheinungen finden. Bei der Synchronisation ist in diesem Zusammenhang natürlich zu berücksichtigen, daß der Gebrauch von Anglizismen es in vielen Fällen wesentlich erleichtert, Lippensynchronität zu erreichen.

[64] Dabei soll nicht behauptet werden, daß auch solche ursprünglichen Interferenzerscheinungen nicht gelegentlich einen gewissen Prestigewert erreichen. Das Ausbreiten einer Kollokation wie ***Sinn machen*** oder der Lehnbedeutung 'erkennen' von ***realisieren*** ist sicherlich auch als Modeerscheinung (innerhalb bestimmter Sprechergruppen) zu interpretieren. Es ist allerdings zu bezweifeln, daß das Prestige, das Formen in solchen Fällen zukommt, an das Englische gebunden ist und sich von dem von sprachimmanenten Modeerscheinungen innerhalb des Deutschen unterscheidet.

schen Fernsehanstalten sowie der hohen Zuschauerbeteiligung, die viele dieser Programme erreichen, kann mit Sicherheit festgestellt werden, daß synchronisierte Filme einen wesentlichen Faktor in Hinblick auf das Eindringen von Anglizismen in die deutsche Sprache darstellen. Dabei handelt es sich vor allem um indirekte, nicht-intendierte Einflüsse wie die Frequenzsteigerung von deutschen Wörtern, die eine formale Ähnlichkeit zu englischen Wörtern aufweisen, und um Interferenzerscheinungen im oben beschriebenen Sinne.

5.2. Synchrontexte als gesprochene Sprache

5.2.1. Geschriebene und gesprochene Sprache: Situationsbezogene Bestimmung

Das häufige Auftreten von Anglizismen - bzw. bestimmter Typen von Anglizismen - stellt zwar ein zentrales, aber eben nur ein Charakteristikum von Synchrontexten dar. Weitere Charakteristika liegen in der Versprachlichung von Referenzbeziehungen (> 5.4) und der Stilebene. So nehmen die Dialoge synchronisierter Filme - wie Film- oder Bühnendialoge überhaupt - in Hinblick auf die Dichotomie zwischen gesprochener und geschriebener Sprache insofern eine Zwischenstellung ein, als ein vorher geschriebener Text gesprochen wird. Es handelt sich also nicht um gesprochene Sprache im engeren Sinne, wie sie etwa Steger (1967: 262) eingrenzt:

> Als gesprochene Sprache kann ... nur akzeptiert werden,
> 1. was gesprochen wird, ohne vorher aufgezeichnet worden zu sein;
> 2. was gesprochen wird, ohne vorher länger für einen bestimmten Vortragszweck bedacht worden zu sein.[65]

Daß Synchrontexte nicht in diesem Sinne der gesprochenen Sprache, sondern vielmehr der "language written to be spoken" (cf. Crystal und Davy 1969: 70) zuzurechnen sind[66], ist vor allem bezüglich des Aspekts wesentlich, den z.B Leech und Svartvik (1975: 23) in ihrer Charakterisierung des Unterschieds von *written* und *spoken English* hervorheben, nämlich des Aspekts der geringeren Planbarkeit der gesprochenen Sprache. Aus der Perspektive des Hörers bzw. Zuschauers gelten aber auch für Texte, die vorbereitet gesprochen oder verlesen werden, die Unterschiede zwischen geschriebener und gesprochener Sprache, wie sie z.B. Quirk, Greenbaum, Leech und Svartvik in der CGEL (1.29) darlegen:

---

65 Steger (1967: 262) macht in diesem Zusammenhang noch weitere Einschränkungen, grenzt den Untersuchungsgegenstand von Performanzerscheinungen ab und verweist außerdem auf Behaghel (1927: 27).

66 Vgl. u.a. Enkvist (1982: 13): "... texts actually refuse to fall neatly into two discrete categories, spoken and written. Especially in technically advanced societies the two channels may interact in intricate ways, particularly if verbal texts (spoken, written, or both) are further supported by pictorial matter as in illustrated texts or films or tv programmes." S. auch Halliday (1989: 32). Vgl. Grosse (1972: 650). Zur Diskussion von *scripted/unscripted* und *planned/unplanned* vgl. Enkvist (1982: 14-5).

the use of a written medium normally presumes the absence of the person(s) to whom the piece of language is addressed. This imposes the necessity of a far greater explicitness: the careful and precise completion of a sentence, rather than the casual expression supported by gesture and terminating when speakers are assured by word or look that their hearers have understood. As a corollary, since the written sentence can be read and reread, slowly and critically (whereas the spoken sentence is evanescent), writers tend to anticipate criticism by writing more concisely as well as more carefully and elegantly than they may choose to speak.

Da verschiedene Textsorten wie Film- oder Bühnendialoge, Nachrichtensendungen usw. in unterschiedlicher Weise sowohl der geschriebenen als auch der gesprochenen Sprache zuzuordnen sind, besteht zwischen geschriebener und gesprochener Sprache keine eindeutige Grenzlinie, was zum Beispiel auch in den Darstellungen von Gregory (1967) oder Söll und Hausmann (1985) zum Ausdruck kommt. Aufbauend auf einem Modell von Peytard (1968) gelangen Söll und Hausmann (1985: 46) zu einer Differenzierung zwischen folgenden Typen:

Typen	Merkmale				
	aktuell	nahe	unmittelbar	direkt	reziprok
Gespräch	+	+	+	+	+
Ferngespräch	+	-	+	+	+
Tele-Gespräch	-	-	(±)	+	-
Theatersprache	+	+	+	-	-
Tele-Theatersprache	-	-	(±)	-	-

Diese Merkmale beziehen sich allerdings ausschließlich auf die Situation, in der ein bestimmter Typ gebraucht wird. Bei Bühnen- oder Filmdialogen[67] ist allerdings zu berücksichtigen, daß quasi zwei Kommunikationsebenen bestehen
- die Kommunikation zwischen den Akteuren auf der Bühne oder im Film
- die Kommunikation mit den Zuschauern.

Dies kommt auch in dem Modell zum Ausdruck, das Elam in *The Semiotics of Theatre and Drama* (1980: 39) entwickelt (> Seite 152). Dieser grundlegende Unterschied zwischen Bühnen- und Filmdialogen und anderen Fällen geschriebener gesprochener Sprache wie etwa Nachrichtentexten oder Vorträgen läßt sich durch folgende Komponenten verdeutlichen:[68]

(a) Zum Lesen oder Hören bestimmt: Die meisten Texte sind relativ eindeutig zum Hören (etwa Nachrichten) oder Lesen (z.B. Romane, Zeitungsartikel usw.) bestimmt, auch wenn manche Texte (z.B. Gedichte) vielleicht gleichermaßen gehört oder gelesen werden können.

---

67 Zu Unterschieden zwischen Bühnen- und Filmdialogen s. Delabastita (1988: 5-6).

68 Die hier aufgeführten Komponenten sollen im wesentlichen Film- und Bühnendialog von natürlicher gesprochener Sprache abgrenzen; für eine Beschreibung anderer Typen gesprochener Sprache wären sicherlich weitere Komponenten erforderlich.

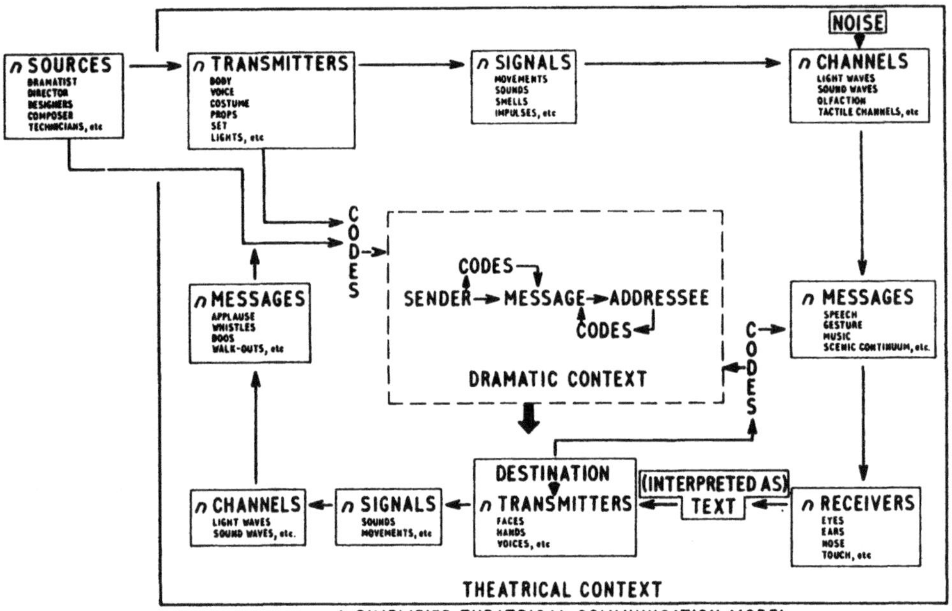

A SIMPLIFIED THEATRICAL COMMUNICATION MODEL

(b) Vorbereitung: Dabei ergibt sich eine Graduierung von 'wörtlich vorbereitet' (also zum Vorlesen niedergeschrieben wie bei Nachrichtentexten oder Vorträgen) über 'vorbereitet' (also etwa mit Stichpunkten wie bei bestimmten Diskussionen oder Vorträgen) bis zu 'spontan' (etwa in Diskussionen oder Alltagsgesprächen).

(c) Echtheit der Kommunikation: Dieses Kriterium zielt darauf ab, ob die Kommunikation tatsächlich zwischen den Kommunizierenden stattfindet (wie im spontanen Gespräch) oder quasi als Illusion dargestellt wird, um mit dem Text nach außen, aber nicht untereinander zu kommunizieren (wie beim Filmdialog).

Hinsichtlich dieser Kriterien ergibt sich folgende Klassifikation:

	Hören	Vorbereitung	Echtheit
Nachrichten	+	+	+
Vortrag	+	?	+
Diskussion	+	?	?
Bühnen-/Filmdialog	+	+	-
Spontanes Gespräch	+	-	+

Herausragendes Merkmal der Dialoge auf der Bühne und im Film ist also, daß sie nicht in dem Sinne "echt" sind, daß zwischen den Sprechenden Kommunikation stattfindet, sondern daß sie gespielt sind. Diese an und für sich triviale Einsicht muß nun in Bezug gesetzt werden zur Komponente der Vorbereitung. Es läßt sich im Falle von Bühnen- und Filmdialogen nämlich nicht in derselben Weise wie etwa bei einer Nachrichtensendung oder einem vorgelesenen Vortrag von Vorbereitung sprechen. Zwar ist die Grundlage für den Dialog geschriebene Sprache, aber soweit sich der Autor bemüht, natürliche gesprochene Sprache zu imitieren, was ja insbesondere im Drama keineswegs der Fall sein muß,[69] liegt es wohl in seiner Intention, daß der Hörer nicht bemerkt, daß es sich um vorbereitete Sprache handelt.

5.2.2. Gesprochene und geschriebene Sprache: Sprachliche Bestimmung

5.2.2.1. Filmdialoge zwischen gesprochener und geschriebener Sprache

Aus der situationellen Bestimmung von Filmdialogen zwischen gesprochener und geschriebener Sprache ergibt sich eine ähnliche Zwischenstellung ihre sprachlichen Eigenschaften betreffend. Es ist nicht zu erwarten, daß Filmdialoge in jeder Hinsicht typische Merkmale der gesprochenen Sprache aufweisen:[70]

(a) the syntax of spoken language is typically much less structured than that of written language
   i. spoken language contains many incomplete sentences, often simply sequences of phrases
   ii. spoken language typically contains rather little subordination
   iii. in conversational speech, where sentential syntax can be observed, active declarative forms are normally found ...

(b) in written language an extensive set of metalingual markers exists to mark relationships between clauses (*that* complementisers ...), in spoken language the largely paratactically organised chunks are related by *and, but, then* and, more rarely, *if*.

---

69 An dieser Stelle ist eine wichtige Einschränkung notwendig. Die Sprache von Bühne oder Film kann sehr weit von der Sprache des spontanen Gesprächs entfernt sein, wie etwa im klassischen Drama. Von literarischer Sprache, die sich bewußt von der Alltagssprache absetzt, soll im folgenden jedoch nicht die Rede sein, auch wenn sie sich durchaus auch bei der Synchronisation - etwa bei den deutschen Fassungen der BBC-Shakespeare-Produktionen - als Problem stellt (> 7.7).

70 Vgl. Brown/Yule (1983: 4-19) oder Barnickel (1980b: 84-151) und den dort gegebenen Forschungsüberblick. Crystal/Davy (1969: 102-5) nennen drei Hauptcharakteristika von *conversation*: 1. "inexplicitness of the language, which is to a large extent due to the participants' extreme reliance for much of their information on the extra-linguistic context", 2. "randomness of subject-matter, and a general lack of planning", 3. "'normal non-fluency'". Vgl. auch Crystal/Davy (1969: 112-5 und 1975: 1-11) oder Halliday (1989: 61-90). Für das Deutsche vgl. Engel (1974) und Brinkmann (1967). Vgl. u.a. auch Baumgärtner (1959), Leska (1965) oder Zimmermann (1965), Bausinger (1967) und Grosse (1972: 658-62). Enkvist (1982: 17) weist darauf hin, daß es falsch wäre, gesprochene Sprache lediglich vor dem Hintergrund schriftlicher Sprache zu sehen. Zu einer Analyse zu Erscheinungen der gesprochenen Sprache und insbesondere von Rundfunksprache vgl. in diesem Zusammenhang Goffman (1981: insbes. 198-211). Vgl. auch Chafe (1979) oder Ochs (1979: 62-79). Zu Dramen- und Filmdialogen im Gegensatz zum spontanen Gespräch s. Grosse (1972), Betten (1977) oder Straßner (1985: 286-7).

(c) In written language, rather heavily premodified noun phrases (like that one) are quite common ...
(d) Whereas written language sentences are generally structured in subject-predicate form, in spoken language it is quite common to find ... topic-comment structure, as in *the cats + did you let them out.*
(e) in informal speech, the occurrence of passive constructions is relatively infrequent...
(f) in chat about the immediate environment, the speaker may rely on (e.g.) gaze directing to supply a referent ...
(g) the speaker may replace or refine expressions as he goes along: *this man + this chap she was going out with*
(h) the speaker typically uses a good deal of rather generalised vocabulary: *a lot of, got, do, thing, nice, stuff, place* and *things like that.*
(i) the speaker frequently repeats the same syntactic form several times over ...
(j) the speaker may produce a large number of prefabricated 'fillers': *well, erm, I think, you know, if you see what I mean, of course, and so on.*

Ergänzen ließe sich diese Liste von Brown und Yule (1983: 15-7) durch weitere Merkmale (cf. Barnickel 1980b: 108-31), z.B.:

(k) den häufigen Gebrauch von Deiktika,
(l) das Auftreten von Interjektionen,
(m) die Verwendung von *tag questions* und anderen Partnersignalen, (n) das Vorkommen von *cleft-sentences* und
(o) das Vorkommen von *hesitation phenomena* wie Pausen, Satzänderungen, Wortänderungen, Wiederholungen, Auslassungen, Satzellipsen.

Daß aber erhebliche Unterschiede zwischen natürlichen Dialogen und Filmdialogen bestehen, zeigt der Vergleich der folgenden Passagen:[71]

(1)
<Situation: Gespräch bei einer informellen Abendeinladung zwischen zwei Ehepaaren (A und D; B und C)>

A but it was lovely, our one, with the nightclub, and we had a - we had a super cabin, which was just below the nightclub, -- utterly soundproof. - You know, when you think what houses are like, -
B: M
A: - when we shut our cabin door, - you wouldn't know there was anything outside, and yet there was a nightclub, pounding music away,
C: M
A: - just one -- j immediately overhead, and we were the cabin next to it, *coughs* - and you couldn't hear it, - at all.
C: Good heavens!
B: That's good, very good,
A: and it's of course, we could say to the children, we'll just be upstairs,

[71] Crystal/Davy (1975: 52-3). Die Darstellung des Textes wurde hier verändert; -, --, --- stehen für Pausen; andere phonetische Informationen wurden nicht wiedergegeben. Dieselben Beobachtungen lassen sich an den Texten der Korpora von Hughes/Trudgill (1979: 53) oder Svartvik/Quirk (1980) machen.

and they knew, they just had to k put
D: Mm
A: their dressing gown on, and come up,
C: Yeah
A: if they wanted us, - and that was super. --
C: w were you - did you have a car with you?
A: M
D: M, - it's all
C: how
D: included in the price.
C: I see.
A: Oh I
C: er - how did you get -- I mean how did you find that side of it, because -
A: marvellous
C: you know
C: some people say that that - driving a car across a ferry, is the devil of a job.
D: Eh.
A: Well this was *clears throat*
D: across a
C: I mean taking a car across -- to the Continent
A: No.
C: on on a ferry,
A: it's it's
C: is is hell.
A: No, it isn't at all.
D: Why?
C: I don't know but
D: well I mean we - we've - done it nu I mean the across the Channel , -- is that what you mean?
C: Yes that's wha
D: in/nu
C: exactly what I mean, across the Channel.
D: innumerable times, there's no there's no there's no
A: It's not.
D: trouble with it. I don't
C: W w -- well.
...

(2) *Cagney und Lacey* Folge 21

<Situation: Harvey Lacey und Mary Beth Lacey besprechen das Problem, daß ihrem Sohn Michael von einem Freund Drogen angeboten worden waren.>

HARVEY: You cannot expect a 12-year-old to handle these kinds of things, Mary Beth. Especially when it is adults pushing the drugs.
LACEY: Michael did not say the Bensons were pushing drugs on him.
HARVEY: A kid smokes pot right under his parents' noses. He offers it to Michael. What else do you call it?
LACEY: Honey, you gonna help me here or not?
HARVEY: Don't change the subject!
LACEY: Michael did the right thing! He said no. He came home. He trusted me.

HARVEY:	What the hell are those people thinking? I mean, it's bad enough it's all over the place, but in their livingroom?! To feed it to their own kid! To our kid!
LACEY:	What're you doing?
HARVEY:	I'm not gonna stand for this.
LACEY:	Where're you going?
HARVEY:	To the Bensons.
LACEY:	I promised Michael that I would stay out of this.
HARVEY:	I didn't.
LACEY:	I already told him stay clear of Josh.
HARVEY:	That's not good enough!
LACEY:	Fine, fine! You go ahead and bash a few heads in! And next time when it happens again, you bash heads in then. That'll teach Michael. What happened to 'you got to trust our kids, Mary Beth.' What happened to 'you got to let them learn for themselves'?! Look at this here! Another one! A buck 39 a pop.
HARVEY:	A neighbor's house should be safe place, Mary Beth. If our kid can't be safe there.... Boy, I hate what those people are doing.
LACEY:	I know, Harvey. I hate it too.

Beide Texte enthalten wesentliche der genannten Merkmale der gesprochenen Sprache, also z.B. relativ kurze Sätze und kaum syntaktisch komplexe Strukturen. Dennoch erscheint Text (2) wesentlich geordneter und strukturierter als Text (1).[72] Er enthält z.B. keine Zögerungssignale, keine Anakoluthe, keine unvollständigen (im Sinne von nicht zu Ende geführten) Sätze usw. Sehr wesentlich ist, daß der Sprecherwechsel in Text (2) merklich klarer ist und im Gegensatz zu Text (1) ohne Überlappungen vonstatten geht.[73]

Die Unterschiede zwischen natürlicher gesprochener Sprache und Bühnen- bzw. Filmdialogen werden deutlicher, wenn man die Kennzeichen der gesprochenen (im Kontrast zur geschriebenen) Sprache in Hinblick auf ihre Ursachen untersucht und unterscheidet zwischen

- performanzbedingten Charakteristika und
- situationsbedingten Charakteristika der gesprochenen Sprache.

Die geringere Strukturiertheit der gesprochenen Sprache, das häufige Auftreten von Anakoluthen und Zögerungssignalen kann in dem Sinne als performanzbedingt verstanden werden, daß diese Phänomene im wesentlichen durch die z.B. von Leech und Svartvik angesprochene geringere Planbarkeit der gesprochenen Sprache zurückzuführen sind.[74] Im Gegensatz dazu ist der Gebrauch von Deiktika und Partnersignalen, der Einsatz visueller Zeichen wie Mimik und Gestik[75] situationsbedingt. Zu den situationsbedingten Merkmalen soll hier auch der Sprachstil gerechnet werden, der, wie in 5.3 genauer dargelegt wird, sowohl lexikalische wie auch syntaktische Ausdrucksformen besitzt.

Dabei ist - in Anlehnung an die Unterscheidung zwischen Kompetenz- und Performanz-

---

[72] Daß an dem Gespräch in Text (1) mehr Personen beteiligt sind, ist nicht der entscheidende Grund für die geringere Strukturiertheit im Vergleich zu Text (2).

[73] Vgl. Betten (1977: 365).

[74] Zu *fictional conversation* vgl. Leech/Short (1981: 160-6).

[75] Vgl. Barnickel (1980b: 100-1).

fehlern in der Fehleranalyse - performanzbedingt so zu verstehen, daß es sich bei diesen Erscheinungen um Phänomene handelt, die der Sprecher bei der Wiederholung einer Äußerung korrigieren würde. Insofern ist auch zu erwarten, daß Dialoge, die zum Sprechen geschrieben werden, diese Charakteristika der gesprochenen Sprache nicht (oder in weit geringerem Maße) enthalten.

Interessanterweise lassen sich auch alle Faktoren, die Elam (1980: 180-1) zur Kennzeichnung des Unterschieds zwischen natürlicher gesprochener Sprache und der Sprache im Drama anführt, zu den performanzbedingten Erscheinungen rechnen[76], nämlich:

1 syntactic orderliness
2 informational intensity
3 illocutionary purity
4 floor-apportionment control[77]

Weitere Unterschiede ergeben sich in Hinblick auf die Textkohärenz, wie Elam (1980: 182) ausführt:

> While a spontaneous conversation can be considered as a text to the extent that it forms a distinct unit more or less coherently structured semantically and pragmatically ..., it is clear that the textual constraints governing its progress are far looser than those regulating dramatic dialogue. Accordingly, digressions, redundancies, *non sequiturs*, sudden changes of topic and even an overall inconclusiveness are often permitted without detriment to the 'purpose-success' of the conversation. Dramatic dialogue, on the other hand, is normally powerfully constrained throughout by various levels of textual coherence.

Im wesentlichen erfährt nur ein einziges der von Brown and Yule aufgeführten Kriterien, nämlich (a)i, aufgrund der Überlegungen von Elam Einschränkungen. Als Konsequenz daraus ergibt sich, daß die Dialoge der Bühne und des Films - soweit es in der Intention der Autoren liegt, natürliche Sprache zu imitieren - sich unter diesem Gesichtspunkt von Alltagsdialogen unterscheiden, während ein solcher grundsätzlicher Unterschied hinsichtlich der situationsbedingten Unterschiede nicht besteht.

Auch diese Unterscheidungen sind gradueller Natur. Zum einen gibt es ein weites Spektrum literarischer Sprache: Natürlich ist die Sprache vieler Dramen durch den Einsatz von Reim, Rhythmus, Metapher etc. weit von der Alltagssprache entfernt[78]. Was durch die Unterscheidung von performanzbedingten und situationsbedingten Charakteristika der gesprochenen Sprache lediglich angedeutet werden soll, ist folgendes: Bei dem Versuch, natürliche Sprache in einem Dramen- oder Filmdialog zu imitieren, sind die Unterschiede zur natürlichen gesprochenen Sprache vorwiegend im Bereich der performanzbedingten Cha-

---

76 Zu echter und simulierter gesprochener Sprache vgl. auch Winter (1974) und Straßner (1985: 286).

77 *Floor-apportionment control* beschreibt Elam (1980: 181) folgendermaßen: "... The much-studied issue of *floor-apportionment* - the determination of turns at talking ... - rarely arises in the drama in so far as the dialogue is traditionally articulated into well-defined contributions or speeches, one following the other (and indeed *generated* by the other) in a logical and comprehensible fashion..."

78 Vgl. dazu u.a. auch Winter (1967: 233-4).

rakteristika gesprochener Sprache zu suchen. Das macht auch folgende Textpassage deutlich, die aus Arnold Weskers *Chicken Soup with Barley* (II.1) stammt, also einem Drama der sozialkritischen Literaturbewegung der *angry young men*, die sich u.a. dadurch auszeichnet, "Alltagssprache" auf die Bühne zu bringen:[79]

(3)

SARAH:	What! You here already? You haven't been working!
HARRY:	The place closed down.
SARAH:	The place closed down! But you only started there on Monday.
HARRY:	Well! So the place closed down! Is it my fault?
SARAH:	It always happens where <u>he</u> works. You can't bring luck anywhere, can you! When it's a slump you always manage to be the first one sacked and when the season starts again you're the last one to find work, Ah, Harry, you couldn't even make money during the war. The war! When <u>everybody</u> made money.
HARRY:	Nah!
SARAH:	What's this? Seven pounds thirteen? Why only seven pounds thirteen?
HARRY:	Four days' work.
SARAH:	You haven't worked <u>all</u> day today? So what you been doing?
HARRY:	I felt tired.

Zum zweiten treten die einzelnen Merkmale der gesprochenen Sprache in verschiedenen Texten in unterschiedlicher Ausprägung auf. Auch Bühnen- oder Filmdialoge enthalten - z.T. intentional und z.T. situationsbedingt - performanzbedingte Charakteristika der gesprochenen Sprache:

(4) *Denver-Clan*: Pilotfilm

BLAKE:	Are you okay?
FALLON:	Yes, I'm okay. But that damn horse isn't going to when I catch it. I know you, Blake Carrington. You paid that horse to dump me.
BLAKE:	I didn't have to pay him. He works for me.
FALLON:	Is there anybody in Colorado who doesn't work for you?
BLAKE:	Oh, a few people but not for long. Oh, I am so glad that you're home.
FALLON:	Are you serious? You really think I'd miss your wedding? I even gave up a soccer match at Athens to be here. And that's not all I gave up. There was this entirely gorgeous goally for ...
BLAKE:	Ah ... spare me with details. I'm not a soccer-fan. Besides ... there's something I wanted to talk to you about.
FALLON:	Give me your jacket. Well, I'm certainly not riding back to the house in wet clothes.
BLAKE:	Certainly not. I'll ... ah ... go and catch your horse.
FALLON:	Thanks.
	... so I said to myself, would Daddy really appreciate a soccer player for a wedding present? So I left him there. Besides, in his last game he had his fibula broken in two places...

---

[79] Der Text ist dabei ohne Regieanweisungen wiedergegeben. Zu Alltagssprache im Drama s. u.a. Straßner (1985: 286-7). Vgl. auch Grosse (1972: 666-7).

BLAKE:	La, la, la ... Fallon, would you wind down for a minute please? We go back to the house, with your brother there and Krystle and all that confusion and may not get another chance to talk.

Diese Dialogpassage enthält auch Elemente, die Elam auf die natürliche gesprochene Sprache beschränkt sieht, wie *false starts* oder textliche Inkohärenz (*Give me your jacket*), die ähnlich in Text 2 (*Honey, you gonna help me here or not, Look at this one*) festzustellen ist. Entsprechend sind die angeführten Merkmale von Film- bzw. Bühnendialogen nur als Tendenzen zu interpretieren.

5.2.2.2. Synchrondialoge zwischen gesprochener und geschriebener Sprache

Im wesentlichen gelten die Merkmale, aufgrund derer Filmdialogen eine Zwischenstellung zwischen gesprochener und geschriebener Sprache zukommt, analog für Synchrondialoge. Erscheinungen, die auf die im Vergleich zur geschriebenen Sprache geringere Planbarkeit mündlicher Äußerungen zurückzuführen sind, also Konstruktionsabbrüche, *false starts* oder Zögerungssignale werden in den Synchronfassungen in der Regel entsprechend wiedergegeben.

FABER:	
It's me Max. What are you doing in on Sunday?	Ich bin es Max. Was machst du am Sonntag im Büro?
MAX:	
Phhh. Oh I was just driving by the office and decided er ...	Ach weißt du, ich bin vorbeigekommen und da dachte ich ...
FABER:	
Listen, do an identification on a car licence number GKB thirty-six two three.	Hör zu, schau nach, wem das Auto gehört mit der Nummer G-KB 3623.
MAX:	
Wait a minute. Is it urgent?	Ja ... Moment ... Ist das Ernstfall?
FABER:	
Just do a check and call me back, o.k.? My number is ...	Schau einfach nach und ruf zurück, ja? Meine Nummer ist ...
MAX:	
Hey, wait till I find a note pad. Go ahead.	Ja Moment, ich brauch' ja erst mal ... So jetzt ...
FABER:	
Ready? O five two one three three six.	... hast du 0521/336.
MAX:	
O.K. And may one ask ... thanks a lot.	Okay, darf man wissen ... Also nicht. *F5:S6*

ROBERT:	
Also, Minister: Legen Sie die Fundamente für einen Polizeistaat?	Now, Minister, are you laying the foundations of a police state.
JIM:	
Äh, wissen Sie ... ich bin froh, daß Sie mir diese Frage stellen! .. Hm!	You know, I'm glad you asked me that question.

ROBERT:	
Bitte, Minister, hören wir die Antwort!?	Well, Minister, could we have the answer?
JIM:	
Aber, aber natürlich, ich bin ja dabei, Ihnen zu antworten, wenn ich dazu komme! Äh, .. wie gesagt, ich, ähm . bin froh, daß Sie mich das gefragt haben! ... (Laut) ... (Anatmer) Das ist eine Frage, ... (Laute, Anatmer) die sich, wie ich meine, viele stellen! . Und warum!? ... Weil sehr viele Bürger ... (Anatmer) die Antwort darauf wissen wollen! ... (Anatmer) Ich möchte hier (sehr) deutlich machen, ohne um den heißen Brei herumzureden, ... (Anatmer) ... daß man . davon, glaube ich, ausgehen kann: ... (Anatmer) daß . dies eine überaus wichtige Frage für *alle* ist ... und der Bürger hat Recht auf Antwort.	Well, yes of course, I'm about to give it to you, if I may. Yes, as I said, I'm glad you asked me that question. Because ..... it's a question a lot of people are asking. And why? ... Because a lot of people want to know the answer to it. And let's be quite clear about this - without beating about the bush - the plain fact of the matter is that it's a very important question indeed and people have a right to know. *YM 1/4:007-012*

Auch in den Dialogen der Serie *Yes Minister* entsprechen die Signale, die das Ungeplante der Äußerungen widerspiegeln, in der synchronisierten Fassung durchaus denen des Originals.

Dabei ist zu beobachten, daß etwa Wiederholungen in der Synchronsprache auch eingesetzt werden, um einen höheren Grad an Lippensynchronität zu erreichen:

Ich ... ich wollte gehen, aber die Tür war verschlossen.	I tried to leave but the door was locked. *DC 60:229*
Ich ... ich wohne da nicht mehr.	No, that's not where I live now. *DC 60:233*
Aber so was wird Ihnen ganz bestimmt nicht passieren. Sie ... Sie sollten sich auf Ihr Kind freuen und nicht darüber nachdenken, daß Sie's verlieren könnten ... okay?	But nothing like that's ever going to happen to you. You ... just look forward to having your baby instead of worrying so much about losing it. *DC 60:538*

Ähnliches gilt auch für andere Erscheinungen der gesprochenen Sprache z.B. Ellipsen:

I don't doubt it. Just thought I'd tell you.	Na, kann schon sein. Ich wollte es Ihnen nur sagen. *F 13:S15*

Somit kann der Zwang zur Lippensynchronität in der Synchronübersetzung dazu führen, daß der Text Charakteristika der gesprochenen Sprache in höherem Maße aufweist als das Original.[80]

---

[80] Allerdings ist dabei zu beobachten, daß z.B. Pausen im Synchrontext nicht immer an der Stelle stehen, wo sie im Deutschen zu erwarten wären: *Möchtest du, daß ich dir Glück wünsche? Ich kann nur ... wünschen, es wäre nicht so weit gekommen - Would you like me to wish you luck? I ... I only wish it hadn't come this far* (DC 63:419). Zum Problem der Pausen vgl. 3.1.3.

5.3. Stilistische Aspekte von Synchrontexten

5.3.1. Stil

5.3.1.1. Medium und Stil

Die Untersuchung der Frage, inwieweit Synchrontexte die Merkmale gesprochener Sprache enthalten, ist untrennbar mit der Analyse des Stils verbunden.[81] Dabei erscheint es in diesem Zusammenhang nicht sinnvoll, auf die verschiedenen Ansätze der Stilforschung einzugehen; vielmehr soll Stil in derselben Weise verstanden werden wie in der CGEL (1.31) beschrieben[82]:

> Varieties according to attitude constitute, like field and medium varieties, a range of English any section of which is in principle available at will to any individual speaker of English, irrespective of the regional variant or national standard he may habitually use. This present class of varieties is often called 'stylistic', but 'style' like 'register' is a term which is used with several different meanings. We are here concerned with the choice of linguistic form that proceeds from our attitude to the hearer (or reader), to the topic, and to the purpose of our communication. We recognize a gradient in attitude between FORMAL (relatively stiff, cold, polite, impersonal) on the one hand and INFORMAL (relatively relaxed, warm, rude, friendly) on the other.

Angesichts des "gradient"-Charakters der Unterscheidung zwischen verschiedenen Stilebenen, erscheint es für die Zwecke der Untersuchung von Synchrontexten ausreichend, bei der Bezeichnung verschiedener Stilebenen mit den Kategorien 'formell' und 'informell' (als Entsprechungen zu engl. *formal* und *informal*) zu operieren, um Unterschiede gegenüber der neutralen Stilebene zu bezeichnen. Ähnlich verfährt auch die CGEL (1.33):[83]

> ... we chiefly employ the labels 'formal' and 'informal', leaving unmarked the 'neutral' normal style; but we sometimes designate language as 'very formal' or 'very informal' ... . The term COLLOQUIAL is also used for the very informal range, but particularly for the spoken language.

---

[81] Vgl. in diesem Zusammenhang auch Chafes (1970: 136-7) Diskussion von *The road widened/became wider/got wider.*

[82] Zur Problematik der Definition von Stil vgl. Robins (1971: 48), Halliday/McIntosh/Strevens (1964: 92-3), Crystal/Davy (1969: 9-10), Trudgill (1974: 109-10), Götz (1976: 10-1) oder die Diskussion verschiedener Ansätze bei Leech/Short (1981: 10-41) und Esser (1993). Vgl. die Stildefinition von Werlich (1975: 59). Vgl. auch Enkvist (1964) und den dort gegebenen Forschungsüberblick sowie Ullmann (1973: 81-92). Zum Aspekt von Stil als *choice and expressiveness* s. Ullmann (1966: 132). Vgl. dazu Sandig (1984: 151), die Stil als "Absicht, Wahl und Wirkung" beschreibt. Zu neueren Methoden der Stilanalyse s. auch Spillner (1984).

[83] Zu Klassifikationen von Stilebenen vgl. Barnickel (1980b: 152-160) oder Leisi (1969: 162). Vgl. auch Halliday/McIntosh/Strevens (1964: 93) oder Hansen/Hansen/Neubert/Schentke (1985: 20-1).

In bezug auf den Terminus *colloquial* ergibt sich in dieser Form allerdings eine Überschneidung der Ebenen von Medium und Stil.[84] Noch krasser ist das bei der Charakterisierung einzelner Stilebenen bei Hansen, Hansen, Neubert und Schentke (1985: 20-1) der Fall:

> Die Konnotation (formal) drückt aus, daß die so markierten Lexeme bzw. Sememe in förmlichen (z.B. amtlichen) Texten und zumeist schriftlich gebraucht werden ...
> Die Konnotation (sl) kann als salopp-umgangssprachlich charakterisiert werden. Lexeme mit dieser Konnotation werden vorwiegend mündlich gebraucht, kommen jedoch zunehmend in der Zeitungssprache und auch in der Literatur vor.

Allerdings erscheint es auch als durchaus fraglich, ob eine scharfe Trennung möglich ist. In vielen Fällen läßt sich sicherlich konstatieren, daß der verwendete Wortschatz im jeweiligen Situationskontext zu formell ist.

Ja ... aber es muß noch mehr dahinterstecken. Sie haben einen Mann dazu getrieben, sich umzubringen ... Ich hab gesehen, wie mein Vater sie <u>angeblickt</u> hat, Sie haben ihm Angst eingejagt.	Yes. But there has to be more to it than that. You drove a man to kill himself. I saw how my father looked at you. You frightened him. *DC 63:227-8*
<Bezug: Fahrstuhl im Penthouse> Harold, Sie haben recht, er ist <u>verschlossen</u>.	Oh, Harold, you're right. It's locked. *DC 65:234*
Und selbst, wenn ich mit irgendwelchen Menschen Probleme habe, verglichen mit deinen, sind sie <u>geringfügig</u>.	And, if I have any problems in my life, believe me, they're minor compared to yours. *DC 65:326*
In meinem <u>Bestreben</u>, das Beste für dich zu wollen ... habe ich wohl eure Gefühle füreinander falsch eingeschätzt.	Well, in my desire to want the very best for you ... I think I've ... a ... misjudged your feelings for each other. *FC 21:327*
Nur keine Sorge, ... ich versichere Ihnen, nichts wird Blake Carrington <u>widerfahren</u>, für das ich nicht persönlich verantwortlich bin.	Don't worry. I'll make certain nothing happens to Blake Carrington that I'm not <u>personally</u> responsible for. *DC 88:309*
<...> Aber ich <u>schätze</u> das Geld, denn es hilft mir, die Menschen zu beschützen, die ich liebe.	<...> But I do value money. Because money can help protect the people that I love. *DC 89:127*

Eine grundlegende Schwierigkeit ergibt sich allerdings aus der Frage, ob die mangelnde stilistische Akzeptabilität dieser Formen durch das Medium der gesprochenen Sprache oder den Situationskontext bedingt ist. Barnickel (1980b: 145) weist darauf hin, daß gesproche-

---

[84] Zu einer ausführlichen Kritik der französischen Lexikologie und Lexikographie unter diesem Gesichtspunkt vgl. Söll und Hausmann (1985: 192-4).

ne Sprache häufig in anderen Situationskontexten als geschriebene Sprache zu finden ist, daß sich von daher stilistische Eigenschaften ergeben, die nicht durch das Medium bedingt sind, und daß nicht übersehen werden darf,

> ... daß die Wortwahl nicht durch die Kommunikationsbedingungen gesprochener Sprache, sondern in erster Linie von dem Verhältnis der Partner untereinander gesteuert wird. In formellen Situationen werden nämlich *conversational language* und *colloquialisms* weitgehend unterdrückt, wobei allerdings festgestellt werden muß, daß sie selbst in den formellsten Diskussionen (...) noch eher verwendet werden als im Geschriebenen (...).

Dennoch klingt auch hier an, daß es sinnvoll ist, einen Unterschied zwischen situationsbedingten und mediumbedingten stilistischen Eigenschaften zu machen, was bei Söll und Hausmann (1985: 35) noch deutlicher wird:

> Diaphasische und diatopische Unterschiede können mit diastratischen nicht zur Deckung gebracht werden, ebensowenig wie code-bedingte. Das schließt nicht aus, daß gesprochene Sprache eher "relâché" oder "libre", geschriebene Sprache eher "soutenu" oder "prescriptif" ist, und ganz allgemein steht gesprochene Sprache dem familiären, geschriebene Sprache dem gehobenen Sprachgebrauch näher ...

Die stilistische Inakzeptabilität der Beispiele wird dadurch, daß es sich um gesprochene Sprache handelt, zumindest beträchtlich erhöht. Formulierungen wie *die Probleme sind geringfügig* oder *nichts wird ihm widerfahren, für das ich nicht persönlich verantwortlich bin* wären in einem Brief zwischen denselben Partnern eher denkbar. Von daher wäre es verfehlt, die stilistische Inakzeptabilität dieser Sätze allein auf die Gesprächssituation und nicht auch auf das Medium gesprochene Sprache zurückzuführen.

5.3.1.2. Stilwertverschiebung

Der Nachweis, daß diese Wörter für die gesprochene Sprache zu formell sind, ist mit den gängigen Hilfsmitteln jedoch nicht zu führen: Keines der in den Beispielen in 5.3.1.1. genannten Wörter ist in gängigen Wörterbüchern wie dem *Duden Universalwörterbuch*, Wahrigs *Deutschem Wörterbuch* oder dem dtv-Wahrig in Hinblick auf die Stilebene markiert - und auch das *Duden-Stilwörterbuch* (1970) klassifiziert nur *widerfahren*[85] als 'gehoben'. Ein Grund dafür ist darin zu suchen, daß in diesen Wörterbüchern die neutrale Stilebene sehr breit angelegt ist. Dabei weisen sie eine Tendenz auf, diese neutrale Stilebene so anzusetzen, daß sie, zumindest vom Gesichtspunkt der gesprochenen Sprache aus betrachtet, formellen Wortschatz mitumfaßt. So markiert z.B. das DUW (1983: 15-6) Wörter wie *Affront* oder *eruieren* als "bildungssprachlich", *Antlitz* oder *Haupt* als "gehoben"[86] und grenzt die Sprachschicht, "die im alltäglichen, besonders im familiär-vertraulichen, mündlichen

---

[85] *Bestreben* ist als Substantiv im *Duden-Stilwörterbuch* (1970) nicht aufgeführt; das Verb *bestreben* ist als 'gehoben' markiert.

[86] Vgl. das Vorwort zum dtv-Wahrig (^{5}1982: 10) und DUW (1983: 15-6).

Verkehr der Menschen untereinander üblich ist und in Briefen verwendet wird" von der neutralen Stilebene als "umgangssprachlich"[87] ab. Entsprechend wird ein Wort wie *Bestreben* als normalsprachlich klassifiziert, das Verb *trachten* als "gehoben".

Die Beispiele aus den Synchrontexten machen sehr deutlich, daß dabei der Unterscheidung zwischen Schriftsprache und gesprochener Sprache nur sehr unzureichend Rechnung getragen wird. Während ein Wort wie *Bestreben* in einer schriftlichen Äußerung sicherlich als stilistisch neutral einzuordnen ist, erscheint es in der gesprochenen Sprache aber eher als formell. Damit kann es im Gegensatz zu Wörtern wie *Haus*, *Arm* oder *beleidigen*, die das DUW (1983: 15) als Beispiele für "Wörter, die in ihrem Stilwert neutral sind" anführt und die in der Tat sowohl in schriftlichen wie in mündlichen Texten als stilistisch neutral erscheinen, in Hinblick auf die gesprochene Sprache aber nicht gleichermaßen als stilistisch neutral eingestuft werden.

Insofern erscheinen bezüglich einer neutralen Stilebene, wie sie etwa in der CGEL[88] (1.31) oder von Hansen, Hansen, Neubert und Schentke (1985: 19) angesetzt wird, deutliche Vorbehalte angebracht:

> Es kann davon ausgegangen werden, daß eine stilistische Null-Konnotation (oder Unmarkiertheit) einer stilistischen Neutralität entspricht, die als solche ebenfalls einen Stellenwert in der Schichtung des Lexikons besitzt. Sie steht zwischen dem gehobenen oder förmlichen Stil (formal) und der Umgangssprache (coll). Stilistische Neutralität (bzw. Null-Konnotationen) kennzeichnet die Masse des sogenannten *common vocabulary*, des Gemeinwortschatzes. Diese Lexeme sind lediglich indirekt stilistisch eingestuft.

Diese Beschreibung einer neutralen Stilebene muß insofern relativiert werden, als - das zeigen auch die angeführten Beispiele aus Synchrontexten - der Stilwert eines Wortes nicht absolut - unabhängig vom Medium - bestimmt werden kann. Von daher kann der Gebrauch von Wörtern, die in der Schriftsprache als stilistisch neutral anzusehen sind, in der gesprochenen Sprache stilistisch überhöht sein[89], was als Stilwertverschiebung bezeichnet werden soll. Sehr deutlich haben diese Erscheinung für das Französische Söll und Hausmann (1985: 191) beschrieben:

> Der code parlé hat zweifellos eine größere Affinität zu den "unteren", der code écrit zu den "oberen" Registern. Die codes sind damit jedoch nicht ausreichend beschrieben. In der Mitte der Registerskala finden sich Lexeme, die diastratisch schwach oder überhaupt nicht, wohl aber in bezug auf den code markiert sind, z.B. *lorsque, rompre, briser.* Gerade in diesem Mittelbereich gewinnt die code-Differenzierung ihre größte praktische Bedeutung. Es interessieren dabei namentlich die Fälle, in denen eine (schwache) diastratische Markierung in e i n e m der codes aufgehoben wird.

Barnickel (1980b: 146) überträgt diesen Ansatz auf das Englische:

---

87 Als "umgangssprachlich" markiert werden im DUW Wörter wie *flitzen, beschickern* und *gewieft*. Zu einer Kritik des Terminus Umgangssprache vgl. Söll und Hausmann (1985: 37): "... unklar ist der Begriff, wenn zwischen 'gesprochen' und 'dialektal' nicht unterschieden wird."

88 Vgl. in diesem Zusammenhang auch Franck (1984: 122).

89 Das gilt natürlich nicht in derselben Weise für die gesprochene Sprache von Vorträgen etc.

Danach gehört ein bestimmtes Wort im *code parlé* einer höheren Stilebene an als im *code écrit* und umgekehrt, d.h. beim *code*-Wechsel verschiebt sich die Stilzugehörigkeit eines Wortes um eine Stufe. Zwei Beispiele mögen dies verdeutlichen:

Stil	**spoken**	**written**	**spoken**	**written**
rigid	*insane*	*mentally deranged*	*intoxicated*	
formal	*lunatic*	*insane*		*intoxicated*
general	*mad*	*lunatic*	*drunk*	
informal	*crazy*	*mad*	*tipsy*	*drunk*
familiar	*screwy*	*crazy*	*stoned*	*tipsy*

Dieses Modell darf aber nicht verabsolutiert werden: Zum einen kann man man wohl keineswegs davon ausgehen, daß eine solche Stilwertverschiebung bei jedem Wort einer Sprache stattfindet. Zum anderen ist - insbesondere angesichts der verschiedenen uneinheitlichen Einteilungsvorschläge für Stilebenen in der Linguistik - zu bezweifeln, ob der Unterschied im Stilwert in dieser Weise auf einer Skala festzumachen ist. Dennoch ist festzuhalten, daß ein Zusammenhang zwischen Medium und Stil in der Weise besteht, daß z.B. viele Wörter, die in der Schriftsprache als stilistisch neutral anzusehen sind, in mündlicher Sprache als formell markiert gelten können usw.

Dabei stellen sich im Einzelfall, wie bereits angedeutet, große Klassifikationsprobleme. So läßt sich bei *Bestreben* wohl von einer Stilwertverschiebung sprechen. Im Falle von *anblicken* oder *widerfahren* könnte man zwar ebenfalls argumentieren, daß sie im geschriebenen Deutsch stilistisch neutral seien und im gesprochenen Deutsch *ansehen* oder *passieren* Entsprechungen auf der neutralen Stilebene wären. Auf der anderen Seite könnte man *anblicken* auch in der geschriebenen Sprache als formell empfinden, wobei dennoch in der Weise eine Stilwertverschiebung vorliegen könnte, als *anblicken* in der gesprochenen Sprache 'formeller' erscheint als in der geschriebenen. Erschwert werden solche Urteile zusätzlich dadurch, daß die stilistische Akzeptabilität auch von der morphologischen Form abhängen kann: So ist z.B. ein Satz wie *Sie blickte ihn lange und nachdenklich an* in der Schriftsprache stilistisch neutral (oder nicht sehr formell), während das Beispiel *wie mein Vater Sie angeblickt hat* in der gesprochenen Sprache weitaus formeller (und vielleicht an der Grenze der Akzeptabilität) erscheint. Dieses Beispiel verdeutlicht, daß Urteile über den Stilwert eines Wortes mit denselben Problemen behaftet sind wie Urteile über die Grammatikalität von Sätzen[90].

In Hinblick auf die Synchronsprache erscheint es jedoch ausreichend, die stilistische Akzeptabilität von Wörtern und Konstruktionen festzustellen. Dafür ist es nicht erforderlich, zu untersuchen, ob im Einzelfall eine Stilwertverschiebung im beschriebenen Sinne

---

[90] Im Einzelfall mag es auch schwierig zu sein, zu entscheiden, ob der Gebrauch eines Wortes aus stilistischen oder aus semantischen Gründen nicht akzeptabel erscheint. Zu generellen Problemen der Akzeptabilität von Texten vgl. u.a. de Beaugrande/Dressler (1981: 135-9) und die dort aufgeführte Literatur. Zum Problem der Subjektivität in der Stilanalyse s. auch Leech/Short (1981: 4).

vorliegt oder ob ein Wort gebraucht wird, das auch in der geschriebenen Sprache etwa als formell zu klassifizieren wäre. Es erscheint jedoch wesentlich, festzuhalten, daß bei der Beurteilung der stilistischen Akzeptabilität einer Form die Tatsache, daß es sich um das Medium gesprochene Sprache handelt, einen entscheidenden Faktor darstellt.

5.3.2. Stilistische Aspekte von Synchrontexten

5.3.2.1. Wortschatz

Es wurde bereits gezeigt, daß sich in deutschen Synchrontexten sehr häufig Wortschatz findet, der im entsprechenden Kontext als zu formell einzustufen ist. Das zeigt sich nicht nur bei der Verwendung einzelner Wörter, sondern auch bei Kollokationen:[91]

Ich glaube, daß Sie mich angreifen ... weil Ihnen der Fall auch noch Krystles Zuneigung entzogen hat.	I think you're attacking me because this suit has obviously cost you her affection as well. *DC 65:206*
Wovor hast du Angst ... daß ich hier noch mehr Wahrheiten über dich enthülle?	What are you afraid of? That I'll reveal more truths about you in the courtroom? *DC 64:215*
Nachdem ich dir meine heimlichen Absichten enthüllt habe, enthüll' mir deine.	I've told you my ulterior motives, now let's hear yours. *FC 29:252*
Ich weiß zwar nicht, was für Gefühle sie für mich hegt, aber ich hasse sie nicht.	I'm not sure what her feelings toward me really are -- but I don't 'hate' her. *DC 65:325*

Von den Fällen, in denen ein zu formeller Stil durch die Verwendung in einer bestimmten Kollokation entsteht, zu trennen sind feste Wendungen:[92]

RICHARD: Weißt du was? - Du bist nicht nur clever ... und sexy ... ... sondern auch noch im Begriff, mich zu einem sehr glücklichen Mann zu machen.	You know? Not only are you smart ... and beautiful ... and sexy ... but you are also about to make me a very happy man.
CASS: Und hast du auch schon eine gewisse Vorstellung wie?	And just how am I going to do that? *FC 29:249*

---

[91] Der Gebrauch von ***enthüllen*** und ***hegen*** in den entsprechenden Bedeutungen wird im DUW als "gehoben" eingestuft, im dtv-Wahrig nur ***enthüllen***. Die Beispiele stilistisch überhöhter Kollokationen machen auch deutlich, daß Wörter nur bedingt über einen isolierten Stilwert verfügen.

[92] Der bewußte Gebrauch solcher Wendungen im Gespräch könnte dazu dienen, Ironie zu signalisieren. Zumindest im zweiten Beispiel kann das wohl ausgeschlossen werden.

ANGELA:	
Würden Sie das für mich ins Feuer werfen?	Would you put that in the fire for me?
REARDON:	
Angela ... Was bin ich im Begriff, zu verbrennen?	Angela ... What am I about to burn? *FC 21:275*

<Situation: Alexis Carrington am Telefon>	
Er ist nicht da? ... Wo ist er zu so später Stunde?	Not there? Well where is he at this time of the night? *DC 65:236*

Stilistisch inadäquate Formulierungen dieser Art sind auch für den Zuschauer relativ auffällig. Es sei hier nur am Rande erwähnt, daß dieser Beleg für *Wo ist er zu so später Stunde?* bei einem Experiment, in dem Seminarteilnehmer Kommentare zu einem synchronisierten Film abgeben sollten (< 8.2.1), von 80% der Testteilnehmer als unangebracht moniert wurde und sich damit als die vom Text her bei weitem auffälligste Erscheinung dieses Films erwies.

In manchen Fällen ergibt sich eine Verletzung der Stilebene nicht durch den Stilwert des Wortes oder einer Formulierung an sich oder in einer bestimmten Kollokation, sondern durch die Verwendung eines Wortes in einer bestimmten grammatischen Form.

Mutter ... manchmal entsetzt du mich wirklich.	Mother? ... Sometimes you appall me. *FC 21:327*

Sätze wie *Was er getan hat, hat mich entsetzt!* oder *Der Anblick hat mich entsetzt*[93] sind durchaus denkbar, bei der hier verwendeten Form liegt aber eine in diesem Kontext unangebrachte formelle Stilebene vor.

5.3.2.2. Grammatik

Der Eindruck der Schriftlichkeit, der vielen deutschen Synchrontexten zu eigen ist, entsteht aber nicht nur durch den Gebrauch von formalem Wortschatz, sondern ist gleichermaßen durch syntaktische Faktoren bedingt.[94] Dabei können folgende Konstruktionen als typisch für die Synchronsprache angesehen werden:

(i) Einschübe: Häufig finden sich in Synchrontexten Einschübe die für Sprache eines natürlichen Dialogs atypisch sind:

---

[93] Vgl. DUW. Wenn man davon ausgeht, daß im heutigen Deutsch *entsetzen* nicht mit einem belebten Subjekt vorkommen kann, ließe sich ein solcher Satz auch als eine Verletzung der Selektionsrestriktionen erklären.

[94] Vgl. z.B. Leech/Short (1981: 76-8).

Ich möchte keine Wunden aufreißen, aber du hast selbst, wenn auch nur für kurze Zeit, erfahren, was es heißt, ein Kind zu haben. Du kannst dir also sicher vorstellen, was ich empfinde.

I don't want to bring up sad memories ... but you were a father ... even for only a few minutes of that poor baby's life ... you can understand how I feel, can't you? *DC 87:643-4*

Wie du weißt, wurde ich aber nicht von ihm gerettet, weil so ein Mörder nicht existiert.

Except he didn't get me out, did he? *DC 60:610*

Einschübe dieser Art kommen in der gesprochenen Sprache wohl eher in Reden oder Diskussionsbeiträgen vor.

(ii) Gebrauch des Konjunktivs: Einen wichtigen Faktor bezüglich der Schriftsprachlichkeit von Synchrondialogen bilden die Verwendung des Konjunktivs und andere Formen, die zum Ausdruck von Modalität gebraucht werden. So wird z.B. in der indirekten Rede sehr häufig Konjunktiv verwendet:

Chippie sagte mir, er hätte dir erzählt, daß es mir nicht besonders gut ging.

Chippie said he'd seen you, and told you I had muddled through. *H 2:330*

Maggie hat mir erzählt ... daß Sie im Büro bei ihr neulich ... die Bemerkung gemacht hätten ... Sie wären verliebt in mich.

Maggie told me that you stopped by her office the other day. Made some remark about ... falling in love with me. *FC 30:177*

Ich hörte, du hättest einen Unfall gehabt ... du bist vom Pferd gefallen.

I ... oh I heard you had an accident, thrown from a horse. Are you all right? *DC 61:319*

Als du mich gestern anriefst, Adam, und sagtest, du hättest einige Papiere, die ich unterzeichnen müßte ... dachte ich, du bringst sie mir ins Büro. Erinnerst du dich noch, wo das ist?

When you phoned me last night, Adam, and told me that you had some routine papers for me to sign, I assumed that you'd bring them to the office. You remember where that is? *DC 65:406-7*

Der Gebrauch des Konjunktivs in solchen Fällen erscheint auch in der gesprochenen deutschen Sprache durchaus möglich.[95] So schreibt z.B. die *Duden-Grammatik* ([4]1984: 168): "Der Normalmodus der indirekten Rede ist der Konjunktiv. Er kann immer gewählt werden und ist daher niemals falsch." Allerdings sind solche Verwendungen des Konjunktivs wohl doch auch in der gesprochenen Sprache einer gehobenen Stilebene zuzurechnen. Das wird auch aus den Ausführungen der *Duden-Grammatik* ([4]1984: 168) deutlich:

> Je mehr sich die geschriebene Sprache in ihrem Stil- und Normniveau der gesprochenen Sprache annähert, desto größer ist die Neigung, den Indikativ zu setzen ...

---

[95] Dabei muß der Gebrauch des Konjunktivs in diesen Beispielen in Zusammenhang mit dem Gebrauch der Tempora gesehen werden (> 5.1.2.7). Die *consecutio temporum* des Englischen mag hierbei auch die deutsche Übersetzung beeinflussen, so der Gebrauch von Formen wie etwa des Konjunktiv Plusquamperfekt als eine Art von indirektem grammatischen Anglizismus zu sehen wäre.

Auch wenn diese Darstellung im wesentlichen die Schriftsprache zugrundelegt[96], macht sie deutlich, daß für die gesprochene Sprache eher der Gebrauch des Indikativs kennzeichnend ist.

In ähnlicher Weise kann man im Gebrauch des Konjunktivs II in den folgenden Beispielen eine Verletzung der stilistischen Norm sehen:

Ich wünschte, wir wären uns schon als Kinder begegnet. Ich wette, du warst niedlich.	I wish I'd known you when you were a little boy. I bet you were cute. *FC 28:241*
<...> Und ich wünschte, ich könnte dabeisein.	<...> I just hope I'm around to see it. *FC 30:151*
Es war, als ob sie ahnte, was zwischen uns passieren würde, während wir hier zusammen sind.	It was as if she sensed what would happen with the two of us being away and alone. *DC 65:224*

Ein weiteres typisches Merkmal von Synchrontexten ergibt sich aus dem Ausdruck der Modalität durch das Modaladverb *möglicherweise*, das stilistisch ebenfalls einer zu gehobenen Stilebene zuzurechnen ist:[97]

Hören Sie, äh, ... wollen Sie nicht irgendwas essen, bevor er auftaucht? .. Möglicherweise hat der Kleine Hunger!	Listen, if you feel like a little snack before he shows ... maybe the little guy's hungry. *H 2:241*
Nachdem du Krystle mit einer Million Dollar nicht vertreiben konntest, ... hast du nun versucht, Rache zu nehmen, indem du der Polizei angedeutest hast ... daß möglicherweise ich der Brandstifter sei.	After you couldn't buy Krystle off with your million dollars, then you tried to get your miserable revenge by implying to the police that I was the one who set that fire. *DC 60:556-7*

(iii) Nebensatztypen: In den folgenden Fällen ist der Eindruck der Formalität der Äußerungen wohl weniger auf den Gebrauch des Konjunktivs zurückzuführen als auf den Nebensatztyp:

Sollte das die Wahrheit sein, ...	If that's it, Krystle ... *DC 61:233*
Die Polizei sagt, wäre ich in der Zeit zu Hause gewesen, hätte man mich getötet.	The police told me that had I been there during that robbery, I could have been killed! *DC 64:139*

---

96 Vgl. dazu jedoch das Vorwort zur *Duden-Grammatik* (^{4}1984: 8). Auch andere wesentliche Darstellungen des Konjunktivs im Deutschen beziehen sich ausschließlich oder weitgehend auf die geschriebene Sprache, etwa Jäger (1971: 17).

97 Damit kommt es häufig auch zum doppelten Ausdruck derselben Modalitätskomponenten wie etwa bei: *Könnte das möglich sein?* (*Could that be true?*) (DC 60:543).

FALLON: Gäbe es Jeff nicht, wären wir vielleicht noch Freunde, so wie früher, aber ich ...	I mean, maybe, if Jeff weren't here, we could still be friends like before.
KIRBY: Fallon, ich habe jetzt wirklich keine Lust, mit dir darüber zu sprechen.	But --- I don't want to have this conversation, Fallon.
FALLON: Aber ich möchte es ... du hast gerade dein Kind in Gefahr gebracht.	Well, I do. You just took a terrible risk with your child. *DC 61:133-4*

Anstatt von Nebensätzen mit dem Verb in Anfangsposition entsprächen hier wohl eher mit der Konjunktion ***wenn*** eingeleitete Nebensätze der ungeplanten gesprochenen Sprache: ***Wenn das wahr ist ..., Wenn es Jeff nicht gäbe ...***

(iv) Partizipialkonstruktionen:

Deinem Vorschlag folgend hatte ich Fallon gebeten, das Kind zu mir zu bringen, aber das wollte sie nicht.	So I did what you suggested. I went to Fallon and I asked her to bring the child to me. But she wouldn't agree. *DC 65:464*

Daß Konstruktionen dieser Art für die ungeplante gesprochene Sprache atypisch sind, zeigt z.B. die Charakterisierung, die die *Duden-Grammatik* ([3]1973: 564) gibt: "Wegen der knappen, prägnanten Form ist die Partizipialgruppe vornehmlich ein Stilmittel für Dichter und Schriftsteller."[98]

Daneben finden sich in Synchrontexten noch eine Reihe weiterer Konstruktionen, die eher der schriftlichen oder der geplanten gesprochenen Sprache zuzurechnen sind, z.B.:

(v) komplexe Prämodifikationsstrukturen:

Und sie, ... sie gab mir einen Kuß, sagte "Auf Wiedersehen" und winkte mir in ihrer typischen fröhlichen Art zu. ... Und dann ging sie in die Klasse.	And she ... she just kissed me goodbye, waved once -- that quick, happy wave of hers -- and she disappeared inside. *DC 87:120*
Ich habe die bisher noch bruchstückhaften Fakten dieses Falles überprüft. <...>	I've reviewed the basics of this case -- sketchy as they are for the moment. <...> *DC 87:144*

(vi) Nominalstil:

Ich habe nämlich das Gefühl, daß Ihr Ärger über den Verlust von Stevens Zuneigung nur die Spitze eines Eisberges ist.	Well I happen to think that your loss of Steven's affection is only the tip of the iceberg here. *DC 65:202*

---

[98] Auch die vierte Auflage der *Duden-Grammatik* ([4]1984: 666) beschreibt das Vorkommen von Partizipialsätzen als "vornehmlich in der gehobenen Sprache".

Ich hatte doch gar keine andere Wahl. Es ist immer Mutters Besessenheit gewesen, Falcon Crest zu zerstören.

Neither of us had any choice. It has always been Mother's obsession to destroy Falcon Crest. *FC 28:153*

(vii) Gebrauch einzelner formeller Konstruktionen:

Ein Glück, daß deine Mutter nicht mehr da ist ... So muß sie nicht mitansehen ... wie du dich entwickelt hast.

Thank God your mother isn't here to see how you've turned out. *DC 65:137*

Ach, komm von deinem hohen Carrington-Pferd runter. Ich bin nur um meines Kindes willen hergekommen und wechsle nicht die Seiten wie du.

Oh get off your high and mighty Carrington horse. I'm here for my baby's sake. I don't keep changing sides the way you did! *DC 65:128*

5.3.2.3. Zusammenwirken verschiedener Faktoren

Diese Merkmale des Synchronstils sind keineswegs in der Weise zu sehen, daß das Vorhandensein eines dieser Merkmale einen Dialog oder eine Dialogpassage bereits als im entsprechenden situationellen Kontext unangebracht erscheinen läßt. Vielmehr handelt es sich dabei nur um verschiedene Faktoren, deren Zusammenwirken insgesamt den Eindruck einer zu formellen Stilebene und oft einer gewissen Schriftsprachlichkeit aufkommen läßt.

Und darum steht für mich fest: ... Verläßt er, ohne sich bei mir abzumelden, dieses Zimmer, ... dann hat man den armen Hermann gekidnappt!

so you see: if he left the room without telling me, it could only be kidnapping! *H 1:916*

Hier wirken z.B. zusammen der Einschub von ***ohne sich bei mir abzumelden*** zwischen das Verb und das direkte Objekt des Hauptsatzes, der Nebensatztyp mit Verb in Initialposition und die Stilebene von ***verlassen***. Der gesprochenen deutschen Sprache würde eher eine Formulierung wie ***Wenn er weggegangen ist, ohne sich bei mir abzumelden, dann muß er gekidnappt worden sein!*** entsprechen.

Vielleicht sollte sie, falls sie ablehnt, von einem durch dich gekauften Mörder eingeäschert werden, nachdem er dich gerettet hatte.

Maybe if she said no that she was to be cremated by your hired killer after he got you out of the cabin! *DC 60:609*

In diesem Fall wirken der Einschub von ***falls sie ablehnt***, die komplexe Prämodifikationsstruktur von ***einem durch dich gekauften Mörder***, das Plusquamperfekt von ***gerettet hatte*** und die Stilebene von ***einäschern*** zusammen.

5.3.2.4. Stilbrüche

Es läßt sich also festhalten, daß die Dialoge von ins Deutsche synchronisierten Filmen stilistische Elemente enthalten, die für die geschriebene oder die geplante gesprochene Sprache typisch sind, aber im Situationskontext als bei weitem zu gehoben erscheinen.[99] Dabei kann allerdings nicht behauptet werden, daß die Synchrontexte diese Stilebene konsistent aufweisen. Es ist vielmehr als Charakteristikum dieser Texte anzusehen, daß diese formellen Elemente sehr häufig mit informellen Elementen wechseln. Ein sehr typisches Beispiel für diese Erscheinung ist die folgende Dialogpassage:

<Situation: Blake Carrington spricht mit seiner Tochter Fallon, die anläßlich seiner bevorstehenden Hochzeit gerade aus Europa gekommen ist.>

Okay, okay, Fallon, würdest du bitte mal einen Moment die Luft anhalten? Bevor wir jetzt ins Haus kommen, wo dein Bruder ist und Krystle und all das Durcheinander, sollten wir die Gelegenheit zu einem Gespräch nutzen.	La, la, la ... Fallon, would you wind down for a minute, please? We go back to the house, with your brother there and Krystle and all that confusion and may not get another chance to talk. *DC: P 0.30 h*

Okay, okay und *einen Moment die Luft anhalten* auf der lexikalischen Ebene und die Konstruktion *wo dein Bruder ist und Krystle und all das Durcheinander* sind typische Erscheinungen einer informellen Stilebene. Dagegen ist *die Gelegenheit zu einem* Gespräch nutzen formell und in dieser Gesprächssituation vielleicht ohnehin inadäquat; mit Sicherheit aber läßt sich ein deutlicher stilistischer Bruch konstatieren.

Entschuldigung, Captain, ich hab gedacht, ich könnte <Zögern> ich könnt' Sie sprechen. Wie ich sehe, sind Sie beschäftigt. Ich komm später ...	Excuse me, Captain. You said if I ever wanted to come and talk to you I could, uh ... I can see you're busy now. *HSB 7:458*

In diesem Ausschnitt fällt die Konstruktion *wie ich sehe* aus dem stilistischen Rahmen der Äußerung.

CLAUDIA:	
Steven, geh ihr nach! Versuch, dich mit ihr zu vertragen, um Dannys willen.	Steven, go after her ... try to make peace with her. For Danny's sake.
STEVEN:	
Du meinst, sie kann gefährlich werden?	Because she can be dangerous.
CLAUDIA:	
Ja, sogar sehr gefährlich.	Yes, she can be very dangerous.
STEVEN:	
Claudia, sie hat uns ständig unglücklich gemacht, und das will ich beenden.	Look, Claudia, she's been making our lives miserable and I want it to stop. *DC 87:601-3*

Auch dieser Dialog enthält Elemente - u.a. Formen wie *geh* oder *versuch* -, die einer informellen Stilebene zuzurechnen sind. Krasse Verstöße gegen diese Stilebene bilden aber *um Dannys willen* und *beenden*.

Besser? Als ich sie zum letzten Mal gesehen hab', lag sie im Bett, unfähig, sich zu bewegen.	Fine? Grandma the last time I saw her she was lying in bed not able to move. *FC 29:163*

---

99 In den untersuchten deutschen Originalproduktionen war der Gebrauch formeller Elemente in dieser Form nicht zu finden. Soweit sie auftreten, wirken sie in der Regel situationsadäquat. Im Fall der Folge von *Derrick* ist allerdings insgesamt festzustellen, daß sich die Dialoge gelegentlich stilistisch von der Alltagssprache deutlich unterscheiden.

Hier ist der Gebrauch des Perfekts, insbesondere mit der Form *hab'* auf der Ebene der gesprochenen Sprache als neutral zu sehen, der Anschluß *unfähig, sich zu bewegen* (im Gegensatz zu *und war unfähig sich zu bewegen* bzw. *und konnte sich überhaupt nicht bewegen*) jedoch als formell.

Die festgestellte Schriftsprachlichkeit von Dialogelementen synchronisierter Filme wird im generellen stilistischen Kontext, in dem sie im Film vorkommen, noch durch den dadurch entstandenen Stilbruch unterstrichen. Die angeführten Beispiele zeigen auch, daß die Stilbrüche, die sich in den Dialogen synchronisierter Filme finden, durch das Zusammenspiel von lexikalischen und syntaktischen Erscheinungen entstehen können. So findet sich einerseits lexikalische stilistische Inkonsistenz, d.h. es kommen innerhalb weniger Sätze Wörter verschiedener Stilebenen vor und ebenso grammatikalische stilistische Inkonsistenz. Andererseits kann ein Stilbruch aber auch durch die Verwendung von Wortschatz einer bestimmten Stilebene und Konstruktionen, die einer anderen Stilebene zuzurechnen sind, bedingt sein.

5.3.3. Stilmerkmale deutscher Synchrontexte

Zusammenfassend läßt sich feststellen, daß sich deutsche Synchrontexte häufig durch ein bemerkenswert hohes Maß von Wortschatz und Konstruktionen auszeichnen, die in der spontanen gesprochenen Sprache zu formell und damit in der entsprechenden Situation unangebracht sind, so daß stellenweise der Eindruck der Schriftsprachlichkeit der Dialoge entsteht. Obwohl es sich dabei offensichtlich um ein Charakteristikum von Synchrontexten handelt, ist diese Schriftsprachlichkeit allein jedoch noch nicht das entscheidende Merkmal, durch das sich die Dialoge von ins Deutsche synchronisierten Filmen grundlegend von anderen Filmdialogen unterscheiden würden.[100] Das eigentliche Charakteristikum ist der häufige unmotivierte Wechsel der Stilebenen.

Allerdings bestehen in dieser Beziehung erhebliche Unterschiede zwischen verschiedenen Filmen, die natürlich auch in der Stilebene des Originals begründet sind. In der Serie *Yes Minister*, in der über weite Passagen hinweg ohnehin eine relativ formelle Stilebene verwendet wird, finden sich z.B. solche Stilbrüche kaum. Ebenso läßt sich für die untersuchten deutschen Filme, die ins Englische synchronisiert wurden, solch auffälliger Stilwechsel nicht konstatieren.

Im Gegenteil wird z.B. das informelle Stilniveau in der englischen Übersetzung der Serie *Der Fahnder* jedoch konsequent gehalten, wobei aber keine wörtliche Wiedergabe erfolgt, sondern auch typische Erscheinungen der englischen spontanen gesprochenen Sprache wie subjektlose Sätze oder *question tags* verwendet werden.

---

100 Dabei ist sicherlich zu berücksichtigen, daß die Tatsache, daß es sich bei Filmdialogen nicht um spontane, sondern um geplante gesprochene Sprache handelt, sich auch auf die Stilebene auswirken kann, obwohl performanzbedingte Charakteristika in dieser Hinsicht von wesentlich größerer Bedeutung sind (> 5.2.1.1).

What's your interest in Herr Gehmacher? Trouble with his bank? It's odd for him to be going in on a Sunday. On the other, why shouldn't he?	Was ist denn mit diesem Gehmacher? Ist was mit seiner Bank? Komisch, daß der da am Sonntag hinfährt. Obwohl, so komisch ist das auch wieder nicht ... *F 5:S8*
I wouldn't get half-way to the door before you put a bullet in my back, would I?	Ich käm' ja nicht mal bis zur Türe, ohne von Ihnen "durchsiebt" zu werden, oder? *F5:S16*

Zwar finden sich in der englischen Fassung der *Schwarzwaldklinik* ebenfalls gelegentlich Elemente einer unangemessen formellen Stilebene, sowohl auf der Ebene des Wortschatzes als auch auf der Ebene der Grammatik, dennoch sind diese Verstöße aber nicht so krass wie in deutschen Synchrontexten.[101] Auf der anderen Seite ist bei der Synchronisation der *Schwarzwaldklinik* festzustellen, daß sie sich durch einen sehr formellen Sprechstil auszeichnet - relativ langsames Sprechtempo, sehr deutliche Artikulation unter weitgehender Vermeidung von Assimilationen oder Elisionen. Damit ergibt sich zwar nicht auf der Ebene des Textes, aber in der phonetischen Realisation ein unangemessen formelles Element in der Synchronfassung.

5.4. Kohäsion

5.4.1. Kohäsion und Stil

Stilbrüche sind auch ein entscheidender Faktor in Hinblick auf die Textstruktur von Synchrontexten, und zwar insbesondere unter dem Gesichtspunkt der Kohäsion. Kohäsion stellt ein wesentliches Merkmal bei der Bestimmung von Texten dar, so etwa in der Textdefinition von Halliday und Hasan (1976: 2), wo Text als "SEMANTIC unit" aufgefaßt und das wesentliche Kriterium zur Bestimmung von Texten in der Kohäsion gesehen wird:[102]

---

101 Beispiele in dieser Richtung finden sich im untersuchten Material äußerst selten: So wäre etwa *I stand rebuked* als Übersetzung von *Ja, den hab' ich halt nicht* als zu formell anzusehen (Fahnder 5:S2). In der englischen Fassung der *Schwarzwaldklinik* finden sich gelegentlich Elemente einer unangemessen formellen Stilebene, sowohl auf der Ebene des Wortschatzes als auch auf der der Grammatik; dennoch sind diese Verstöße nicht so krass wie in deutschen Synchrontexten. Es wäre angesichts der geringen Materialbasis für englische Synchronisationen verfehlt, nach Gründen für diese Feststellung zu suchen. Zwar wäre denkbar, daß im Englischen die der gesprochenen Sprache adäquate Stilebene etablierter ist, auch weil sie nicht unbedingt wie Umgangssprache im Deutschen zuweilen mit dem Stigma des Dialektalen behaftet ist, aber solche Vermutungen müssen spekulativ bleiben.

102 De Beaugrande/Dressler (1981: 3-4) führen Kohäsion als eines von sieben Kriterien auf, die Textualität ausmachen. Vgl. Brinkers (^{2}1988: 17) Textdefinition: "Der Terminus 'Text' bezeichnet eine begrenzte Folge von sprachlichen Zeichen, die in sich kohärent ist und die als Ganzes eine erkennbare kommunikative Funktion signalisiert."

> The concept of TEXTURE is entirely appropriate to express the property of 'being a text'. A text has texture, and this is what distinguishes it from something that is not a text. ... The texture is provided by the cohesive RELATION ...

Kohäsion wird dabei von Halliday und Hasan (1976: 4) folgendermaßen charakterisiert:[103]

> The concept of cohesion is a semantic one; it refers to relations of meaning that exist within the text, and that define it as a text.
>
> Cohesion occurs where the INTERPRETATION of some element in the discourse is dependent on that of another. The one PRESUPPOSES the other, in the sense that it cannot be effectively decoded except by recourse to it. When this happens, a relation of cohesion is set up, and the two elements, the presupposing and the presupposed, are thereby at least potentially integrated into a text.

Quirk, Greenbaum, Leech and Svartvik (CGEL: 19.2) sehen dabei Kohäsion[104] als eine Komponente von Kohärenz,[105] die auch bei anderen Textdefinitionen,[106] etwa S. Schmidt,[107] (1973) oder Werlich[108] (1975) im Mittelpunkt steht:

> ... a text - unlike a sentence - is not a grammatical unit but rather a semantic and even a pragmatic one. A text is a stretch of language which seems appropriately coherent in actual use. That is, the text 'coheres' in its real-world context, semantically and pragmatically, and it is also internally or linguistically coherent. For this latter facet, the term 'cohesive' has been applied, referring to the actual forms of linguistic linkage.

Halliday und Hasan (1976: 4) führen unter den verschiedenen Typen der *cohesive tie*

---

[103] Vgl. die Kritik von Brown/Yule (1983: 195) am Ansatz von Halliday/Hasan (1976): "An important distinction needs to be drawn, which many students adopting Halliday & Hasan's approach have failed to draw, and which Halliday & Hasan themselves are somewhat ambivalent about ... This is the distinction between the 'meaning relations' which hold between items in a text and the explicit expression of those 'meaning relations' within a text. ... Few would dispute that it is necessary that such relations be postulated within a discourse which is capable of being interpreted coherently. What is questionable, however, is whether the explicit *realisation* of these relations is required to identify a text as a text."

[104] Zum Verhältnis von Kohärenz und Kohäsion vgl. u.a. Edmondson (1981: 5): "Cohesion is, however, neither a necessary nor a sufficient condition for coherence."

[105] Zu Kohärenz s. Werlich (1976: 23) oder de Beaugrande/Dressler (1981: 5): "Kohärenz betrifft die Funktionen, durch die die Komponenten der TEXTWELT, d.h. die Konstellation von KONZEPTEN (Begriffen) und RELATIONEN (Beziehungen), welche dem Oberflächentext zugrundeliegen, für einander *gegenseitig zugänglich* und *relevant* sind."

[106] Zu einem Überblick über textlinguistische Forschungsansätze vgl. u.a. Dressler (1973: 5-15), de Beaugrande/Dressler (1981: 15-31).

[107] Vgl. S. Schmidt (1973: 154): "Beim gegenwärtigen Stand der Diskussion scheint die Arbeitshypothese zumindest plausibel zu sein, daß neben 'Funktion' '*Kohärenz*' die zweite Kategorie zur Definition von 'Textualität' ist."

[108] Werlich (1975: 17) charakterisiert Texte folgendermaßen: "Als *textliche Äußerungen* (kurz: *Texte*) fassen wir dagegen alle jene sprachlichen Äußerungen auf, die durch (sich überlagernde Schichten von) *Kohärenz* und *Kompletion* in der Abfolge ihrer sprachlichen Einheiten gekennzeichnet sind." Vgl. Werlich (1976: 23).

"reference, substitution, ellipsis, conjunction, and lexical cohesion" an. Es erscheint angebracht, Stil zu diesem letzten Typ zu rechnen.[109] Wenn Halliday und Hasan (1976: 287) Kollokation[110] bzw. *collocational cohesion* als

> ... a cover term for the cohesion that results from the co-occurrence of lexical items that are in some way or other typically associated with one another, because they tend to occur in similar environments

beschreiben, so läßt sich das auch auf Wörter anwenden, die derselben Stilebene angehören, was auch bei Brown and Yule (1983: 194) anklingt:

> Cohesion within a text can of course be provided by relationships other than those involving co-reference ... Cohesion may be derived from lexical relationships like hyponymy (*daffodil* is a hyponym of *flower*), part-whole (*arm* is part of *a man*), collocatability (*Monday* relates to *Tuesday*), by further structural relationships like clausal substitution (Sarah is very fond of Rachel. *So* am I), comparison (*My thumb* is stronger than *that hammer*), by syntactic repetition (We *came in*. They *came in*), by consistency of tense, by stylistic choice (*The gentleman encountered an acquaintance* vs *The guy met up with this bloke he knows*) and so on.

Dabei ist der Beitrag, den einzelne Wörter aufgrund ihres Stilwertes zur Kohäsion eines Textes leisten, durchaus unterschiedlich, wie auch Halliday und Hasan (1976: 290) feststellen:

> There is a third factor influencing the cohesive force between a pair of lexical items in a text, and that is their overall frequency in the system of the language. A word which enters with equal readiness into collocation with words of every possible range of lexical meaning effects relatively little cohesion with any of them. Words such as *go* or *man* or *know* or *way* can hardly be said to contract significant cohesive relations, because they go with anything at all. Since, roughly speaking, words of this kind are also those with high overall frequency in the language, in general the higher the frequency of a lexical item (its overall frequency in the system) the smaller the part it plays in lexical cohesion in texts.

Diese Beobachtung läßt sich auch auf den Stilwert von Wörtern anwenden, wenn man eine Feststellung, die in 5.3 getroffen wurde, weiter verfolgt: Dort wurde gesagt, daß Wörter wie z.B. *Haus* auch in der Weise als stilistisch neutral anzusehen sind, daß sie sowohl in der geschriebenen wie auch in der gesprochenen Sprache als nicht markiert erscheinen. Solche Wörter würden aber z.B. auch in einem Text, der in einer sehr formellen Stilebene gehalten ist, nicht als Stilbruch empfunden werden. Damit unterscheiden sich solche Erscheinungen aber von Wörtern, die sich auf einer 'neutralen' Stilebene befinden, also weder 'formell' noch 'informell' sind. Solche Wörter könnten unter Umständen eben durchaus als Stilbruch gesehen werden. In diesem Zusammenhang erscheint es sinnvoll, Enkvists (1964: 34-5) Konzept der *style markers* zugrundezulegen:[111]

---

[109] Vgl. den Stellenwert von *cohesion* in der Kriterienliste von Leech/ Short (1981: 79).

[110] Dabei unterscheidet sich der von Halliday/Hasan gebrauchte Kollokationsbegriff von dem in der Linguistik gemeinhin üblichen; vgl. Herbst/Stoll/Westermayr (1991) und Lipka (1992: 169-70).

[111] In einem anderen Sinn wird der Terminus *style marker* bei Leech/Short (1981: 69) gebraucht.

> We may ... define style markers as those linguistic items that only appear, or are most or least frequent in, one group of contexts. ... Elements that are not style markers are stylistically neutral. This may be rephrased: style markers are mutually exclusive with other items which only appear in different contexts, or with zero; or have frequencies markedly different from those of such items.

Enkvist (1964: 35) weist darauf hin, daß die Vorstellung der *style markers* eng mit der Vorstellung von "style as choice" zusammenhängt.[112] Der Stilwert eines Wortes wie *Haus* ist also von daher als neutral anzusehen, daß im Deutschen keine Wahlmöglichkeit im Sinne eines nur im Stilwert unterschiedenen Synonyms besteht. Wie stark ein Wort oder eine Konstruktion als *style marker* fungieren kann, hängt also damit zusammen, inwieweit in einer Sprache Synonyme bzw. alternative Ausdrucksmöglichkeiten für dieselbe Bedeutung existieren, die sich vom betreffenden Wort oder der betreffenden Konstruktion im Stilwert unterscheiden und welchen Teil des Spektrums der Stilebenen von diesem Wort (bzw. dieser Konstruktion) und den jeweiligen Konstruktionen eingenommen werden. So kann man beispielsweise eben den Gebrauch von *verschlossen* in bezug auf einen Fahrstuhl (> 5.3.1.1) im Deutschen als stilistisch markiert ansehen, weil es die Alternativen *zu*, *abgesperrt* und *abgeschlossen* gibt, während für *locked* im Englischen wohl keine anderen Ausdrucksmöglichkeiten bestehen. Ähnlich ist *widerfahren* (> 5.3.1.1) eben aufgrund der Wahlmöglichkeiten *passieren* oder *geschehen* als stilistisch markiert anzusehen. Damit muß aber ein Unterschied gemacht werden zwischen Wörtern, die in dem Sinne stilistisch neutral sind, daß sie wie *Haus* oder *lock* keiner Stilebene zuzurechnen sind, also auch auf keiner Ebene als Stilbruch empfunden werden könnten, und Wörtern, die in dem Sinne stilistisch neutral sind, daß sie typisch für einen mittleren Bereich des stilistischen Spektrums sind. In der Terminologie von Enkvist wären letztere also als *style markers* für den neutralen Stil anzusehen, während erstere eben keine *style markers* sind.

Damit läßt sich sagen, daß es die *style markers* sind, die eine kohäsionsschaffende Funktion in Texten besitzen[113]. Dabei ist diese Funktion umso deutlicher, je kleiner der Ausschnitt des stilistischen Spektrums ist, den ein Wort oder eine Konstruktion markiert.

Die Analyse von Synchrontexten unter dem Gesichtspunkt des Stils zeigt also, daß viele dieser Texte nicht nur Stilelemente enthalten, die sowohl in bezug auf das Medium als auch den Situationskontext zu formell erscheinen, sondern daß der häufige und unmotivierte Stilbruch in vielen Synchrontexten auch als Beeinträchtigung der Kohäsion von Texten beschrieben werden kann.

---

[112] Vgl. dazu Enkvist (1964: 35): "Thus, strictly speaking, the definition of style markers makes it superfluous to worry any longer about style as choice: stylistic choice is simply the context-bound use of style markers." Zu Problemen der Auffassung von "style as choice" vgl. Enkvist (1964: 15-20). Vgl. auch Leech/Short (1981: 10-41).

[113] Dabei soll nicht übersehen werden, daß stilistische Variation - soweit sie intentional und im Text funktional ist - durchaus kohäsionsschaffende Funktion haben kann. Vgl. dazu z.B. Fowler (1981: 71) und in diesem Zusammenhang auch Leech/Short (1981: 79).

5.4.2. Pro-Formen

Eine Minderung der Kohäsion von Texten ist nicht auf den Aspekt des Stils beschränkt, sondern findet sich auch bei einer Reihe anderer kohäsionsbildender Faktoren. Zum Teil ergibt sich dabei eine Überlappung zur Kategorie der Anglizismen aus dem Bereich der Grammatik.

Ein Beispiel ist die Substitution durch Pro-Formen, die in der CGEL (12.8) folgendermaßen beschrieben wird:[114]

> Substitution, as its name suggests, is a relation between pro-form and antecendent whereby the pro-form can be understood to have 'replaced' a repeated occurrence of the antecedent. A major test of substitution, therefore, is whether the antecedent can be copied, without change of meaning, into the position taken by its pro-form substitute.

Dabei finden sich im Deutschen falsche Pro-Formen z.B. bei der Substitution von Nominalphrasen:[115]

DEX:	
Du hast doch wohl nicht etwa Angst?	Well, you're not afraid, are you?
ALEXIS:	
Angst? ... Nein, die habe ich natürlich nicht.	Afraid? No. Of course, I'm not afraid.*DC 88:526*

Dabei scheint die Inakzeptabilität von ***die habe ich natürlich nicht*** damit zusammenzuhängen, daß ***Angst haben*** quasi als feste Wendung zu interpretieren ist, in der ***Angst*** alleine nicht substituiert werden kann. Auf eine Frage wie ***Hast du die Zeitungen von heute?*** wäre ***Nein, die habe ich natürlich nicht*** durchaus möglich.

HUMPHREY:		
Kein Kommunique entspricht jemals dem, was Sie wirklich sagen!	Well no communique ever bears any relation to what you actually say.	
JIM:		
Und warum gibt's <u>die</u>?	Then why have one?	*YM 3/4:014-5*

Dabei bezieht sich die Pro-Form ***die*** auf eine Nominalphrase im Singular, wobei der indefinite Charakter von ***kein Kommunique*** eher den Gebrauch einer Pro-Form wie ***so etwas*** nahelegen würde.

WAITE:	
Gerade hast du von seiner finanziellen Misere gesprochen.	You just said that things were abysmal.

---

[114] Vgl. dazu CGEL (12.8): "The bond between a pro-form and its antecedent may be of two different kinds: COREFERENCE and SUBSTITUTION. ... Coreference, as the name implies, means the bond of 'cross-reference' between two items or expressions which refer to the same thing or set of things." In der CGEL wird also "Bill got ***a first prize*** this year, and I got ***one*** last year" als Substitution, "***Two players*** injured ***themselves*** during the match" aber als Koreferenz analysiert.

[115] Zu verschiedenen Typen der Substitution s. Halliday/Hasan (1976: 90).

ALEXIS:	
Ja, richtig. ... Die gibt es , aber ... noch ist nicht alles verloren.	Well, they are, they are, but uh ... not over. *DC 89:609*

Hier unterstützt die Formulierung ***gibt es*** die Inakzeptabilität des Satzes, aber es wäre auch kaum möglich, ***die*** in einem anderen Satz (wie etwa ***die ist schon schlimm***) als Pro-Form zu verwenden.

<Situation: Emma holt einen Schlüssel aus der Tasche.>	
DAMON:	
Was ist das?	What is this?
EMMA:	
Ich bleibe heute nacht in der Stadt. -Es ist der Schlüssel zu meinem Hotelzimmer. - Ist es dir nicht recht? - War ich zu voreilig?	I'm staying in town tonight. It's the key to my hotel room. I don't understand. Was I too forward? *FC 29:125-6*

In anderen Fällen erscheinen Pro-Formen für Sätze (im Sinne von *clauses*) unangebracht, wobei sich Kriterien der Pro-Form und der Valenz überlappen können:

EMMA:	
Ich wünschte, wir wären uns schon als Kinder begegnet. - Ich wette, du warst niedlich.	I wish I'd known you when you were a little boy. I bet you were cute.
DAMON:	
Meine Eltern fanden es.	My parents thought so. *FC 28:241*

Abgesehen davon, daß der Text auch aus anderen Gründen nicht idiomatisches Deutsch darstellt, liegt im Falle von ***Meine Eltern fanden es*** eine Verletzung der Valenz von ***finden*** vor: Geht man von der im Valenzwörterbuch von Helbig und Schenkel (1973: 302) angegebenen Bedeutung 'meinen, feststellen' aus, so ist das Verb obligatorisch zweivalent, wobei die zweite Ergänzung ein ***daß***-Satz ist: ***Seine Eltern fanden, daß er süß war.*** In diesem Fall könnte der ***daß***-Satz auch durch eine Pro-Form ersetzt werden, allerdings erschiene dann das Vorkommen eines Adverbs wahrscheinlich: ***Seine Eltern fanden das auch.***[116]

FALLON:	
Gäbe es Jeff nicht, wären wir vielleicht noch Freunde, so wie früher, aber ich ...	I mean, maybe, if Jeff weren't here, we could still be friends like before. But --
KIRBY:	
Fallon, ich habe jetzt wirklich keine Lust, mit dir darüber zu sprechen.	I don't want to have this conversation, Fallon.
FALLON:	
Aber ich möchte es ... du hast gerade dein Kind in Gefahr gebracht.	Well, I do. You just took a terrible risk with your child. *DC 61:133-4*

---

[116] Wollte man die Bedeutung 'ansehen als, bewerten' zugrundelegen, wäre ***finden*** obligatorisch dreivalent, wobei die drei Ergänzungen bei Helbig/Schenkel (1973: 302) als "Sn, Sa, Adj/Part" (also etwa in ***Seine Eltern fanden ihn süß***) angegeben werden. Neben der Verletzung der quantitativen Valenz wäre auf der Ebene der qualitativen Valenz festzustellen, daß ***es*** hier nicht die Akkusativergänzung, sondern den Gleichsetzungsakkusativ repräsentieren soll.

In diesem Fall liegt im Englischen ***verbal substitution***[117] vor; die deutsche Entsprechung ***ich möchte es*** erscheint jedoch nicht akzeptabel. Dabei mag eine Rolle spielen, daß ***es*** als Pro-Form für ***mit dir darüber zu sprechen*** steht, was als Ergänzung von ***mögen*** nicht möglich ist (obwohl vielleicht auch ***Sie will nicht ins Kino gehen, aber er möchte es*** nicht uneingeschränkt akzeptabel ist). In diesem Fall wären im Deutschen akzeptable Pro-Formen ***Aber ich*** oder ***Ich möchte aber.***[118]

STEVEN:	
Hast du das verstanden? ... und merk dir eins ... ich will, daß du dich von meinem Leben und von meiner Wohnung fernhälst. Du brauchst nicht aufzutauchen, um mir nachzuspionieren.	But get this: It's my life and my apartment -- and I want you to stay away from that apartment. I don't want you coming around spying on me!
BLAKE:	
Nachspionieren.	Spying?
STEVEN:	
Willst du es anders bezeichnen? Dann verrat es mir bitte.	Is there another word for it? If there is, tell me! *DC 60:205-6*

Auch hier erscheint die Pro-Form ***es*** nicht angebracht: ***Es*** setzt als Bezugspunkt ein Substantiv oder einen Satz bzw. Teilsatz voraus: ***Wenn du weißt, wie man das Problem lösen kann, dann verrat es mir!***, da in diesem Fall ein solcher Bezugspunkt nicht gegeben ist, erschiene ***wie*** als die richtige Ergänzung von ***verraten***: Dann verrat mir bitte wie!

Ebenso finden sich Beispiele für falsche Pro-Formen im Bereich der "verbal substitution".

ADAM:	
Akzeptierst du diese Offenheit und die Wahrheit, die darin liegt?	Well, do you buy my bluntness? And the truth of that bluntness?
JEFF	
Das mach ich nicht	No, I don't. *DC 61:337*

In diesem Fall wären etwa ***Nein, Adam!*** oder ***Ganz und gar nicht*** situationsadäquate Antworten.

Das Phänomen unangebrachter Pro-Formen läßt sich auch bei Fragepronomina feststellen.

HUMPHREY:	
Der "MI5" fand Ihren Namen auf einer Todesliste!	The Special Branch have found your name on a death list.
JIM:	
Das ist absolut ohne Belang für die Situation! ... Worauf!? ...	That has absolutely no bearing on the situation - what? *YM 2/3:091*

Statt ***worauf*** wäre hier die Frageform ***wo***, bzw. situationell wohl eher ein erstaunter Ausruf wie ***Was!*** oder ***Wie!*** im Deutschen angebracht.

---

[117] Vgl. Halliday/Hasan (1976: 112-29).

[118] Aus Gründen der Lippensynchronität ließe sich noch ein Füll-Element hinzufügen, z.B.: ***Aber ich, Kirby!***

REARDON:	
Ihn zu verstecken, ist keine Lösung.	Look, hiding him is no answer.
ANGELA:	
Welche ist es dann? Sie weitermachen zu lassen, so wie Sie ihn verteidigt haben?	Well then, what is? Letting you handle it, like you handled his defense? *FC 25:276*

Hier wäre zwar nicht ***Was ist dann?***, wohl aber ***Was denn dann?*** möglich.

BLAKE:	
Hast du wirklich keine Beschwerden?	Are you sure there's nothing wrong?
KRYSTLE:	
Nein, keine. Blake, ... ich möchte dir gerne etwas geben.	No. Nothing. Blake, there's something I'd like you to have. *DC 88:404-5*

In diesem Fall erklärt sich die Inakzeptabilität der Pro-Form dadurch, daß die Pro-Form ***keine*** eigentlich nicht auf eine Nominalphrase wie ***keine Beschwerden***, sondern nur auf eine indefinite Nominalphrase wie ***irgendwelche Beschwerden*** Bezug nehmen kann.

5.4.3. Ellipsen

Neben Substitution spielen Ellipsen eine zentrale Rolle in Hinblick auf Kohäsion, wobei in beiden Fällen Koreferenz besteht. Halliday und Hasan (1976: 143) führen dazu aus:[119]

> An elliptical item is one which, as it were, leaves specific structural slots to be filled from elsewhere. This is exactly the same as presupposition by substitution, except that in substitution an explicit 'counter' is used, eg: ***one*** or ***do***, as a place marker for what is presupposed, whereas in ellipsis nothing is inserted into the slot.

Im Bereich der Ellipse treten in Synchrontexten eine Reihe von Erscheinungen auf, die als grammatische Anglizismen zu klassifizieren sind. Aber nicht alle Ellipsen lassen sich auf den englischen Originaltext zurückführen.

ROBIN:	
Vielleicht ist er gar nicht so wild auf ein Kind wie du glaubst?	Maybe he's not as anxious to have a baby as you think.
MELISSA:	
Doch, ist er. Er will nur meine Gefühle nicht verletzen.	Sure he is. He just doesn't want to hurt my feelings. *FC 25:197*

Der Grund für die Inakzeptabilität von ***ist er*** in ***Doch, ist er*** ist wohl nicht darin zu sehen, daß eine solche Ellipse per se nicht möglich wäre, sondern im Kontext zu suchen. Auf eine Frage wie ***Ist er wirklich so wild auf das Kind?*** wäre die Form ***ist er*** unter Umständen denkbar, obwohl auch da eine Substitution wie ***Doch, das ist er*** akzeptabler erscheint.

---

[119] Vgl. dazu Brown/Yule (1983: 193). Zu Problemen der Bestimmung von Ellipsen vgl. de Beaugrande/Dressler (1981: 71-4) und die dort angegebene Literatur.

CASS:
Ich hab Mitgefühl für ihn. Doch Gefühle dürfen unseren Plan nicht in Frage stellen. Oder hast du etwa Zweifel?

I feel sorry for him. Unfortunately it's essential to our plan. You're not having second thoughts, are you?

DAMON:
Nein. Ich will nur nicht, daß man unschuldige Leute verletzt, so wie Angela Channing uns.

No, I just don't want to hurt innocent people the way that Angela Channing hurt us. *FC 28:151*

Der Grund für die Inakzeptabilität der Ellipse ***wie Angela Channing uns*** ist wohl zumindest teilweise in der Tempusstruktur begründet.

Ein anderer Typ von Ellipsen ist dann gegeben, wenn das "principle of VERBATIM RECOVERABILITY" (CGEL 12.32) nicht erfüllt ist, wie die CGEL (12.34) ausführt:

> Typically, ellipsis is postulated in order to explain why some normally obligatory element of a grammatical sentence is lacking. If such 'gaps' did not occur, there would be no obvious grammatical motive for invoking the concept of ellipsis in the first place.

In diesem Sinne sind auch die folgenden Fälle Ellipsen:

Ich hab mich hier in Falcon Crest umgesehen. Sie halten Schritt mit der neuesten Technologie der Weinproduktion. Aber wieso dann ein veraltetes Werbekonzept?

I've seen Falcon Crest. You've kept up with the latest technology in wine making. Why would you stick with an outmoded advertising approach? *FC 23:139*

KIRBY:
Jeannette, irgendeine Nachricht von meinem Vater, während wir weg waren?

Jeannette, has there been any word from my father while we were out?

JEANNETTE:
Nein, ehrlich gesagt, ich habe es auch nicht erwartet.

No. But I really didn't expect there would be. *DC 60:123-4*

Dabei handelt es sich bei der Formulierung ***irgendeine Nachricht von X?*** um eine in Synchrontexten auffallend häufig vorkommende Konstruktion. Obwohl in diesen Beispielen im Englischen Ellipsen vorliegen, könnte man diese Konstruktionen auch als Anglizismen im Bereich der Grammatik einstufen, da sich bei vielen Belegen dieser Art Parallelen in der englischen Konstruktion finden. Dabei ist das Vorkommen dieser Konstruktion nicht auf das Wort *Nachricht* beschränkt.

Es hat sich nichts geändert. Schon eine Entscheidung?

Nothing's changed. Any verdict yet? *FC 30:238*

Neben reinen Nominalphrasen als Ellipsen treten aber auch andere Konstruktionen auf.

LANSING:
Mrs. Channing, was für eine reizende Überraschung.

Mrs. Channing, what a charming surprise.

ANGELA:
Unsere Begegnungen sind niemals reizend gewesen. Warum jetzt noch damit anfangen?

Our encounters have never been charming. Why make this a first? *FC 30:197-8*

5.4.4. Reiteration

5.4.4.1. Lexikalische Reiteration

Ein weiteres kohäsionsbildendes Mittel stellt die Reiteration dar.[120] In Synchrontexten sind vor allem solche Fälle interessant, bei denen sich der deutsche und der englische Text verschiedener Typen der Reiteration bedienen. So ist z.B. zu beobachten, daß sich im englischen Text die Wiederholung von Wörtern findet, während im Deutschen ein "near-synonym" gebraucht wird, was den Charakter der "confirmation of a phenomenon" (CGEL: 19.23) beeinträchtigt.

CLAUDIA:	
Soll ich dir was verraten, Steven ... Wann ich das erste Mal gemerkt habe, daß ich dich liebe? Als du in meiner Küche einen Teller zerschmissen hast ... weißt du noch?	You know what, Steven, you know the first time that I knew that I loved you? It was when you dropped that dish on my kitchen floor. Do you remember?
STEVEN:	
Ich erinnere mich.	I remember. *DC 65:309-10*

Im Englischen wird ***remember*** wiederholt; im Deutschen erscheint der Bezug zwischen ***weißt du noch?*** und ***Ich erinnere mich*** schwächer. Dabei mag die Antwort ***Ich erinnere mich*** auch aus anderen Gründen wenig akzeptabel erscheinen: So könnte man ***Ich erinnere mich*** einer formellen Stilebene zurechnen, während auf einer informellen Ebene ***Ich erinnere mich daran*** oder ***Ich kann mich gut daran erinnern*** - oder in diesem Fall *ja* - gebräuchlicher erscheinen.

Nichts auf der Welt könnte sie von ihrem Sohn fernhalten. Ebensowenig könnte irgendetwas mich von dir trennen.	You know nothing on this earth will keep her from her son, or Jeff, or you. Just like nothing would ever keep me away from you. *DC 87:340-1*

JEFF:	
Alles in Ordnung?	Are you all right?
KIRBY:	
Nein. Und es wird mir nicht besser gehen, bis ich dir ...	No ... and I won't be until I tell -- *DC 65:616-7*

Hier schiene ein höheres Maß an Kohäsion gegeben, wenn sich ***besser gehen*** auf eine Frage ***Wie geht es Dir?*** bezöge.

Bemerkenswert erscheint dabei, daß hier im Deutschen lediglich ein anderes kohäsionserzeugendes Mittel eingesetzt wird, die deutschen Dialoge aber dennoch wenig akzeptabel

---

[120] S. Halliday/Hasan (1976: 278). Vgl. in diesem Zusammenhang auch die Unterscheidung zwischen Rekurrenz, partieller Rekurrenz etc. bei de Beaugrande/Dressler (1981). Zwar führt CGEL (19.23) aus, daß *lexical recurrence* außerhalb von fachsprachlichen Texten eher vermieden wird; es werden aber einige Bedingungen angeführt, in denen sie häufig anzutreffen ist: "...even in language that is being used in a less specialized way, repetition is common enough to convey emphasis. ... Repetition in ordinary discourse also occurs to indicate the repetition, extent or confirmation of a phenomenon". Dabei werden allerdings Beispiele wie *She is very, very intelligent* angeführt.

wirken. Der Grund dafür kann also nicht darin zu suchen sein, daß die Textkohäsion beeinträchtigt wird, sondern es scheint auch für die verschiedenen Typen der Kohäsionsbildung Regeln für ihren Gebrauch zu geben. Geringere Kohäsion im Deutschen kann dabei auch durch Bedeutungsunterschiede zwischen partiellen interlingualen Synonymen bedingt sein.

ROSS:	Ihre Männer haben meinen Hund erschossen.
WARLEGGAN:	Ihren Hund? Und deshalb sind Sie hergekommen? Nun, das paßt zu Ihnen. Auf streunende Rüden lasse ich schießen.
ROSS:	Sie hätten meine Frau treffen können.
WARLEGGAN:	Und auf streunende Hündinnen. *Poldark 1/16:0.43 h*

Hier trägt im Englischen zur Kohäsion die Polysemie von ***bitch*** bei, das einerseits in der Bedeutung 'Hündin', andererseits als Beleidigung für Frauen verwendet werden kann. Beim deutschen Wort *Hündin* ist das nicht in dieser Weise der Fall.

5.4.4.2. Wiederholung von Strukturen

Ähnlich kann die Wiederholung von Strukturen als Faktor gesehen werden, der zur Kohäsion eines Textes beiträgt.[121] Offensichtlich ist es auch hier so, daß die Wiederholung eines Elements nicht in der Weise nach Belieben geschehen kann, daß ein beliebiger Teil des Antezendenten wiederholt werden kann.

KENDALL:	
Ist es Ihre Absicht, mit Ihrer Frau eine reguläre Ehe zu führen, und wollen Sie mit ihr gemeinsam Ihren Sohn großziehen?	Is it your intention to live with your wife as man and wife and together share in the rearing of your son?
STEVEN:	
Ja, Sir, ich habe die Absicht.	Yes sir. That is my intention. *DC 65:511*

Die hier gegebene Modifizierung von *Ist es Ihre Absicht* zu ***ich habe die Absicht*** erscheint weniger akzeptabel als die Wiederholung von *Ja, Sir, das ist meine Absicht.*

DOMINIQUE:	
Du, du denkst wohl, ich bin verrückt?	You think I'm crazy!
BRADY:	
Ich weiß, du bist verrückt.	I know you're crazy. *DC 87:418-9*

In diesem Fall erscheint die Wiederholung von ***du bist verrückt*** unangebracht. Obwohl der Satz mit zwei Nuklei (auf ***weiß*** und ***bist***) artikuliert wird, ergibt die Antwort keinen Sinn. Hier müßte die Wiederaufnahme in der Form eines ***daß***-Satzes geschehen, was durch die strukturelle Ambiguität dieser Konstruktionen begründet ist. Ein Satz wie *Ich weiß, du bist verrückt* präsupponiert, daß ***du bist verrückt*** vom Hörer und vom Sprecher als wahr akzeptiert wird. Dabei enthält der Nebensatz eine Art Konzession, die die Grundlage für eine Weiterführung darstellt, also etwa in ***Ich weiß, dich interessiert das nicht, aber könntest du mir trotzdem mal kurz zuhören.*** Soweit es sich um die Bestätigung des Wahrheitsgehaltes der Proposition des Nebensatzes handelt, ist im Deutschen nur ein ***daß***-Satz möglich, wobei im Gegensatz zu der konzedierenden Verwendung ***weiß*** auch die Hauptbetonung erfährt.

---

[121] Vgl. in diesem Zusammenhang u.a. CGEL (19.7).

5.4.5. Pragmatische und semantische Implikation

Nicht in jedem Fall wird die Kohärenz eines Textes durch Kohäsion deutlich, sondern Kohärenz kann auch durch andere Faktoren entstehen. So erklären Quirk, Greenbaum, Leech und Svartvik den Zusammenhang von *Have you seen the paper? There's been a plane crash* als "pragmatic and semantic implication", van Dijk (1977a: 47) führt Fälle an, die er beschreibt als "the connection between propositions is determined by the RELATEDNESS OF THE FACTS denoted by them", und Brown und Yule (1983: 225) differenzieren folgendermaßen:

> We have isolated three aspects of the process of interpreting a speaker's/writer's intended meaning in producing discourse. These involve computing the communicative function (how to *take* the message), using general socio-cultural knowledge (facts about the world) and determining the inferences to be made.

Von Dijk (1977a: 99) führt in diesem Zusammenhang aus:

> An important COGNITIVE condition of semantic coherence is the ASSUMED NORMALITY of the worlds involved. That is, our expectations about the semantic structures of discourse are determined by our KNOWLEDGE about the structure of worlds in general and of particular states of affairs or courses of events. ...
>
> The set of propositions characterizing our conventional knowledge of some more or less autonomous situation (activity, course of events, state) is called a FRAME.

Die Voraussetzung für Kohärenz dieser Art[122] ist allerdings, daß für den Hörer die Möglichkeit besteht, den Bezug zu erkennen. Das ist in Synchrontexten nicht immer gegeben.

TERRY:	
Sieht so aus, als hättest du deine Chance verpaßt.	Looks you've missed your chance.
REARDON:	
Mich interessiert keine Wette.	Look, I ... I'm not interested in placing a bet.
	FC 23:339

Der Bezug zwischen ***missed your chance*** und ***bet*** ist wesentlich deutlicher als im Deutschen, wobei auch die Formulierung ***Mich interessiert keine Wette*** diesen Bezug wesentlich weniger erkennen läßt als etwa ***Ich will jetzt keine Wetten abschließen.***

Dabei ist zwischen verschiedenen Typen solcher notwendiger Inferenzen zu unterscheiden: Zum einen können sie, wie im obigen Beispiel, im Sachzusammenhang der Äußerungen liegen; zum anderen aber auch im sprach- bzw. kulturspezifischen Hintergrund:

JEFF:	
Oh, oh! Wie heißt es so schön in Romanen? Wir dürfen uns so nicht mehr treffen.	Oh, oh. What is that saying? We've got to stop meeting this way.
FALLON:	
Dramatisch klingt das.	Something like that. *DC 68:119*

[122] Vgl. Van Dijk (1977a: 102-3) zu einer Zusammenfassung von "coherence conditions".

Der deutsche Text ist insofern wenig sinnvoll, als erstens ***Wir dürfen uns so nicht mehr treffen*** nicht als Redewendung erkannt werden kann und zweitens eben kein Bezug zu Romanen besteht, der sich nachvollziehen ließe.[123]

Ein anderer Fall liegt dann vor, wenn ein scheinbarer Bezug zu einem Element im Text hergestellt wird, das nicht vorhanden ist.

<Situation: Jeff und Fallon treffen sich nachts in der Küche>

JEFF:	
Mach mir doch gleich was mit ... ich esse alles, was du ißt.	Cold ham on mine. - I'll take whatever you're making.
FALLON:	
Ich bin nicht richtig hungrig ... Ich weiß gar nicht, warum ich hier bin.	I'm not really hungry. I don't even know why I came down.
JEFF:	
Nein, nicht, Fallon, ich finde wir sollten das klären. Du mußt nicht davonlaufen.	Come on, Fallon. Let's clear the air, okay? You don't have to run away.
FALLON:	
Das mach ich nicht.	I'm not.
JEFF:	
Doch, und schon eine ganze Weile.	You are - and you have been. *DC 68:101-3*

Für ***wir sollten das klären*** ergibt sich in diesem Zusammenhang (noch dazu, wo es sich um den ersten Dialog einer Folge handelt) kein Bezugspunkt. Im englischen Text ist aufgrund der Formulierung ***Let's clear the air*** zwar der Schluß möglich, daß sich die beiden Personen gestritten haben, aber es ist kein konkreter Verweis gegeben, der sich auf mehr als die aufgrund ihres Benehmens offensichtliche Spannung zwischen den beiden Personen bezieht. Bei ***wir sollten das klären*** suggeriert ***das*** einen sinnlosen kataphorischen Bezug, während der einzige gegebene Bezugspunkt in der Situation liegt, also quasi exophorisch ist.[124] Weiterhin ist hier der Gebrauch der Pro-Form ***machen*** zu kritisieren.

Insofern läßt sich sagen, daß die Kohäsion von Synchrontexten zuweilen dadurch beeinträchtigt ist, daß Bezugspunkte, die für die Interpretierbarkeit von Äußerungen notwendig sind, nicht gegeben sind.

5.4.6. Thema-Rhema-Struktur

Auch hinsichtlich der Thema-Rhema-Struktur[125] ist festzustellen, daß in Synchrontexten gelegentlich von der Norm abgewichen wird.

Bernard! Nur 630 Abgeordnete gibt es! ... Hat eine Partei über 300 Sitze, kann sie die Regierung bilden! Doch von diesen 300 sind 100 zu	Bernard, there are only 630 MP's. If one party has just over three hundred it forms a government. Of that three hundred, one hundred are too

[123] Auf diesen Aspekt wird in Zusammenhang mit der Problematik des kulturellen Hintergrunds bei der Übersetzung einzugehen sein (> 7).

[124] Zur Unterscheidung von exophorischen und endophorischen Elementen vgl. Halliday/Hasan (1976: 33) und Brown/Yule (1983: 193).

[125] Auch die Thema-Rhema-Struktur zählt zu den sprachlichen Mitteln, mit denen Kohäsion zum Ausdruck gebracht wird. S. dazu Brown/Yule (1983: 133). Auf die Problematik der Unterscheidung zwischen Thema und Rhema soll hier nicht eingegangen werden.

dumm und zu alt, .. weitere hundert zu jung und zu "grün", .. bleiben also so um die hundert Abgeordnete, um hundert Regierungsämter zu besetzen. .

old and too silly, one hundred too young and too callow - which leaves just about a hundred MP's to fill one hundred government posts.

YM 1/3:054-5

Hier wäre eine unmarkierte Abfolge *Es gibt nur 630 Abgeordnete* oder *Wir haben nur 630 Abgeordnete* zu erwarten.

Der Staatsdienst, Minister, ist dazu da, ... um Gesetze zu vollziehen, die erlassen wurden vom Parlament.

The Civil Service, Minister, exist to implement legislation enacted by Parliament.

YM 1/3:029-30

Ähnlich verlagert die Endstellung von *vom Parlament* den Informationsfokus der Äußerung in unangebrachter Weise.[126]

5.4.7. Kohäsion in Synchrontexten

Wenn man Faktoren untersucht, die zur Kohäsion von Texten beitragen, zeigt sich also, daß sich in Synchrontexten erhebliche Abweichungen gegenüber anderen Texten ergeben. Daraus läßt sich aber nicht ohne weiteres folgern, daß Synchrontexte über ein geringeres Maß an Kohäsion als vergleichbare andere Texte (also etwa Bühnendialoge oder nicht-synchronisierte Filmtexte) verfügten[127]: So hat die Analyse von Synchrontexten - etwa in Hinblick auf Ellipsen oder die Substitution durch Pronomina - gezeigt, daß hier Verstöße gegen die Norm der deutschen Sprache bestehen, was die sprachlichen Mittel angeht, mit denen Kohäsion hergestellt wird. Aus der Tatsache, daß also beispielsweise in einem Synchrontext die Pro-Form *es* gebraucht wird, wo z.B. *das* gebräuchlicher erschiene, läßt sich aber nicht ableiten, daß mit *es* kein Beitrag zur Textkohäsion geleistet würde.

In anderen Fällen, insbesondere dann, wenn der Bezugspunkt eines exo- oder endophorisch gebrauchten Elementes unklar oder nicht vorhanden ist, oder in bezug auf die unmotivierten Stilbrüche, die für Synchrontexte als typisch zu erachten sind, kann man hingegen wohl doch von einer Beeinträchtigung der Textkohäsion sprechen. Es ist also notwendig, in Hinblick auf die Kohäsion von Synchrontexten zu differenzieren zwischen

- Verletzungen der Norm der Versprachlichung von Kohäsion
- mangelnder Realisierung von Kohäsion.

---

[126] In diesem Fall dürfte allerdings die Lippensynchronität der offensichtliche Grund für diese Wortstellung sein.

[127] Dabei soll nicht behauptet werden, daß sich der Grad an Kohäsion, den ein Text aufweist, oder seine *texture* genau messen ließen. Eine Analyse von Kohäsionsfaktoren in synchronisierten Filmen findet sich auch in der Untersuchung von Whitman-Linsen (1992: 289-96), die zu ähnlichen Ergebnissen kommt.

5.5. Schlußfolgerungen

5.5.1. Synchronisationstheoretische Schlußfolgerungen

5.5.1.1. Allgemeine Schlußfolgerungen

Die Analyse von Synchrontexten hat ergeben, daß sich deutsche Synchrontexte durch eine Reihe von Merkmalen auszeichnen, die als typische Kennzeichen solcher Texte angesehen werden können.[128] Dabei kann natürlich nicht behauptet werden, daß die Dialoge aller synchronisierten Filme diese Merkmale in derselben Weise, derselben Verteilung oder derselben Intensität aufweisen. In dieser Hinsicht bestehen sicherlich erhebliche Unterschiede, die im Text bedingt sein können (das Problem einer zu formellen Stilebene stellt sich in einer Serie wie *Yes Minister* eben z.B. weniger als in vielen anderen Filmen), aber natürlich auch im Können der Übersetzer und dem Zeitaufwand, der für die Erstellung des Synchrontextes investiert wurde. Dennoch lassen sich diese Charakteristika zumindest als allgemeine Tendenzen festhalten. Im wesentlichen handelt es sich dabei um

- ein sehr hohes Ausmaß des Vorkommens von Anglizismen im Sinne von Fremd- und vor allem Interferenzerscheinungen,
- eine starke Tendenz zum Gebrauch von Wörtern und Konstruktionen, die im Medium der gesprochenen Sprache und im gegebenen Situationskontext als zu formell erscheinen, so daß stellenweise der Eindruck einer gewissen Schriftsprachlichkeit entsteht, wobei daraus resultieren
- häufige, unmotivierte und sicher nicht intentionale Stilbrüche, weil weder diese 'formelle' noch eine in der gesprochenen Sprache 'neutrale' oder 'informelle' Stilebene konsistent verwendet wird,
- Verletzungen der Versprachlichung von Kohäsionsbeziehungen und
- z.T. mangelnde Herstellung solcher Kohäsionsbeziehungen.

In den untersuchten englischen Synchrontexten finden sich die entsprechenden Merkmale in weit geringerem Maße. Weder sind Germanismen festzustellen, die nicht die Funktion hätten, einen Bezug zur deutschen Kultur herzustellen, noch läßt sich eine solche hohe Anzahl von Stilbrüchen im Englischen konstatieren.

5.5.1.2. Beispiele

Da bisher weitgehend sehr kurze Textausschnitte zur Verdeutlichung einzelner Aspekte der Kennzeichen von Synchrontexten herangezogen wurden, sich der eigentliche Charakter

---

[128] Die Unterschiede, die sich daraus ergeben, daß es sich bei Filmdialogen nicht um natürliche gesprochene Sprache, sondern um geplante Sprache handelt, beziehen sich dabei im wesentlichen auf den Aspekt der Planbarkeit der gesprochenen Sprache, wobei in Filmdialogen vor allem eine Reduzierung performanzbedingter Erscheinungen der gesprochenen Sprache festgestellt wurde (> 5.2). Es sei an dieser Stelle noch erwähnt, daß sich in Hinblick auf die Satzlänge keine signifikanten Unterschiede zwischen den Dialogen der Originalfassung und der Synchronfassung ergeben haben.

aber aus dem Zusammenwirken der verschiedenen Faktoren ergibt, sollen hier abschließend einige längere Dialogpassagen wiedergegeben werden.

<Situation: Blake Carrington und seine Tochter Fallon, die anläßlich der bevorstehenden Hochzeit ihres Vaters aus Griechenland zurückgekehrt ist, begegnen sich beim Reiten. Fallon stürzt vom Pferd und fällt in einen Fluß.>

		Originaltext	Synchron-Sendetext
1		BLAKE:	
		Are you okay?	Alles in Ordnung?
2		FALLON:	
	A	Yes, I'm okay. But that damn horse isn't GOing to when I catch it.	Ja..., mir geht es gut. Aber diesem Pferd nicht, wenn ich es erwische.
		(Laute)	Ich, ich kann nicht.
		I know you Blake Carrington. You PAID that horse to dump me.	Ich kenne dich, Blake Carrington. Ich wette, du hast den verdammten Gaul bestochen.
3		BLAKE:	
	B	I didn't have to pay him. He WORKS for me.	Das war nicht nötig. Er arbeitet für mich.
4		FALLON:	
	B	Is there anybody in Colorado who doesn't work for YOU?	Ich schätze, in Colorado gibt es nicht einen Menschen, der nicht für dich arbeitet.
5		BLAKE:	
	B	<Oh, a few people but not for long.>	Ein paar schon, doch nicht mehr lange.
		Oh, I'm so glad that you're home.	Oh Kind, ich bin wirklich froh, daß du wieder zu Hause bist.
6		FALLON:	
		Are you serious? You really think I'd miss your wedding? ... I even gave up soccer matches at Athens to be here. And that's not	Hast du etwa geglaubt, ich würde deine Hochzeit versäumen? Dafür hab ich sogar ein Fußballspiel in Athen sausen lassen. Und das
	C	all I gave up. There was this entirely	war nicht alles. In der Mannschaft gab es
	D	gorgeous goalie for ...	einen unglaublich entzückenden Torwart ...
7		BLAKE:	
		Ah ... spare me with details. I'm not a soccer FAN. Besides ... <there's something I want to talk to you about.>	Verschone mich mit Einzelheiten. Ich bin kein Fußballfan. Fallon. Ich muß mit dir was wichtiges besprechen.
8		FALLON:	
	E	Give me your jacket. Well, I'm CERtainly not riding back to the house in wet CLOthes.	Gib mir dein Jacket. Du erwartest doch wohl nicht, daß ich den nassen Sachen zum Haus zurückreite?
9		BLAKE:	
		Certainly not. I'll ... ah ... go and catch your horse.	Nein, natürlich nicht. Ich, ich werde dein Pferd einfangen.
10		FALLON:	
		THANKS.	Danke.
	F	<... so I said to myself, would Daddy really appreciate a soccer player for a wedding	... tja, und da hab ich zu mir gesagt, würde Daddy wirklich einen Fußballspieler als
	G	present?> So I left him there. Besides in his last game he had his fibula broken in two	Hochzeitsgeschenk mögen, und so hab ich ihn dagelassen. Abgesehen davon, hat er sich beim letzten Spiel
	H	places ...	das Wadenbein an zwei Stellen gebrochen, und ...
11		BLAKE:	
		Now, now, now ... Fallon, would you wind down for a MInute, PLEASE? We go back to the house, with your BROther there and Krystle and all that conFUsion and we MAY	Okay, okay. Fallon, würdest du bitte mal einen Moment die Luft anhalten. Bevor wir jetzt ins Haus kommen, wo dein Bruder ist und Krystle und all das Durcheinander,
	I	not get another chance to talk.	sollten wir die Gelegenheit zu einem Gespräch nutzen.

12		FALLON: Okay.	Na gut.
13	J	BLAKE: NOW, you know, you're just about the most important thing in the WORLD for me.	Also, ... du weißt, daß du für mich zu den wichtigsten Personen auf dieser Welt zählst.
14	J	FALLON: Just about? You mean I've slipped to second place?	Nicht mehr die wichtigste? Bin ich auf den zweiten Platz abgerutscht?
15		BLAKE: Will you give me a chance, will you LISten to what I have to say?	Gibst du mir jetzt endlich mal die Chance, zu sagen, was ich sagen will?
16	K	FALLON: Yes, I'll listen.	Ja, ich hör dir zu.
17		BLAKE: I've asked Cecyl Colby to bring his nephew to the wedding.	Ich habe Cecyl Colby gebeten, seinen Neffen zur Hochzeit mitzubringen.
18		FALLON: It's your wedding - invite anybody you like.	Es ist deine Hochzeit. Du kannst einladen, wen du willst.
19	L	BLAKE: His name is Jeff. He's just about your age.	Sein Name ist Jeff. Er ist ungefähr in deinem Alter.
20		FALLON: Yes, I know him, Daddy. We went to SUMmercamp together when we were eLEven.	Ja, ich kenne Jeff, Daddy. Wir waren mal zusammen im Sommerlager, als wir elf Jahre alt waren.
21	M	BLAKE: Oh. I told Cecyl that you'd like to act ... sort of ... Jeff's EScort for the day.	Aha. Ich habe Cecyl gesagt, daß du ... äh ... Jeffs Tischdame an diesem Tag sein würdest.
22		FALLON: I see. And have you already negotiated the BRIDE price. What are you taking for me? Cash or stock options?	Ich verstehe. Und? Habt ihr auch schon über einen Preis für die Braut verhandelt? Na, was nimmst du für mich, Bargeld oder Obligationen?
23		BLAKE: You asked me what I wanted for a wedding present. The very best present you could give me <would be to see you ...>	Du hast mich gefragt, was ich als Hochzeitsgeschenk haben möchte. Das schönste Geschenk für mich wäre, dich endlich ...
24		FALLON: ... to see °me ha°ppily °married and settled down?	... °mich endlich glücklich °mit °Mann und Kind zu sehen?
25		BLAKE: <That's right.>	Genau das.
26	N	FALLON: That is °bull, Daddy, you know it. <Colbyco Oil makes Denver Carrington look like a corner> °filling station. That's eating your li°ver out. You're not talking a°bout a °marriage. You're talking a°bout a °merger.	Das ist doch °Blödsinn, Daddy. Das °weißt du genau. Gegen Colbyco Oil sieht Denver Carrington aus °wie eine °müde Ecktankstelle und das °macht dich rasend. Du redest nicht ü°ber eine Ehe, du redest ü°ber eine °Fusion. *DC 1: 0.29-30 h*

Prinzipiell ist in bezug auf den ZDF-Sendetext festzustellen, daß es sich (zumindest ab Dialogpassage 12) um eine sehr gute Übersetzung handelt:[129] Es wird ein bemerkenswert hoher Grad an Lippensynchronität - erkennbar an der Parallelität der Labiale (markiert durch °) in den besonders deutlich sichtbaren (doppelt unterstrichenen) Passagen - erreicht, inhaltlich werden z.B. die jugendsprachlichen Elemente der Tochter gut wiedergegeben, wobei die Äquivalenz bezüglich des Charakters von Fallon auch durch die sehr gute Intonation der Synchronsprecherin unterstützt wird.[130]

A	Mir geht es gut ist in der entsprechenden Situation nicht akzeptabel; nichts passiert, alles in Ordnung etc. sind im Deutschen in einer solchen Situation üblich.
B	nicht einen Menschen (4) greift er (3) bzw. Gaul (2) wieder auf; ein paar schon (5) bezieht sich auf nicht einen Menschen. Durch eine unpersönliche Formulierung wie Das gilt ja sowieso für ganz Colorado könnten diese Kohäsionsbrüche vermieden werden.
C	gab es: Anglizismus.
D	unglaublich entzückender Torwart: im Deutschen unübliche Kollokation; attraktiv, sexy, stark usw. geben den Textsinn eher wieder.
E	du erwartest doch wohl nicht erscheint im gegebenen Kontext für die Sprecherin zu formal.
F	da hab ich zu mir gesagt: Anglizismus.
G	so: Anglizismus bzw. schriftsprachlich.
H	das Wadenbein an zwei Stellen gebrochen: Anglizismus; im Deutschen spricht man von einem doppelten Bruch, in bezug auf den Textsinn kann auf eine semantisch präzise Wiedergabe verzichtet werden.
I	... sollten wir die Gelegenheit zu einem Gespräch nutzen erscheint angesichts des vorangehenden Kontexts und der Sprecher-Hörer-Konstellation Vater - Tochter zu formal.
J	zu den - die: Kohäsionsbruch.
K	Ich höre erscheint hier idiomatischer als ich hör dir zu.
L	Sein Name ist Jeff: Anglizismus bzw. situationell nicht angemessen.
M	an diesem Tag: Anglizismus; sein würdest evtl. zu formal.
N	Du redest nicht über ..., du redest über ...: Anglizismus; entweder: von oder noch freiere Übersetzung.

CASS:	
Damon, - du bist zurück. - Wie war New York? - Irgendwelche Schwierigkeiten, Richard's Schuldscheine aufzukaufen?	... Damon .. you're back. How was New York? Any trouble buying up the notes on Richard's loans?
DAMON:	
Nein. - Wir sind jetzt Richard Channings und Chase Giobertis einzige Gläubiger. Alles was sie schulden, schulden sie uns.	None. We are now Richard Channing and Chase Gioberti's sole creditors. Everything they owe, they owe to us.
CASS:	
Ausgezeichnet. - Sehr bald sind wir die Besitzer von Falcon Crest.	Excellent. Very soon, we'll pick up their shares of Falcon Crest.
DAMON:	
Dein Telefon ist den ganzen Morgen besetzt gewesen. - Richard Channing?	I tried calling you all morning. Your machine was on. Richard Channing?
CASS:	
Ich will nicht, daß er das Vertrauen in mich verliert.	I don't want him to lose confidence in me.
DAMON:	
Oder Interesse. Könnte es vielleicht sein, daß meine große Schwester sich verliebt hat?	Or interest. Could it be my big sister's actually falling in love with someone?
CASS:	
Ich bin nicht in Stimmung für deine Scherze.	I'm in no mood for your teasing.

[129] Das gilt besonders auch für den Rest dieser Szene, die hier nicht wiedergegeben ist.
[130] Im Falle von Blake ist das nicht in derselben Weise der Fall. Vgl. dazu 3.1.3.

DAMON:	
Ich hab von Richards Tochter in den Nachrichten gehört. Tragisch, das Ganze. Cass - sollten wir nicht nochmal alles überdenken, nach dem, was geschehen ist? Ich glaub, du hast Richard wirklich gern. Ist dir egal, was mit ihm passiert?	I heard about Richard's daughter on the news. It's a tragic thing. Cass ... do you think we should reconsider what we're doing, after all that's happened? I mean, aren't you fond of Richard? Don't you care what will happen to him?
CASS:	
Ich hab Mitgefühl für ihn. Doch Gefühle dürfen unseren Plan nicht in Frage stellen. Oder hast du etwa Zweifel?	I feel sorry for him. Unfortunately, it's essential to our plan. You're not having second thoughts, are you?
DAMON:	
Nein. Ich will nur nicht, daß man unschuldige Leute verletzt so wie Angela Channing uns.	No, I just don't want to hurt innocent people the way that Angela Channing hurt us.
CASS:	
Ich glaub, du bist zu viel mit Emma zusammen gewesen.	I think you've been seeing too much of Emma.
DAMON:	
Das ist meine Sache, nicht deine.	That is my decision, not yours.
CASS:	
Ich hab dich die ganze Zeit vor ihr gewarnt. Wenn du nicht den Mut zu diesem Plan hast, dann hättest du niemals zustimmen dürfen.	I told you not to get involved with her. If you haven't got the stomach for this, you never should've agreed to go through with it in the first place.
DAMON:	
Ich hatte doch gar keine andere Wahl. Es ist immer Mutters Besessenheit gewesen, Falcon Crest zu zerstören.	Neither of us had any choice. It has always been Mother's obsession to destroy Falcon Crest.
CASS:	
Wenn du wirklich ehrlich zu dir selbst wärst ... dann würdest du einsehen, daß Mutter mich nicht dazu gezwungen hat - und dich genausowenig.	If you were really honest with yourself ... you would realize that Mother didn't force me into this. And she didn't force you.
	FC 28:146-54

Auch in dieser Passage finden sich zahlreiche Anglizismen, die z.T. in 5.1 bereits diskutiert wurden. Im Falle von *Oder Interesse* handelt es sich nicht nur um einen grammatischen Anglizismus, sondern im Verhältnis zu *das Vertrauen* auch um eine Verletzung von Kohäsionsregeln. Die komplexe Nominalphrase *Mutters Besessenheit, Falcon Crest zu zerstören* stellt einen wesentlichen Stilbruch in der ansonsten umgangssprachlichen Unterhaltung dar. Darüber hinaus zeigen sich Verletzungen der Thema-Rhema-Struktur, z.B. durch die Endstellung von *in den Nachrichten*. Im letzten Absatz ergibt sich zwar in dieser Beziehung kein Unterschied zum englischen Original; bezieht man aber die vorausgegangene Rede von Damon mit ein, ist erkennbar, wie stark die Textstruktur durch die Übersetzung beeinträchtigt werden kann: *... einsehen, daß Mutter mich nicht dazu gezwungen hat - und dich genausowenig* ist nur im englischen Text *Neither of us had any choice* sinnvoll, nicht aber in der deutschen Übersetzung, wo es heißt *Ich hatte doch gar keine andere Wahl.*[131] Im Falle von *Oder hast du etwa Zweifel?* und *zu diesem Plan* erscheint der Bezug im Deutschen weitaus unklarer als im Original.[132]

---

[131] In diesem Fall ist der Text offensichtlich erst während der Synchronisationsarbeiten festgelegt worden. Im Synchronbuch lautet die Übersetzung: *Keiner von uns hatte auch nur irgendeine Wahl.*

[132] Weitere längere Textbeispiele werden in Kapitel 7 gegeben. Im Falle von (1) und (2) handelt es sich je um eine gesamte Szene aus den Serien *Der Denver-Clan* und *Falcon Crest*. Für Beispiel (3) kann die englische Fassung nicht zum Vergleich herangezogen werden, weil es sich nicht um vom Sender zur Verfügung gestelltes Material, sondern um einen zufälligen Mitschnitt handelt.

<Situation: Donna kommt zu ihrem Mann Ray nach Hause, der schon auf sie gewartet hat.>

DONNA:	Hallo. Entschuldige die Verspätung, aber ich war draußen bei den Bohrarbeiten.
RAY:	(dazwischen) Ist mir gar nicht aufgefallen. Dieser Artikel ist so spannend, daß ich ...
DONNA:	Du wirst es nicht glauben. Wir sind bei einer täglichen Förderleistung von 40 Barrel angelangt.
RAY:	Nicht übel für die lächerliche Investition von 10 Millionen Dollar.
DONNA:	Wenn du so weitermachst, Cowboy, verlierst du ein paar Zähne. (Kuß)
RAY:	Ich hatte nicht die Absicht, deinen Ausflug in die Welt der Ölgiganten herabzusetzen.
DONNA:	Dann wirst du ja auch sehr erfreut darüber sein, daß die weiteren Probebohrungen, die durchgeführt wurden, recht vielversprechend sind. Wenn mich nicht alles täuscht, könnte dies ein besonders ölreiches Feld sein.
RAY:	Phantastisch. Wirklich. Ich freue mich nämlich schon aufs süße Nichtstun nach all der Schufterei auf der Ranch.
DONNA:	(Lachen). Klar, daß du mieser Laune bist. Weil du schrecklichen Hunger hast.
RAY:	Richtig.
DONNA:	Okay, verstehe. Was hälst du davon, wenn ich lieb bin, dich in die Stadt fahre und wir schön essen gehen?
RAY:	Du brauchst dich nicht so anzustrengen. Ich bin gar kein so abhängiger Ehemann wie du glaubst. Ich habe das Essen unter Kontrolle. Es ist im Mikrowellenherd und, du wirst staunen, in 10 Minuten fertig.
DONNA:	Was du nicht sagst. Was ist es denn? Hm?
RAY:	Eine ausgewogene Mahlzeit.
DONNA:	Och, fabelhaft. Ich sterbe vor Hunger. (geht zum Mikrowellenherd und nimmt zwei runde Schachteln heraus) Ich habe eine Neuigkeit für dich, mein Schatz. Du hast vergessen, ihn anzustellen. Sie sind steinhart.
RAY:	Was? Ich weiß, daß ich ihn angestellt habe. - Verdammtes Ding.
DONNA:	Reg dich nicht auf. Das macht doch nichts. Komm, wir fahren nach Bradock und essen einen Hamburger.
RAY:	Du weißt genau, daß ich uns immer noch etwas anderes kochen kann.
DONNA:	Hey, hey, hey. Tut mir leid, daß ich so spät war. Schließlich kommt es nicht oft vor, nicht wahr?
RAY:	Wahrscheinlich konnte ich eine gewisse Ungeduld nicht verbergen.
DONNA:	Ist nicht so tragisch. Du hast ein Recht darauf, auch mal wütend zu werden. Schließlich habe ich dich nicht wegen deiner Vollkommenheit geheiratet.
RAY:	Sondern?
DONNA:	Sondern, weil ich dich liebe, verstehst du? (Kuß)
RAY:	Bitte entschuldige.
DONNA:	Okay. *Dallas: Miss Ellies Heimkehr 0.06-07 h*

Obwohl dieser Dialog wesentliche Elemente einer spontanen Unterhaltung enthält, ist er ein typisches Beispiel für die Stilbrüche, die in Synchrontexten häufig vorkommen. Zwar wirken Formulierungen wie *Ich hatte nicht die Absicht, herabzusetzen* ironisch, es ist aber zu bezweifeln, ob das intendiert ist; bei *konnte ich eine gewisse Ungeduld nicht verbergen* ist das mit Sicherheit nicht der Fall. Darüberhinaus bestehen im Text auch Referenzprobleme, z.B. ist der Bezug von *ihn* auf den Mikrowellenherd zwar aus der Situation eindeutig; die Vorerwähntheit liegt aber so weit zurück, daß *du hast vergessen, den Herd anzustellen*[133] naheliegender wäre. Ebenso ergibt sich aus dem Bild kein eindeutiger Bezug für *Sie* in *Sie sind steinhart.*[134] Was die

[133] Lippensynchronität kann hierbei nicht der Grund für den Gebrauch von *ihn* sein, da Sätze wie *Du hast den Herd gar nicht angemacht* ohne weiteres denkbar wären.

[134] Es ist denkbar, daß im englischen Text ein solcher Bezug im Satz *Eine ausgewogene Mahlzeit* enthalten ist.

Textstruktur angeht, erscheint auch der Gebrauch von *schließlich* (im Gegensatz zu *aber es kommt ja nicht oft vor*) unmotiviert. Anglizismen können aufgrund des fehlenden Originaltextes nicht eindeutig nachgewiesen werden, aber *unter Kontrolle*, *so spät war* und *verlierst ein paar Zähne* lassen Interferenz vom Original vermuten.

Mit diesen drei Beispielen sollte abschließend verdeutlicht werden, daß sich Synchrondialoge erheblich von deutschen Filmdialogen unterscheiden. Auch wenn die Passagen hier nicht im Detail analysiert wurden, ließen sich Anglizismen, Stilbrüche und Beeinträchtigung der Kohäsion als wesentliche Merkmale von Synchrontexten nachweisen.

5.5.2. Sprachwissenschaftliche Schlußfolgerungen

Die Analyse der Dialoge synchronisierter Filme unter textlinguistischen Gesichtspunkten erlaubt folgende Schlußfolgerungen:

1. Bei der Definition von Text darf der Aspekt der Kohäsion nicht überbetont werden. So ist auf der Grundlage der Untersuchung der Synchrontexte Brown und Yule durchaus zuzustimmen, wenn sie in dieser Hinsicht Vorbehalte gegenüber folgenden Ausführungen von Halliday und Hasan (1976: 13) anführen:

   > ... the concept of cohesion accounts for the essential semantic relations whereby any passage of speech or writing is enabled to function as text. We can systematize this concept by classifying it into a small number of distinct categories ... Each of these categories is represented in the text by particular features - repetitions, omissions, occurrences of certain words and constructions - which have in common the property of signalling that the interpretation of the passage in question depends on something else. If that 'something else' is verbally explicit, then there is cohesion. There are, of course, other types of semantic relation associated with a text which are not embodied in this concept; but the one that it does embody is in some ways the most important, since it is common to text of every kind and is, in fact, what makes a text a text.

   Anhand der Diskussion einiger Beispiele wie

   > A: There's the doorbell.
   > B: I'm in the bath

   wenden Brown und Yule (1983: 196) dagegen folgendes ein:

   > In each case, we suggest, there is no explicit marking of relationships between the first and second sentences. Nonetheless, a normal reader will naturally assume that these sequences of sentences constitute a text (since we are presenting them as if they were) and will interpret the second sentence in the light of the first sentence. He will assume that there are 'semantic relations' between the sentences, in the absence of any explicit assertion that there is such a relationship (...). It seems to be the case then that 'texture', in the sense of explicit realisation of semantic relations, is not criterial to the identification and co-interpretation of texts.

   Auch wenn Synchrontexte natürlich über eine große Anzahl expliziter kohäsionserzeugender Elemente und damit über Kohäsion verfügen, gibt die Tatsache, daß häufig Kohäsionselemente verwendet werden, die den Regeln der deutschen Sprache nicht entsprechen, doch einen Hinweis auf den Stellenwert von Kohäsion in Hinblick auf *tex-*

ture.[135] Von daher liefert die Analyse von Synchrontexten auch Argumente für einen Ansatz wie den von de Beaugrande und Dressler (1981: 88), der Kohärenz in den Vordergrund stellt:

> Ein Text "ergibt Sinn", weil es eine SINNKONTINUITÄT innerhalb des Wissens gibt, das durch Ausdrücke des Textes aktiviert wird. ... Ein "sinnloser" oder "unsinniger" Text ist ein Text, in dem die Textempfänger keine solche Kontinuität entdecken können ... Diese Sinnkontinuität möchten wir als die Grundlage der KOHÄRENZ ansetzen, welche ihrerseits den gegenseitigen Zugriff und die gegenseitige Relevanz von KONZEPTEN (Begriffen) und RELATIONEN (Beziehungen) innerhalb einer Konfiguration darstellt ...

2. In Hinblick auf die stilistischen Eigenschaften von Synchrontexten hat sich gezeigt, daß (zumindest für die Zwecke dieser Analyse) nur ein Ansatz sinnvoll ist, der wie etwa der von Söll und Hausmann (1985) Wörtern und Konstruktionen nur relativ in Hinblick auf das Medium der geschriebenen oder gesprochenen Sprache Stilwerte zuerkennt. Dabei erweist es sich als notwendig zu unterscheiden zwischen einer neutralen Stilebene (zwischen den Polen von 'sehr formell' und 'sehr informell') und Erscheinungen, die hinsichtlich ihres Stilwert neutral sind. Letztere können nicht im Sinne von Enkvist (1964) als *style markers* bezeichnet werden, wobei es die *style markers* sind, denen im Text Kohärenzfunktion zukommt.
3. Die vorhandenen Wörterbücher und Grammatiken sind nur sehr unzureichend in der Lage, die Informationen zu liefern, die man benötigt, um die Besonderheiten der Synchronsprache zu beschreiben. Die gegebenen Angaben zur Stilebene sind in der Regel bei weitem nicht präzise genug, um den Gebrauch eines Wortes in einem bestimmten Kontext als unangemessen bestimmen zu können. Ebenso sind die Bedingungen für die Substitution durch Pro-Formen oder für den Gebrauch von Ellipsen in den Grammatiken keineswegs so detailliert beschrieben, daß sie eine ausreichende Basis für die Analyse darstellen könnten.
4. Synchronisierte Filme stellen angesichts der hohen Anzahl von festgestellten Anglizismen wohl eine wesentliche Quelle für das Eindringen von Anglizismen in die deutsche Sprache dar. Es konnte gezeigt werden, daß der Einfluß von synchronisierten Filmen (und anderen übersetzten Texten) sich grundlegend von dem anderer Texte, in denen viele Anglizismen vorkommen, wie etwa der Werbesprache oder Sprache von Rundfunkmoderatoren (oder auch Fachsprachen) unterscheidet: Im Falle von synchronisierten Filmen ist der Gebrauch von Anglizismen nur zum Teil motiviert. Eine solche Motivation ergibt sich auf der Ebene der Fremd- und Lehnwörter, sofern sie eingesetzt werden, um Lokalkolorit zu erzeugen. Ähnliches kann für manche Anglizismen im Bereich der Pragmatik etwa im Bereich der Anredeformen gesagt werden. Im wesentlichen handelt es sich bei Anglizismen in Synchrontexten aber um Interferenzerscheinungen, d.h. ihr Gebrauch erscheint weder durch die *transactional function* noch durch die *interactional function* von Sprache motiviert. Letztlich zeigen diese Überlegungen auch, daß eine sinnvolle Betrachtung des Eindringens von Anglizismen in die deutsche Sprache die formale Klassifikation von Anglizismen mit der Untersuchung ihrer Funktion verbinden muß.

---

[135] Auf die Frage der Interpretierbarkeit von Synchrontexten wird in Kapitel 8 eingegangen.

6. Synchrontexte als Übersetzungstexte

6.1. Synchrontexte als Übersetzungen

6.1.1. Synchrontexte

Die in Kapitel 5 festgestellten Eigenschaften von Synchrontexten sind nicht unabhängig davon zu sehen, daß es sich bei diesen Texten um Übersetzungen handelt. Zwar ist bemerkenswert, wie häufig diese Erscheinungen auftreten, ohne im Originaltext angelegt zu sein. Dennoch kann auch das in diesem Sinne unmotivierte Auftreten von Anglizismen etc. darauf zurückgeführt werden, daß es sich um Übersetzungen handelt: Zum Teil ist zumindest anzunehmen, daß sich eine Art Synchronsprache herausgebildet hat, in der sich Interferenzerscheinungen in der Weise verselbständigt haben, daß sie in die Sprachkompetenz der Synchronübersetzer als akzeptabel eingegangen sind.[1]

Ziel des vorhergehenden Kapitels war nur die Beschreibung der Charakteristika von Synchrontexten per se. Eine Kritik der Übersetzungen war mit der Analyse nicht verbunden. Eine solche Kritik setzt an sich eine Klärung des Äquivalenzbegriffs und der Funktion der Übersetzung voraus, denn Hönig und Kußmaul (1984: 131) ist durchaus zuzustimmen, wenn sie sagen, "daß ein Übersetzungsfehler immer nur in bezug auf die kommunikative Funktion der Übersetzung hin zu definieren ist". Viele der dargestellten Merkmale von Synchrontexten sind selbstverständlich auch als Verletzung des Prinzips übersetzerischer Äquivalenz zu sehen. Der unmotivierte Wechsel von Stilebenen, die z.T. eingeschränkte Herstellung von Kohäsion in den Übersetzungstexten oder auch viele der beobachteten Anglizismen[2] sind nämlich nicht durch die Funktion der Übersetzung zu erklären. Da sich diese Merkmale in den Originaltexten nicht finden, ist in solchen Fällen insofern ohne Zweifel keine Äquivalenz zwischen Ausgangstext und Zieltext auf der entsprechenden Äquivalenzebene[3] gegeben, wobei nur im Einzelfall, nicht jedoch in dieser Häufung das Gebot der Lippensynchronität für den Zieltext verantwortlich wäre, wie in Kapitel 2 nachgewiesen wurde.[4] Aus diesem Grund ist es notwendig, das praktizierte Übersetzungsverfahren genauer zu analysieren, um die Ursachen für die festgestellten Eigenschaften der Synchrontexte aufzuspüren.

---

[1] Vgl. in diesem Zusammenhang auch Kapitel 7.

[2] Das gilt aber z.B. nicht für Anglizismen, die bewußt zur Erzeugung von Lokalkolorit eingesetzt werden, also etwa Anreden wie *Detective* oder *Inspector*.

[3] Vgl. dazu 7.3 und Koller (1983: 186-9), worauf in 1.3.2.2 bereits kurz eingegangen wurde.

[4] Vgl. dazu die Diskussion von Alternativvorschlägen für Synchronübersetzungen in 7.6.2.

6.1.2. Übersetzungsfehler

Eine Kategorie, die bisher aus der Betrachtung ausgeklammert wurde, sind Übersetzungsfehler in dem Sinne, daß der Inhalt des Originaltextes falsch bzw. sinnentstellend wiedergegeben wird. Solche Fehler finden sich z.B. auf der lexikalischen Ebene, etwa wenn *garage* mit *Garage* (anstatt *Werkstatt*) übersetzt wird. Andere Beispiele sind:

Es ist eine Meinung, die auf Ignoranz beruht.	It's an opinion based on ignorance. *DC 63:524*
CONNIE: Also bis jetzt, ist er noch nicht ungeduldig mit mir gewesen. Im Gegenteil.	Well ... he hasn't been impatient with me yet. He's been very sweet.
MAGGIE: Gib ihm Zeit. Er zeigt sich dann von seiner besten Seite.	Well, give him a little time. He's still on his best behavior. *FC 29:187*
Cole ... was wird mit uns?	Cole ... what's happening to us? *FC 29:236*
Ja, wir suchen Jud Barrows, er wartet auf uns.	Yeah, we're looking for Jud Barrows. He's expecting us. *DC 63:334*

Im Prinzip ist jedoch festzuhalten, daß Übersetzungsfehler dieser Art relativ selten auftreten.[5] Im Vergleich zu den in Kapitel 5 beschriebenen Erscheinungen können sie also nicht als typische Merkmale von Synchrontexten angesehen werden. In Hinblick auf die Gewichtung solcher Fehler sind ohnehin wiederum der mögliche Konflikt verschiedener Äquivalenzebenen und die Funktion der Übersetzung zu berücksichtigen.[6] In manchen Fällen sind Veränderungen wahrscheinlich beabsichtigt, um den Originaltext zu "entschärfen", was etwa Diller und Kornelius (1978)[7] oder Hesse-Quack (1967: 196)[8] betonen, wobei letzterer seine Analyse von Dialoglisten in dieser Hinsicht folgendermaßen zusammenfaßt:

> Der größte Anteil an Veränderungen findet sich bei Dialogstellen, die die Sexualsphäre betreffen. Wenn sie nicht ganz unterdrückt wird, unterliegt sie zumindest einer starken Tendenz zur "Verharmlosung".

---

5 Vgl. in diesem Zusammenhang auch die Analyse der Synchronisation der Folgen 4 und 5 der Serie *Denver-Clan* bei Jadebeck (1984: insbes. 72-4).

6 Insofern ist ein "Fehler" wie in *DC 63:334* wohl auch von untergeordneter Bedeutung. Allerdings ist in diesem Fall unwahrscheinlich, daß Lippensynchronität für die Übersetzung *wartet auf uns* im Gegensatz zu *erwartet uns* ausschlaggebend war. Vgl. in diesem Zusammenhang Hönig/Kußmaul (1984: 131). Zu der Unbestimmtheit des Begriffs Übersetzungsfehler vgl. auch Hönig (1987: 44).

7 Vgl. Diller/Kornelius (1978: 105, 108-9), die einerseits darauf hinweisen, daß Veränderungen in Hinblick auf Institutionen wie die Freiwillige Filmselbstkontrolle oder die Filmbewertungsstelle der Länder stattfinden, andererseits Veränderungen bezüglich des Geschmacks des zielsprachlichen Publikums anführen. In diesem Kontext erwähnen Diller/Kornelius (1978: 109-10) Bereiche wie "Blasphemie", "Kraftausdrücke und brutale Wendungen", "Anspielungen auf die Sexualsphäre" und "Negative Darstellungen 'des' Deutschen, politische Kritik an Deutschland, insbesondere auch am Dritten Reich". Vgl. auch 7.4.1.2.

8 Zu Veränderungen dieser Art s. u.a. die vergleichende Untersuchung verschiedener Dialoglisten von Hesse-Quack (1967).

Entsprechende Beispiele finden sich auch im untersuchten Korpus:

We haven't made love in weeks.	Eine Woche haben wir nicht mehr geschmust.
	H 1:224

6.2. Das Übersetzungsverfahren

Eine der Hauptursachen für die festgestellten Eigenschaften von Synchrontexten liegt in einem Übersetzungsverfahren, das bei der Synchronisation von Fernsehserien sehr weit verbreitet ist. Es umfaßt im wesentlichen zwei Komponenten:[9]

1. Das Originaldrehbuch, die sog. *continuity*,[10] wird von einem "Rohübersetzer" provisorisch übersetzt.
2. Die "Rohübersetzung" wird - häufig vom Dialogregisseur - unter Beachtung der Erfordernisse der Lippensynchronität und anderer filmischer Gesichtspunkte zur "Synchronübersetzung" umgearbeitet.

Als dritte Komponente, die zu berücksichtigen sein wird, schließt sich die Arbeit im Synchronstudio an, in der die Synchronübersetzung durch Eingriffe des Synchronregisseurs weitere Veränderungen zum Synchrontext erfährt.[11]

Die Arbeitsteilung zwischen Erstellung einer Rohübersetzung und Verfertigen von Synchrondialogen geht auf die Überlegung zurück, daß es sich dabei um zwei sehr verschiedenartige Fertigkeiten handelt. Von "normalen" Übersetzern kann nicht erwartet werden, daß sie in der Lage sind, Dialoge zu schreiben, die lippensynchron sind. Auf der anderen Seite kann von den Synchronregisseuren nicht erwartet werden, daß sie die Fremdsprache (so gut) beherrschen, daß sie in der Lage wären, das Drehbuch selbst zu übersetzen. Das ist insbesondere unter dem Gesichtspunkt wesentlich, daß Synchronregisseure in der Regel nicht nur Filme aus einer Sprache synchronisieren. Es ist durchaus einsichtig, daß es etwa bei der Synchronisation eines deutschen Films ins Walisische (von zufälligen Ausnahmen abgesehen) nicht möglich sein dürfte, Übersetzung und Synchronanpassung in eine Hand zu legen. Das verbieten schon allein kommerzielle Überlegungen: Da in der Praxis die gesamte Synchronisation in das Walisische von nur wenigen Synchronregisseuren durchgeführt wird, wäre ein Synchronübersetzer, der etwa aus dem Deutschen ins Walisische über-

---

9 Vgl. auch Müller (1982: 112). Zum Synchronisationsprozeß s. auch die Darstellung in 1.5.6.

10 Eine große Schwierigkeit für die Synchronisation ist dabei die Tatsache, daß den Übersetzern nicht in jedem Falle *continuities* vorliegen, die dem tatsächlichen Wortlaut der Originalfassung entsprechen. Vgl. dazu Müller (1982: 114-5). Häufig werden von den Filmproduzenten nur Drehbücher zur Verfügung gestellt, die während der Aufnahmen durchgeführte Änderungen der Dialoge nicht berücksichtigen. Es ist offensichtlich, daß nur sog. *post production scripts* eine zuverlässige Grundlage für die Synchronisation bilden. Aus diesem Grunde ist eine der Hauptforderungen von Übersetzern, die im Bereich von Synchronisation und Untertitelung arbeiten, daß ihnen *post production scripts* zur Verfügung gestellt werden. Vgl. Bakewell (1987: 17).

11 Terminologisch soll hier zwischen Synchronübersetzung und Synchrontext unterschieden werden. Synchronübersetzung bezeichnet dabei die im Synchronbuch vorliegende Übersetzung; Synchrontext bezieht sich auf den auf der Basis des Synchronbuchs im Studio erstellten endgültigen Text der Synchronfassung.

setzt, nie ausgelastet. Ähnliches gilt, wenn auch nicht in dieser extremen Form, für die Synchronisation aus mehr oder weniger allen Sprachen ins Englische und für die Synchronisation aus Sprachen wie Japanisch, Chinesisch, Russisch, aber selbst Italienisch oder Französisch ins Deutsche. Die Synchronisation vom Englischen ins Deutsche stellt angesichts der großen Anzahl von Aufträgen zwar eine Ausnahme dar, was sich jedoch in der Praxis nicht dahingehend niederschlägt, daß auf das Anfertigen einer Rohübersetzung verzichtet werden würde.[12]

Diese Arbeitsteilung mag in vielen Fällen also unumgänglich sein. Es darf jedoch nicht übersehen werden, daß sie eine Reihe negativer Auswirkungen auf die Übersetzung hat: Die Funktion der Rohübersetzung ist im wesentlichen die, daß der Synchronautor weiß, "worum es geht".[13] Die Rohübersetzer befinden sich also in der eigenartigen Situation, zu wissen, daß der von ihnen übersetzte Text nicht der endgültige Text ist: Abgesehen davon, daß sich das negativ auf den übersetzerischen Ehrgeiz auswirken muß, hätte es auch wenig Sinn, eine besonders gelungene Übersetzung anzufertigen, da die Formulierungen ohnehin wieder geändert werden müssen. Zum anderen sind die Übersetzungsmöglichkeiten der Rohübersetzer auch dadurch begrenzt, daß ihnen in der Regel der Film nicht vorliegt, sondern sie allein auf der Basis der *continuities* arbeiten müssen. Das bedeutet, daß sie gesprochene Sprache auf der Grundlage geschriebener Sprache umsetzen müssen. Intonation, Mimik und Gestik, die für die Interpretation einer Äußerung entscheidend sein können, sind den Rohübersetzern also nicht zugänglich - die *continuities* enthalten z.T. zumeist nur sehr spärliche Hinweise in dieser Richtung. Wie schwierig es für die Rohübersetzer sein kann, sich ein Bild von der Szene zu machen, beschreibt Krueger (1986: 611):

> Die eigentliche übersetzerische Tätigkeit muß ohne das Bild, also ohne den wichtigsten Informationsträger über den Gang der Handlung, aber auch über Alter und sonstige Charakteristika der handelnden Personen, den zeitlich-räumlichen Kontext und die atmosphärische Einbettung auskommen und kann diese Gegebenheiten oft nur erahnen. Und deshalb würde ich das Ergebnis weniger als Roh- denn als Blind-Übersetzung bezeichnen.[14]

Wie sich diese Arbeitsbedingungen bei der Rohübersetzung auswirken, zeigen folgende Beispiele:[15]

---

[12] Die Synchronisation aus dem Englischen ins Walisische stellt angesichts der Zweisprachigkeit in Wales einen Sonderfall dar. Allerdings werden englische Filme nur sehr selten ins Walisische synchronisiert.

[13] Zur Funktion der Rohübersetzung s. Kade (1964: 253-6). Vgl. Reiß (1971: 94-95).

[14] Krueger (1986: 612) gibt dazu folgendes Beispiel: "Nicht überall läßt sich aus dem Text erkennen, ob ein Mann zum Beispiel abwechselnd mit seiner Frau oder mit seinem Hund spricht."

[15] Für die Auswertung lagen dabei Rohübersetzungen von Fernsehserien vor, die im ARD-Vorabendprogramm (für 15 Folgen) und im ZDF-Hauptprogramm (für 3 Folgen) gesendet wurden. Da es hier nicht darum gehen kann, die Arbeit einzelner Übersetzer zu kritisieren, wird auf eine genauere Quellenangabe verzichtet und alle Namen anonymisiert. Buchstaben A, B etc. wurden für Vor-, X, Y etc. für Nachnamen eingesetzt.

Rohübersetzung	Ausgangstext
Ich weiß, dies sind sehr schwierige Zeiten. Aber ich danke Dir (Euch) wirklich für Dein (Euer s. Bild) Kommen.	I know these are very difficult times. But I do thank you for coming.

Dabei kann es auch zu gravierenderen Übersetzungsfehlern kommen:[16]

... äh ... ich könnte Hilfe gebrauchen bei dieser ... gebückten Stellung hier (s. Bild).	... a ... I could use some help with this...scrooge, here. <RÜ - AT>
A:	
Huh. Dein Magnetfeld verwüstet (vernichtet) meinen Kompass, B. Ah ... Wo sind wir?	Huh. Your magnetic field is playing havoc with my compass, B. Ah...Where are we?
B:	
Genau hier. Leben für den Augenblick. Tag für Tag.	Right here. Living for the moment. Day by day.
A:	
Es ist zu gut aufzugeben (s. Bild), nicht wahr?	It's too good to pass up, isn't it? <RÜ - AT>
A:	
Was ist das?	What is this?
B:	
Ich bleibe heute nacht in der Stadt. Es ist der Schlüssel zu meinem Hotelzimmer. <...>	I'm staying in town tonight. It's the key to my hotel room. <RÜ - AT>

Die Analyse der Rohübersetzungen - weitere aufschlußreiche Beispiele finden sich in der Arbeit von Whitman-Linsen (1992: 110-4) - ist also nicht unbedingt als Kritik an einzelnen Übersetzern zu verstehen. Im Gegenteil ist festzustellen, daß angesichts dieser Bedingungen manche der Rohübersetzungen erstaunlich gut ausfallen. Dabei soll durchaus auch berücksichtigt werden, was Reiß (1971: 95) in bezug auf die "Rohübersetzungen von Bühnenwerken, die dann ... von einem Bühnenautor oder Dramaturgen theatergerecht überarbeitet werden", sagt:

> In diesem Fall wird vom Übersetzer lediglich verlangt, daß er eine wörtliche Übersetzung leiste. Wollte ein Kritiker eine solche Übersetzung deshalb bemängeln, weil sie nur die äußere, nicht aber die innere Form oder weil sie weder diese noch jene wahre, so setzte er sich dem Vorwurf aus, die Funktion der Übertragung bei der Beurteilung nicht berücksichtigt zu haben; die Kritik verstieße gegen das Prinzip der Sachgerechtigkeit.

In Zusammenhang mit Synchronisation erweist es sich jedoch als wesentlich, welcher Stellenwert der Rohübersetzung im Gesamtprozeß der Übersetzung zukommt.

---

[16] Im Synchronbuch finden sich folgende Übersetzungen: "Gehen wir ins Büro. Connie, ich, äh (off) könnte etwas Hilfe brauchen, bei diesem Zinswucherer hier." und "So müßte es immer sein."

6.3. Rohübersetzung und Synchronübersetzung

6.3.1. Die Funktion der Rohübersetzung

Der folgende Auszug soll einen Eindruck von Funktion und Charakter der Rohübersetzung vermitteln. In der linken Spalte steht die Rohübersetzung, in der rechten der Text der *continuity* mit allen Hinweisen, aus denen die Szene verdeutlicht wird:

Leute auf der Straße: (ad lib Unterhaltung)	MUSIC IN STREET PEOPLE AD LIB CONVERSATIONS (IN SPANISH AND ENGLISH) PHONE RINGS
A:	
Hallo.	Hello.
B:	
A?	(o.s.)(FILTERED) A?
A:	
B ... wie geht's Dir? Sheriff X war (schon) wieder hier ...	B...how are you? Sheriff X was here again...
B:	
Ich kümmere mich nicht um Sheriff X (Mir ist Sheriff X egal). Hör zu ... hol C ... und bring sie ans Telefon.	(on)(FILTER OUT) I don't care about Sheriff X. Look...go get C...and put her on the phone.
A:	
C ... C ... Es ist B (B ist dran).	C... C (o.s.)(WHISPERS) It's B.
C:	
Oh ... B. Ist alles in Ordnung? Wo bist Du?	B. Is everything okay? Where are you?
B:	
Alles ist in Ordnung (Alles in Ordnung). Mach Dir keine Sorgen um mich (sorg Dich nicht um mich). Mir geht's gut. Ich möchte, daß Du Deine Tasche nimmst ... und mich triffst am ... (Hol Dir Deine Tasche und triff mich am ...)	(o.s.)(FILTERED) Everything's okay. Don't worry about me. I'm fine. (on)(FILTER OUT) I want you to get a bag...and meet me at...
	<RÜ - AT>

Es ist offensichtlich, daß diese Rohübersetzung nicht den Anspruch erheben könnte, eine endgültige Übersetzung dieses Dialogs darzustellen. Auch wenn man von den in Klammern angegebenen Varianten absieht, handelt es sich nicht um eine Übersetzung, die den Anforderungen übersetzerischer Äquivalenz auch nur auf einer sehr niedrigen Ebene genügen würde.

Ein Vergleich der Rohübersetzung mit dem Originaltext der *continuity* zeigt sehr deutlich, daß es sich hier im Prinzip um eine wörtliche, teilweise sogar um eine Wort-für-Wort-Übersetzung[17] handelt. Daß sich dabei die Einsicht, "daß die 'treue' Übersetzung im Sinne der 'Wort-für-Wort-Treue' von anderen, unter Umständen wichtigeren Gesichtspunk-

---

17 Vgl. dazu u.a. Koller (1972: 112-3), Wilss (1977: 104-7) und Reiß/Vermeer (1984: 134).

ten aus keineswegs 'treu' zu sein braucht" (Koller 1972: 112) nicht durchgesetzt hat,[18] zeigt die Tatsache, daß Rohübersetzungen des öfteren Hinweise "wörtl.:" enthalten:

Oh, das muß (ja) ein großer Kummer für Dich (wörtl.: Du mußt kummervoll darüber) sein. Nichts mehr, um mir zu drohen (wörtl.: um über meinen Kopf zu halten).	Oh, you must be grief stricken over that. Nothing more to hold over my head. <RÜ - AT>
Meine Mutter ... hat mir erzählt, daß ... manchmal (wörtl.: gewöhnlich) meinen Vater besucht hat. Und Stunden später fand sie sie (beide) in einer (wörtl.: dieser) heftigen Diskussion darüber, wie man besseren Wein machen (herstellen) könnte.	My mother ... told me that ... used to visit my Dad. And hours later, she'd find them in this discussion about how to make better wine. <RÜ - AT>

In der Rohübersetzung einer Folge einer Vorabendserie finden sich u.a. folgende Hinweise mit dem Vermerk "wörtl.":

Sobald ich beginne, /ein/ Tagebuch zu führen. Letzte Nacht sollte ein interessantes Kapitel ergeben (wörtl.: machen).

<...> und für den ich alle gesetzlichen Wunder herbeizaubern soll (wörtl.: und wenn von mir erwartet wird, daß ich für ihn alle Sorten von gesetzlichen Zaubereien herausziehe).

Ich habe gehört, daß es, wenn man sich Geld leiht von Mitgliedern seiner eigenen Familie ... beständig (unweigerlich) zum Bruch kommt (wörtl.: daß das Geldleihen von Mitgliedern der eigenen Familie ... beständig (einen) Bruch verursacht) / zum Bruch führt).

Aber da ich zeitlich sehr in Anspruch genommen bin (wörtl.: aber mit all meinen Zeiterfordernissen) <...>

Nein. Warum? - Oh, nur so (wörtl.: kein Grund).
Es ist die Umdrehung von "fair play" (wörtl: fairem Spiel).

Man hat mir einen anderen Job angeboten (wörtl.: ich habe ein anderes Jobangebot gehabt).

Beobachte (wörtl.: anpflocken) A, X, jeden anderen, von dem Du glaubst, er könnte (Dich) zu ihm führen (alle anderen, die Deiner Meinung nach zu ihm führen könnten).

Diese Belege stellen keineswegs Grenzfälle dar, in denen der Rohübersetzer die Entscheidung über den Grad der Freiheit der Übersetzung dem Synchrontexter überlassen wollte.[19] Da Idiome wie *hold something over someone's head* oder Konstruktionen wie *this discussion* keine wörtliche Entsprechung im Deutschen besitzen, kann man wohl nicht umhin, Angaben dieser Art als Indizien für ein äußerst naives Sprach- und Übersetzungsverständ-

---

[18] S. auch Whitman-Linsen (1992: 113-4).

[19] Für Fälle wie "Ich fand es auch wundervoll (wörtl.: ich hatte auch eine wundervolle Zeit)" oder "Sie befürchten, daß er eine Dummheit macht (wörtl.: daß er irgendetwas Dummes tun wird)" kann die Angabe der "wörtlichen Übersetzung" eher dadurch gerechtfertigt werden.

nis in den Vorgaben durch die Synchron- oder Fernsehanstalten oder der Rohübersetzer selbst anzusehen.

In ähnlicher Weise gilt das auch für die angebotenen Übersetzungsalternativen. In der Regel handelt es sich dabei um relativ naheliegende Paraphrasen:

Sie hat X einen Antrag beim Staat einreichen lassen, um ihr zu erlauben (der es ihr erlauben soll), den Y-Besitz zu erwerben.	She's had X file a petition with the state to allow her to purchase the Y property. <RÜ - AT>
Nun, es könnte Dich interessieren zu erfahren (vielleicht interessiert es dich zu erfahren), daß ich es zu meinem Geschäft (zu meiner Angelegenheit) gemacht habe, dafür zu sorgen, daß der ... äh Y-Besitz (Besitz der Ys) nicht ... Dein Geschäft wird.	Well it may interest you to know that I have made it my business to see that the ...a... Y property doesn't become ... your business. <RÜ - AT>

Diese Praxis wirft die Frage nach der eigentlichen Funktion der Rohübersetzung auf: Dient sie dem Synchrontexter nur als Information über den "Inhalt" des Dialogs, sind Alternativen wie *Ich sag dir was* zu *Ich sage dir etwas* überflüssig. Soll sie aber doch die Grundlage für den eigentlichen Synchrondialog bilden, ist sie bei weitem nicht ausgefeilt genug. Das gilt nicht nur auf der Satzebene, sondern vor allem auch auf der Textebene - textliche Äquivalenz (in dem Sinne, daß die Übersetzung einen wohlgeformten strukturierten Text darstellen sollte) wird in den Rohübersetzungen weitgehend außer acht gelassen.

6.3.2. Vergleich von Roh- und Synchronübersetzung

6.3.2.1. Abweichungen zwischen Roh- und Synchronübersetzung

Der Text der Rohübersetzung erfährt in zwei Phasen Veränderungen: erstens bei der Bearbeitung durch den Synchrontexter und zweitens durch Änderungen des Textes bei der Synchronisation im Studio.[20] Das Ausmaß der Änderungen geht aus dem folgenden Vergleich hervor, wobei Übereinstimmungen zwischen Rohübersetzung <RÜ> (mittlere Spalte) und Synchronübersetzung[21] <SÜ> (linke Spalte) durch Unterstreichung markiert sind.

X:

Sie wissen, A ... eine von Ihren vielen Stärken ist es immer gewesen, ... eine kleine	<u>Sie wissen, A ... eine</u> <u>Ihrer</u> <u>vielen</u> (zahlreichen) <u>Stärken ist</u> <u>immer</u> die Fähigkeit <u>gewesen,</u>	You know, A ... one of your many strengths has always been the ability to turn a ...

[20] Für solche Änderungen ist der Synchronregisseur verantwortlich, der häufig mit dem Synchrontexter identisch ist.

[21] In diesem Abschnitt wird die Synchronübersetzung in der linken Spalte aufgeführt. Sie ist nicht vollkommen mit dem gesendeten Synchrontext identisch. In der folgenden Passage unterscheidet sich der Synchrontext folgendermaßen von der Synchronübersetzung: Take 266: *nachgedacht darüber ---> nachgedacht;* Take 267-8: *aber wir wissen, er ist ---> aber wie wir wissen, ist er.* Vgl. dazu 6.4.

Niederlage in einen großen Sieg zu verwandeln. Und dafür bietet sich jetzt die Möglichkeit.	eine ... kleine Niederlage in einen großen Sieg umzuwandeln (aus einer kleinen Niederlage einen umso größeren Sieg zu machen). Sie sollten die Möglichkeiten hier (in diesem Fall) erwägen (in Betracht ziehen).	minor defeat into a major victory. You should consider the possibilities here.
A:		
Offensichtlich haben Sie schon nachgedacht darüber. Also raus mit der Sprache.	Nun, offensichtlich haben Sie (schon) darüber nachgedacht, warum also sagen Sie mir's nicht (gleich) (so sagen Sie mir's doch).	Well obviously you've been thinking about it, so why don't you tell me?
X:		
Mit Vergnügen. Also eins ist ganz sicher ... diese Situation wird B ziemlich aus der Fassung bringen. C ist zwar nur seine Stieftochter, aber, wir wissen, er ist sehr um ihr Wohlergehen besorgt. Ebenso kennen wir seinen Haß auf D.	Hmm. Hmm. Mit Vergnügen. Nun, auf der einen Seite (einerseits) ... wird diese Situation B ganz (völlig) aus der Fassung bringen. Ich meine, zwar ist C nur seine Stieftochter (C ist zwar nur seine Stieftochter), aber offensichtlich ... kümmert er sich sehr um ihr Wohlergehen, Und natürlich kennen wir seine persönliche Abneigung gegen D.	HmmHmm. With pleasure. Well on the one hand ... this situation will certainly upset B. I mean, true C is only his stepdaughter, but he obviously ... cares a great deal about her welfare. And of course we know his personal distaste for D.
		<SÜ - RÜ - AT>

Da erhebliche Unterschiede in bezug auf den Einfluß der Rohübersetzung auf die Synchronübersetzung bestehen, ist es nicht möglich, die Auswirkungen der Rohübersetzung genau zu quantifizieren. In manchen Fällen weichen die Synchronautoren weitaus stärker von der Rohübersetzung ab als im obigen Beispiel.

6.3.2.2. Einfluß der Rohübersetzung

Auch wenn aufgrund der Analyse von Rohübersetzungen unklar bleibt, ob ihre Funktion nun darin besteht, Formulierungsvorgaben für den Synchrondialog zu liefern oder nicht, läßt sich feststellen, daß die Rohübersetzung beträchtliche Auswirkungen auf den endgültigen Synchrondialog hat.[22] Es zeigt sich aber, daß viele der in Kapitel 5 aufgezeigten Charakteristika von Synchrontexten auf die Rohübersetzungen zurückzuführen sind. Das gilt insbesondere für Anglizismen aus den verschiedensten Bereichen, z.B.:

---

22 Im folgenden wird die Synchronübersetzung <SÜ>, die Rohübersetzung <RÜ> sowie der Ausgangstext <AT> angegeben. Soweit sich der gesendete Synchrontext <ST> von der im Synchronbuch angeführten Übersetzung unterscheidet bzw. soweit die Synchronübersetzung Alternativen enthält, wird der Synchrontext in einer Fußnote angegeben.

(i) Wortschatz

Aber ihr warnt uns, bevor ihr nach Hause kommt, ja?	Ihr solltet mich (dann) besser (lieber) warnen, bevor ihr nach Hause kommt.	Oh, well you'd better warn me before you come home. <SÜ - RÜ - AT>

(ii) Wortbildung

Ich hab die X-Ernte verloren ... das Y-Land.	Ich habe die X-Ernte verloren. Das Y-Land (das Land der Ys)	I've lost the X harvest. The Y land. <SÜ - RÜ - AT>

(iii) Kollokationen

Das Baby hätte einen echten Anfang ... einen liebenden Anfang.	Das Baby wird einen echten Anfang haben ... einen liebenden Anfang (Liebe).	The baby will have a real start ... a loving start. <SÜ - RÜ - AT>

(iv) Grammatik

Es ist ein zu lieblicher Morgen, um süffisant zu sein.	Es ist ein zu lieblicher (schöner) Morgen, um kleinlich zu sein.	It's too lovely a morning to be petty. <SÜ - RÜ - OT>

Die Beispiele zeigen auch, daß die Textstruktur von der Rohübersetzung stark bestimmt sein kann.

6.3.2.3. Veränderungen zwischen Roh- und Synchronübersetzung

Obwohl also die Rohübersetzung deutliche Auswirkungen auf die Synchronübersetzung hat, wäre es verfehlt, die Veränderungen, die auf der Stufe der Synchronübersetzung stattfinden, allein den Erfordernissen der Lippensynchronität zuzuschreiben. Es ist festzustellen, daß Formulierungsschwächen und Anglizismen der Rohübersetzung auf dieser Stufe beseitigt werden. So gehen etwa die Anglizismen *Gebirgsmänner*[23] oder *Liebe mit dir machen*[24] nicht in die Synchronübersetzung mit ein:

Die X-Pfadfinder sind im Begriff, in die Wildnis aufzubrechen, um die Natur kennenzulernen und ... einander.	... die X-Gebirgsmänner brechen auf zu den weiten offenen Räumen, um mit der Natur zu kommunizieren und ...miteinander...	the X mountain men are off for the wide open spaces to commune with nature, and ... each other <SÜ - RÜ - AT>
Heute nacht bring ich's nicht fertig, dich zu lieben.	Und heute nacht, Baby, kann ich nicht mal Liebe mit dir machen (mit dir schlafen)	And tonight, Baby, I can't even make love to you. <SÜ - RÜ - AT>

---

[23] SÜ: *einander* ---> ST: *sich selbst.*

[24] ST: *Und heute nacht* ... In diesem Fall stellt die Synchronübersetzung allerdings nur eine Verbesserung gegenüber der ersten Variante der Rohübersetzung dar. *Miteinander schlafen* wird wahrscheinlich für eine Sendereihe im Vorabendprogramm als tabuisiert angesehen.

Ich, äh, mir ist aufgefallen, daß, äh, . Sie sehr kontrolliert sind.	Sie scheinen "eingeschaltet" zu sein. (evtl. original: eingetuned)	You really seem to be tuned in, you know.
		<SÜ - RÜ - AT>

Solche Veränderungen betreffen nicht nur Anglizismen in bezug auf Wortschatz und Kollokation, sondern auch solche im Bereich der Syntax:[25]

A:		
Ich hab am ganzen Körper 'ne Gänsehaut.	Ich habe am ganzen Körper eine Gänsehaut.	I have goosebumps all over.
B:		
Vor Kälte?	Kalt?	Cold?
A:		
Nein, ich find's spannend (2. Nein, es turnt mich an.)	Erregt.	Excited.
		<SÜ - RÜ - AT>

Dabei zeigt sich allerdings, daß trotz einiger Verbesserungen Anglizismen erhalten bleiben können.

A:		
Irgendeine Nachricht von B?	Irgendein Wort von B?	Any word on B?
C:		
Nein. - Wir machen uns große Sorgen um ihn.	Keins. Und wir sind sehr in Sorge um ihn.	None.
		FC 28:170 <SÜ - RÜ - AT>

Hier stellen *Nachricht* gegenüber *Wort* und *nein* gegenüber *keins* zwar Verbesserungen gegenüber der Rohübersetzung dar, dennoch bleibt der Anglizismus der Fragekonstruktion erhalten.

In vielen Fällen weicht jedoch die Synchronübersetzung wesentlich stärker vom englischen Original ab als die Rohübersetzung, so daß der deutsche Text idiomatischer wird:

Aber es ist mir in erster Linie um das Glück des Jungen gegangen ... und nicht darum, die X-Ernte in die Finger zu kriegen.	<...> war ich (doch) bestimmt von meiner Sorge um sein Wohlergehen ... (und) nicht von dem Wunsch, die X-Ernte zu kontrollieren (wörtl.: irgendeinem Wunsch)	I was influenced by my concern for his well-being ... not by any desire to control the X harvest.
		<SÜ - RÜ - AT>

Die Synchronübersetzung stellt aber nicht immer eine textliche Verbesserung gegenüber der Rohübersetzung dar; in manchen Fällen ist vielmehr das Gegenteil zu beobachten.[26]

KELLNER:		
Sind die Herrschaften zufrieden?	Ist alles zu Ihrer Zufriedenheit?	Is everything satisfactory?

[25] ST: 1. Version.

[26] ST: *Sind wir.*

A: (Sind) wir. (2.F. Und wie.)	Danke.	Fine. <SÜ - RÜ - AT>
X: Nachdem das geklärt ist, habe ich eine letzte Frage. - Würden Sie lügen, um A zu schützen?	Nun, da dem so ist, habe ich eine letzte Frage. Würden Sie lügen, um A zu schützen?	Well, that being true, I have one last question. Would you lie to protect A?
B: Das würde ich nicht.	Das würde ich nicht tun (Nein).	I would not. <SÜ - RÜ - AT>

Zum Teil wird auch die Stilebene zwischen Roh- und Synchronübersetzung entscheidend verändert: Die stärksten Abweichungen von der Rohübersetzung finden sich im untersuchten Material, wenn der Synchronautor den Versuch unternimmt, Slang in der deutschen Fassung zum Ausdruck zu bringen. Hier hat die Rohübersetzung - falls sich der Synchronautor überhaupt an ihr orientiert hat - stellenweise in der Tat nur die Funktion, den Inhalt der Szene deutlich werden zu lassen.

Ich glaube, du bist'n Spätstarter, das kommt bei dir noch, über Nacht.	Du - du wirst vielleicht eines Tages Sergeant werden - in der Zukunft.	Now you, you may make Sergeant someday, in the future. <SÜ - RÜ - AT>
Toll, obwohl er so schwarz ist, ist er 'n heller Bursche.	Das hast du also bemerkt.	That's true.. he's got a point. <SÜ - RÜ - AT>

6.3.3. Gründe für Veränderungen zwischen Roh- und Synchronübersetzung

Der Vergleich von Roh- und Synchronübersetzung zeigt also folgendes:

1. Obwohl z.T. beträchtliche Unterschiede zwischen Roh- und Synchronübersetzung bestehen, hat die Rohübersetzung in der Regel starke Auswirkungen auf den Text der Synchronübersetzung.
2. Zwar läßt sich zeigen, daß im Stadium der Synchronübersetzung textliche Verbesserungen etwa in bezug auf die Vermeidung von Anglizismen vorgenommen werden. Das läßt sich jedoch nicht in der Weise verallgemeinern, daß die Synchronübersetzung in jedem Fall der Rohübersetzung überlegen wäre.

Im wesentlichen - von Ausnahmen wie der Eindeutschung von Slang abgesehen - scheint die Hauptfunktion des Stadiums der Synchronübersetzung die Herstellung von Lippensynchronität zu sein. Von daher erscheint es naheliegend, etwa Wortbildungsmuster aus dem englischen Original nachzuahmen. Mit *Y-Besitz* bzw. ***der alten Y-Besitzung*** als Übersetzung von ***the old Y place*** ist Lippensynchronität leichter zu erreichen als ***an dem alten Besitz der Ys*** (wie in diesem Fall in der Rohübersetzung als Alternative vorgeschlagen). Dabei entspricht eine solche Übersetzung auch einem weitverbreiteten (und naheliegenden) Grundsatz, daß Namen möglichst an derselben Stelle im Satz vorkommen sollten.

Wie in Kapitel 2 gezeigt wurde, ist allerdings in den meisten Fällen die quantitative Lippensynchronität wesentlicher als die qualitative. Insofern dürfte die Arbeit des Synchronautors in dieser Phase (außer bei deutlichen Großaufnahmen etc.) im wesentlichen darin bestehen, die Sätze des Dialogs in die richtige Länge zu bringen. So erklärt sich, daß etwa im folgenden Beispiel die vorgeschlagene Rohübersetzung nicht übernommen wird:[27]

O°ffensichtlich ha°ben Sie schon nachgedacht. Also raus °mit der S°prache.	Nun, o°ffensichtlich ha°ben Sie (schon) darü°ber nachgedacht, °waru°m also sagen Sie °mir's nicht (gleich) (so sagen Sie °mir's doch)	°Well o°bviously you'°ve °been thinking a°bout it, so °why don't you tell °me?
		<SÜ - RÜ - AT>

Der englische Text weist mit 7 bzw. 8 Labialen eigentlich relativ viele schwer zu synchronisierende Konsonanten auf. Dennoch ist für den Synchronautor offensichtlich quantitative Lippensynchronität ausschlaggebend: Die Synchronübersetzung ist mit 47 Lauten nur unwesentlich länger als der Originaltext mit 42 Lauten, während die Rohübersetzung mit 60 Lauten entschieden zu lang wäre. Dadurch entfällt aber *darüber*, das erheblich zur Akzeptabilität des Satzes im Deutschen beiträgt.

Dadurch, daß die Synchronübersetzung Satz für Satz vorgeht und dabei Lippensynchronität und Bedeutungsäquivalenz anstrebt, leiden andere Faktoren der Vertextung. In gewisser Weise trägt damit das Erfordernis der Lippensynchronität - bei einem solchen Übersetzungsverfahren[28] - erheblich zu den in Kapitel 5 aufgezeigten Textmerkmalen von Synchrontexten bei.

6.4. Synchronübersetzung und Synchrontext

6.4.1. Ausmaß der Veränderungen

Der Text der Synchronübersetzung bildet die Grundlage der Synchronisation. Es ist die Synchronübersetzung, die den Schauspielern im Synchronstudio vorliegt, und auf deren Basis die Aufnahme der einzelnen Takes erfolgt.

Daß die Synchronübersetzung in dieser Phase noch erheblichen Veränderungen unterliegt, ist nicht überraschend: Zum einen sind auf der großen Leinwand des Synchronstudios die Lippenbewegungen weitaus deutlicher zu erkennen als auf dem Monitor, mit dem der Synchronautor arbeitet. Zum anderen wird hier zum ersten Mal der Versuch unternommen, den Text tatsächlich auf den Film zu sprechen.[29] Dabei werden dann Veränderungen erforderlich, weil der Text zu lang oder zu kurz ist, weil es sich zeigt, daß auffällige Diskrepanzen bezüglich der Lautqualität bestehen, oder auch weil einzelne Passagen für die Schauspieler einfach schwer zu sprechen sind. Bei der Wiederholung der Aufnahme eines Take kann der Text von den Synchronschauspielern und dem Synchronregisseur entsprechend geändert werden, bis ein zufriedenstellender Standard der Lippensynchronität er-

---

27 Das Zeichen ° markiert Labialkonsonanten.

28 In Kapitel 7 wird gezeigt werden, daß eine solche Unterdrückung textueller Faktoren keineswegs zwangsläufig ist.

29 Auch wenn der Synchronautor beim Erstellen der Synchronübersetzung einzelne Passagen spricht, um die Lippensynchronität zu überprüfen, bietet das Synchronstudio dazu weitaus bessere Möglichkeiten.

reicht ist. Dabei sind im wesentlichen wohl die Synchronregisseure für Textänderungen verantwortlich, weil sie - im Gegensatz zu den Schauspielern - die gesamte Filmhandlung kennen und häufig ohnehin auch die Synchronübersetzung verfaßt haben.

Was das Ausmaß der Veränderungen in dieser Phase angeht, so ergibt ein Vergleich der Synchronbücher und der Synchrontexte von je zwei Folgen der Serien *Denver-Clan* und *Falcon Crest* folgendes:

	FC 28	FC 30	DC 63	DC 64
Gesamtzahl der Takes	215	200	319	292
geänderte Takes	131	84	90	99
geänderte Takes	61%	42%	28%	34%

Eine solche Statistik ist nur von begrenzter Aussagekraft: Es wäre z.B. verfehlt, aus den niedrigeren Prozentzahlen bei den beiden Folgen des *Denver-Clan* Schlüsse dergestalt zu ziehen, daß die Synchronübersetzung als Vorlage besser geeignet sei oder daß die Ansprüche im Synchronstudio geringer seien. Diese Unterschiede sind im wesentlichen dadurch bedingt, daß die Takes in der Serie *Falcon Crest* länger sind, was sich auch aus der erheblich niedrigeren Gesamtzahl von Takes für eine 45-Minuten-Episode ersehen läßt. Zum anderen darf natürlich nicht übersehen werden, daß filmische Zufälligkeiten wie die Anzahl von Großaufnahmen, *Off*-Szenen oder Deutlichkeit der Lippenbewegungen verschiedener Schauspieler die Anzahl notwendiger Änderungen erheblich beeinflussen.[30]

Dennoch zeigen diese Zahlen, daß in dieser Phase noch eine erhebliche Anzahl von textlichen Veränderungen festzustellen ist, was u.a. auch den Stellenwert der Synchronübersetzung relativiert.

6.4.2. Art der Veränderungen

6.4.2.1. Mögliche Gründe für Abweichungen vom Synchronbuch

In Hinblick auf das Übersetzungsverfahren bei der Synchronisation ist nicht nur die Zahl, sondern vor allem auch die Art der in dieser Phase vorgenommenen Änderungen von Bedeutung. Aus diesem Grund sollen hier die Abweichungen des Synchrontextes vom Synchronbuch betrachtet werden, die sich in der Folge 64 der Serie *Denver-Clan* finden. Dabei erweist es sich als außerordentlich schwierig, eine eindeutige Motivation für die Änderung zu finden. Die Gründe für Abweichungen des Synchrontextes vom Synchronbuch können vielfältig sein: Zum Beispiel bietet sich in dieser Phase Gelegenheit, kleinere Fehler im Manuskript zu korrigieren, wenn also z.B. *Mrs. Kirby* und *Mrs. Fallon* durch *Miss Kirby* und *Miss Fallon*[31] ersetzt wird. Andererseits ergeben sich aufgrund des Films nahe-

[30] Darüberhinaus darf nicht übersehen werden, daß die Zahlen auch wegen Grenzfragen bei der Zählung nicht absolut interpretiert werden dürfen.

[31] DC 64:419 und 420.

liegende Veränderungen, die im Grunde ohne Bedeutung sind. So entfällt etwa ein im *Off* gesprochenes *Oh, mein Gott!*[32]

Zudem darf nicht übersehen werden, daß sich kleinere Veränderungen auch zufällig und entsprechend unmotiviert ergeben können. Das ist z.B. der Fall, wenn ein Schauspieler bei der Aufnahme den Text nicht genau memoriert, die Abweichung aber irrelevant ist, so daß die Aufnahme nicht wiederholt werden muß.[33]

Dennoch kann man wohl davon ausgehen, daß sich die meisten Veränderungen zwei Hauptkategorien zuordnen lassen:

1. Veränderungen mit dem Ziel, einen höheren Grad an Lippensynchronität zu erreichen, und
2. Veränderungen mit dem Ziel, den Text zu verbessern.

Es soll nun versucht werden, die in Folge 64 beobachteten Diskrepanzen zwischen Synchronübersetzung und Synchrontext diesen beiden Gruppen zuzuordnen. Dabei muß jedoch betont werden, daß die Einordnung in manchen Fällen eher spekulativen Charakter hat, weil die Veränderung nicht ohne weiteres nachvollziehbar erscheint.[34]

6.4.2.2. Veränderungen mit dem Ziel erhöhter Lippensynchronität

Daß erhöhte Lippensynchronität den Grund für eine Veränderung darstellt, kann mit Sicherheit in den Fällen angenommen werden, in denen der Synchrontext um ein oder mehrere Wörter gekürzt oder erweitert wurde. In Folge 64 des *Denver-Clan* finden sich 30 Beispiele für Kürzungen. Dabei treten verschiedene Typen auf:

1. Kürzung durch Weglassen eines ganzen Wortes aus der Synchronübersetzung:
   Dabei wird ein für die Grammatikalität des Satzes fakultatives Element, das aus kommunikativen Gesichtspunkten nicht unbedingt notwendig ist, im Synchrontext nicht übernommen. Die größte Gruppe bilden dabei die Fälle, in denen eine Adverbiale weggelassen wird, die intensivierende Bedeutung besitzt oder eine temporale oder lokale Bedeutung hat, die im Kontext als redundant anzusehen ist:

   <...> und sie wird ihn <u>ganz sicher</u> niemals freigeben ... niemals! ---> <...> und sie wird ihn niemals freigeben ... niemals! (DC 64:124)

---

[32] DC 64:101

[33] So ließe sich z.B. folgende Veränderung erklären: Das Gericht vertagt sich bis morgen vormittag *10* Uhr. ---> Das Gericht vertagt sich bis morgen vormittag <u>elf</u> Uhr. (DC 64:511). Da es sich hier um eine *Off*-Szene handelt, scheidet das /f/ von *elf* in bezug auf die Lippensynchronität als Motiv aus. Relativ unmotiviert erscheint auch folgender Beleg: Ich bin *unterwegs* zum Gericht und wollte nur *kurz* dich und dein neues Büro sehen. ... Und ich *wollte* das Kriegsbeil begraben. ---> Ich bin auf dem Weg zum Gericht und wollte nur dich und dein neues Büro sehen. ... Und ich *will* das Kriegsbeil begraben. (DC 64:128).

[34] Daher werden hier auch die Belege einzeln aufgeführt und nicht nur eine Gesamtstatistik angegeben.

Als Steven Carrington nun einmal nach Hollywood kam, um Sie zu besuchen ... hat er da auch Mr. Messina kennengelernt? ---> Als Steven Carrington einmal nach Hollywood kam, um Sie zu besuchen ... hat er da auch Mr. Messina kennengelernt? (DC 64:330)

Geh morgen noch mal in den Zeugenstand und beantworte die Frage. ---> Geh morgen in den Zeugenstand und beantworte die Frage.[35] (DC 64:524)

Konjunktionen bieten Spielraum zur Kürzung, wenn die semantischen Zusammenhänge ohnehin deutlich sind:

Denn vielleicht ist es für dich ungesund, da zu bleiben, wo du bist. ---> Vielleicht ist es für dich ungesund, da zu bleiben, wo du bist. (DC 64:226)

Fakultative Ergänzungen können wie Adverbiale entfallen, wenn sie im Kontext nicht notwendig sind:

... schickte er mich nach Hause, in einem Taxi ... Er sagte mir, er hätte ... noch etwas zu erledigen ---> ... schickte er mich in einem Taxi nach Hause ... Er sagte, er hätte ... noch etwas zu erledigen (DC 64:344)

Weitere Möglichkeiten, die Synchronübersetzung zu verkürzen, bieten sich durch das Weglassen von Interjektionen, Artikeln oder Adjektiven, bei Wiederholungen oder Anreden:

Formulieren Sie die Frage anders, Mr. Laird ---> Formulieren Sie die Frage anders. (DC 64:339)

2. Verkürzung eines Wortes:

Gift ... hat das ganze irgendwas mit Jeff zu tun? ---> Gift ... hat das ganze was mit Jeff zu tun? (DC 64:239)

Du bist das erste Mädchen, das ich jemals geliebt habe. ---> Du bist das erste Mädchen, das ich je geliebt habe. (DC 64:609)

Steven hatte wohl nicht den Mut, selber herzukommen, deswegen hat er sie hergeschickt. ---> Steven hatte wohl nicht den Mut, selber zu kommen, deswegen hat er sie hergeschickt.[36] (DC 64:634)

3. Pronominalisierung:

Bitte, Andrew, sagen Sie Ihrer Zeugin ---> Bitte, Andrew, sagen Sie ihr (DC 64:211)

---

[35] Die Motivation für diese Änderung ist schwer nachzuvollziehen, da die Lippenbewegungen im Film nicht sehr deutlich zu erkennen sind.

[36] ***Kommen*** ist streng genommen keine Kurzform von ***herkommen***; man könnte also auch von lexikalischer Substitution sprechen oder dieses Beispiel Typ 1 zuordnen.

4. Weglassen eines Satzteils:

Aber einiges, was über meinen Vater geäußert wurde, stimmt nicht, und ich möchte Ihnen ---> Aber einiges, was über meinen Vater geäußert wurde, stimmt nicht, und (DC 64-207)

5. Umformulierung des Satzes:
Mit Umformulierung eines Satzes sind hier Fälle gemeint, in denen die Verkürzung nicht durch Weglassen eines Elements oder durch Gebrauch einer Pro-Form erreicht wird. Es kann sich dabei um lexikalische Veränderungen handeln wie bei

<...> aber das gehört der Vergangenheit an ---> aber das ist Vergangenheit (DC 64:130)

oder um syntaktische, wobei eine Verkürzung auf verschiedene Weisen erreicht werden kann, z.B. durch

a) den Gebrauch eines anderen Determiners

Könnten Sie uns dann vielleicht auch die Namen dieser Männer nennen ... antworten Sie! ---> Könnten Sie uns dann vielleicht auch die Namen der Männer nennen ... antworten Sie! (DC 64:405)

b) Änderung der Satzstruktur

Daß ein Teil von mir niemals aufhören wird, dich zu lieben. ---> Ein Teil von mir wird niemals aufhören, dich zu lieben. (DC 64:608)

c) Verwendung nicht-periphrastischer Tempusformen[37]

Ich werd uns eine zweite Flasche Wein bestellen, ... die Nacht ist noch jung. ---> Ich bestell uns eine zweite Flasche Wein, ... die Nacht ist noch jung. (DC 64:603)

Dieselben Möglichkeiten lassen sich umgekehrt natürlich dazu ausnutzen, um den Text länger zu machen. In der untersuchten Folge finden sich folgende Belege:

Das hab ich für euch beide gern getan ---> Ach, das hab ich für euch beide gern getan, eh. (DC 64:105)

Diese Vater-Sohn-Beziehung habe ich mit Steven nicht einmal erlebt ---> Eine Vater-Sohn-Beziehung habe ich mit Steven nicht ein einziges Mal erlebt. (DC 64:118)

Auffällig ist, daß es nur in einer weit geringeren Anzahl von Fällen erforderlich war, die Synchronübersetzung zu verlängern als sie zu kürzen, um Lippensynchronität zu er-

---

[37] Dieses Beispiel zeigt die Problematik der Kategorisierung der Änderungen. Da durch den Gebrauch des Präsens im Deutschen auch ein Anglizismus vermieden wird, könnte man diese Änderung auch unter dem Gesichtspunkt einer Textverbesserung sehen. Die Tatsache, daß der Satz aber auch in dieser Form für die Lippenbewegungen im Film zu lang ist, läßt Lippensynchronität als Motiv doch als sehr wahrscheinlich erscheinen.

reichen. Beispiele, die sich auf qualitative Lippensynchronität beziehen, sind noch seltener. Im Falle von

Du, Jeffrey Colby, bist der netteste Mann, den ich in meinem Leben je kennengelernt habe. ---> Du, Jeffrey Colby, bist der netteste Mann, den ich je in meinem Leben kennengelernt habe (DC 64:302)

könnte die Umstellung von *je* bewirkt haben, daß das /m/ von *meinem* auf das /m/ von *my entire life* im Originaltext trifft. Ebenso könnte bei

Ach, Adam ... begreifst du nicht, was ich durchmache? ----> O, Adam ... begreifst du denn nicht, was ich durchmache? (DC 64:141)

die Änderung von *ach* zu *oh* durch die Lautqualität motiviert sein, nachdem es im Original *Oh, Adam* heißt, und die Lippenbewegungen sehr deutlich zu sehen sind. Auch in den folgenden Fällen wird ein hoher Grad an Lippensynchronität erreicht

Die Art der Befragung ist irrelevant, Euer Ehren! ---> Diese Art von Fragen sind irrelevant, Euer Ehren![38] (DC 64:328)

<...> denn ich würde mich damit nicht schuldig machen ---> <...> denn das würde mich auf keinen Fall belasten[39] (DC 64:504)

so daß die Annahme naheliegt, daß qualitative Gesichtspunkte auch bei bei diesen Änderungen eine Rolle gespielt haben. Auch wenn dies auch für einige andere Fälle gelten sollte, die hier unter dem Faktor der Verbesserung der Textqualität betrachtet werden,[40] ist wohl festzustellen, daß in bezug auf die Lippensynchronität motivierte Änderungen der Synchronübersetzung weitaus häufiger die quantitative als die qualitative Lippensynchronität betreffen. Das bestätigen auch die Ergebnisse in Kapitel 2.

6.4.2.3. Veränderungen mit dem Ziel der Textverbesserung

Daß die Synchronübersetzung im Synchronstudio aus Gründen der Lippensynchronität modifiziert werden muß, überrascht nicht. Erstaunlich ist vielmehr, daß in dieser Phase auch viele Veränderungen vorgenommen werden, bei denen Lippensynchronität nicht ausschlaggebend sein kann.

Das gilt natürlich fast immer für Textstellen, die im *Off* gesprochen werden. Allerdings sind hier insofern Einschränkungen angebracht, als Kürzungen wie bei

Mr. Carrington, ich habe der beantragten Vertagung der Sitzung gern zugestimmt. ---> Mr. Carrington, ich habe der Vertagung der Sitzung gern zugestimmt. (OFF)(DC 64:306)

---

[38] AT: This line of questioning is totally irrelevant, Your Honor!

[39] AT: <...> because there is no guilt in that issue.

[40] Denkbar wäre das z.B. bei DC 64:221.

auch im *Off* erforderlich sein können. Das mag auch für Fälle wie

> Ja, richtig ---> Richtig. (OFF) (DC 64:325)
>
> (OFF) Aber vorher mußt du mir noch eine andere Frage beantworten. ---> Vorher mußt du mir noch eine andere Frage beantworten. (DC 64:551)

gelten[41], bei den meisten geänderten *Off*-Texten erscheint eine solche Motivation jedoch unwahrscheinlich. Wenn zum Beispiel lediglich eine Umstellung, aber keine Kürzung vorgenommen wird wie bei

> Warum konnte der Anrufer damit nicht warten, bis sie wieder in ihrem Büro ist? ---> Warum konnte der Anrufer nicht damit warten, bis sie wieder in ihrem Büro ist? (OFF)(DC 64:235)
>
> Das ist interessant ... sehr interessant... da sitzen wir alle seit zwei Tagen hier und hören uns Zeugenaussage nach Zeugenaussage an. ---> Das ist interessant ... sehr interessant... da sitzen wir hier alle seit zwei Tagen und hören uns Zeugenaussage nach Zeugenaussage an. (DC 64:439)

so muß das Motiv in dem Versuch zu suchen sein, den Text zu verbessern.[42]

Im Hinblick auf das Ausmaß der Veränderungen ist festzustellen, daß in den meisten Fällen nur einzelne Wörter ersetzt werden, womit textliche Verbesserungen auf verschiedenen Ebenen erreicht werden:

1. gängigere Kollokationen:

> Was ist mit Fallon? ... man sieht sie in letzter Zeit sehr wenig. ---> Was ist mit Fallon? ... man sieht sie in letzter Zeit so wenig.[43] (DC 64:132)
>
> Weißt du ... es paßt einfach nicht, daß du für Blake arbeitest, während ich dich bei Colbyco sehr brauche ---> Weißt du ... es geht einfach nicht, daß du bei Blake arbeitest, während ich dich bei Colbyco sehr brauche. (DC 64:134)

2. weniger formaler Wortschatz:

> Einige Zeugen verdammen Steven Carrington, und andere preisen ihn wärmstens <...> ---> Einige Zeugen verdammen Steven Carrington, und andere loben ihn wärmstens <...> (DC 64:440)

---

41 Hier ist allerdings im Gegensatz zu DC 64:306 die Kürzung so minimal, daß Lippensynchronität als Motiv für die Änderung nicht unbedingt zwingend naheliegt.

42 Es versteht sich von selbst, daß wenn hier von Verbesserungen die Rede ist, damit nicht gesagt werden soll, daß der Synchrontext als Übersetzung befriedigen könnte.

43 Die Lippenbewegungen sind im Bild nicht sehr deutlich zu erkennen, so daß Lippensynchronität als Grund für die Änderung unwahrscheinlich erscheint.

3. größere inhaltliche Korrektheit:

Also ... ich möchte, daß du in mein Apartment zurückziehst, du gehörst nicht in Blakes Haus ---> Also ... ich möchte, daß du in mein Penthouse zurückziehst, du gehörst nicht in Blakes Haus. (DC 64:131)

4. Vermeidung von Anglizismen:

Vater, ich möchte dir danken, daß du mich heute eingeladen hast, hier zu wohnen ---> Vater, ich möchte dir danken, daß du mich heute gebeten hast, hier zu wohnen.[44] (DC 64:113)

Mr. Carrington, Ihre Mutter ist hier, sie möchte Sie sehen ---> Mr. Carrington, Ihre Mutter ist hier, sie möchte Sie sprechen. (OFF) (DC 64:224)

Das gilt auch für Veränderungen, die über die Ersetzung eines einzelnen Wortes hinausgehen:

Willst du mir nicht erstmal sagen, worüber du redest? ---> Willst du mir nicht erstmal verraten, wovon du redest?[45] (DC 64:639)[46]

Ja, ja schon gut, ich verstehe... Wiedersehn. ---> Ja, ja schon gut, alles klar... Wiedersehn. (DC 64:423)

5. größere Idiomatizität bzw. Natürlichkeit:

Wollen Sie uns bitte sagen, wo die Unterredung stattfand? ---> Würden Sie uns bitte sagen, wo die Unterredung stattfand? (OFF) (DC 64:336)

6. stärkere Annäherung an die gesprochene Sprache:

Dann kam meine Stiefmutter ... Krystle ... Krystle Carrington ... die Treppe herunter <...> ---> Dann kam meine Stiefmutter ... Krystle ... Krystle Carrington ... sie kam die Treppe herunter <...> (OFF) (DC 64:148)

6.4.3. Zusammenfassung

Es zeigt sich also deutlich, daß während der Synchronarbeiten im Studio eine recht erhebliche Anzahl von Änderungen vorgenommen wird. Bemerkenswert erscheint dabei, daß diese keineswegs alle aufgrund der Lippensynchronität notwendig sind, sondern daß bei etwa der Hälfte aller Änderungen eine Verbesserung der Textqualität als das Motiv gesehen werden kann. Es ist aber auch festzuhalten, daß die vorgenommenen Änderungen nie sehr weitreichend sind: Sie gehen selten über ein Wort und so gut wie nie über den Satz hinaus. Aspekte der Textstrukturierung werden auch hier weitgehend außer acht gelassen.

---

[44] Lippensynchronität scheidet hier als Grund aus.

[45] Da der Sprecher von der Seite zu sehen ist, ist Lippensynchronität nicht als Motiv anzusehen.

[46] Hier wird ein grammatischer Anglizismus vermieden, der in 5.1 diskutiert wurde.

6.5. Übersetzung bei der Synchronisation als Prozeß

6.5.1. Synchrontexte als Ergebnis eines Übersetzungsverfahrens

Die Analyse des Übersetzungsverfahrens, das bei der Synchronisation von Fernsehserien wie *Falcon Crest* oder *Denver-Clan* in der Bundesrepublik Deutschland praktiziert wird, zeigt eindeutig, daß die für Synchrontexte typischen Merkmale vor allem durch dieses Übersetzungsverfahren bedingt sind. Zusammenfassend lassen sich folgende Feststellungen treffen:

1. In keiner der drei Phasen der Vertextung - Rohübersetzung, Synchronübersetzung, Synchronisation - wird der Text tatsächlich als Text übersetzt.
2. Die Rohübersetzung ist eine wörtliche Übersetzung, die im Prinzip auch die einfachsten Anforderungen an Übersetzungsäquivalenz nicht erfüllt. Sie enthält krasse Verstöße gegen die Äquivalenz der verschiedenen Ebenen, also etwa - im Modell von Koller (1983: 187) - gegen die denotative, konnotative, textnormative, pragmatische und formale Äquivalenz[47]. Darüber hinaus enthält sie gravierende Verstöße gegen die syntaktischen und textuellen Normen der Zielsprache.[48]
3. Die Rohübersetzung wird in den darauffolgenden Phasen zwar modifiziert, was z.T. durch Lippensynchronität und z.T. durch das Ziel der Verbesserung der Textqualität motiviert zu sein scheint. Dennoch bleiben die Änderungen der Rohübersetzung im wesentlichen auf die Wort- oder Satzebene beschränkt.
4. Die Rohübersetzung wirkt sich entscheidend auf den Synchrontext aus. Die Tatsache, daß der Rohübersetzer den Film in der Regel weder gesehen noch gehört hat, schlägt sich entsprechend negativ im endgültigen Synchrontext nieder.
5. Das Nichtübersetzen des Textes als Text bedeutet zwangsläufig eine Zurückstellung wesentlicher Faktoren wie des Akzents, des kulturellen Hintergrunds, der pragmatischen Orientierung am Zuschauer etc.

Darüber hinaus leidet die Übersetzung in den ersten beiden Phasen wohl am Bewußtsein des Provisorischen. Selbst wenn es sich bei den Rohübersetzern um qualifizierte Übersetzer handelte - was man in der Regel wohl ausschließen kann[49] - hätte es allein aufgrund der Funktion der Rohübersetzung (zumindest scheinbar) wenig Sinn, eine Übersetzung anzufertigen, die den verschiedenen Bedingungen übersetzerischer Äquivalenz gerecht wird. Es liegt nahe, daß die Rohübersetzer keine Perfektion anstreben, nachdem sie davon ausgehen müssen, daß der Text entscheidende Veränderungen erfährt. In der Praxis ist die Rohübersetzung aber mehr als eine unverbindliche Vorlage, weil sich, wie die Analyse zweifelsfrei belegt, viele Elemente der Rohübersetzung bis zum Synchrontext vererben.

Die Rohübersetzung ist die einzige Phase, in der das Übersetzen im Vordergrund steht. Die Qualität der Synchrontexte zeigt, wie widersinnig es ist, daß der Synchronautor, dessen Aufgabe darin besteht, einen Text auf Lippensynchronität hin zu verändern, als Grund-

---

[47] Zu einer genaueren Diskussion des Äquivalenzbegriffs vgl. Kapitel 7.

[48] Vgl. in diesem Zusammenhang auch 7.3.2.4.

[49] S. Whitman-Linsen (1992: 115-6).

lage dafür nicht einen besonders guten, sondern einen besonders mäßigen Text hat. Von daher läßt sich konstatieren, daß die schlechte Qualität vieler Synchrontexte unweigerlich durch folgende Faktoren bedingt ist:

- das dreiphasige Textbearbeitungsverfahren, bei dem der Text nie als Text übersetzt wird,
- die Überzeugung, die Rohübersetzung könne unverbindlich und provisorisch sein, die in deutlicher Diskrepanz steht zu
- der Verarbeitung der Rohübersetzung durch den Synchronautor (und der Synchronübersetzung durch den Synchronregisseur), bei der eine Abweichung vom Wortlaut der Rohübersetzung über die Satzebene hinaus praktisch nicht stattfindet.

6.5.2. Der Stellenwert des Übersetzens bei der Synchronisation

Diese Darstellung des Übersetzungsprozesses bei der Synchronisation wirft auch ein bezeichnendes Licht auf einen anderen wesentlichen Gesichtspunkt, nämlich den Stellenwert, der dem Problem der Übersetzung zugemessen wird. Während die Arbeitsteilung zwischen Rohübersetzern und Synchrontextern wohl darauf zurückgeht, daß das Anfertigen von Synchrondialogen (sicher zu Recht) als eine spezielle Fertigkeit angesehen wird, die von Übersetzern nicht erwartet werden kann, gilt das Umgekehrte keinesfalls: Der Status der Rohübersetzung ist im Gegenteil sehr niedrig.[50] Sie ist entsprechend im Vergleich zur Arbeit des Synchrontexters auch schlechter bezahlt.[51]

Ein weiteres Indiz für das geringe Prestige der Übersetzertätigkeit bei der Synchronisation ist auch die Tatsache, daß die Rohübersetzer im Abspann des Films im Gegensatz zu den Synchronautoren nicht genannt werden. Im allgemeinen wird die Rohübersetzung wohl nicht von professionellen Übersetzern angefertigt, sondern von Leuten, die mit dieser Arbeit einen gewissen Nebenverdienst erzielen wollen.

Die Rohübersetzung für die Zwecke der Synchronisation ist somit auch ein Indiz für den Stellenwert, der dem Übersetzen überhaupt zugebilligt wird.[52] Hinter der Praxis, die eigentliche Übersetzung von Fernsehserien, die immerhin mit die höchsten Einschaltquoten

---

[50] Allerdings beklagt Rowe (1960: 116) auch die mangelnde Anerkennung der Arbeit von Synchronübersetzern und -regisseuren: "Dubbing is a kind of cinematic netherworld filled with phantom actors who speak through the mouths of others and ghostly writers who have no literary souls of their own, either as creative authors or translators. The shadowy figure who prepares the dubbing dialogue lacks even the minimum satisfaction of a proper official title in the hierarchy of the film and literary trades."

[51] Vgl. die Angaben in 1.5.3. Graf (1986: 18) führt an, daß etwa 10% der Gesamtkosten der Synchronisation eines Films auf die Übersetzung entfallen: Nur ein geringer Teil dieser Summe geht dabei allerdings an den Rohübersetzer. Graf (1986: 18) setzt weitere 6% für die Synchronregie an.

[52] Vgl. in diesem Zusammenhang auch die Kritik bei Zimmer (1988: 29), der in bezug auf die Frage, "woher viele dieser heimlichen Anglizismen kommen", schreibt: "... aus flüchtigen Synchronisationen von Filmen und Fernsehspielen. Sie sind oft das Werk von Abc-Schützen der Übersetzergilde, die gar nicht auf die Idee kommen, daß es für manche Begriffe völlig ausreichende deutsche Entsprechungen gibt; daß die erste Frage des Übersetzers sein müßte: Wie sagt man das auf Deutsch? Sie holen den Dialog Wort für Wort heim."

des deutschen Fernsehprogramms erreichen, nicht professionellen Übersetzern anzuvertrauen, verbirgt sich eine weitverbreitete Mißachtung der Komplexität des Übersetzens. Snell-Hornby (1986: 9-10) führt Beispiele aus anderen Bereichen für diese Einstellung an, etwa wenn für die Zwecke der Herausgabe von Dokumentationen oder Sammelbänden anläßlich eines zweitausendjährigen Stadtjubiläums Studenten mit der Übersetzung betraut werden, wenn Lektoren an Universitäten häufig - gratis - um Übersetzungen gebeten werden, usw. Snell-Hornby (1986: 10) spricht von

> ... Erfahrungen, wie sie vielen Übersetzern sattsam bekannt sind: Auf der einen Seite Unkenntnis und Geringschätzung (mit entsprechend geringer Entschädigung), auf der anderen Seite das hohe Maß an Spezialkenntnissen und Fachkompetenz, das eine professionelle übersetzerische Tätigkeit erfordert.

Auch Wilss (1987: 17) erwähnt, "daß übersetzen angeblich jeder kann, wenn er eine Fremdsprache gelernt hat und ein einigermaßen zuverlässiges Wörterbuch besitzt." Bezüglich einer" Animosität im Hinblick auf die qualitative Einschätzung übersetzerischer Fähigkeiten" führt Wilss (1989: 107) aus:

> Offenbar haben wir nur ein vages Alltagsverständnis vom Übersetzen, das die übersetzerische Fertigkeit in einem anderen Licht erscheinen läßt als etwa die Fertigkeit eines Juristen, dessen Arbeit man mit einer bestimmten Art von Expertentum in Verbindung bringt, das ein Außenstehender nicht für sich in Anspruch zu nehmen wagt, weil ihm die entsprechende Ausbildung fehlt.

Die Analyse des Übersetzungsprozesses bei der Synchronisation von Fernsehserien zeigt, daß Snell-Hornby (1986: 10) auch für diesen Bereich zuzustimmen ist, wenn sie sagt: "Auch im Jahrhundert des Übersetzens besteht eine allgemeine Ahnungslosigkeit über das Wesen des Übersetzens ...".[53]

---

[53] Vgl. dazu auch Wilss (1987). Vgl. auch Whitman-Linsen (1992: 61): "In my talks with dialogue, heads of production and dubbing directors alike, it became painfully obvious that their conception of translation attested to an inexcusable unfamiliarity with this field."

7. Grundelemente einer Theorie der Synchronisation

7.1. Synchronisationstheorie als Translationstheorie

Synchronisation ist - zumindest vom rein sprachlichen Gesichtspunkt aus betrachtet - ein Spezialfall von Übersetzung. Insofern muß eine sprachliche Synchronisationstheorie[1] die für die Synchronisation spezifischen Parameter in eine allgemeine Übersetzungs- bzw. Translationstheorie inkorporieren.

Translation wird dabei - wie es in der Leipziger Schule, bei Wilss (1977: 14) oder Reiß und Vermeer (1984: 6) geschieht[2] - als Oberbegriff von Übersetzen und Dolmetschen verwendet.[3] Aus der Abgrenzung von Reiß und Vermeer (1984: 8) wird deutlich, daß das entscheidende Differenzierungsmerkmal dabei das Kriterium der Korrigierbarkeit darstellt, das im Falle der Synchronisation nicht nur in den Phasen der Roh- und Synchronübersetzung, sondern auch noch bei den Studioaufnahmen erfüllt ist:

> *Übersetzen* soll ... diejenige Translation heißen, bei der Ausgangs- und Zieltext zugleich als Ganze und in ihren Teilen präsent bleiben, so daß die Translation bzw. ihr Resultat für und durch den Übersetzer (!) korrigierbar bleibt bzw. beide korrigierbar bleiben. (...) Das ist z.B. für gewöhnlich bei einem schriftlich fixierten Text der Fall, der in eine wiederum schriftlich festgehaltene Textform übersetzt wird. Die Übersetzung (das Translat) kann selbst und anhand des Ausgangstextes kontrolliert und u.U. korrigiert werden.

Reiß und Vermeer (1984: 10) betonen, daß die "schriftliche Fixierung bzw. Fixiertheit eines Textes ... hier nicht als unterscheidendes Kriterium für Übersetzen und Dolmetschen genommen" wird. Dennoch muß verwundern, daß der Fall der Translation eines schriftlich fixierten gesprochenen Textes in einen schriftlich fixierten zu sprechenden Text in diesem Zusammenhang nicht weiter thematisiert wird.[4] Im Rahmen allgemein translationstheoreti-

---

1 Der sprachliche Aspekt der Synchronisation steht hier im Gegensatz zu etwa technischen Gesichtspunkten, die hier nicht erörtert werden sollen.

2 Reiß/Vermeer (1984: 14) verweisen in diesem Zusammenhang auf Kade (1968). Zu einer eingehenden Diskussion der Terminologie vgl. Reiß/Vermeer (1984: 6-17).

3 Reiß/Vermeer (1984: 8) beziehen sich in diesem Zusammenhang auf Kade (1968: 35) Unterscheidung von Übersetzen und Dolmetschen. Vgl. auch Jäger (1975: 53-6 und 109-12).

4 Synchronisation ist nicht der einzige Fall, für den das zutrifft: Dramenübersetzungen, aber auch unter bestimmten Bedingungen Werbespots fallen ebenfalls unter diese Kategorie. Vgl. in bezug auf Dramenübersetzung auch House (1981: 172). Reiß (1969: 73) unterscheidet allerdings neben inhaltsbetonten Texten, formbetonten Texten und effektbetonten Texten subsidiäre Texte, zu denen "alle jene Texte" zählen, "die als gesprochenes Wort eines außersprachlichen Mediums bedürfen, um zum Hörer zu gelangen, und bei deren sprachlicher Gestaltung sowohl in der ausgangs- als auch in der zielsprachlichen Version die besonderen Bedingungen dieses Mediums zu beachten sind." Reiß (1971: 50) rechtfertigt die Einführung dieses Texttyps folgendermaßen, wobei der Terminus audio-mediale Texte verwendet wird: "Grundsätzlich könnte man die audio-medialen Texte auch dem inhaltsbetonten (z.B. Rundfunkvortrag,

scher Schriften findet die Synchronisation kaum Beachtung: Ein Indiz dafür ist die Tatsache, daß z.B. in den Arbeiten von Wilss (1977), Bassnett-McGuire (1980), Koller (1983), Hönig und Kußmaul (1984), Reiß und Vermeer (1984), Vermeer (1986a) kein Stichwort Synchronisation (bzw. *dubbing*) verzeichnet ist. Nida (1964: 177-8), Reiß (1971: 52) und Jumpelt (1961: 24) erwähnen Synchronisation am Rande. Hönig und Kußmaul (1984: 120 und 126-7) sprechen Synchronisationsprobleme verschiedentlich immerhin kurz an. Diller und Kornelius (1978) widmen dem Thema Synchronisation acht Seiten,[5] Mounin (1967) fünf.[6] Insgesamt ist festzustellen, daß die Synchronisation in der Translationstheorie eher vernachlässigt wird.[7] Der Grund dafür dürfte darin zu suchen sein, daß der Faktor Lippen-

---

Dokumentarfilm), dem formbetonten (z.B. Funkessay, Schauspiel) oder dem appellbetonten (z.B. Komödie, Tradgödie) Typus subsumieren. Für die Belange der Übersetzung und der Übersetzungskritik reicht diese Unterscheidung jedoch nicht hin... Bei der Übersetzung eines Rundfunkvortrags muß nicht nur die Invarianz auf der Inhaltsebene gewahrt bleiben, sondern außerdem die Sprechsyntax der Zielsprache angepaßt werden. Das ist bei einer nur zum Lesen bestimmten schriftlichen Fixierung nicht unbedingt notwendig. Rhythmik und Akzentuierung unterscheiden sich nämlich von Sprache zu Sprache beim gesprochenen Wort viel stärker voneinander als beim geschriebenen." Es muß bezweifelt werden, ob es sinnvoll sein kann, dem technischen Medium so großen Wert zuzumessen, daß etwa Vorträge dem inhalts- oder formbetonten Typ bzw. Wahlreden dem appellbetonten Typ zuzuordnen sind, wenn sie nicht im Rundfunk gesprochen werden, Vorträge oder Reden im Rundfunk aber dem audio-medialen. Es bleibt bei Reiß (1971: 52) auch unklar, wieso "die für audio-mediale Texte zu wählende Übersetzungsmethode die gleiche *Wirkung auf den Hörer* der Zielsprache gewährleisten muß, wie sie das Original auf den Hörer der Ausgangssprache ausübt." Vgl. dazu den multi-medialen Texttyp bei Reiß/Vermeer (1984: 211).

5 Veränderungen zwischen ausgangssprachlichen und zielsprachlichen Texten werden bei Diller und Kornelius (1978: 104-5) auf folgende Faktoren zurückgeführt: "(1) Lippensynchronität, (2) Einfluß zensurähnlicher Kontrollorgane, (3) Unterschiede zwischen dem AS- und ZS-Symbolmilieu, und (4) 'Geschmack' und 'Mentalität' des zielsprachlichen Publikums".

6 Mounin (1967: 141-5) beschreibt dabei aber im wesentlichen die verschiedenen Phasen der Synchronisationstechnik und weist auf einige Erfordernisse der Synchronität (etwa Gestensynchronität) und die Probleme bei der Wiedergabe verschiedener Akzente hin.

7 Umgekehrt beziehen Arbeiten zur Synchronisation wie die von Hesse-Quack (1967), Toepser-Ziegert (1978) oder Müller (1982) allgemeine Translationstheorie kaum ein. Müller (1982) diskutiert zwar eine Reihe von Spezialproblemen wie etwa die Übertragung von Argot-, Vulgär- oder Populärsprache oder am Beispiel der *Muppet Show* die Übertragung von Dialogkomik, entwickelt aber keine allgemeine Übersetzungstheorie für die Synchronisation. Hesse-Quack (1967: 97-197) führt einen ausführlichen Vergleich der Dialoglisten von 12 Filmen durch, die eine Reihe wesentlicher Einzelbeobachtungen enthalten - vor allem auch zum Problem der Varietäten; vgl. dazu u.a. Hesse-Quack (1967: 128). Ein wesentlicher Schwerpunkt der Analyse von Hesse-Quack - und auch der von Toepser-Ziegert - liegt auf der Frage, wie stark ein Film aufgrund von Vorgaben der Auftraggeber bei der Synchronisation Veränderungen erfährt. Hesse-Quack (1967: 196) führt dabei z.B. aus, daß in vier der von ihm untersuchten Filme "negativ assoziierbare Anspielungen auf Deutsche sowie die jüngste Vergangenheit Deutschlands eliminiert" werden und daß häufig "Personen, die in den Originalfilmen als Deutsche bezeichnet werden, wenn sie auch nur irgendwie 'unreputierlich' erscheinen, in den Synchronfassungen eine andere Nationalität gegeben" wird. Zu den Einflüssen, denen Synchronisationen unterliegen, vgl. allgemein Müller (1982: 171) und Hesse-Quack (1967: 194): "Ein wichtiges Ergebnis des Dialoglistenvergleichs ist der Nachweis, daß eine große Anzahl der Faktoren, die zu Veränderungen führen, sozialer Natur sind. Diese Vermutung ... lag nahe, da die Filmindustrie, in die die Synchronisation als nicht unwesentlicher Sektor eingebettet ist, bereits aus rein ökonomischen Zwängen heraus veranlaßt wird, die Gestalt ihrer Produkte dem Kosmos kollektiver Vorstellungen, Wünsche, Werte, Normen usw. der aufnehmenden Gesellschaft anzupassen."

synchronität vielfach überbewertet wird. Das klingt etwa bei Jumpelt (1961: 24) an, der davon spricht, daß "synchronisierte Fassungen von Filmdialogen primär durch den Zwang bestimmt sind, inhaltlich gleichwertige Formulierungen aufzuweisen, die mit den Lippenbewegungen der Darsteller weitestgehend übereinstimmen." Ähnlich ist wohl auch Reiss (1971: 52) zu verstehen, wenn sie sagt, daß bei der Filmsynchronisation bisweilen "die Übersetzung lediglich subsidiären Charakter annimmt".

Es hat den Anschein, daß - wie bereits in Kapitel 6 angedeutet - Synchronisation als eine derart spezielle Fertigkeit betrachtet wird, daß die Möglichkeiten, übersetzungstheoretische Überlegungen anzuwenden, als sehr gering eingeschätzt werden.[8] Wie in Kapitel 2 deutlich wurde, sind die durch Lippensynchronität gegebenen Beschränkungen bei der Übersetzung jedoch keineswegs so stark, daß es aussichtslos wäre, sie mit den Äquivalenzprinzipien, die für andere Texte etabliert wurden, in Einklang zu bringen. Aus diesem Grund soll im folgenden versucht werden, die Erkenntnisse der allgemeinen Translationstheorie in eine Theorie der Synchronisation einzubringen und sie um die in diesem Zusammenhang spezifischen Parameter zu erweitern. Dabei sollen zunächst - in 7.2 - die verschiedenen Ebenen der Äquivalenz aufgeführt und diskutiert werden, bevor in 7.3 eine Gewichtung dieser Äquivalenzebenen erfolgt.

7.2. Äquivalenzbedingungen bei der Synchronisation

7.2.1. Synchronität und Äquivalenz

Synchronisation stellt insofern einen Sonderfall der Übersetzung dar, als eine geglückte Übersetzung nicht allein den Bedingungen der übersetzerischen Äquivalenz genügen muß (die in 7.3 ausführlicher erörtert werden). Vielmehr muß sie darüberhinaus den Erfordernissen der Synchronität in der Weise entsprechen, daß der Übersetzungstext auch dem im Film gezeigten Bild entspricht. Das gilt nicht nur für Faktoren wie Lippensynchronität, sondern insbesondere auch für exophorische Elemente des Textes. Synchronität bezeichne dabei allgemein die zeitliche Übereinstimmung eines sprachlichen Elements (Lautes, Wortes oder Satzes) mit dem Bild des Films.

Die Frage ist, in welchem Verhältnis Synchronität bzw. die verschiedenen Typen der Synchronität zur Äquivalenz stehen. Das wiederum hängt von dem zugrundegelegten Äquivalenzbegriff ab. Innerhalb der Translationstheorie besteht keine Einigkeit darüber, was unter Äquivalenz zu verstehen ist.[9] Wilss (1977: 161) verweist in diesem Zusammenhang auf

---

[8] Vgl. in diesem Zusammenhang auch Rowe (1960: 116): "The dubbing writer's only defense is that he is <u>not</u> essentially a translator, and his text should not, therefore, be subjected to the quality and fidelity standards properly applied to literary translation. Dubbing writing, he must insist, is essentially a cinematic and not a literary activity."

[9] Reiß/Vermeer (1984: 133) weisen darauf hin, daß nicht einmal behauptet werden kann, Äquivalenz sei das Ziel jeder Übersetzung. Vgl. jedoch Wilss (1978: 16): "Ziel eines jeden Übersetzungsvorgangs ist die Herstellung einer Äquivalenzbeziehung zwischen ausgangs- und zielsprachlichem Text im Rahmen funktionaler, kommunikativer oder pragmatischer Äquivalenzbeziehungen."

die "relative Unbestimmtheit (und Unbestimmbarkeit) des Äquivalenzbegriffs"[10] und Snell-Hornby (1986: 15) spricht von einem "'Wildwuchs von Äquivalenztypen'".[11] Koller (1983: 186-7) führt dabei folgende Differenzierung durch:

> (1.) Mit dem Begriff der Äquivalenz wird eine *Beziehung* zwischen AS-Text (bzw. Textelementen) und ZS-Text (bzw. Textelementen) postuliert. Der Begriff Äquivalenz sagt dabei noch nichts über die *Art der Beziehung* aus: diese muß zusätzlich definiert werden. ...
> (2.) Die Art der Äquivalenzbeziehung wird dadurch bestimmt, indem man den *Rahmen und die Bedingungen* nennt, auf die man sich beim Gebrauch des Äquivalenzbegriffs bezieht. D.h. es ist ... anzugeben: Äquivalenz zwischen einem bestimmten AS-Text und einem bestimmten ZS-Text liegt dann vor, wenn der ZS-Text bestimmte Forderungen in bezug auf diese Rahmenbedingungen erfüllt. Die Bezugsbedingungen ... sind: Inhalt, Form, Stil, Funktion, etc. Die Äquivalenz*forderung* läßt sich jeweils in die Formel bringen: *die Qualität(en) X des AS-Textes muß (müssen) gewahrt werden*. Das bedeutet, daß Inhalt, Form, Stil, Funktion etc. des AS-Textes im ZS-Text gewahrt werden müssen, oder daß zumindest versucht werden muß, diese Qualitäten so weit wie möglich zu wahren.

Es erscheint durchaus möglich, im Rahmen einer Synchronisationstheorie etwa Lippensynchronität zu den Bezugsbedingungen im Kollerschen Sinne zu zählen.[12] Prinzipiell erscheint die Unterordnung der Synchronität unter Äquivalenz auch mit dem Äquivalenzbegriff von Reiß und Vermeer (1984: 139-140) nicht unvereinbar:[13]

> Ä q u i v a l e n z bezeichne eine Relation zwischen einem Ziel- und einem Ausgangstext, die in der jeweiligen Kultur auf ranggleicher Ebene die gleiche kommunikative Funktion erfüllen (können).

---

[10] Vgl. auch Wilss (1981b: 486), der davon spricht, daß Übersetzungsäquivalenz ein "derzeit noch ... weithin intuitiver Begriff" ist. Nord (1989: 101) rechnet Äquivalenz zu "den schillerndsten und am vielfältigsten interpretierten (oder interpretierbaren) Begriffen der Übersetzungswissenschaft".

[11] Zu einer Darstellung der Entwicklung des Äquivalenzbegriffs in der Geschichte der Übersetzungswissenschaft vgl. Wilss (1977: 156-183) und Reiß/ Vermeer (1984: 124-134). S. auch Koller (1972 und 1983: 186). Vgl. auch Königs (1979: 42-47); zur Differenzierung zwischen didaktischer und linguistischer Äquivalenz s. Königs (1979: 54-7). Zu kommunikativer Äquivalenz s. Jäger/Müller (1982) oder Wotjak (1982). S. u.a. auch Diller/Kornelius (1978: 21-23). Zu einer Unterscheidung von *formal* und *dynamic equivalence* s. auch Nida (1964: 159-177). Zu einer grundlegenden Kritik des Äquivalenzbegriffs s. Kußmaul (1986: 224-5). Zur Geschichte der Übersetzung allgemein s. Nida (1964: 11-29) und Bassnett-McGuire (1980: 39-75), zu verschiedenen Ansätzen innerhalb der deutschen Übersetzungswissenschaft Königs (1986).

[12] Bis zu einem gewissen Grad läßt sich Lippensynchronität mit bestimmten formalen Eigenschaften von Texten (wie etwa Alliteration) vergleichen. Es wäre demnach zu überlegen, ob sie prinzipiell Kollers (1983: 187) formaler Äquivalenz zuzuordnen wäre. Vgl. auch das Konzept der *formal correspondence* bei Catford (1965: 32-4).

[13] Funktion wird z.B. auch bei House (1981: 30) in die Bestimmung von Äquivalenz miteinbezogen: "Thus, an adequate translation text is a semantically and pragmatically equivalent one. ... as the first requirement for semantic-pragmatic equivalence we posit that the translation text have a *function* equivalent to that of its source text." Zu verschiedenen Funktionen vgl. Königs (1979: 47-52). Vgl. auch Reiß (1978: 28) oder Nida (1977: 217). Zu funktioneller Äquivalenz s. auch Jäger (1975: 107-9).

Äquivalenz ist bei Reiß und Vermeer (1984: 140) eine "Sondersorte von Adäquatheit", wobei Adäquatheit von Reiß und Vermeer (1984: 139) folgendermaßen definiert wird:[14]

> A d ä q u a t h e i t bei der Übersetzung eines Ausgangstextes (bzw. -elements) bezeichne die Relation zwischen Ziel- und Ausgangstext bei konsequenter Beachtung eines Zweckes (Skopos), den man mit dem Translationsprozeß verfolgt.

Die Grundüberlegung ist dabei die, daß eine Übersetzung immer vom Zweck determiniert ist, was z.B. auch bei Coseriu (1978: 30) anklingt[15]. Adäquatheit wird bei Reiß und Vermeer (1984: 133) als "Angemessenheit der Sprachzeichenwahl in der Zielsprache in bezug auf die gewählte Dimension des Ausgangstexts" beschrieben.

Sowohl der Unterscheidung verschiedener Äquivalenzebenen, wie sie sich etwa bei Koller (1983) findet, als auch der Differenzierung zwischen Äquivalenz und Adäquatheit liegt also die Einsicht zugrunde, daß volle Äquivalenz im Sinne einer Äquivalenz auf allen denkbaren Ebenen in der Regel bei der Übersetzung nicht erreicht werden kann. Als Konsequenz daraus ist es notwendig, eine Hierarchie verschiedener Äquivalenzebenen aufzustellen.[16]

Die Anforderungen an eine Theorie der Synchronisation lassen sich also folgendermaßen formulieren:

- Aufstellung der verschiedenen Äquivalenzebenen, wobei die verschiedenen Typen der Synchronität einbezogen werden müssen (> 7.3),
- Hierarchisierung dieser Äquivalenzebenen (> 7.5)
- unter Berücksichtigung der kommunikativen Funktion der Texte und des Zwecks der Übersetzung (> 7.4).

7.2.2. Äquivalenzbedingungen

Trotz der ausführlichen Diskussion des Äquivalenzbegriffs und der generellen Einsicht, daß verschiedene Äquivalenzebenen hierarchisiert werden müssen, fehlt es an einem Katalog solcher Äquivalenzebenen, der sich direkt auf das Problem der Synchronisation anwenden ließe.[17] Reiß und Vermeer (1984: 158) arbeiten in der Diskussion der "Hierarchisierung der Äquivalenzforderungen" im wesentlichen mit ad hoc-Kategorien, wenn sie als für

---

[14] Zur Begründung dieser Unterscheidung vgl. auch Reiß/Vermeer (1984: 133).

[15] Vgl. Coseriu (1978: 30): "Das Uebersetzen ist nämlich eine finalistische und historisch bedingte Tätigkeit, so dass das Optimale von Fall zu Fall je nach den Adressaten, der Art des Textes und dem Zweck der Uebersetzung verschieden sein kann." Zum Zweck der Übersetzung vgl. auch 7.4.

[16] So sprechen Reiß und Vermeer (1984: 156) von der "Notwendigkeit, die Äquivalenzebenen zu hierarchisieren" und Koller (1983: 191) von einer "*Hierarchie der in der Übersetzung zu erhaltenden Werte*" und einer "*Hierarchie der Äquivalenzforderungen* bezüglich des betreffenden Textes bzw. des betreffenden Textsegmentes".

[17] Zu einer Diskussion verschiedener Ebenen der Äquivalenz und zu verschiedenen Ansätzen s. u.a. Wilss (1977: 156-191), Bassnett-McGuire (1980: 23-30) oder Königs (1981: 84). S. in diesem Zusammenhang auch Catford (1965: bes. 27-31 und 49-56). Zu verschiedenen Aspekten der Äquivalenz vgl. auch Neubert (1973) und Kade (1973). Vgl. auch Reiß (1971: 54-88 und 1984: 82-8).

die Äquivalenz relevante Faktoren anführen "... in erster Linie die Beibehaltung des Gedankengangs" (philosophisches Traktat), "die korrekten Angaben über die Ingredienzien und die unmißverständliche Information über die Verarbeitung der Zutaten" (Kochrezept); "Inhalt und die Textsortenkonventionen (z.B. bezüglich Anrede- und Schlußformeln)" (Geschäftsbrief); "die künstlerische Organisation des Textes" (Gedicht); "das persuasive Element" (Werbetext) etc.[18] Angesichts der Spezifizität der Kriterien im Einzelfall ist ein solches Vorgehen gerechtfertigt. Ähnliches klingt auch bei Wilss (1977: 182) an:

> Unter diesen Umständen stellt sich natürlich die Frage, ob es überhaupt möglich ist, standardisierte, texttypologisch differenzierte Äquivalenzkriterien zu entwickeln und für übersetzungskritische Zwecke zu operationalisieren. Ganz sicher ist, daß es Äquivalenzkriterien mit absolutem Geltungsbereich - etwa im Sinne von interlingualen prädikatenlogisch oder komputationslinguistischen Aussagekomplexen oder von axiomatischen Äquivalenzgesetzen - nicht gibt.

Dennoch betont Wilss (1977: 182) auch den Stellenwert der Diskussion um Äquivalenzkriterien:[19]

> Die Tatsache, daß sprachliche Kommunikation nicht berechenbar ist, wenn man darunter rigoristische Quantifizierungsprozeduren versteht, braucht aber nicht gleichbedeutend zu sein mit einem generellen Verzicht auf weitere Bemühungen um bessere, methodisch abgesicherte Objektivierung des interlingualen Äquivalenzbegriffs. Die Aufgabe, die die Übersetzungswissenschaft hier in Angriff nehmen muß, um über ihren derzeitigen Erkenntnisstand hinauszugelangen, ist die empirische Entwicklung von kontrollierbaren Äquivalenzmaßstäben.

Es erscheint durchaus möglich, zwischen verschiedenen Ebenen der Äquivalenz prinzipiell zu differenzieren, wie das etwa in den Ansätzen von Koller (1983) oder Königs (1981) geschieht[20]. Was die Differenzierung verschiedener Äquivalenzebenen angeht, so darf dabei nicht übersehen werden, daß die Einteilung bis zu einem gewissen Grad arbiträr ist. Es ist letztlich auch unerheblich, wieviele solcher Ebenen man ansetzt, solange alle relevanten Merkmale erfaßt werden. Die Äquivalenzdiskussion mag - neben den von Wilss (1978: 17-24)[21] genannten Faktoren - auch dadurch unnötig kompliziert erscheinen, als ein für die Übersetzung relevantes Phänomen aus verschiedenen Blickwinkeln verschieden beschrie-

---

[18] Entsprechend kommen Reiß und Vermeer (1984: 169) zu dem Schluß: "... daß es Äquivalenz zwischen Ziel- und Ausgangstext auf verschiedenen Ebenen eines Textes als Kommunikationsmittel gibt. Die einzelnen Elemente auf den verschiedenen Ebenen können aufgrund der Verschiedenheiten der Sprachen und Kulturen in den meisten Fällen nicht invariant und nicht alle zugleich äquivalent gehalten werden. Dann stellt der Übersetzer fest, welche Elemente des Ausgangstextes er für den konkret vorliegenden Text als 'merkmalhaft', d.h. funktional relevant, auswählt (Prinzip der Selektion) und in welcher Reihenfolge er die Beachtung dieser Merkmale für vordringlich hält (Prinzip der Hierarchisierung) ...".

[19] Vgl. auch Wilss (1978: 17-24).

[20] Vgl. Koller (1983: 187-191) und Königs (1981: 84-5). Zu diesen Modellen s. Reiß/Vermeer (1984: 130).

[21] Wilss (1978: 17-24) führt text-, übersetzer- und adressatenspezifische Ursachen für die "relative Unbestimmtheit und Unbestimmbarkeit des Äquivalenzbegriffs" an. Vgl. auch Wilss (1977: 161-171).

ben werden kann.[22] Die Aufstellung der Äquivalenzebenen in 7.3 erfolgt dementsprechend primär unter dem Gesichtspunkt einer möglichst ökonomischen Beschreibung der erforderlichen Hierarchisierung in bezug auf die Synchronisation.[23]

7.3. Äquivalenzebenen bei der Synchronisation

7.3.1. Aufstellung der Äquivalenzebenen

Eine Theorie der Synchronisation muß in Hinblick auf die anzusetzenden Äquivalenzebenen u.a. folgenden Faktoren Rechnung tragen:

1. Wie in Kapitel 5 ausgeführt wurde, bestehen im Film - wie auch im Drama - zwei Kommunikationsebenen, nämlich die der Kommunikation der Charaktere des Films untereinander und die der Kommunikation zwischen Filmautor und Zuschauer.
2. Im Gegensatz auch zum Drama ist der referentielle Rahmen durch die filmische Vorgabe bei der Filmsynchronisation unveränderlich. Dabei ist u.a. der unterschiedliche Charakter des dem Übersetzer vorliegenden schriftlichen Originals zu berücksichtigen: Ein Dramentext wird auch in der Muttersprache in verschiedenster Weise in unterschiedlichen Aufführungen umgesetzt bzw. "in-szen-iert", so daß im Grunde genommen der schriftlich fixierte Dramentext der eigentliche Text ist. Im Gegensatz dazu existiert beim Film nur die eine Realisation des Drehbuchs[24]. In Analogie zu Unterscheidungen wie der zwischen Phonem und Allophon kann man die Grundlage der Übersetzung beim Drama also der -emischen, beim Film der -etischen Ebene zuordnen.[25]

Im folgenden soll versucht werden, verallgemeinernde Aussagen über Äquivalenz bei der Synchronisation in bezug auf drei Äquivalenzebenen zu treffen:[26]

1. eine Äquivalenzebene des Textsinns,
2. eine Äquivalenzebene der Synchronität,
3. eine Äquivalenzebene der Textfunktion, wobei als Text der synchronisierte Film als Ganzes angesehen wird.

---

22 Ein Beispiel wäre etwa das Kriterium der Wirkungsgleichheit, das Reiß (1971: 45 und 52) etwa für Werbetexte oder audio-mediale Texte anführt, das Reiß/Vermeer (1984: 126-8) aber ablehnen. Mit der Verwendung des Terminus "Funktionskonstanz" bei Reiß/Vermeer (1984: 140) ist zwar die Perspektive etwas verändert, mag auch eine terminologische Präzisierung verbunden sein, ist aber wohl letztlich dasselbe gemeint. Vgl. dazu auch 7.3.

23 Das bedeutet, daß es sich in Hinblick auf andere Texte als sinnvoll erweisen mag, manche der hier genannten Faktoren zusammenzufassen oder feinere Differenzierungen durchzuführen.

24 Wenn derselbe Stoff mehrmals verfilmt wird, liegen andere Drehbücher zugrunde. Insofern ist das Drehbuch nicht mit dem Dramentext zu vergleichen.

25 Vgl. Müller-Schwefe (1983: 135-6), der in diesem Zusammenhang auch auf die hohen Anforderungen hinweist, die sich durch diese Unterschiede zwischen Drameninszenierung und Synchronisation für die Synchronschauspieler ergeben.

26 Mit dem Terminus Äquivalenzebene soll nicht gesagt werden, daß bei der Synchronisation in jedem Fall Äquivalenz in bezug auf diese Ebenen zu fordern ist.

7.3.2. Äquivalenzebene: Textsinn

7.3.2.1. Textsinn

Mit der Äquivalenzebene des Textsinns sollen alle bedeutungstragenden Elemente eines Textes erfaßt werden. Durch den Terminus Textsinn soll zum Ausdruck gebracht werden,

1. daß der Text die Einheit ist, an der sich Äquivalenz primär orientieren soll[27], wobei Text sich sowohl auf den gesamten Film als auch auf einzelne abgeschlossene Szenen innerhalb eines Films beziehen kann und
2. daß die Bedeutung, um die es bei der Übersetzung geht, die Bedeutung eines Textes in einem konkreten Sprechakt ist, der in eine bestimmte Situation eingebettet ist.

Diese beiden Prinzipien werden bei Coseriu (1978: 20) sehr deutlich:

> ... Es geht also nicht einfach darum, dass "Wörter" nicht übersetzt werden. Man muss vielmehr sagen dass e i n z e l s p r a c h l i c h e Inhalte als solche nicht "übersetzt" werden; mehr noch: dass die Uebersetzung überhaupt nicht die Ebene der Einzelsprachen, sondern die E b e n e d e r T e x t e betrifft (...). N u r T e x t e w e r d e n ü b e r s e t z t;

Sinn sei dabei als Entsprechung von *force* bei Leech (1983: 17) - "meaning as pragmatically, as well as semantically determined" - gesehen, wie es auch bei Coseriu (1981: 184) anklingt:[28]

> ... Die erwähnte Textfunktion wird also durch außersprachliche Mittel (außersprachliche Kenntnis des Kulturrahmens) und zugleich durch sprachliche Mittel (Ausdrücke, die sich auf diesen Rahmen beziehen) geleistet. Eine solche Funktion, und überhaupt diese Art Inhalt, die nur in "Texten" (= Redeakten bzw. zusammenhängenden Reihenfolgen von Redeakten) vorkommt, wollen wir *Sinn* nennen.
>
> ... Auch wird nicht jeder Sinn außersprachlich bzw. durch außersprachliche und sprachliche Mittel zugleich ausgedrückt. Es gibt einfache Einheiten des Sinnes, die auch mit Hilfe von rein sprachlichen Mitteln (allerdings meist durch Situation und Kontext bestimmt) zustandekommen, z.B.: Frage, Antwort, Begrüßung, Anrede, Einwand, Feststellung, Aufforderung, Befehl usw..

Sinn soll damit auch auf die verschiedenen Aspekte der Sprechsituation bezogen werden, die Leech (1983: 13-4) anführt:

> (i) addressers or addressees
> (ii) the context of an utterance
> (iii) the goal(s) of an utterance
> (iv) the utterance as a form of act or activity: a speech act
> (v) the utterance as a product of a verbal act

---

27 Vgl. Wilss (1980: 14-7) oder Wilss (1984: 2): Wenn man übersetzt, übersetzt man Texte und nicht etwa Wörter und Einzelsätze.". S. auch Reiß/Vermeer (1984: 142). Vgl. in diesem Zusammenhang auch Hartmann (1980: 51) und Neubert (1983: 161).

28 Zur Unterscheidung von Sinn, Bedeutung und Bezeichnung und ihrer Relevanz für die Übersetzung vgl. Coseriu (1978: bes. 18-23) und (1981: bes. 183-188). Vgl. Coseriu (1988: 262-5). S. auch Vermeer (1979: 2).

Durch den Bezug auf den Textsinn ist der Äquivalenzbegriff pragmatisch eingebettet, wie es auch bei Leech (1983: 6) deutlich wird:

> ... meaning in pragmatics is defined relative to a speaker or user of the language, whereas meaning in semantics is defined purely as a property of expressions in a given language, in abstraction from particular situations, speakers, or hearers.

7.3.2.2. Denotative und konnotative Bedeutung

Textsinn schließt die im Text aktualisierte Bedeutung der Wörter mit ein.[29] Koller (1983: 187) unterscheidet in diesem Zusammenhang zwischen zwei Bezugsrahmen, nämlich denotativer und konnotativer Äquivalenz. Denotative Äquivalenz wird in bezug auf den "*außersprachliche(n) Sachverhalt*, der in einem Text vermittelt wird" definiert (Koller 1983: 187). Zu konnotativer Äquivalenz zählt Koller (1983: 188-9) dabei:

> (a) Konnotationen der Sprachschicht (...);
> (b) Konnotationen sozial bedingten Sprachgebrauchs (...);
> (c) Konnotationen der geographischen Zuordnung oder Herkunft (...);
> (d) Konnotationen des Mediums (...);
> (e) Konnotationen der stilistischen Wirkung (...);
> (f) Konnotationen der Frequenz (...);
> (g) Konnotationen des Anwendungsbereichs (...);
> (h) Konnotationen der Bewertung (...);
> (i) Konnotationen der Emotionalität (...).

Die Annahme einer Ebene der konnotativen Äquivalenz beruht dabei auf der Auffassung, daß nicht nur einzelnen sprachlichen Zeichen, sondern auch Texten konnotative Bedeutung zukommt, wie Koller (1983: 188) ausführt:

> *Konnotativ* im Zusammenhang der Übersetzungsäquivalenz besagt, daß einzelne Ausdrücke in Textzusammenhängen wie auch ganze Texte nicht nur denotative Bedeutung haben, sondern daß mit der spezifischen Art der sprachlichen Erfassung des Denotats zusätzliche, insbesondere - in der Terminologie K. Bühlers (1934) - *symptomfunktionale Werte* vermittelt werden (...).

Es erscheint - besonders vielleicht in Hinblick auf die gesprochene Sprache - fraglich, ob es sinnvoll sein kann, in dieser Weise von denotativer und konnotativer Äquivalenz zu sprechen[30]:

1. Zum einen darf nicht übersehen werden, daß sich die Unterscheidung zwischen denotativer und konnotativer Bedeutung auf die Ebene der Semantik bezieht. Beim Übersetzen

---

[29] Damit ergibt sich kein Gegensatz zu der Aussage Coserius (1981: 186), "... daß Bedeutungen grundsätzlich nicht übersetzt werden ...". Auf der anderen Seite ergibt sich der Textinhalt aber eben aus den Bedeutungen; vgl. Coseriu (1978: 21). Vgl. in diesem Zusammenhang das Konzept des Allosems bei Wotjak (1973: 72-3).

[30] Vgl. Koller (1983: 169): "Der konnotative Wert /+ gespreizt/ läßt sich an einzelnen Wörtern, aber auch an Syntagmen und Sätzen festmachen."

wird aber semantische durch pragmatische Äquivalenz überlagert. Dabei spielen pragmatische Gesichtspunkte keineswegs nur - wie es bei Kollers (1983: 187) Beschreibung von pragmatischer Äquivalenz heißt - in bezug auf den "*Empfänger* (Leser), an den sich die Übersetzung richtet" eine Rolle. Vielmehr sind die Dialoge eines Films an sich als Sprechakte zu interpretieren, bei denen sich Bedeutung bzw. Sinn aufgrund des konkreten Situationsbezugs ergibt, wie in 7.3.2.1 ausgeführt.

2. Zum anderen besteht in diesem Fall eventuell die Gefahr, daß die verwendete Terminologie die Analyse präjudiziert. Die Unterscheidung zwischen Denotation und Konnotation ist semasiologisch orientiert, d.h. sie geht vom Zeichen aus. Soweit man ein einzelnes sprachliches Zeichen analysiert, läßt sich durchaus denotative von konnotativer Bedeutung trennen. Vom Text aus betrachtet, kann man jedoch nur von einer im Text ausgedrückten Bedeutung sprechen: Denotativ oder konnotativ sind dann aber nicht bestimmte Bedeutungsebenen des Textes, sondern sie sind verschiedene Weisen, Bedeutungen im Text auszudrücken.[31]

7.3.2.3. Intentionalität und Relevanz von Sinnelementen

Für die Zwecke der Translation erscheint es folglich wenig nutzbringend, die Bedeutungsstruktur des Ausgangstextes in bezug auf Kategorien wie denotativ oder konnotativ zu analysieren. Vielmehr ist es zweckmäßig, die verschiedenen Ebenen des Sinns des Gesamttextes zu erfassen und die Bedeutungen seiner Konstituenten in Hinblick auf ihre Funktion im Bedeutungs- bzw. Sinngefüge des Gesamttextes zu analysieren. Kriterien dafür sind

1. die Intentionalität einer Bedeutung durch den Sprecher
2. die Relevanz einer Bedeutung für den Adressaten (der sowohl der Dialogpartner im Film als auch der Zuschauer sein kann).

Damit ergeben sich im wesentlichen vier Sinnebenen in einer Äußerung:

1. intendierter Sinn, das sei die pragmatische Bedeutung (*force* im Sinne von Leech[32]), die der Sprecher mit einer Äußerung zum Ausdruck bringen will,
2. akzidentieller textrelevanter Sinn, das sei der Sinn, den die Äußerung enthält, der vom Sprecher nicht intendiert, aber textrelevant ist, weil er vom Dialogpartner aufgegriffen wird,
3. akzidentieller adressatenrelevanter Sinn, das sei der Sinn, den die Äußerung enthält, der vom Sprecher nicht intendiert, aber adressatenrelevant ist, weil er für den Adressaten des Textes - also den Zuschauer des Films - für das Textverständnis wesentliche Informationen enthält,
4. akzidentieller nicht-text- oder adressatenrelevanter Sinn, das sei der Sinn, den die Äußerung enthält, der vom Sprecher nicht intendiert und für den Hörer nicht relevant ist.

Bei einer Bahnhofsansage *The train standing at Platform 3 is the 4.50 for Brackhampton,*

---

31 Entsprechend kann es bei der Übersetzung auch nicht - zumindest nicht primär - darum gehen, konnotativ ausgedrückte Bedeutung des Ausgangstextes auch im Zieltext konnotativ auszudrücken, was durch Termini wie denotative und konnotative Äquivalenz jedoch suggeriert wird.

32 Vgl. dazu auch Leech (1983: 30-5).

Milchester, Waverton, Carvil Junction, Roxeter and stations to Chadmouth ist der intendierte Sinn also der Sprechakt der Information und die semantische Bedeutung des Satzes. Aufgrund anderer Sinnelemente der Äußerung, etwa des Akzents, ist es für den Hörer jedoch auch möglich, Rückschlüsse etwa auf den regionalen und sozialen Hintergrund des Sprechers zu ziehen. Im Kontext der Bahnhofsansage dürfte das für den Hörer und den Adressaten in der Regel ohne Belang sein, so daß diese Informationen der vierten Sinnebene zuzuordnen sind. Sie sind dann jedoch der zweiten Sinnebene zuzurechnen, wenn der Hörer darauf reagiert, also etwa dadurch daß er die Ansage nicht versteht und sich beschwert, daß jemand mit starkem Cockney-Akzent die Ansage macht.[33]

Manche Phänomene können intentional oder akzidentiell bzw. intentional und akzidentiell sein: Das gilt z.B. für Akzent bzw. Dialekt. In einer bestimmten Situation kann die Verwendung eines regionalen Akzents intentional begründet sein, wenn der Sprecher damit seine Zugehörigkeit zu einer bestimmten Dialektgemeinschaft demonstrieren will. Sie kann auch in der Weise intentional begründet sein, daß der Sprecher eine hochsprachliche Artikulation in der entsprechenden Situation als unangemessen empfände. Die Intention des Sprechers bezieht sich in diesem Fall aber nur auf den Grad der Formalität der Varietät, nicht auf die Tatsache, seine regionale Herkunft deutlich werden zu lassen. Diese Information ist dann akzidentiell. Nur akzidentiell ist die mit einem Akzent verbundene Bedeutung bei Sprechern, deren Register nur "mehr oder weniger" starke Ausprägungen eines Dialekts umfaßt.[34]

Damit ist auch deutlich, daß sich die Unterscheidung zwischen intendiert und akzidentiell nicht mit der von denotativ und konnotativ im Kollerschen Sinne deckt, weil konnotativ versprachlichte Bedeutung durchaus intendiert sein kann. Es läßt sich auch argumentieren, daß denotative Bedeutung in gewisser Weise akzidentiell sein kann. Ein Beispiel hierfür wäre *phatic communion*:[35] Von der Intention des Sprechers her läßt sich (in einer bestimmten Situation) eine Äußerung wie *Nice day today, isn't it?* als 'Freundlichkeit, Kontaktaufnahme etc.' interpretieren - die denotative Bedeutung von *nice day today* erscheint in Hinblick auf die Kommunikationsabsicht des Sprechers (im Sinne von *goal* bei Leech (1983: 13-4)) unwesentlich. Die spezielle Formulierung ist z.T. sprach- bzw. kulturspezifisch, weil in der speziellen Kultur konventionalisiert, z.T. durch den außersprachlichen Kontext determiniert (womit der banale Sachverhalt beschrieben sei, daß bei anderem Wetter der Satz *Not a very nice day today, is it?* dieselbe kommunikative Funktion erfüllen würde).

Unter dem Gesichtspunkt der Übersetzungsäquivalenz und insbesondere der Hierarchi-

---

[33] Soweit Londoner Lokalkolorit wesentlich ist, kann der Akzent auch der dritten Sinnebene zugeordnet werden. Hier müssen unter Umständen auch Informationen einbezogen werden, die nicht sprachlicher Natur im engeren Sinne sind. Informationen etwa über Geschlecht und Alter eines Sprechers, die sich im Falle der *face-to-face communication* auch aus dem Aussehen der Personen gewinnen lassen, können im Film - etwa am Telefon - nur durch die Stimme vermittelt werden. Solche Informationen sind zwar akzidentiell, können aber textrelevant sein, wenn z.B. jemand am Telefon seinen Gesprächspartner allein aufgrund der Stimme als *Madam/Sir* oder *Mr./Mrs.* bzw. mit *du* oder *Sie* anspricht.

[34] Diese Information kann für den Adressaten dennoch für das Verständnis wesentlich sein.

[35] Vgl. u.a. Nida (1977: 217) der als eine der "five basic functions of communication" anführt: "phatic, which serves primarily to link source and receptor, by means of a minimum of transfer of content".

sierung verschiedener Äquivalenzebenen erscheint es also zweckmäßig, die verschiedenen Sinnebenen eines Textes zu erfassen - wobei hier auch außersprachliche Faktoren wie Gesten und Stimmqualität[36] einzubeziehen sind[37] - und in Hinblick auf ihre Funktion im Text zu untersuchen.

7.3.2.4. Äquivalenz auf der Ebene des Ausdrucks von Sinn

Auch wenn dieser semasiologische Ansatz geeigneter als ein onomasiologischer Ansatz erscheint, die für die Übersetzung notwendigen Entscheidungen bei der Hierarchisierung der Äquivalenzebenen zu treffen, schließt er die Ebene des Ausdrucks nicht aus. Komplementär zu der Analyse des Textsinns unter pragmatischen Gesichtspunkten ist die Frage, wie dieser Sinn ausgedrückt wird.[38]

Von daher lassen sich prinzipiell alle sprachlichen und außersprachlichen Ausdrucksmittel in die Äquivalenzdiskussion miteinbeziehen. Diese Ausdrucksmittel beziehen sich z.T. auf den Text insgesamt, z.T. auch auf Elemente innerhalb des Textes. Wesentlich ist jedoch, daß diese Äquivalenzbeziehungen der Ebene des Textsinns in der Weise untergeordnet sind, als zwei sprachliche Zeichen nur dann in diesem Sinne als äquivalent bezeichnet werden können, wenn die Verwendung eines sprachlichen Zeichens im Zieltext als Entsprechung eines sprachlichen Zeichens im Ausgangstext dazu beiträgt, Äquivalenz des Textsinns zu erreichen.

So werden z.B. "formal-ästhetische, sprachspielerisch-sprachthematisierende und individualstilistische Eigenschaften des AS-Textes", die Koller (1983: 187) einer Ebene der "formalen Äquivalenz" zuordnet, ebenso als Ausdrucksmittel eines bestimmten Textsinns gesehen wie die Faktoren, die bei Koller (1983: 187) unter "textnormativer Äquivalenz" aufgeführt sind. Das ist insbesondere in Hinblick auf die Frage der Äquivalenz von Textsorten wichtig, die bei Reiß und Vermeer (1984) ausführlich diskutiert wird. Reiß und Vermeer (1984: 156) führen aus, daß "... beim kommunikativen Übersetzen ... die in der Ausgangskultur beachteten Konventionen/Normen durch korrespondierende Konventionen/Normen in der Zielkultur ersetzt werden" müssen.[39] Das ist auch deshalb erforderlich, weil die Ver-

---

36 Im wesentlichen kommt es darauf an, das Kriterium der Angemessenheit der Synchronstimme in bezug auf die bildliche Vorgabe im Film zu beachten. Daß bei der Auswahl der Synchronschauspieler erheblicher Spielraum besteht, wurde in Kapitel 3 gezeigt. Soweit Stimmqualität zur Charakteräquivalenz (> 3.3) beiträgt, ist sie wohl der Äquivalenzebene des (akzidentiellen) Textsinns zuzurechnen. Zur Abgrenzung zur Ebene der Synchronität vgl. 7.3.3.

37 Vgl. in diesem Zusammenhang auch 7.5.2.3.

38 Dabei wird davon ausgegangen, daß auch Strukturen Bedeutung zukommt. S. dazu auch Reiß (1971: 34). Vgl. in diesem Zusammenhang auch Halliday/Hasans (1989: 38-9) Beschreibung von Register als "semantic concept".

39 Unter dem Gesichtspunkt der kommunikativen Übersetzung sind die Bedeutungen der durch die Befolgung dieser Normen verwendeten sprachlichen Zeichen akzidentiell und nicht text- oder adressatenrelevant, was ihre Ersetzung durch die Normen der Zielkultur möglich macht. Bei einem anderen Übersetzungszweck (Information darüber etwa, welche sprachlichen Konventionen eine Hochzeit in den U.S.A. involviert) sind diese sprachlichen Zeichen hingegen adressatenspezifisch. Zu Textsortenkonventionen bei der Übersetzung vgl. auch Reiß (1976). Vgl. in diesem Zusammenhang auch Ansätze einer kon-

letzung einer solchen Norm in der Regel als beabsichtigt und entsprechend sinntragend interpretiert wird.

Ähnliches gilt für die Akzeptabilität des Textes. Verletzungen der Akzeptabilität eines Textes[40] werden in der Regel als intendiert, als bewußt eingesetztes Stilmittel, interpretiert.

Aus diesem Grund ergibt sich hinsichtlich der Äquivalenzebene des Textsinns auf der Ebene des Ausdrucks die Forderung, einen akzeptablen Text der Ausgangssprache in einen akzeptablen Text der Zielsprache zu übersetzen. Wenn die Akzeptabilität des Translats in der Übersetzungstheorie nur selten als Forderung erhoben wird[41], dann sicher nicht, weil sie in Frage stünde, sondern weil sie als selbstverständlich vorausgesetzt wird. Die Analyse der Synchrontexte zeigt jedoch deutlich, daß sprachliche Akzeptabilität der Translate häufig nicht gegeben ist. Dabei wird der Begriff der Akzeptabilität sehr weit gefaßt. Im einzelnen umfaßt er folgende Aspekte:

- grammatische Akzeptabilität der einzelnen Sätze des Textes
- Wohlgeformtheit des Textes in bezug auf textkonstituierende Faktoren wie Kohäsion einschließlich stilistischer Konsistenz
- pragmatische Angemessenheit von Äußerungen auf der Innenebene des Films.[42]

Da die verschiedensten sprachlichen Mittel zum Ausdruck des Textsinns dienen können, stellt sich die Frage, inwieweit sie selbst als eigene Äquivalenzebenen anzusehen sind. Da ein Terminus wie textnormative Äquivalenz aber ja nichts anderes heißt, als daß die Textnormen des Zieltextes dem Textsinn in Hinblick auf die Konventionen der Zielsprache ebenso entsprechen sollen wie die Textnormen des Ausgangstextes denen der Ausgangssprache, ist diese Forderung in der Forderung nach Äquivalenz des Textsinns ohnehin enthalten. Zudem könnte nur der Textsinn das entscheidende Kriterium bei der Hierarchisierung verschiedener Äquivalenzebenen in bezug auf den Ausdruck bilden; insofern erscheint es zweckmäßig, all diese Faktoren unter Äquivalenz des Textsinns zu subsumieren.

Wenn hier also Faktoren wie z.B. denotative, konnotative oder textnormative Äquivalenz nicht als eigene Äquivalenzebenen betrachtet werden, werden sie damit keineswegs als für den Übersetzungsprozeß irrelevant betrachtet. Der einzige Unterschied zwischen dem Ansetzen eigener Äquivalenzebenen für die verschiedenen Ausdrucksmittel und der Subsumierung unter die Äquivalenz des Textsinns ist der, daß die Ausdrucksmittel als für den Textsinn konstitutiv aufgefaßt werden. Das bedeutet, daß Faktoren wie Textsorte, Stil usw. den Sinn des Ausgangstextes mitbestimmen - und entsprechend bei der Interpretation

---

trastiven Textologie, etwa bei Hartmann (1980 und 1981) und Spillner (1981).

40 Damit sind hier nicht die in der gesprochenen Sprache auftretenden Abweichungen von geschriebener Sprache gemeint.

41 Das Postulat, daß der Text der Ausgangssprache in der Zielsprache in akzeptablen Äußerungen wiederzugeben sei, ist offenbar so selbstverständlich, daß es in der Übersetzungswissenschaft nicht sehr häufig diskutiert werden muß. Vgl. in diesem Zusammenhang auch Wilss (1977: 258): "Die L_2/L_1-Fehleranalyse muß daher mit einem Fehlerbegriff arbeiten, der über die oberflächenstrukturellen Wohlgeformtheitsbedingungen sprachlicher Äußerungen hinausreicht." Vgl. auch Hönig/Kußmauls Kategorie (1984: 131) der "Verstöße gegen die deutsche Sprachnorm". Zu Äquivalenz und Akzeptabilität vgl. auch van den Broeck (1980: 82-3 und Reiß (1971: 64).

42 Vgl. dazu die Diskussion der Unangemessenheit von *Liebling* als Übersetzung von *dear* oder *my love* bei Hönig/Kußmaul (1984: 65). Durch die Einbeziehung der pragmatischen Angemessenheit von Äußerungen sind z.B. Aspekte der "textnormativen Äquivalenz" bei Koller (1983: 189) hier mit erfaßt.

des Ausgangstextes und bei der Versprachlichung des Zieltextes durch den Übersetzer mitberücksichtigt werden müssen.

7.3.2.5. Kulturhintergrund

Das Problem des Kulturhintergrunds ist ebenfalls im Rahmen von Textsinn zu sehen. Bei Leech (1983: 13) fällt das (möglicherweise) unterschiedliche Weltwissen der Adressaten des Ausgangstextes und des Zieltextes unter Kontext:[43]

> I shall consider context to be any background knowledge assumed to be shared by *s* and *h* and which contributes to *h*'s interpretation of what *s* means by a given utterance.

Für das Textverständnis können solche Unterschiede im Weltwissen dann relevant sein, wenn etwa ein Referent, auf den im Text Bezug genommen wird, den Adressaten der Ausgangskultur bekannt ist, den Adressaten der Zielkultur aber nicht. Da es sich dabei um außersprachliche Phänomene handelt, deren Kenntnis für den Textsinn erforderlich ist, läßt sich Kulturhintergrund unter dieser Äquivalenzebene subsumieren.[44]

Es versteht sich von selbst, daß - angesichts der Unmöglichkeit diesbezüglicher empirischer Untersuchungen - es in diesem Zusammenhang nur um die Einschätzung des Weltwissens der Adressaten durch den Übersetzer gehen kann. Trotz der Probleme, die sich in Hinblick auf die Adressatenspezifik ergeben (> 7.4), kann man wohl davon ausgehen, daß z.B. ein englischer Film kulturspezifische Elemente enthalten kann, die für einen wesentlich geringeren Prozentsatz der deutschen als der britischen Zuschauer verständlich sind. Von daher ist es in einem solchen Fall angebracht, bei der Übersetzung den kulturellen Hintergrund entsprechend zu berücksichtigen.[45]

7.3.3. Äquivalenzebene: Synchronität

Die Äquivalenzebene der Synchronität bezieht sich auf alle Erscheinungen, die sich daraus ergeben, daß bei der Synchronisation durch die filmische Vorgabe ein nicht zu verändernder Rahmen gegeben ist, der eine zeitliche Übereinstimmung von Ausgangs- und Zieltext

---

[43] Vgl. dazu Reiß/Vermeer (1984: 153).

[44] Vgl. dazu auch Reiß (1980: 35). Zu Zeitbezug und Ortsbezug vgl. in diesem Zusammenhang auch Reiß (1971: 74-80).

[45] Auch an diesem Beispiel zeigt sich, daß, wie oben angedeutet wurde, die Uneinigkeit hinsichtlich der Bestimmung von Äquivalenz durch die Tatsache bedingt sein kann, daß manche Phänomene unter verschiedenen Blickwinkeln betrachtet werden können. Das Problem des Kulturhintergrunds läßt sich z.B. auch in bezug auf die Textfunktion sehen, denn soweit kulturspezifische Elemente für den Adressaten des Zieltextes nicht zugänglich sind, kann die Übersetzung unter Umständen nicht dieselbe Funktion erfüllen.

erforderlich macht.[46] Das gilt natürlich primär für alle Formen der Lippensynchronität:
- quantitative Lippensynchronität
- qualitative Lippensynchronität
- Lippensynchronität in bezug auf Sprechtempo
- Lippensynchronität in bezug auf Artikulationsdeutlichkeit

Ein weiterer Faktor, der in diesem Zusammenhang berücksichtigt werden muß, ist Nukleussynchronität, also die Synchronität von betonten Silben mit Gesten. In Hinblick auf Gesten ist aber - unabhängig vom Nukleus - auch in der Weise Synchronität zu fordern, daß der Text zur Geste "passen" muß.[47] Ähnliches gilt für andere bildliche Vorgaben, insbesondere für Schriften, Briefe oder Zeitungen, wenn der Text direkte Bezüge zum Situationskontext enthält, was als Referenzsynchronität bezeichnet werden soll.

Hier liegt auch einer der entscheidenden Unterschiede zwischen Synchronisation und Übersetzung für das Drama (oder eine Verfilmung in der Zielsprache). Während es in einem Bühnenstück z.B. ohne weiteres möglich ist, etwa *hot dogs* mit *Würstchen* zu übersetzen, mag es in einem synchronisierten Film gute Gründe geben, das nicht zu tun, wenn etwa ein Schild *hot dogs* zu sehen ist. Ähnliches gilt für die Namen von Hotels oder Zeitungen. Ein Bühnenübersetzer kann ohne weiteres etwa den Namen einen Pubs wie *The Haunch of Venison* zu *The King's Head* ändern, etwa weil es ihm für die Schauspieler zu schwer sprechbar oder für die Zuschauer zu schwer verständlich erscheint.[48] Die Synchronübersetzung unterliegt hier stärkeren Beschränkungen, weil der situativ-referentielle Rahmen unabänderlich vorgegeben ist, wobei es zu übersetzerisch kaum lösbaren Diskrepanzen kommen kann.[49]

Billy Casper erzählt in der Schule von seinem Falken und nennt in diesem Zusammenhang einige Fachausdrücke, die er an die Tafel schreiben soll. Dabei werden deutsche Wörter genannt und englische an die Tafel geschrieben: *Geschüh - jesses; Drahle - leash; Fessel - swivel.* *Kes*[50]

---

46 Mit dieser Definition von Synchronität ist der Faktor der Stimmqualität ausgeschlossen, da in diesem Fall das Element der Zeitgleichheit wegfällt. Es besteht insofern jedoch eine Parallele, als auch bei der Besetzung der Rollen der Synchronschauspieler die bildliche Vorgabe zu berücksichtigen ist. Soweit Stimmqualität in Hinblick auf die in 3.3.1 beschriebene Charakteräquivalenz eine Rolle spielt, ist sie der Ebene des (akzidentiellen) Textsinns zuzurechnen. Vgl. auch 3.2.

47 Gestensynchronität ist zu unterscheiden von der Äquivalenzebene der Bedeutung von Gesten. Vgl. 7.2.2.4.

48 Dabei soll hier nicht auf die Frage eingegangen werden, inwieweit es sinnvoll ist, solche Eindeutschungen vorzunehmen, und inwiefern Anglizismen dieser Art die Funktion haben, Lokalkolorit widerzuspiegeln (> 5). Technisch sind Änderungen von Schriften in manchen Fällen auch im Film möglich, wobei sich theoretisch auch die Möglichkeit der Übersetzung in die Zielsprache stellt. Ähnlich wie bei der englischen Aussprache von Namen und der Nicht-Übersetzung von Titeln, auf die in Kapitel 5 eingegangen wurde, findet sich der Versuch der Eindeutschung wohl eher in frühen Synchronisationen. So wurde bei der Synchronisation der *Miss Marple*-Filme aus den sechziger Jahren die Schrift eines Bauchladens in Großaufnahme in der deutschen Version durch den Text "Liga zur Förderung ehemaliger Sträflinge" überblendet (*Der Wachsblumenstrauß*, 0.01 h). Solche Veränderungen finden sich in der Synchronisation neuerer Fernsehserien nicht. Z.T. werden sogar Vor- und Abspann mit den englischen Bezeichnungen belassen.

49 Zur Problematik von Schrifteinblendungen für die Synchronisation s. Müller (1982: 219-28).

50 Verfilmung des Romans *Kes* (zunächst veröffentlicht als *A Kestrel for a Knave*) von Barry Hines.

Die Äquivalenzebene der Synchronität ist also die einzige der aufgeführten Äquivalenzebenen, die allein im Rahmen einer Synchronisationstheorie anzusetzen ist.

7.3.4. Äquivalenzebene: Textfunktion

7.3.4.1. Äquivalenz der Funktion von Texten

Daß auch in bezug auf die Textfunktion[51] Äquivalenz denkbar ist, klingt bereits in der Äquivalenzdefinition von Reiß und Vermeer (1984: 142) an, zu der sie weiter ausführen:

> ... daß bei der Translation die Relation der Äquivalenz auf T e x t äquivalenz zu beziehen ist und Äquivalenz nur dann realisiert werden soll (bzw. realisiert wird), wenn die beiden in Übersetzungsrelation zueinander gestellten (bzw. stehenden) Texte im Kommunikationsgeschehen der beiden involvierten Kulturen gleichwertige Funktionen erfüllen ...

Dabei stellt sich allerdings die Frage, ob Texte wie Filme - etwa im Gegensatz zu Gebrauchsanweisungen - überhaupt vollkommen gleichwertige Funktionen erfüllen können bzw. ob es für die Übersetzung sinnvoll ist, Funktionsgleichwertigkeit zu postulieren.

7.3.4.2. Funktionen von Sprache und Funktionen von Texten

Eine grundsätzliche Schwierigkeit ergibt sich dabei aus der Diskrepanz zwischen der allgemeinen Bestimmung der Funktion von Sprache, der von Texten im allgemeinen und der eines einzelnen Textes. Es erscheint dabei nur bedingt möglich, Modelle der Funktionen von Sprache - wie sie etwa Bühler (1934/1965) oder Halliday (1970) aufgestellt haben - auf die Übersetzungsproblematik zu übertragen, und zwar aus zwei Gründen:

1. Zum einen überlagern sich in den meisten (wenn nicht allen) Fällen verschiedene Funktionen innerhalb eines Textes[52]. Zwar sind auch die Reißschen Grundtypen (1971: 32) - inhaltsbetonte, formbetonte und appellbetonte Texte - nur auf das "*Übergewicht* der einen oder anderen Funktion der Sprache in einem gegebenen Text" zu verstehen. Es erscheint jedoch zweifelhaft, ob viele Texte so deutlich von einer dieser Funktionen dominiert werden, daß Texttyp wie bei Reiß und Vermeer (1984: 150) als "übereinzelkulturelle, wahrscheinlich universale Grundfunktion der Kommunikation, wobei jede Grundfunktion durch bestimmte einzelsprachliche Formentypen realisiert wird" definiert werden kann, wenn lediglich "drei kommunikative Grundformen" - "informativer Typ", "expressiver Typ" und "operativer Typ" - identifiziert werden.

---

[51] Dabei handelt es sich um einen adressatenspezifischen Faktor; vgl. dazu Wilss (1978: 22). Zur Funktion vgl. auch Reiß (1978: 28). Reiß/Vermeer (1984: 206) legen das Bühlersche Zeichenmodell für eine Einteilung in den informativen, expressiven und operativen Texttyp zugrunde. Vgl. auch Reiß (1969: 69) oder (1978: 28). Zu einer Kritik dieses Ansatzes vgl. House (1981: 36).

[52] Vgl. dazu Reiß (1971: 32).

2. Eine Funktion des sprachlichen Zeichens läßt sich allgemein in Hinblick auf den Ausdruck von Inhalt charakterisieren (etwa als Darstellungsfunktion oder *ideational function*), die Funktion eines bestimmten sprachlichen Zeichens ist aber der Ausdruck eines bestimmten Inhalts. Ähnlich kann die Funktion eines bestimmten Textes nicht allgemein in Hinblick auf allgemeine Funktionen, sondern nur konkret bestimmt werden. Wenn man davon ausgeht, daß etwa die drei Bühlerschen Funktionen, wenn auch in unterschiedlichem Grad, bei jedem Text relevant sind, bedeutet das aber unter anderem, daß die Funktionsbestimmung eines Textes auch eine adressatenspezifische Komponente enthält. Das ist insofern problematisch, als sich bei der Übersetzung die Adressaten ändern. Jede Funktionsbestimmung enthält dann auch ein Element der intendierten Wirkung auf den Adressaten.[53]

Auf dieser Ebene ist Äquivalenz der Textfunktion bei vielen Texten nicht möglich. Es ist z.B. zu erwarten, daß ein synchronisierter Film in sehr vielen Fällen auch als Information über das Land, in dem die Handlung spielt, gesehen wird. Eine Serie wie *Cagney and Lacey* ist für den deutschen Zuschauer zu einem höheren Grad bzw. in anderer Weise auch Information über die Polizeiarbeit in New York als für den amerikanischen. Diese Unterschiede sind allerdings nicht (nur) durch die Translation bedingt: Vergleichbare Rezeptionssuntschiede werden zwischen britischen und amerikanischen Zuschauern etc. bestehen. Ähnliche Schwierigkeiten ergeben sich bei einer Serie wie *Yes Minister*, die im Text eine größere Anzahl kulturspezifischer Elemente enthält. Hat eine solche Serie in Deutschland dieselbe Funktion wie in Großbritannien? Oder ist ihre Funktion in Deutschland, dem Teil des deutschen Fernsehpublikums, der sich besonders für Großbritannien interessiert und mit den dortigen Institutionen vertraut ist, eine Unterhaltungsserie zu bieten, die diesen Interessen entgegenkommt? Erfüllt *Yes Minister* für die britischen Fernsehzuschauer allein dadurch eine andere Funktion als für deutsche (und amerikanische) Zuschauer, daß es sich um eine Satire auf die eigene Regierung bzw. den eigenen Regierungsapparat handelt?

Diese Beispiele zeigen, wie problematisch die Grenzziehung zwischen Funktionskonstanz und Funktionsäquivalenz ist.[54] Da die Funktionsbestimmung eines Textes auch die Komponente der Wirkung miteinbeziehen muß, gelten die Einwände, die Reiß und Vermeer (1984: 126) gegen das Kriterium der Wirkungsgleichheit[55] hervorbringen, wohl auch für das Postulat der Funktionsgleichheit[56].

7.3.4.3. Übersetzung als Information über einen Text

In gewisser Weise hat eine Übersetzung in jedem Fall eine andere Funktion als ein Originaltext. Reiß und Vermeer (1984: 67 bzw. 77) vertreten z.B. die Ansicht, daß "Translation

---

53 Vgl. dazu etwa den Funktionsbegriff bei W. Schmidt (⁴1973: 27).

54 Zu Funktionskonstanz und Funktionsveränderung vgl. Hönig/Kußmaul (1984: 40). Vgl. auch Kußmaul (1986: 208).

55 Vgl. dazu auch Reiß/Vermeer (1984: 126-7). Zur Frage der Wirkungsgleichheit s. auch Hönig (1976: 48).

56 Vgl. Reiß/Vermeer (1984: 142). Zu verschiedenen Interpretationsmöglichkeiten von Funktionskonstanz s. Vermeer (1979: 5).

als Information über eine Information zu bestimmen" sei[57], was sie folgendermaßen ausführen:

> Die Translation eines Geschäftsbriefs (als Geschäftsbrief) informiert über den Sinn des Ausgangsbriefs, die Translation eines Gedichts (als Dichtung) z.B. über Interdependenzen von Form und Sinn usw.

Als theoretischer Aussage über den Charakter von Translaten ist dieser Ansicht uneingeschränkt zuzustimmen. In Hinblick auf die Funktion des Translats stellt sich allerdings die Frage, inwieweit der Adressat des Translats sich der Tatsache unreflektiert bewußt ist bzw. aus der Sicht des Translators der Tatsache bewußt sein soll, daß es sich beim Translat um eine Information über einen anderen Text handelt. In vielen Situationen ist dieses Bewußtsein beim Adressaten ohnehin gegeben - beim Dolmetschen etwa ist es unvermeidlich. In anderen Situationen kann es jedoch als (nicht immer erreichbares) Ziel der Übersetzung angesehen werden, daß der Adressat beim Lesen oder Hören sich nicht durch den Text an sich bewußt wird, daß es sich um eine Übersetzung handelt (auch wenn er das aufgrund seines Weltwissens weiß). Insofern ist zwar jedes Translat eine Information über einen Ausgangstext, inwieweit das aber aus dem Translat als solchem erkennbar ist, hängt u.a. vom Zweck der Translation ab. Das äußert sich auch in der Unterscheidung von *overt translation* - "in which the TT addressees are quite 'overtly' not being directly addressed" - und *covert translation* - "a translation which enjoys or enjoyed the status of an original ST in the target culture" von House (1981: 189/194).[58] House (1981: 204) stellt diesbezüglich auch fest: "it is only in cases of covert translations that it is in fact possible to achieve functional equivalence".

Ähnliches wird auch in der Beschreibung der Übersetzungsstrategie des kommunikativen Übersetzens bei Reiß und Vermeer (1984: 135) deutlich:[59]

> Heute dagegen gilt eher das Ideal des "kommunikativen" Übersetzens (d.h. Information über ein Informationsangebot mit "Imitation" des Informationsangebots aus einem Ausgangstext mit den Mitteln der Zielsprache ...), eine Übersetzung, der man zumindest sprachlich nicht die Übersetzung ansieht; eine Übersetzung, die in der Zielkultur bei gleicher Funktion unmittelbar der (alltäglichen, literarischen oder künstlerisch-ästhetischen) Kommunikation dienen kann und dabei dem Original (möglichst) in allen seinen Dimensionen (syntaktisch, semantisch und pragmatisch) gleichwertig, äquivalent ist.

---

[57] Vgl. dazu Reiß/Vermeer (1984: 76): "Entscheidend für unsere Theorie als einheitlicher Translationstheorie ist, daß j e d e s Translat (Übersetzung und Verdolmetschung) unabhängig von seiner Funktion (...) und Textsorte als Informationsangebot in einer Zielsprache und deren -kultur (IA_Z) über ein Informationsangebot aus einer Ausgangssprache und deren -kultur (IA_A) gefaßt wird: Trl. = $IA_Z(IA_A)$"

[58] Dabei erscheint fraglich, ob sich diese Unterscheidung immer auf einen ganzen Text anwenden läßt. Zur Theorie von House vgl. u.a. Reiß/Vermeer (1984: 48-52).

[59] Vgl. in diesem Zusammenhang auch Wotjak (1989: 8): "Als entscheidende Orientierungsvorgabe/Zielgrößenbestimmung erscheint nunmehr wohl weitgehend unbestritten die Schaffung eines zielsprachigen Textes TZS, der gegenüber dem quellensprachigen Originaltext in einem möglichst hohen Maße (...) kommunikativ äquivalent ist, d.h. dessen intendierter kommunikativer Sinn wie realisierter kommunikativer Wert sich mit den entsprechenden QS-Vorgaben weitestgehend deckt, wobei zugleich immer auch solche ZS-Mittel eingesetzt werden sollten, die textsorten- wie situationsangemessen sind."

Sieht man die Funktion der Übersetzung in diesem Sinne bestimmt und im Gegensatz zu denen für andere Übersetzungsstrategien von Reiß und Vermeer (1984: 134) angeführten, so erscheint Funktionsäquivalenz denkbar.

In der Regel gilt bei der Synchronisation wohl auch allgemein, daß das Translat eine äquivalente Funktion in der Zielkultur erfüllt. Das trifft sowohl auf Unterhaltungsserien als auch auf literarische Verfilmungen zu wie etwa die Shakespeare-Synchronisationen des Bayerischen Fernsehens. In gewisser Weise liegt das in der Natur der Sache. Ziel der Synchronisation ist mit Sicherheit die Erzeugung der Illusion, es handele sich um einen Originaltext. Der Adressat soll sich eben nicht bewußt werden, daß eine Übersetzung vorliegt. Andernfalls würde ein Film kaum synchronisiert werden, schon aus finanziellen Gründen. In dieser Beziehung ist die Synchronisation anderen (billigeren) Formen der Übersetzung von Filmen - also etwa der Untertitelung oder dem Übersprechen - überlegen, die in anderen Ländern in größerem Maßstab praktiziert werden als in der Bundesrepublik.[60]

7.3.4.4. Zusammenfassung

Bei der Synchronisation ist Äquivalenz der Textfunktion also nicht prinzipiell in dem Sinne möglich, daß der Zieltext genau die und nur die Funktionen des Ausgangstextes in der Ausgangskultur besitzt. Äquivalenz der Textfunktion soll also im folgenden beinhalten,

- daß der Text wie ein Original rezipiert wird,
- daß der Zieltext dabei die dominierende(n) Funktion(en) des Ausgangstextes ebenfalls aufweist.

Dabei darf nicht übersehen werden, daß Kategorien wie *covert* oder *overt translation* nicht unbedingt auf einen Text insgesamt anzuwenden sind. In dem Maße wie *Pygmalion* Übersetzungsprobleme aufwirft, die durch die Thematisierung von Sprache bedingt sind, kann die Übersetzung nur Information über den Ausgangstext im Sinne einer *overt translation* sein. Das gilt aber eben nur für die Passagen des Textes, in denen Sprache thematisiert wird, bei denen Äquivalenz der Textfunktion nicht möglich ist.

7.4. Prämissen der Übersetzung bei der Synchronisation

7.4.1. Übersetzung und Bearbeitung

7.4.1.1. Zweck der Synchronisation

Die Hierarchisierung der Äquivalenzebenen kann nur in Hinblick auf den Zweck der Übersetzung erfolgen. Obwohl die Zweckbestimmtheit der Übersetzung in der Translationstheorie betont wird - etwa bei Reiß und Vermeer (1984: 134) durch Aussagen wie "Die

---

60 Vgl. Kapitel 1.

Dominante aller Translation ist der Zweck (Skopos)" -, scheint sich diese Einsicht in der Praxis der Synchronisation nicht durchgesetzt zu haben. Eine Ursache für die mangelnde Qualität vieler Synchrontexte, die in Kapitel 5 aufgezeigt wurde, läßt sich in mangelnder Reflexion über den Zweck der Übersetzung und die daraus resultierenden Übersetzungsstrategien sehen.[61] Insbesondere sind zwei Festlegungen erforderlich:

1. Welche Funktion soll der Text in der Zielsprache erfüllen, bzw. wird Funktionsäquivalenz angestrebt?
2. Wird Äquivalenz des Textsinns angestrebt?

7.4.1.2. Ziel der Synchronisation: keine Äquivalenz

Äquivalenz ist dabei keine unbedingte Forderung. In den siebziger Jahren wurden z.B. vom ZDF eine Reihe von Serien - *Die Zwei, Ihr Auftritt, Al Mundy, Starsky and Hutch* - gesendet, die sich in der synchronisierten Fassung dadurch stark vom Original unterschieden, daß sie prinzipiell mit albern-witzigen Dialogen unterlegt wurden, die im Original nicht in dieser Form angelegt waren. Damit wurden "normale" Kriminalserien quasi als Parodien oder Persiflagen synchronisiert.[62]

Es sei dahingestellt, ob es sich dabei um eine Änderung der Funktion des Textes, eine Änderung des Textsinns oder um beides handelt. Entscheidend ist, daß hier Abweichungen vom Original zu konstatieren sind, die nicht durch kulturelle oder sprachliche Unterschiede bedingt sind. Insofern ist es wohl angezeigt, hier nicht mehr von Übersetzungen, sondern von Bearbeitungen zu sprechen[63].

Äquivalenz des Textsinns ist bei Bearbeitungen dieser Art keinesfalls gegeben; auf einer Ebene, auf der Funktion als "Unterhaltungssendung" gesehen wird, unter Umständen schon.[64] Es kann jedenfalls nicht sinnvoll sein, auf Bearbeitungen den Begriff der Äquiva-

---

[61] Vgl. Reiß und Vermeer (1984: 134): "Aus der Verschiedenheit der translatorischen Zwecksetzungen ergibt sich die Verschiedenheit der möglichen Übersetzungsstrategien für einen Text." Entsprechend unterscheiden Reiß und Vermeer (1984: 134-6) zwischen fünf Übersetzungsstragien, die vom Zweck bestimmt sind: 1. Wort-für-Wort-Übersetzung (Interlinearversion), 2. wörtliche Übersetzung, 3. philologische Übersetzung, 4. kommunikatives Übersetzen, 5. sprachschöpferische Übersetzung.

[62] Zu einer ausführlichen Untersuchung über die inhaltliche Veränderung der Dialogstrukturen der Serie *Die Zwei* vgl. Toepser-Ziegert (1978). Als Fazit schreibt Toepser-Ziegert (1978: 223): "Im untersuchten Fall war die 'Eindeutschung' so perfekt, daß thematische Inhalte soweit übernommen wurden, soweit sie für den Verlauf der Handlung vonnöten waren, darüber hinaus wurde die Formulierung der Texte nach 'deutschen' Maßstäben gehandhabt ohne daß irgendeine Bestrebung zu verspüren war, die Originalität zu bewahren, worauf seitens der Synchronisationsfirma aber auch kein Anspruch erhoben wurde." Toepser-Ziegert (1978: 213-6) stellt erhebliche Veränderungen der Dialoge im einzelnen fest, z.B. eine "starke Anreicherung der Dialoge mit sexuellen Motiven" oder eine Veränderung der Sicht des Adelsstandes, der in der Synchronfassung als "exotisch anmutende Absonderlichkeit karikiert" wird. Vgl. in diesem Zusammenhang auch Müllers (1982: 354-61) Diskussion dieser Serie. Zur Serie *Starsky und Hutch* und deren Synchronisation s. Durzak (1979: 80-1).

[63] Vgl. dazu Reiß/Vermeer (1984: 136-7).

[64] Dabei sind insofern Einschränkungen angebracht, als es sich eben um eine andere Form der Unterhaltung handelt, die etwa Actionfilme parodiert.

lenz anzuwenden.

Bearbeitungen sind bei der Synchronisation ohne weiteres möglich, stellen in der Praxis jedoch einen Ausnahmefall dar. Nicht zu Bearbeitungen im engeren Sinne gerechnet werden Fälle, in denen punktuell aufgrund von Vorgaben der Sendeanstalten oder anderer Institutionen ebenfalls keine Äquivalenz angestrebt wird. Solche Direktiven können auf Zielpublikum und Sendezeit bezogen sein, etwa dahingehend, daß Tabuwörter wie *Scheiße* in Sendungen vermieden werden sollen, die vor 21 Uhr gesendet werden[65]. Darin mag auch der Grund für den Gebrauch des Euphemismus *lieben* für *make love* anstatt *miteinander schlafen* liegen, das für diese Sendezeit vielleicht als "zu deutlich" empfunden wird. Wesentlicher als solche Direktiven sind zensurartige Eingriffe von Kontrollorganen, wie sie etwa Diller und Kornelius (1978: 104-11) schildern[66]. Auch in diesen Fällen wird - zumindest punktuell - vollkommene Äquivalenz nicht angestrebt.

Dennoch lassen sich die Strategien, die in diesem Zusammenhang in bezug auf die Äquivalenzebene der Synchronität entwickelt werden, auch auf Bearbeitungen anwenden. Aus diesem Grund sollen im folgenden im wesentlichen die Fälle betrachtet werden, bei denen der synchroniserte Film eine Übersetzung darstellt.

7.4.1.3. Zweck der Synchronisation: Äquivalenz

Es soll also davon ausgegangen werden, daß der Zweck der Übersetzung bei der Synchronisation darin besteht, Äquivalenz auf den drei Ebenen der Funktion des Textes, des Textsinns und der Synchronität herzustellen.

7.4.2. Prämisse Adressat

Angestrebte Äquivalenz der Textfunktion bedeutet jedoch nicht, daß sich die Funktion des Zieltextes automatisch bei der Übersetzung ergäbe. Funktionsäquivalenz setzt vielmehr voraus, daß die Einbettung des Textes in die spezifischen Kulturen der Ausgangs- und Zielsprache analysiert wird, wie es Kußmaul (1986: 208-9) fordert:

> Eine übersetzerische Kompetenz schließt also die Fähigkeit ein, sich an der Übersetzungsfunktion zu orientieren ... Zunächst sollen zwei Beobachtungen vorweggenommen werden.
>
> Die erste betrifft das Verhältnis zwischen den Textstellen, deren Übersetzung jeweils reflektiert wird, und der Funktion des Texts. Dieses Verhältnis läßt sich als *Einbettung* beschreiben. Die Textstelle ist zu interpretieren im Rahmen des Gesamttexts, dieser wiederum steht in einer Situation, und die Situation ist bedingt durch die Kultur. Für die Orientierung an der Textfunktion bedeutet dies: Die Kultur determiniert, welche Funktion der Text haben kann. Die Funktion wird weiter determiniert durch die Situation, in welcher der Text produziert wird, und diese Situation hat ihre Auswirkungen auf die Gliederung des Texts und schließlich auf die Formulierung der jeweiligen Textstellen.

---

65 Vgl. auch Hensel (1987: 15): "Points the script editor has to bear in mind are ... - if a series is to be broadcast in the early evening, for instance - that objectionable language is avoided."

66 Vgl. Hesse-Quack (1967: 194-7), Toepser-Ziegert (1978: 46-59) und Whitman-Linsen (1992: 156-64).

Wie stark ein Text in eine Kultur eingebettet sein kann, zeigen einige Beispiele aus der Serie *Yes Minister*:

Dann gleich ins Unterhaus zur Fragestunde und um, äh, .. sieben zum Hammelsprung, ... acht Uhr Empfang beim französischen Ministerpräsidenten, .. äh, in seiner Botschaft!	And then straight to the House for question time, and a 7 o'clock division. Then 8 o'clock the French Prime Minister's reception at his embassy. *YM 1/3:140-1*
BERNARD:	
Darf ich Sie noch daran erinnern, daß wir uns morgen früh um acht in Paddington treffen!?	Before you go, Minister, may I remind you we meet tomorrow morning at Paddington at eight o'clock.
JIM:	
Wo fahren wir hin?	Where are we going? *YM 1/4:039-40*
Wenn man in Henley wohnt und möchte in die City fahren, .. dann braucht man eine Bahnfahrkarte nach Paddington und einen U-Bahn-Fahrschein zur "Bank"-Station!	If you want to commute from Henley to the City, you have to buy one British Rail ticket to Paddington and then buy an underground ticket to the Bank. *YM 3/5:032*
Ich soll den britischen Bürger zwingen zum Mitführen von Ausweispapieren?	Trying to make British people carry compulsory identification papers? *YM 1/5:167*
Minister, tut mir leid, daß ich so reinplatze, aber es ist der Teufel los in "Nummer 10"!	Minister, I'm sorry to burst in like this but all hell's just broken loose at Number Ten. *YM 1/1:200*
"Lieber Jim." Lieber Jim? "Wir, äh, ... haben uns in letzter Zeit viel zu selten gesehen! ... Ähm, . können Sie am Sonntag zu uns zum Essen nach Chequers kommen??!"	Dear Jim! Dear Jim, we haven't seen enough of each other lately. Would you be free to come to lunch to Chequers on Sunday? <...> *YM 2/7:223-4*
Im Moment müßte "Gestern im Parlament" laufen, Sir!	It's about time for "Yesterday in Parliament" I think, sir. *YM 2/1:001*
BERNARD:	
... der "Ritter von der Distel", und, äh ...	the Knight of the Thistle ...
JIM:	
"Ritter von der Distel"!? Wer kriegt denn den? Ich nehme an, Schotten und Esel, hä?!	The Knight of the Thistle. Who gets that? Scotsmen and donkies?
BERNARD:	
Ich seh da gewisse Unterschiede, Minister!	There is a distinction, Minister.
JIM:	
Sie haben noch nie mit einem schottischen Nationalisten verhandelt! Wie wird denn die Distel verliehen?	You haven't met the Scottish nationalists. How do they award the Thistle?
BERNARD:	
Nur mit Handschuhen.	A committee sits on it. *YM 2/2:138-9*

Diese Beispiele enthalten eine Fülle kulturspezifischer Elemente, die sich auf Institutionen, Ämter - daneben treten häufig Bezeichnungen auf wie *Chefeinpeitscher* (*chief whip* YM

3/6-101) oder *Schattenminister* (*Shadow Minister* YM 1/1-002) - oder die Geographie Großbritanniens beziehen. Diese Elemente liegen keineswegs alle auf derselben Ebene: Es ist anzunehmen, daß mehr deutsche Fernsehzuschauer wissen, daß das britische Parlament aus dem Ober- und dem Unterhaus besteht, als daß Chequers der Landsitz des Premierministers ist, was aber auch gelegentlich in deutschen Zeitungen erwähnt wird. Es ist anzunehmen, daß mehr deutsche Fernsehzuschauer wissen, daß Paddington ein Londoner Bahnhof, als daß Bank eine U-Bahn-Station ist. Aber ist Paddington bekannter als Chequers oder umgekehrt? Wieviele deutsche Fernsehzuschauer wissen, daß es im britischen Parlament den Hammelsprung gibt, wieviele, daß in Großbritannien kein Personalausweis existiert, wieviele, daß die Distel das Symbol Schottlands ist? Was von alledem ist kulturspezifisch britisch, kulturspezifisch europäisch, kulturspezifisch westliche Welt? Wer verfügt über dieses jeweilige Kulturwissen? Dabei dürfte es im Einzelfall wenig ergiebig sein, darüber zu spekulieren, ob die Tatsache, daß zumindest jedem Abiturienten bekannt sein dürfte, was das britische Unterhaus ist, dieses Wissen zum Bestandteil der (?) deutschen Kultur macht.[67]

Es dürfte in der Übersetzungstheorie Einigkeit darüber bestehen, daß die Entscheidung, inwieweit solche Elemente bei der Übersetzung erhalten bleiben können oder sollen bzw. inwieweit sie einer Erklärung bedürfen, vom intendierten Adressaten abhängt. Hönig und Kußmaul (1984: 27) betonen u.a. auch deshalb, "... daß der Übersetzer eine klare Vorstellung davon haben muß, für welchen Kreis von Adressaten er seinen Text in der ZS verfaßt". Zwar meinen sie, diese Voraussetzung sei "in der Praxis der Übersetzung weitgehend erfüllt" - für die Synchronisation gilt das jedoch nicht[68]. Die Heterogenität (und Anonymität) der Zuschauer einer Fernsehserie schließt eine klare Bestimmung der Zielgruppe - und das gilt nicht nur in bezug auf kulturspezifische Elemente - aus.[69] Der Sendetermin liefert zwar gewisse Anhaltspunkte (Jugendprogramm, kulturell interessierte Minderheit etc.), die durchaus Auswirkungen auf die Übersetzung in der Form von Vorgaben durch die Sender haben können. Auf der anderen Seite wurde *Yes Minister* in der Bundesrepublik zuerst in den Regionalprogrammen der ARD am frühen Abend gesendet, dann aber in den dritten Programmen am späteren Abend wiederholt.[70]

Im Gegensatz zu den von Hönig und Kußmaul (1984: 27) genannten Texten (Geschäftsbriefe, Gebrauchsanweisungen usw.) weiß der Übersetzer bei der Synchronisation

---

67 Zum Kulturbegriff vgl. Vermeer (1986a: 178-97), Oksaar (1981: 105-6) und Reiß/Vermeer (1984: 26) und die dort angegebene Literatur.

68 Weitaus skeptischer äußert sich in diesem Zusammenhang Wilss (1981a: 462).

69 Das unterscheidet die Übersetzung aber nicht grundlegend vom Originaltext, auch wenn der Autor in seiner Einschätzung des Weltwissens der Adressaten wahrscheinlich sicherer sein kann. In jedem Falle ist man aber bei Texten wie Filmen, die sich in der Regel an ein relativ heterogenes und nicht genau spezifizierbares Publikum wenden, auf mehr oder weniger verallgemeinernde Mutmaßungen angewiesen. Wilss (1978: 22) ist daher prinzipiell zuzustimmen, wenn er sagt: "Wenn man allgemeine Aussagen über das komplexe oder meist nicht aufklärbare Verhältnis zwischen dem Übersetzer und dem Empfänger des Übersetzungsresultats machen will, geht man am besten textsortenspezifisch vor. Am augenfälligsten ist die relative Aussagenspezifik bei fachsprachlichen Übersetzungen ... In anderen Textbereichen, beispielsweise auf dem Gebiet der Sachbuchübersetzung, ist die Adressatenspezifik problematischer."

70 In Österreich war der Sendetermin bei der Erstausstrahlung ebenfalls am späteren Abend.

nicht "in allen Fällen, was seine Adressaten mit seinem Text anfangen wollen, wozu sie ihn brauchen, welche Bedeutung er für sie hat."

Die Schwierigkeit bei der Übersetzung kulturspezifischer Elemente ergibt sich also nicht nur aus dem heterogenen Wissens- oder Bildungshintergrund der Zuschauer, sondern auch aus ihren unterschiedlichen Interessen. Inwieweit ist es bei einem Text wie *Yes Minister* überhaupt wichtig, zu wissen, daß Chequers der Landsitz des Premierministers ist? Kann man nicht ohnehin folgern, daß Paddington ein Bahnhof sein muß? Muß man die Titel und Ämter wirklich kennen, um die folgende Passagen zu verstehen?

Was meinen Sie, . wieso schlägt er den Lord Privy Seal vor; . und warum schlägt der Lord Privy Seal wieder . den Chancellor of the Duchy of Lancaster vor; . ... und der wiederum den Lord President of the Council?	Why do you think he suggested the Lord Privy Seal? Why do you think the Lord Privy Seal suggested the Chancellor of the Duchy of Lan caster? Why do you think he suggested the Lord President of the Council? *YM 3/5:052-3*

<Situation: Ein IRA-Mann versucht, Cal zur Mitarbeit in der IRA zu überreden.>

IRA-MANN:	
Auch nicht zu handeln, zieht Folgen nach sich. Armer Patrick Pearse. Meine Söhne waren mir treu ergeben und haben den Kampf verweigert.	By doing nothing, you keep the Brits here. Poor Patrick Pearse. My sons are faithful and refuse to fight.
CAL:	
Heute ist doch alles anders als 1916.	This isn't like 1916.
IRA-MANN:	
Dafür war 1916 auch alles anders, als wir es heute sehen.	It wasn't like 1916 in 1916. *Cal: 0.43h*

Eine deutliche Erklärung des Namens Pearse und der Anspielung auf 1916 ist einerseits wahrscheinlich überflüssig, weil aus dem Kontext der Schluß naheliegt, daß es sich um ein bedeutendes Datum und einen bedeutenden Anführer im irischen Freiheitskampf handeln muß. Andererseits würde eine Erklärung den Film einer gewissen Authentizität berauben.

Auf der anderen Seite ist zu fragen, was für jene Zuschauer, die mit der Kultur des Originalfilms gut vertraut sind, verloren ginge, wenn man auf solche kulturspezifischen Elemente verzichtete.[71]

Diese Beispiele sollten lediglich deutlich machen, daß im Bereich der Synchronisation die Entscheidungen des Übersetzers oft nicht auf klar umrissenen Vorstellungen über die Adressaten gefällt werden können. Zwar ist es sicherlich richtig, wenn Vermeer (1986b: 52) den Translator als "Kulturmittler" sieht. Der Grad, in dem diese Vermittlung erforderlich ist, ist bei der Synchronisation aber äußerst unklar: zum einen wegen der Heterogenität des Zielpublikums und zum anderen wegen der Unmöglichkeit, eine Trennlinie zwischen Ausgangs- und Zielkultur zu ziehen. Bei entfernteren Kulturen - also etwa der Synchronisation eines japanischen Films ins Deutsche oder Englische - stellen sich diese Probleme in geringerem Maße.

Letztlich darf dabei natürlich auch nicht übersehen werden, daß die massenhafte Synchronisation vor allem amerikanischer Filme auch entscheidend zu einer Kulturvermitt-

[71] Whitman-Linsen (1992: 131) spricht in diesem Zusammenhang von "the crime of spelling it out".

lung oder Kulturbeeinflussung beiträgt. Ein Indiz dafür ist z.B. die in Kapitel 5 erwähnte Tatsache, daß in frühen Synchronisationen etwa die Dienstbezeichnungen von Kriminalbeamten übersetzt wurden, während heute Bezeichnungen wie *detective* und *lieutenant* in der synchronisierten Fassung unverändert bleiben.

7.4.3. Prämissen bei der Synchronisation

Als Fazit ergibt sich folgendes:

1. Obwohl der Synchrontext entscheidend vom Zweck der Synchronisation bestimmt ist, kann dieser Zweck nur sehr vage beschrieben werden.
2. Prinzipiell kann ein synchronisierter Film eine Bearbeitung darstellen, die nicht mehr als Information über den Ausgangstext zu verstehen ist. Für diesen Fall gilt nur das Erfordernis der Äquivalenz auf der Ebene der Synchronität, ansonsten kann nicht von Äquivalenz gesprochen werden. Bearbeitungen in diesem Sinne stellen aber die Ausnahme dar und sollen im folgenden daher ausgeklammert werden.
3. Soweit es sich beim synchronisierten Film um eine Übersetzung handelt, kann man in der Praxis wohl davon ausgehen, daß Äquivalenz auf den Ebenen der Textfunktion und des Textsinns angestrebt wird.
4. In bezug auf die Textfunktion heißt das, daß der synchronisierte Film so weit wie möglich dem Typ der Houseschen *covert translation* entsprechen, d.h. den Eindruck vermitteln soll, es handele sich um ein Original.
5. Äquivalenz des Textsinns kann durch bestimmte Vorgaben der Redaktion etwa hinsichtlich von Tabuwortschatz Einschränkungen unterliegen.
6. Heterogenität und Anonymität des Zielpublikums sowie die Unmöglichkeit, Kulturen genau voneinander abzugrenzen, verhindern, daß sich die notwendigen übersetzerischen Entscheidungen an klaren Kriterien orientieren könnten.

7.5. Hierarchisierung der Äquivalenzebenen bei der Synchronisation

7.5.1. Hierarchisierung

Da eine Hierarchisierung der Äquivalenzebenen eine spezifische Bestimmung der Funktion des Zieltextes voraussetzt[72] und entscheidend von Texttyp und einzelnem Text abhängt, läßt sich der Stellenwert einiger Äquivalenzebenen nicht unabhängig vom einzelnen Text bestimmen[73]. Es erschiene auch wenig sinnvoll, prinzipiell Lippensynchronität anderen

[72] Damit soll natürlich nicht gesagt werden, die Funktion des Ausgangstextes könne unberücksichtigt bleiben; vgl. Kußmaul (1986: 208).

[73] Vgl. in diesem Zusammenhang auch Reiß (1984: 86), die ausführt, daß die Prinzipien der Selektion und der Hierarchisierung "die Aufstellung von Äquivalenzkriterien für die Übersetzung eines Textes" bestimmen: "Die Selektion wird vom Übersetzer vorgenommen, wenn er bei der AT-Analyse die für den jewei-

Äquivalenzebenen überzuordnen, denn ein lippensynchroner Text, der in der Zielsprache in bezug auf Textsinn und Akzeptabilität nicht äquivalent ist, kann ebenfalls nicht befriedigen. Es kann also in einer Theorie der Synchronisation nur darum gehen, für die Übersetzung eines bestimmten Elements die relative Bedeutung der verschiedenen Äquivalenzebenen festzustellen.

7.5.2. Synchronität

7.5.2.1. Lippensynchronität

In Kapitel 2 konnte gezeigt werden, daß das Erfordernis der Lippensynchronität die Übersetzung nicht so stark determiniert, daß sie sich ausschließlich daran orientieren müßte. Dennoch wäre es verfehlt, der Lippensynchronität nicht prinzipiell einen sehr hohen Stellenwert innerhalb der Äquivalenzebenen einzuräumen. Im einzelnen wurden die Aspekte der Lippensynchronität in Kapitel 2 untersucht; die Ergebnisse seien hier nur kurz zusammengefaßt:

1. Die Länge des Zieltextes unterliegt - von wenigen Ausnahmen abgesehen - in entscheidender Weise der Vorgabe im Film (und zwar auch dann, wenn der Sprecher nicht im Bild oder nur von hinten zu sehen ist).[74]
2. In bezug auf die Textlänge ergibt sich ein gewisser Spielraum in *Off*-Szenen und die Möglichkeit einer Variation des Sprechtempos.
3. Inwieweit qualitative Lippensynchronität erforderlich und eine Variation von Sprechtempo, Artikulationsdeutlichkeit oder Lautstärke möglich ist, hängt von zwei Faktoren ab:
   - ob in der entsprechenden Textpassage für die Synchronisation problematische Laute enthalten sind,
   - wie deutlich die Lippenbewegungen im Bild zu sehen sind, wobei sowohl filmische Faktoren (Größe und Perspektive der Lippen im Bild) als auch sprecherspezifische Faktoren (Deutlichkeit der Mundbewegungen, Größe des Mundes) eine Rolle spielen.

7.5.2.2. Nukleussynchronität und Lippensynchronität

Nukleussynchronität ist nicht in der Weise erforderlich, daß auf jedem Nukleus des Ausgangstextes auch im Zieltext ein Nukleus zu liegen hätte. Von besonderer Wichtigkeit er-

---

ligen Text charakteristischen Merkmale eruiert; die Hierarchisierung betrifft die Vorrangigkeit beizubehaltender Elemente, wenn nicht alle Elemente zugleich in der Zielsprache äquivalent gehalten werden können."

[74] Diese Fälle fallen zwar nicht im strengen Sinn unter Lippensynchronität. Da es sich aber ebenfalls um eine Erscheinung der Synchronität handelt, seien sie hier miteinbezogen.

scheint dieser Faktor jedoch dann, wenn der Nukleus des Ausgangstextes mit einer Geste (Kopfbewegung, Augenbrauen etc.) korreliert. Nukleussynchronität kann im Gegensatz zu qualitativer Lippensynchronität auch dann erforderlich sein, wenn die Lippenbewegungen des Sprechers nicht zu erkennen sind, und zwar selbst in Fällen, in denen der Sprecher von hinten im Bild ist.

Eine allgemeine Hierarchisierung der Ebenen der Lippensynchronität und der Nukleussynchronität ist nicht möglich. Prinzipiell kann man wohl davon ausgehen, daß ein Verstoß gegen Nukleussynchronität eher hingenommen werden kann als ein krasser Verstoß gegen qualitative Lippensynchronität - die Entscheidung ist aber nur im Einzelfall zu treffen.

7.5.2.3. Gesten- und Referenzsynchronität

Gesten- und Referenzsynchronität kommt ein sehr hoher Stellenwert in der Hierarchie der Äquivalenzebenen bei der Synchronisation zu. Das gilt besonders dann, wenn der Text explizite Situationsbezüge in der Form von deiktischen oder anderen exophorischen Elementen enthält und der Bezug an der entsprechenden Stelle bildlich gegeben ist. Es ist z.B. nicht möglich, bei der Übersetzung eines Dialogs wie ***What's this? - The key to my room*** vom konkreten Situationsbezug abzugehen, wenn der Schlüssel im Bild gezeigt wird. Auch wenn nicht alle Situationsbezüge unmittelbare Synchronität erfordern, ist festzuhalten, daß Gesten- und Referenzsynchronität häufig eine semantisch adäquate Vertextung erfordern. Diese Äquivalenzebene dürfte in vielen Fällen wesentlicher als Lippensynchronität sein, wie auch bei folgenden Beispiel von Rowe (1960: 117) deutlich wird:

> The writer must constantly be on guard against the Scylla of the lips and the Charybdis of the gesture, aware that in successfully avoiding one, he may well fall victim to the other, as in the example of the villain in the dubbed French film who, in perfect English lip-synch, pointed to himself and growled, "You wanta get your head blown off?"

Dabei ist natürlich zu berücksichtigen, daß (zumindest manche) Gesten kulturspezifisch sind. Somit ist nicht nur die Ebene der Synchronität, sondern auch die Ebene der Äquivalenz des Textsinns berührt, wie Müller (1982: 184-218) ausführlich darlegt. Müller (1982: 207) weist z.B. auf das Problem der unterschiedlichen Bedeutung von Kopfbewegungen hin:

> Während die verschiedenen Varianten des Kopfnickens weltweite Verbreitung haben, und auch das einfache Kopfschütteln zur Verneinung überall verwendet und verstanden wird, bedeutet schon das rhythmische Schwingen des Kopfes von einer Seite zur anderen nicht überall dasselbe ...

Allerdings stellen Gesten für die Praxis der Synchronisation aus dem Englischen ins Deutsche bzw. vom Deutschen ins Englische wohl ein untergeordnetes Problem dar. Im untersuchten Korpus fanden sich keine Gesten, die in Hinblick auf textrelevanten Sinn eine

Schwierigkeit bei der Synchronisation darstellen würden.[75] Prinzipiell ist in Hinblick auf die Wahrung der Äquivalenz des Textsinns (zumindest ansatzweise) die Möglichkeit gegeben, durch entsprechende Gestaltung des Textes die Geste im synchronisierten Film in den Text einzubauen. Ist eine Geste im Ausgangstext im Kulturkreis der Zielsprache z.B. nicht bekannt oder besitzt sie eine andere Bedeutung, so muß Äquivalenz durch sprachliche Mittel erreicht werden. Hier liegt ein entscheidender Unterschied zur Dramenübersetzung: Dort kann die Geste der Ausgangsskultur durch die entsprechende Geste der Zielkultur "übersetzt" werden; eine Verbalisierung ist nur notwendig, wenn eine Geste der Ausgangskultur in der Zielkultur keine Entsprechung besitzt. In jedem Falle kann im Theater die Originalgeste wegfallen, während bei der Synchronisation die Notwendigkeit besteht, die Geste - auch wenn sie in der Zielkultur eine andere Bedeutung hat - in die textliche Gestaltung miteinzubeziehen.

7.5.2.4. Stellenwert der Synchronität

Eine allgemeine Hierarchisierung der verschiedenen Äquivalenzebenen innerhalb des Bereichs der Synchronität ist also ebensowenig möglich wie eine allgemeine Aussage über den Stellenwert dieser Äquivalenzebenen gegenüber anderen. Es ist auch zu bezweifeln, ob allgemeinere Aussagen getroffen werden können, etwa dergestalt daß Lippensynchronität bei der Synchronisation eines Shakespeare-Stückes ein geringerer oder größerer Stellenwert zukomme als bei einer Unterhaltungsserie. Entscheidungen dieser Art können nur im Einzelfall, d.h. in bezug auf die konkrete zu übersetzende Passage getroffen werden.

Dennoch ist festzuhalten, daß es auf der Äquivalenzebene der Synchronität Erscheinungen gibt, die im Einzelfall so prominent sind, daß sie nicht mißachtet werden können bzw. daß ihnen keine andere Äquivalenzebene übergeordnet sein kann. Daraus ergibt sich eine wichtige Konsequenz für eine synchronisationsadäquate Übersetzungsstragie, nämlich die, daß die Übersetzer bzw. Synchronautoren bei jeder Szene zunächst die Kristallisationspunkte feststellen, bei denen Erscheinungen der Äquivalenzebene der Synchronität unbedingte Priorität einzuräumen ist.

7.5.3. Textsinn

Auf der Ebene des Textsinns ist eine Hierarchisierung bis zu einem gewissen Grad bereits durch die in 7.3.3.3 vorgenommene Unterscheidung der Ebenen intendierter Sinn, akziden-

---

[75] Zu einem ähnlichen Ergebnis kommt Jadebeck (1984: 42-4) bei der Analyse der Folgen 4 und 5 der Serie *Denver-Clan*. In dieser Hinsicht mögen erhebliche Unterschiede zwischen einzelnen Sprachen bzw. Kulturen bestehen. Vgl. in diesem Zusammenhang auch Müller (1982: 194), der zwar einerseits ausführt, "... daß symbolische Gesten relativ oft mit der entsprechenden Verbal-Äußerung einhergehen ...", andererseits aber als Gegensatz einen italienischen Spielfilm anführt, in dem "sich wortkarge Sizilianer mit einer Vielzahl regional begrenzter, 'verschwörerisch' anmutender Gesten verständigen". Mounin (1967: 44) weist darauf hin, daß etwa Naserümpfen im Englischen bei *I don't like that* auf *don't* erfolgt, im Französischen bei *Je n'aime pas ça* aber auf *ça*. Dazu Jadebeck (1984: 42). Vgl. auch Cary (1960: 112).

tieller textrelevanter Sinn, akzidentieller adressatenrelevanter Sinn und akzidentieller irrelevanter Sinn vorgezeichnet.[76] Irrelevante Sinnelemente können bei der Übersetzung vernachlässigt werden, text- oder adressatenrelevante Elemente müssen in der Übersetzung wiedergegeben werden, ebenso wie der intendierte Sinn. Dabei ist zu beachten, daß intendierter Sinn - wie in 7.3.3.3 am Beispiel der *phatic communion* illustriert - sehr eng gefaßt wird, daß also der intendierte Sinn einer Äußerung - relativ unabhängig von der konkreten Verbalisierung - in der Bezeugung von Sympathie, Kontaktaufnahme etc. gesehen wird. Damit erweisen sich diese Sinnelemente im wesentlichen als die übersetzungsrelevanten Dimensionen eines Textes.[77]

Eine solche Trennung des Sinns einer Äußerung in die semantische Bedeutung des Satzes und die Sprechhandlungskomponente ist bei der Synchronisation insofern besonders wichtig, als es in Hinblick auf die Äquivalenzebene der Lippensynchronität unter Umständen geboten sein kann, die semantische Bedeutung zu vernachlässigen. Dabei kann es sich um so triviale Fälle handeln wie *ham* mit *Salami* zu übersetzen, um Synchronität der Labiale zu erreichen[78]. Soweit dabei nicht andere Äquivalenzebenen berührt sind (etwa dergestalt, daß es in der Ausgangskultur des Films keine Salami gibt), sind solche Veränderungen der semantischen Bedeutung, die in dieser Form natürlich ausschließlich bei der Synchronisation motiviert sind, nicht als Verletzungen der Äquivalenzebene des Textsinns zu verstehen. Für die Entscheidung, welcher Stellenwert etwa der semantischen Bedeutung einer Äußerung im Verhältnis zur Lippensynchronität zukommt, stellt also eine entsprechende Analyse des Textes in Hinblick auf die verschiedenen Sinnebenen ein wesentliches Instrumentarium dar. Daß Äquivalenz der semantischen Bedeutung unter Umständen durch andere Faktoren überlagert werden kann, führt auch Kußmaul (1986: 215) (am Beispiel der Übersetzung von *skirmish* durch *Kampf* in einem Beispieltext) aus:

> Die Reflexion des Übersetzers hat den Zweck, ihm bei seinen Entscheidungen zu helfen. Bei übersetzerischen Entscheidungen geht es generell um die Frage: Wie differenziert muß eine Textstelle wiedergegeben werden? ... Die Antwort darauf - und das ist das Neue des hier vorgeführten Ansatzes - darf aber nun nicht lauten: so genau und differenziert wie irgend möglich. Sie muß lauten: so genau und differenziert wie nötig. An unserem ersten Beispiel haben wir vorgeführt, wie eine auf lexikalischer Ebene scheinbar "ungenaue" Übersetzung durch ihre Einbettung in den Text dennoch genau genug sein kann.

Wesentlich für einen solchen Ansatz ist dabei, daß die Ungenauigkeit der Übersetzung eine niedrigere Hierarchiestufe betrifft. Das Hierarchisierungsprinzip in bezug auf den Sinn

---

[76] Vgl. in diesem Zusammenhang auch Mounin (1967: 145), der ebenfalls die Erhaltung des Sinns als Ziel der Übersetzung ansieht und weiter ausführt: "Wir vergewaltigen immer nur den Buchstaben, nie den filmischen Sinn, sagen die guten Dialogredakteure. Man ist offenbar an der Grenze der *treuen* Adaptation, aber, wie man annehmen darf, stets noch diesseits der Grenze, die die Übersetzung von der Verfälschung trennt, nicht jenseits. Man darf auch annehmen, daß diese vielen Forderungen die Seltenheit gut synchronisierter Filme erklären, vor allem wenn man an die Störungen denkt, die die kommerziellen Bedingungen des Herstellers und obendrein diejenigen der Zensur verursachen."

[77] Vgl. in diesem Zusammenhang den Ansatz der übersetzungsrelevanten Textanalyse bei Hönig (1986: 234-45), der folgende Fragen anführt: "(1) Wer spricht wo - und warum gerade er?", "(2) Wovon redet er - und warum gerade so?" und "(3) Was ist hier zu übersetzen?".

[78] Vgl. Rowes (1960: 118) Beispiel der Übersetzung von *l'Amérique du Sud* als *in Mexiko*.

muß immer der Tatsache Rechnung tragen, daß die zu übersetzende Einheit der Text ist, daß also Äquivalenz des Textsinns prinzipiell höher einzustufen ist als etwa Äquivalenz der Wort- oder Satzbedeutung. Das gilt auch für Faktoren wie generelle Akzeptabilität oder stilistische Konsistenz eines Textes, Üblichkeit der Kollokationen usw., die den Textsinn entscheidend beeinflussen, was auch bei Hönig und Kußmaul (1984: 98-9) zum Ausdruck kommt:[79]

> Welche Wirkung hat das Nichtbeachten der Kollokationen im Rahmen der Gesamtfunktion eines Textes? Wenn der Leser Wendungen wie "ein Beispiel nehmen", "eine Routine aufrechterhalten" usw. liest, wird er vermutlich für einen Augenblick innehalten, denn er hat andere, nämlich die üblichen, Wortkombinationen erwartet. Abweichungen vom sprachlich Üblichen sind natürlich nicht von vornherein negativ zu beurteilen. Wer einen Text besonders individuell gestalten will, weicht oft bewußt von der Norm des Üblichen ab. Für die Dichtung sind Normabweichungen geradezu ein Wesensmerkmal. Der kritische Leser sollte also fragen: Sind die Normabweichungen motiviert? "Eine Routine aufrechterhalten" ist in einer funktionskonstanten Übersetzung eines Textes, der sich im Rahmen des sprachlich Üblichen bewegt, nicht motiviert. ... Kommunikativ gesprochen: Es kommt zu einer unbeabsichtigten Veränderung der Sendermerkmale und damit wird zugleich die Wirkung des Textes abgeschwächt, und es ist höchst fraglich, ob der Text seine Funktion noch erfüllt.

Obwohl natürlich auch für die Äquivalenzebene des Textsinns gilt, daß Entscheidungen über die Hierarchiserung nur für den einzelnen Text zu treffen sind, läßt sich also doch allgemein sagen, daß der Sinn des Textes als Ganzes sowie die formalen Ausdruckselemente des Textes höher zu bewerten sind als die Äquivalenz einzelner Wörter oder Sätze.

7.6. Übersetzungsstrategie für die Synchronisation

7.6.1. Pragmatische Übersetzungsstrategie

Die Überlegungen zu den bei der Synchronisation anzusetzenden Äquivalenzebenen und ihrer Hierarchisierung ergeben zwar keine allgemeine Hierarchie, die unabhängig vom Einzelfall anzuwenden wäre, sie führen aber zu einer allgemeinen Übersetzungsstrategie bei der Synchronisation, die wegen des deutlichen Bezugs auf die linguistische Pragmatik als pragmatische Übersetzungsstrategie bezeichnet werden soll.

Eine pragmatische Übersetzungsstrategie umfaßt mehrere Schritte, die im folgenden kurz geschildert werden sollen.

(1) *Festlegung des Zwecks der Übersetzung*: Die Übersetzer müssen den Zweck der Übersetzung kennen, d.h. sie müssen wissen, ob - mit den unvermeidlichen Einschränkungen (> 7.4) - Funktionsäquivalenz mit dem Ausgangstext bestehen soll. Im einzelnen bedeutet das auch Wissen um Sendetermin und - soweit wie möglich (> 7.3.2) - Zielgruppe.

---

[79] Dabei sei dahingestellt, ob lediglich die Wirkung des Textes abgeschwächt wird, weil der Leser dem Übersetzer keine sprachliche Kompetenz zutraut und dieses Urteil auch auf den Inhalt des Textes überträgt, wie Hönig/Kußmaul (1984: 98-99) meinen.

(2) *Grundlegendes Textverständnis des Ausgangstextes*: Die Übersetzer müssen sich nicht nur über die Funktion des Ausgangstextes im klaren sein, sondern auch über den entsprechenden Texttyp bzw. die Textsorte, die soziokulturelle Einbettung[80], den Verlauf der Handlung, den Charakter der handelnden Personen.

Im Falle von Fernsehserien muß dabei wohl auch ein gewisser Überblick über die Einbettung der einzelnen Folge in die Gesamtstaffel bzw. -serie vorhanden sein. Zu diesem Zweck stehen den Übersetzern Kurzzusammenfassungen der einzelnen Folgen zur Verfügung.

Nach diesem generellen Überblick über den Text kann die Übersetzung einzelner Textabschnitte erfolgen, wobei sich als Übersetzungseinheit die Szene anbietet.[81]

(3) *Ermittlung der Kristallisationspunkte in bezug auf die Synchronität*: Der dritte Schritt innerhalb einer pragmatischen Übersetzungsstrategie ist die Festlegung der Kristallisationspunkte, die sich aufgrund der Synchronität ergeben. Im einzelnen bedeutet das, daß der Übersetzer beim Betrachten einer Szene entscheiden muß, wo welche Erfordernisse der Synchronität gegeben sind, d.h. wie wichtig welche Aspekte der Synchronität in der jeweiligen Szene bzw. genau an welchem Punkt innerhalb der Szene sind.
In der Praxis bedeutet das

- zunächst die Markierung aller *Off*-Stellen,
- die Markierung der Stellen, an denen z.B. sehr auf qualitative Lippensynchronität geachtet werden muß, weil die Lippen des Sprechers deutlich im Bild sind, extreme Vokale oder Labiale vorliegen,
- die Markierung der Stellen, bei denen Nukleussynchronität zu beachten ist, und
- die Feststellung, ob Referenzsynchronität zu berücksichtigen ist.

Dabei können diese Faktoren durchaus (etwa auf einer Dreier- oder Viererskala) gestuft werden. Es erscheint sekundär, ob die Übersetzer eine solche Klassifikation schriftlich vornehmen - etwa in der Continuity, die die Ausgangsbasis für die Übersetzung bildet - oder ob sie die Übersetzung unmittelbar nach bzw. bei dem (wiederholten) Ansehen einer Szene anfertigen. In jedem Fall muß ein Raster geschaffen werden, an dem der Synchrontext dann sozusagen "aufgehängt" werden kann.

(4) *Klassifizieren der Sinnelemente der Szene*: Als nächster Schritt folgt die Klassifikation der Sinnelemente einer Szene in bezug auf die Kategorien des intendierten, des text- bzw. adressatenrelevanten akzidentiellen und des irrelevanten Textsinns. Wesentlich ist dabei, daß eben nicht nur Wort- und Satzbedeutungen, sondern z.B. auch der Sinn, der sich aus dem Akzent eines Sprechers ergibt usw., berücksichtigt wird. Außerdem muß hier miteinbezogen werden, ob der Ausgangstext generell akzeptabel, kohärent, stilistisch konsistent etc. ist, wobei diesen Faktoren im Rahmen des pragmatischen Übersetzungsansatzes innerhalb der Hierarchie ein hoher Stellenwert einzuräumen ist.

---

80 Vgl. Kußmaul (1986: 209).

81 Im wesentlichen besteht kein zwingender Grund für die Reihenfolge der Schritte 2 und 3. Prinzipiell wäre auch die Umkehrung oder ein simultanes Erarbeiten dieser beiden Schritte denkbar.

(5) *Versprachlichung des Textsinns in der Zielsprache*: An die Klassifikation schließt sich die Versprachlichung an. Das Raster für die Versprachlichung ist durch die Erfordernisse der Synchronität vorgegeben. Ansonsten orientiert sie sich an der durch die Hierarchisierung der Sinnelemente der Szene erreichten Reihenfolge, wobei möglichst alle intendierten, text- und adressatenrelevanten Sinnelemente in der Übersetzung erhalten bleiben sollen.

Innerhalb eines pragmatischen Übersetzungsansatzes ist es dabei von untergeordneter Wichtigkeit, an welcher Stelle im Film und in welcher Form ein Sinnelement ausgedrückt wird. Weitaus wesentlicher ist, daß alle wesentlichen Sinnelemente in der Übersetzung zum Tragen kommen.[82]

Konflikte mit der Äquivalenzebene der Lippen- und Nukleussynchronität können dabei durch die Verwendung von "versetzten Äquivalenten"[83] und indirekten Äquivalenten vermieden werden: Unter einem versetzten Äquivalent sei dabei ein Element im Zieltext verstanden, das ein Sinnelement des Ausgangstextes zum Ausdruck bringt, aber an einer anderen Stelle im Zieltext steht: Ob etwa die Bedeutung eines Satzes wie *Would you like to come round for dinner sometime this weekend* genau an der Stelle im synchronisierten Film erscheint, an der der Satz im Original gesprochen wurde, ist zweitrangig im Vergleich zu etwa der Frage der Akzeptabilität bzw. Wohlgeformtheit und Angemessenheit der Äußerungen innerhalb einer Szene. Mit indirektem Äquivalent ist gemeint, daß ein Sinnelement des Ausgangstextes im Zieltext mit grundsätzlich anderen sprachlichen Mitteln ausgedrückt wird, d.h. daß etwa Sinn, der sich aus dem Gebrauch eines regionalen Akzents im Ausgangstext (oder auch der Verwendung einer kulturspezifischen Geste) ergibt, auf die Ebene der Lexis oder des Stils verlagert wird.[84]

Eine der wesentlichsten Komponenten in Hinblick auf die äquivalente Wiedergabe des Textsinns ist dabei eine zieltextorientierte Übersetzung, d.h. daß der Zieltext als Text in derselben Weise akzeptabel sein muß wie der Ausgangstext, was sich nicht nur auf die grammatische Akzeptabilität bezieht, sondern auch auf situationelle Adäquatheit der Äußerungen, Kohärenz und stilistische Konsistenz.

---

[82] Vgl. in diesem Zusammenhang auch Kußmauls (1984: 58-9) "Maxime vom notwendigen Differenzierungsgrad": "Wir übersetzen nicht mehr mit einer maximalen semantischen Genauigkeit, sondern mit dem im Kontext für die jeweilige Funktion notwendigen Grad semantischer Genauigkeit."

[83] Vgl. Reiß/Vermeer (1984: 160) und Kloepfer (1967: 117). Vgl. in diesem Zusammenhang auch den Ansatz von Hesse-Quack in bezug auf den Vergleich von Original- und Synchrontext. Hesse-Quack (1967: 113) stellt für den Film *Les Amants* für den Parameter Idiomatik z.B. fest, daß 30 Idiome als Idiome übersetzt werden, 14 nicht und 19 idiomatische Ausdrücke der Synchronfassung keine direkte Entsprechung im Original haben: "Bringt man in Ansatz, daß gerade für so spezifisch idiom- und kulturgebundene Wendungen häufig eine Übersetzung unmöglich ist, ist die Rate von +5 für das Total dieser Wendungen durchaus als Indiz von Deckungsgleichheit zu werten; auf der anderen Seite ist die Rate auch zu gering, um das Überwiegen von 5 als bedeutsam für eine Tendenz zur Benutzung von Sprachklischees anzunehmen." Ein solcher Ansatz des Übersetzungsvergleichs geht im Grunde genommen auch von der Existenz versetzter Äquivalente aus.

[84] Dabei soll hier der Terminus nicht überstrapaziert werden. Es sei dahingestellt, ob etwa die Tatsache, daß ein Sinnelement, das im Ausgangstext in der Konnotation eines Wortes enthalten ist, und im Zieltext durch die denotative Bedeutung eines Wortes ausgedrückt wird, ebenfalls als Verlagerung zu sehen ist.

7.6.2. Vorteile der pragmatischen Übersetzungsstrategie

7.6.2.1. Allgemeine Darstellung

Die Vorteile einer pragmatischen zieltextorientierten Übersetzungsstragie gegenüber dem Übersetzungsverfahren, das heute vielfach praktiziert wird, liegen vor allem in der Loslösung vom Satz als grundlegender Übersetzungseinheit. Damit entfällt für den Übersetzer der scheinbar durch Lippensynchronität bedingte Zwang, sich bei der Übersetzung möglichst am Ausgangstext zu orientieren, der - wie in 5.1 gezeigt wurde - in der augenblicklichen Praxis zu einer Vielzahl von Anglizismen führt. Durch die Orientierung an der Szene als Grundeinheit wird damit eine der Hauptursachen für den artifiziellen Charakter von Synchrontexten beseitigt. Das gilt nicht nur für den Bereich der Anglizismen, sondern auch für die textkonstituierenden Elemente, die in 5.2-5 untersucht wurden. Durch die Loslösung vom Satz wird es wesentlich einfacher, textliche Kohärenz, stilistische Konsistenz, situationelle Angemessenheit von Äußerungen zu erreichen.

Es ist offensichtlich, daß eine Übersetzungsstrategie, die im wesentlichen satzorientiert ist, angesichts der dominierenden Rolle der Synchronität nicht zu guten Übersetzungen führen kann. Die Sprache verfügt häufig nicht über ausreichende Möglichkeiten, für einen Satz, der eine gute Übersetzung eines Satzes des Originalfilms darstellt, aber aus Synchronitätsgründen nicht verwendet werden kann, Paraphrasen zu finden, ohne daß dabei der Übersetzungstext starke Qualitätseinbußen erleidet. Ein solcher Ansatz geht wohl von der falschen Voraussetzung der Existenz einer großen Anzahl von Synonymen (bzw. synonymen Konstruktionen) in Sprachen aus.

Die Orientierung am Textsinn einer Szene schafft nicht nur Freiraum in Hinblick darauf, daß trotz gleicher Orientierung an der Synchronität die Dialoge über ein höheres Maß an Akzeptabilität verfügen. Eine solche Übersetzungsstrategie ermöglicht es außerdem, Sinnelemente auszudrücken, die etwa durch den Akzent eines Sprechers oder kulturspezifische Gesten getragen werden und in der Zielsprache nicht auf dieselbe Weise wiedergegeben werden können. Eine rein satzbezogene Übersetzungsstrategie übersieht solche Sinnelemente erstens, weil sie sich nicht in (geschriebenen) Sätzen manifestieren, und hätte zweitens durch die Inhaltsgebundenheit des übersetzten Satzes keine Möglichkeit der Versprachlichung. Ähnliches gilt für kulturspezifische Hintergrundinformationen. Nur durch die Technik versetzter Äquivalente und die Klassifizierung mancher Sinnelemente des Ausgangstextes als weniger relevant oder irrelevant besteht bei der Synchronisation, bei der die Textlänge im Gegensatz zu anderen Übersetzungen ja fast genau mit der des Originals übereinstimmen muß, die Möglichkeit der Versprachlichung solcher Sinnelemente.

Dennoch muß betont werden, daß die Verwendung versetzter Äquivalente im Rahmen einer pragmatischen zieltextorientierten Übersetzungsstrategie lediglich eine Möglichkeit darstellt, Konflikte zwischen den Ebenen der Lippensynchronität und des Textsinns befriedigend zu lösen. Eine derartige Übersetzungsstrategie hat keinesfalls die Konsequenz, daß nicht doch in der großen Mehrzahl der Fälle Satz-für-Satz Äquivalenz bestehen kann.

7.6.2.2. Übersetzungsbeispiele

In diesem Abschnitt soll an einigen Beispielen gezeigt werden, wie eine zielorientierte pragmatische Übersetzungsstrategie bei der Synchronisation angewandt werden kann. Zum Teil wird dabei den gesendeten Synchronfassungen ein Alternativvorschlag gegenübergestellt. In diesem Zusammenhang muß allerdings berücksichtigt werden, daß es sich bei den Synchrontexten um den gesendeten, also im Studio verbesserten Text handelt, während die Alternativübersetzungen nur mit Hilfe eines normalen Fernsehschirms und ohne Zeitlupen- oder Taketechnik angefertigt werden konnten. Von daher ist selbstverständlich davon auszugehen, daß diese Übersetzungen beim Synchronisieren ebenso geändert werden müßten wie dies bei den Texten der Synchronbücher in der Praxis auch der Fall ist. Die Texte der Beispiele wurden (in sehr ähnlicher Form) auf ein Videoband synchronisiert und erschienen hinsichtlich Lippen- und Nukleussynchronität durchaus zufriedenstellend.

Um zu zeigen, daß eine pragmatische zieltextorientierte Übersetzung den Sendetexten in bezug auf Lippen- und Nukleussynchronität nicht unterlegen ist, werden folgende Symbole eingeführt:

°	Labial (wenn deutlich zu sehen)
< >	Sprecher ist im *Off* oder nur von hinten zu sehen
═══	Lippenbewegungen sind sehr deutlich zu sehen
NUC	Nukleus, der von einer auffälligen Bewegung begleitet ist
___	Passagen, die in der Alternativübersetzung geändert worden sind und kommentiert werden

<Situation: Jeff und Fallon sind nicht mehr miteinander verheiratet; Jeff ist mit Kirby verheiratet; Jeff, Kirby und Fallon leben im Haus von Blake Carrington; Jeff geht nachts in die Küche, wo er zufällig Fallon trifft.>

		Original	ZDF-Sendetext	Alternativvorschlag
1		JEFF:		
	A	Cold ham on mine - I'll take whatever you're MAKing.	Mach mir doch gleich was mit. - Ich esse alles, was du ißt.	Für mich kannst du auch gleich was machen - am liebsten mit SCHINken.
2		FALLON:		
	B	I'°m not really HUNGry - I don't e°ven KNOW <why I came DOWN>.	Ich °bin nicht richtig hungrig. Ich weiß gar nicht, warum ich hier bin.	Ich ha°b gar keinen HUNger. Ich frag mich, was ich hier eigentlich mache.
3		JEFF:		
	C D	Co°me on, °Fallon, let's clear the air, o.k.? You don't ha°ve to run a°WAY!	Nein, nicht, °Fallon. Ich °finde, wir sollten das klären. Du °mußt nicht da°vonlau°fen.	°Was ist los, °Fallon, hast du °was? °Warum läu°fst du °vor °mir °weg?
4		FALLON:		
		I'°m NOT.	Das °mach ich nicht.	Das °mach ich nicht.
5		JEFF:		
	E	<You are - and you have been.> Look, °we °BOTH °went o°ver°BOARD °making lo°ve that night in °MonTANa. <It was a mis -	Doch - und schon eine ganze Weile. °Wir sind zu °weit gegangen, als °wir in °Montana miteinander schliefen. Wir haben beide erkannt,	Doch, doch - und schon lange. Schau, was °passiert ist z°wischen uns °beiden in der Nacht o°ben in °Montana, das war ein Fehler und

		take and we both realized it, it's not going to happen aGAIN> - °but °we DO li°ve in the sa°me HOUSE and ocCASionally °we run into each other.	daß es ein Fehler war, und es wird nicht wieder vorkommen. °Wir le°ben nun °mal i°m sel°ben Haus und °werden uns häu°figer °begegnen.	wir wissen es beide, es darf nicht wieder vorkommen. A°ber °wir °wohnen nun °mal i°m sel°ben Haus und können uns gar nicht aus de°m °Weg gehen.
6		FALLON:		
		And you'd like to think °we could raid the re°frigerator together - <without feeling uncomfortable?>	Du °meinst also, °wir könnten ge°meinsa°m den Kühlschrank °plündern, ohne dabei ein schlechtes Gewissen zu haben?	Und du denkst °wirklich, °wir können ein°fach den Kühlschrank °plündern, ohne daß was dabei ist?
7		JEFF:		
		That'd °be NICE.	Ja, das °meine ich.	°Warum denn nicht?
8		FALLON:		
		°Well, °may°be I did o°verreACT a little.	°Vielleicht ha°be ich etwas übertrie°ben reagiert.	°Vielleicht °war ich tatsächlich et°was ko°misch.
9		JEFF:		
		a LOT.	Ja, sehr.	Et°was?
10		FALLON:		
		a LOT. °What do you °want on your sand°wich?	Na und? °Was °willst du auf dein Sand°wich ha°ben?	Et°was. Also °was °möchtest du drau°f?
11		JEFF:		
	F	I'll take °whatever you're °making.	Ich °bin °mit alle°m zu°frieden.	°Was du grade da hast.
12		FALLON:		
		<Ham, cheese and gherkins?>	Wie wärs mit Schinken und Käse?	Schinken, Käse und ne Gurke?
13		JEFF:		
	G	Mmh. - Kirby - We're just grabbing a BITE -<Why don't you JOIN us?> I just lost my APpetite.	Mmh - Kirby - Wir wollen grad was essen. - Möchtest du auch was? Ich hab keinen Hunger mehr.	Mmh. - Kirby! - Wir machen grade was zum Essen. Magst du auch was? Mir ist der Appetit vergangen.

DC 68:101-11

A ich esse alles, was du ißt: im Deutschen andere Bedeutung.

B ich weiß gar nicht, warum ich hier bin: Formulierung ist der Situation nicht angemessen, insbesondere nachdem Fallon gerade begonnen hatte, Brote zu streichen .

C Nein, nicht Fallon: Der Bezug ist nicht klar. Es wird nicht deutlich, daß sich Jeff damit auf Fallons Laune und ihre Abwehrreaktion bezieht. Für die Situation ist die Äußerung sprachlich nicht angemessen.

D das klären: Ähnlich wie bei C fehlt der Kontextbezug. Während Let's clear the air eindeutig als sprachliche Reaktion auf Fallons Benehmen denkbar ist, setzt das einen konkreten sprachlichen gegebenen Bezug voraus, der im Text nicht gegeben ist.[85]

E schliefen: Tempus für die gesprochene Sprache zu formal.

F Ich bin mit allem zufrieden: unangemessene Formulierung.

G Ich hab keinen Hunger mehr: im Deutschen unidiomatisch.

---

[85] Es handelt sich bei dieser Passage um die erste Szene der Folge, so daß auch im weiteren Sinn kein Kontextbezug gegeben ist.

Auch eine pragmatische Übersetzungsstrategie bedeutet also keineswegs, daß prinzipiell keine Äquivalenz der Bedeutung einzelner Sätze in einer Szene gegeben wäre. Die sich hier durch eine höhere Bewertung der textlichen, stilistischen Faktoren ergebenden Veränderungen beziehen sich zwar z.T. auf ganze Formulierungen, machen in diesem Beispiel aber keine Verletzung der Äquivalenz auf Satzebene erforderlich. In anderen Fällen ergeben sich im Rahmen einer pragmatischen Übersetzungsstrategie jedoch größere Abweichungen vom Originaltext. Insgesamt erscheint als Hauptvorteil des skizzierten Übersetzungsansatzes die Zieltextorientiertheit, die sich insbesondere in Hinblick auf die Kohärenz des Textes auswirkt. Das zeigt sich vor allem auch dann, wenn textrelevanter Sinn im Original nur in der gesprochenen Sprache, nicht aber in der schriftlichen Fixierung im Drehbuch zum Ausdruck kommt.

Ähnlich positiv wirkt sich ein pragmatischer Übersetzungsansatz aus, wenn Kohärenz aus kulturspezifischen Gründen in der Übersetzung nicht durch dieselben sprachlichen Mittel gegeben ist wie im Original:[86]

<Situation: Fallon und Jeff begegnen sich auf der Treppe, er versperrt ihr den Weg.>

		Originaltext	ZDF-Sendetext	Alternativvorschlag
1		JEFF:		
	A	Oh oh - what is that saying - - we have to stop meeting this way.	Oh oh - wie heißt es so schön in Romanen? Wir dürfen uns so nicht mehr treffen.	Ja, was soll ich da machen - es führt kein Weg an dir vorbei.
2		FALLON:		
		SO°MEthing like THAT.	Dra°matisch klingt das.	Sieht °fast so aus.
3		JEFF:		
		°Maybe it's just ani°mal °MAGnetis°m.	Es ist die Leidenscha°ft, die uns zusa°mmen°führt.	°Vielleicht ziehen °wir °beide uns °magisch an.
4		FALLON:		
		<Don't start, Jeff -> not e°ven as a JOKE - °which it ISN'T.	Sag sowas nicht, Jeff, nicht °mal i°m Scherz - so °witzig ist es nicht.	Hör au°f, Je°ff. Es ist ernst - sei nicht al°bern.
5		JEFF:		
		°Where °WERE you last night? I °went °back to the KITchen <and you were gone.>	Ich ka°m letzte Nacht in die Küche zurück, a°ber du warst weg.	°Wo °warst du gestern a°bend? Ich °bin in die Küche zurückgekommen und du warst weg.
6		FALLON:		
	B	°Well, re°me°mber you said you lost your A°Ppetite - I lost °MINE TOO - T°WICE in less than °FI°VE °minutes - °must be so°me kind of RECord.	Du hattest gesagt, du hättest keinen A°ppetit °mehr - und °mir ging es genauso. Z°wei°mal in °fün°f °Minuten den A°ppetit °verlieren, das dür°fte °fast ein Rekord sein.	H°m, du hast gesagt, dir ist der A°ppetit °vergangen, so ging's °mir auch - z°wei°mal in knapp °fün°f °Minuten, °wenn das kein neuer Rekord ist.

[86] Dies ist die dritte Szene von DC 68, also nur durch eine Szene vom oben zitierten Beispiel getrennt.

7		JEFF:		
	C	It DOESn't ha°ve to °BE that °way.	Ich °finde, das sollte nicht sein.	Sei doch nicht so °verkra°mpft, °Fallon.
8		FALLON:		
		Yes, it DOES - I ha°ve to GO.	Leider ist es so. Ich °muß gehen.	Ich kanns nicht ändern. - Laß °mich gehen.

DC 68:119-122

A Wie heißt es so schön in Romanen? Wir dürfen uns so nicht mehr treffen? Die textliche Kohärenz leidet hier insofern, als die Anspielung auf die Romane vollkommen sinnlos ist. We have got to stop meeting this way kann als feststehende Redewendung (oder Variation davon) gesehen werden, die impliziert 'sonst könnte man (oder die Leute) noch meinen, da wäre etwas'. Da in der deutschsprachigen Kultur keine vergleichbare Wendung existiert und es sich nicht um ein textrelevantes Sinnelement handelt[87], kann darauf verzichtet werden. Vom Textsinn her erscheint die Übersetzung Es führt kein Weg an dir vorbei durchaus möglich: Zum einen versucht Fallon vergeblich, Jeff aus dem Weg zu gehen (vgl. DC 68: 101-111); zum anderen ist ein Bezug zum Bild gegeben, als sie sich auf der Treppe begegnen und nicht etwa in einen anderen Raum etc. ausweichen können.

B Tempus- und Modusstruktur entspricht nicht der gesprochenen Sprache.

C das: Ähnlich wie im Falle von D im vorhergehenden Beispiel ist der Bezug von das unklar (bzw. falsch auf Appetit verlieren). It doesn't have to be that way bezieht sich auf das Verhältnis der beiden untereinander, was durch das nicht ausgedrückt wird.

Diese Beispiele machen sehr deutlich, daß die Fälle, in denen größere Umstellungen innerhalb eines Textes notwendig werden, um den Grad der Lippensynchronität oder die Kohärenz des Textes zu erhöhen, relativ selten sind.

Unvermeidliche Abweichungen von der Bedeutung des Ausgangstextes ergeben sich in solchen Fällen, in denen z.B. Sprachspiele übersetzt werden müssen. Gute Lösungen finden sich z.B. in der Serie *Yes Minister*.[88]

JIM:	
I think I begin to smell a rat.	Ich riech da langsam 'ne Leiche im Keller.
BERNARD:	
Oh. Shall I get an Environmental Health Officer?	Soll ich einen Bestattungsunternehmer anrufen?

YM 3/3:137

Hier wird z.B. das englische Idiom durch ein entsprechendes deutsches ersetzt und der darauffolgende Take analog verändert.

Auch die folgenden Auszüge zeigen, daß hier - durchaus in Einklang mit den Prinzipien einer pragmatischen Übersetzungsstrategie - Humor als das wesentliche Element des Textsinns entsprechend hoch bewertet wird:[89]

87 In einem literarischen Text - etwa bei Oscar Wilde, wenn es zum Charakter einer Person gehört, mit Zitaten um sich zu werfen, um gebildet zu erscheinen - könnte das anders zu bewerten sein, so daß z.B. in solchem Fall mit einem versetzten Äquivalent zu arbeiten wäre.

88 Bei den folgenden Beispielen wird kein Alternativvorschlag in einer eigenen Spalte gegeben. Zitiert sind also Ausgangstext und der gesendete Synchrontext.

89 Es ist zu vermuten, daß eine satirische Serie wie *Yes Minister* überhaupt nur mit Hilfe eines pragmatischen Ansatzes übersetzt werden kann.

<Situation: Der Minister Jim Hacker befindet sich mit seinem Stab in einem arabischen Land. Um bei einem Empfang nicht ohne Alkohol auskommen zu müssen, haben sie im Kommunikationszentrum geheime Whiskyvorräte gelagert.>

	BERNARD:	
	Oh excuse me, Minister, there's an urgent call for you in the communications room. A Mr. Haig.	Verzeihen Sie, Minister, ein dringender Anruf im Kommunikationszentrum, . ein Mr. Haig.
	JIM:	
	General Haig?	Hm!? ... Ah, ja! ... Wer!? Wer ist dran? General Haig?
	BERNARD:	
A	No. Mr. Haig - you know, with the dimples.	Ähm, äh, .. äh, nein, Malty Haig, ein Freund von Lady Dimple ist dran ...
	...	
	JIM:	
	Wanted in the communications room. A Mr. John Walker.	Sie müssen ins Kommunikationszentrum, ein Mr. John Walker! ...
	BERNARD:	
	Johnny Walker?	Johnny Walker?
	JIM:	
B	Yes. From the Scotch Office. Er, Scottish Office.	Ja, vom "Scotch-Ministerium", ähm, äh, ähm, äh .. Ministerium für Schottland!
	...	
	JIM:	
	Are you sure there isn't one for me?	Ist da kein Anruf für mich?
	BERNARD:	
C	Oh, well, there was a message from the British Embassy Compound. The school. A delegation of Teachers.	Doch, vom "Serbisch-Britischen Verband für Geistige Zusammenarbeit", ein Dr. Czic Slibovitz!
	JIM:	
D	Ah. Must go and greet the Teachers. Before the Bell's goes -er the bell goes.	... Hä? ... Ah, ja! . Der alte Slibovitz, da muß ich sofort hin. . Verzeihung! . Bevor der viele Suff weg ist, äh, ähm, .. Philosoph weg ist. *YM 3/4;26-7/40-1/53-4*

A Der *Pun* dimples aus dem Original ist nicht direkt übersetzbar.

B Auch der Bezug von Scotch Office zu Ministerium für Schottland dürfte im Deutschen noch klar sein.

C Die Whiskymarke Teachers ist nicht in derselben Weise in den deutschen Text einzubauen. Das Äquivalent - Substitution durch ein anderes Getränk - verletzt den Textsinn nicht in entscheidender Weise.

D Wie C ist auch D nicht als pun übertragbar - der Ersatz durch ein anderes Wortspiel ist als Ausweg eine gute Lösung.

Hier ist auch die Frage kulturspezfisicher Elemente berührt, auf deren generelle Problematik bereits in 7.4 eingegangen wurde. Eine zieltextorietierte Übersetzungsstrategie wird dabei ebenfalls die Textrelevanz kulturspezifischer Elemente zu berücksichtigen haben:

The F.C.O. say it's building up into the biggest diplomatic incident since "Death of a Princess".	Das wird die größte diplomatische Krise seit dem Wirbel um das Fernsehspiel über die Hinrichtung einer arabischen Prinzessin. *YM 3/4:150*

Das Fernsehspiel *Death of a Princess* dürfte den meisten deutschen Zuschauern unbekannt sein. Vom Textsinn her ist entscheidend, daß es tatsächlich zu beachtlichen diplomatischen Verwicklungen geführt hatte, was durch die Übersetzung zum Ausdruck gebracht wird.[90]

Auch wenn die Entscheidung darüber, wann ein Element einer kommentierenden Erläuterung bedarf, im Einzelfall sehr schwer zu treffen ist[91], ist festzuhalten, daß nur ein zieltextorientiertes pragmatisches Übersetzungsverfahren die Möglichkeit zur Berücksichtigung solcher Faktoren bietet.

7.6.2.3. Textsinn, Dialekt und Kulturhintergrund

Eine pragmatische zieltextorientierte Übersetzungsstratgie erweist sich außerdem insbesondere in Hinblick auf solche Elemente des Textsinns von Vorteil, die im Original durch den Akzent oder den Dialekt eines Sprechers vermittelt werden, soweit sie text- oder adressatenrelevant sind und nicht - wie etwa bei einem ausländischen Akzent[92] - mit einem direkten Äquivalent wiedergegeben werden können:[93]

<Situation: Beginn eines Films; Betty, eine junge Frau, geht in ein Haus und trifft dort eine ältere Frau, Mrs. Loge>

MRS. LOGE:	Hast du dich gleich um die Besuchszeiten gekümmert, Betty?
BETTY:	Nein.
MRS. LOGE:	Warum nicht?
BETTY:	Ich weiß es nicht.
MRS. LOGE:	Naja, der Schock war wahrscheinlich zu groß für dich. Es ist ja auch furchtbar, aber, aber du mußt dich darum kümmern. Und du mußt ihn möglichst bald besuchen. Ich werde solange auf das Baby aufpassen. Dann kannst du beruhigt zu ihm gehen und brauchst dir keine Sorgen zu machen.
BETTY:	Mrs. Loge.
MRS: LOGE:	Ja, Betty?
BETTY:	Wußten Sie über Paddy Bescheid?
MRS: LOGE:	Was meinst du?
BETTY:	Wußten Sie, was er vorhatte?
MRS. LOGE:	Hör mal, Betty, es gibt Dinge, die man weiß, und Dinge, die man besser nicht weiß. Du verstehst doch, was ich meine, ha?
BETTY:	Nein, ich fürchte nicht.

---

90 Im Synchronbuch war ursprünglich folgender Text vorgesehen: "Das wird zur größten diplomatischen Krise seit dem Abbruch der Beziehungen zu Saudi-Arabien wegen der 'Hinrichtung der Prinzessin' führen". Es ist interessant, daß das Synchronbuch eine ganze Seite mit Erläuterungen über den Hintergrund dieses Vorfalls enthält. Es versteht sich von selbst, daß die hier gegebene Übersetzung für einen Text wie *Yes Minister* angemessen erscheint; im Falle einer politischen Dokumentation müßte dieser Hintergrund (Abbruch der diplomatischen Beziehungen; offizielle Entschuldigung des britischen Außenministers; wirtschaftliche Folgen) deutlicher werden.

91 Vgl. 7.4.

92 Vgl. dazu auch Kapitel 4. Zu Problemen bei der Übersetzung von Argot vgl. in diesem Zusammenhang auch Hesse-Quack (1967: 127-8).

93 Vgl. die Diskussion dieses Beispiels in 4.3.3.

MRS. LOGE:	Nun, es gibt Fragen, die man besser nicht stellt, Dinge, die man einfach nicht sieht.
BETTY:	Ich nehme an, Sie wußten es nicht. Nur alle Freunde und Nachbarn waren eingeweiht. Nur ich als seine Frau war die einzigste, die von allem nichts gewußt hat.
MRS. LOGE:	Nun, wir wußten, wo seine Sympathien waren. Wir billigten sein Verhalten. Zu seiner Meinung hat er sich offen bekannt. Und du sollst von allem nichts gemerkt haben? Du mußt doch gehört haben, was er redete? *Vergib uns unsere Schuld*

Daß Betty Engländerin ist und Mrs. Loge Irin, kommt im englischen Original sicher durch den Akzent der Sprecherinnen zum Ausdruck. Da diese Information in dieser Szene nicht im Text aufgegriffen wird, handelt es sich nicht um textrelevanten Sinn, wohl aber um adressatenrelevanten Sinn: Für das Verständnis dieser Szene ist es sehr wesentlich, zu wissen, daß eine Engländerin mit einem IRA-Mann verheiratet war und mit ihrer irischen Schwiegermutter spricht. Die Übersetzung muß also ein indirektes Äquivalent für den Akzent der Sprecherin finden, d.h. in diesem Fall die Information verbalisieren, etwa dadurch, daß einer der drei letzten Sätze durch einen Satz wie Aber als Engländerin verstehst du das vielleicht nicht ersetzt wird.[94]

Eine Verbalisierung textrelevanten Sinns, der im Ausgangstext durch Akzent zum Ausdruck gebracht wird, erscheint durchaus geboten, auch wenn in Kapitel 4 gezeigt wurde, daß solche indirekten Äquivalente keine vollkommene Äquivalenz schaffen können, da z.B. in jedem Falle Lokalkolorit verloren geht.

Eine Synchronisationstheorie muß dabei auch der Tatsache Rechnung tragen, daß es Grenzen der Synchronisierbarkeit gibt:

<Situation: Der Amerikaner McIntyre kommt mit seinem schottischen Kollegen in die Bar eines Hotels in einem schottischen Dorf.>

	BARMAN:	
	Can I help you, gentlemen?	Haben Sie einen Wunsch?
	McINTYRE:	
	Ah, yes. I'd like to use the telephone. Is there one in the hotel?	Ja, äh, ich möchte das Telefon benutzen. Gibts hier im Hotel eins?
	BARMAN:	
	There's a phone box just across the road at the jetty.	Quer über die Straße an der Mole finden Sie eine Zelle.
	OLSON:	
	You'll need some change.	Dann brauchen Sie Münzen.
	BARMAN:	
A	You can talk to anywhere in the world from there.	Sie können von dort überall in der Welt anrufen.
	OLSON:	
	Could you change this for me, please? Tens the lot.	Würden Sie mir den hier wechseln? Alles Zehner.
	BARMAN:	
	I don't think we'll manage that. Hey, you got any change, lads? The gentleman here would like to make a very important long	Glaub ich aber nicht, daß wir das können. Heh, heh, habt Ihr Zehner, Jungs. Der fremde Herr hier muß unbedingt ein ganz wich-

[94] In der folgenden Szene, einer Rückblende, in der Bettys erste Begegnung mit ihrem Mann dargestellt wird, wird die Information auch textrelevant: Bist du von drüben, ich meine Großbritannien? - Ja. - Von wo? - Manchester. - Was dagegen? - Was soll ich dagegen haben? Vgl. dazu auch Kapitel 4.

B	distance phone call. Intercontinental.	tiges Ferngespräch führen. Interkontinental, nicht? *Local Hero: 0.30 h*

<Situation: McIntyre und Olson begegnem dem Pfarrer des Ortes, einem Schwarzen>

	McINTYRE:	
	My name is McIntyre. And this is Olson.	Mein Name ist McIntyre. Das ist Mr. Olson.
	PFARRER:	
C	McIntyre, eh. You are not Scottish, are you?	McIntyre. Sie sind kein Schotte, nicht?
	McINTYRE:	
	I'm an American, actually.	Nein. *Local Hero: 0.37 h*

Die Äußerungen unter A, B und C sind nur sinnvoll, wenn man davon ausgeht, daß der Sprecher gehört hat, daß McIntyre Amerikaner ist.[95] Im Falle von A und B ließe sich die Inkohärenz des Dialogs in der Übersetzung z.B. dadurch vermeiden, daß McIntyre vorher zu erkennen gibt, daß er Amerikaner ist, etwa durch eine Frage wie Ja, kann man von hier aus in die U.S.A. telefonieren?. Bei C könnte man eine Formulierung wie Sie sind der Amerikaner, nicht wahr? oder Sie müssen der Amerikaner sein wählen, die voraussetzt, daß der Pfarrer weiß, daß McIntyre Amerikaner ist.

In Hinblick auf die Zieltextorientiertheit der Übersetzungsstrategie ist letztlich auch die Einsicht in das Unübersetzbare notwendig. Weitgehend unübersetzbar sind z.B. die atmosphärischen, emotionalen Konnotationen von Akzent oder Dialekt, bei denen - wie in Kapitel 4 ausgeführt wurde - durch die stimmliche Besetzung der Synchronschauspieler, durch Artikulationsdeutlichkeit oder Intonation zwar gewisse Möglichkeiten der indirekten Äquivalenz bestehen, die jedoch nicht vollkommen befriedigen können.

7.6.2.4. Zieltextorientiertheit

Die verschiedenen Beispiele zeigen, daß eine zieltextorientierte pragmatische Übersetzungsstrategie in erheblichem Maße dazu beiträgt, die Qualität der Übersetzungen zu steigern. Bezüglich kulturspezifischer Elemente oder Textsinn, der im Original durch den Gebrauch einer bestimmten Varietät ausgedrückt wird, erweist sich die Einteilung in text- bzw. adressatenrelevanten Textsinn insofern als besonders vorteilhaft, als dadurch Freiraum für eventuelle Ergänzungen im Zieltext entsteht. Die in 7.5 durchgeführte Trennung der Sinnebenen in Hinsicht auf ihre Übersetzungsrelevanz bietet auch bezüglich der Lippen- und Nukleussynchronität erheblichen Spielraum. Dennoch sollte die Wichtigkeit dieses Spielraums nicht überschätzt werden: Zum einen erwiesen sich größere Umstellungen in keinem dieser Fälle als erforderlich; zum anderen kommen z.B. varietätsbedingte oder kulturspezifische Übersetzungsprobleme in den Filmen, die den Hauptanteil in der Synchronisationspraxis darstellen, vergleichsweise selten vor.

---

[95] Eine Erklärung, daß der ganze Ort bereits weiß, daß ein Amerikaner eingetroffen ist, der den ganzen Ort aufkaufen will, ist insofern unzureichend, als McIntyre und Olson in beiden Fällen zusammen auftreten, man also nicht unbedingt folgern kann, welcher der Amerikaner ist. Da die Zuschauer wissen, daß Mc Intyre der Amerikaner ist, ist in diesen Fällen nicht die Ebene des adressatenrelevanten Textsinns berührt.

Auf der anderen Seite zeigt sich deutlich, daß durch diese Übersetzungsstrategie eine Loslösung vom Original bewirkt wird, die vor allem zwei wesentliche Vorteile mit sich bringt:

1. die Vermeidung von Anglizismen und
2. die Qualität des Zieltextes, vor allem in Hinblick auf eine natürliche und idiomatische Sprache, stilistische Konsistenz und andere kohäsionsfördernde Elemente sowie auf die pragmatische Angemessenheit der Äußerungen.

Das legt nahe, die Zieltextorientiertheit der Strategie zu betonen, d.h. daß diesen Faktoren ein sehr hoher Stellenwert in der Übersetzungshierarchie zuzumessen ist.

7.6.3. Die Rolle der Rohübersetzung

Im Rahmen einer pragmatischen Übersetzungsstrategie ist die Rolle der Rohübersetzung grundsätzlich anders als bei den augenblicklich weithin praktizierten Verfahren der Satz-für-Satz-Übersetzung. Dabei erscheint es für viele Filme, die synchronisiert werden, äußerst zweifelhaft, ob eine Rohübersetzung überhaupt sinnvoll bzw. ob sie angesichts des starken Einflusses, den die Rohübersetzung nachweislich auf den endgültigen Synchrontext hat, nicht eher hinderlich ist. Zumindest bei der Synchronisation von Massenprodukten wie *soap operas* oder Kriminalserien aus dem Englischen ins Deutsche enthalten die Originaltexte in der Regel keine sprachlichen Anforderungen, die nicht auch von Synchronübersetzern zu bewältigen sein müßten. Es erscheint durchaus möglich, zumindest in den Bereichen, in denen es aufgrund der Menge der synchronisierten Filme finanziell durchführbar ist, auf die Rohübersetzer ganz zu verzichten. Die Synchronübersetzungen sollten von ausgebildeten Übersetzern mit einer Zusatzausbildung zur Synchronisation angefertigt werden.

Aber selbst wenn man an der Rohübersetzung festhalten will bzw. in den Bereichen, in denen man an der Rohübersetzung festhalten muß, sollte ihre Funktion grundlegend anders gesehen werden. Prinzipiell bestehen zwei Möglichkeiten, die Rohübersetzung als potentielle Fehlerquelle für den Synchrontext einzudämmen, nämlich

- dadurch, daß die Rohübersetzung selbst einer pragmatischen Übersetzungsstrategie folgt oder
- dadurch, daß der Synchronübersetzer die Rohübersetzung nur als Vorlage in bezug auf den Textsinn interpretiert.[96]

Für die Gestaltung der Rohübersetzung bringt das zwei Konsequenzen mit sich:

1. In Hinblick auf die Sinnelemente, die im geschriebenen Text nicht erkennbar sind, ist es unabdingbar, daß auch der Rohübersetzer die Szene vor bzw. beim Übersetzen im Film sieht.
2. Der Rohübersetzer sollte bereits auf die in 7.6.1 dargelegte Übersetzungsstrategie hin-

---

[96] In jedem Falle ist Krueger (1986: 613) zuzustimmen, wenn sie eine größere Zusammenarbeit von Roh- und Synchronübersetzern fordert: "Eine gute Synchronübersetzung kann eigentlich nur aus der intensiven Zusammenarbeit von Roh- bzw. Blind-Übersetzer und Regisseur entstehen. Aus Zeit- und Geldgründen ist eine solche Zusammenarbeit leider überhaupt nicht die Regel, sondern eher die Ausnahme - und oft merkt man das dem Ergebnis auch an."

arbeiten. Das bedeutet, daß bei der Rohübersetzung bereits vor allem die Stufen 4 und 5 (aber auch 1 und 2) berücksichtigt werden sollten.
In dem Moment, wo die Rohübersetzung bereits eine im Grunde genommen akzeptable Übersetzung darstellt, die z.B. keine Anglizismen enthält, ist die Aufgabe der Synchronübersetzer wesentlich erleichtert, weil sie sich im wesentlichen auf den Aspekt der Synchronität konzentrieren können. Soweit sie dann Formulierungen der Rohübersetzung übernehmen, ist damit eben nicht der Gebrauch von Anglizismen etc. verbunden. Das Problem der Textstruktur bliebe bei nur geringfügigen Abänderungen einer Rohübersetzung allerdings bestehen, was in der Endphase eine Überprüfung der Akzeptabilität des Textes insbesondere in Hinblick auf kohäsionserzeugende Mittel erforderlich macht. Ein solcher Ansatz setzt allerdings eine weitaus höhere Qualität der Rohübersetzungen voraus.

Theoretisch ist es auch denkbar, mit einer relativ schlechten Satz-für-Satz-Übersetzung zu arbeiten. Allerdings ist dabei zu berücksichtigen, daß die übersetzerischen Probleme, die bei der Rohübersetzung ungelöst bleiben, sich dann nur auf die Synchronübersetzung verlagern. Falls also zum Beispiel - aus Zeit- oder Kostengründen - für die Rohübersetzer keine Möglichkeit besteht, den Film anzusehen, ist es erforderlich, daß der Synchronübersetzer den Film beim Ansehen auf solche Sinnelemente überprüft, die in der Rohübersetzung nicht enthalten sein können (was ebenfalls Zeit bzw. Geld kostet). Ähnliches gilt für Anglizismen, die - soweit sie in der Rohübersetzung noch enthalten sind - in der Phase der Synchronübersetzung eliminiert werden müssen. Von daher ist es mit Sicherheit ökonomischer, wenn bereits die Rohübersetzung in gewisser Weise einer pragmatischen Übersetzungsstrategie folgt.[97]

7.6.4. Kosten

Eine pragmatische Übersetzungsstrategie, wie sie hier vertreten wird, ist nicht zwangsläufig mit wesentlich höheren Kosten für die Synchronisation verbunden. Da die Rohübersetzung in vielen Fällen überflüssig erscheint, entfallen auch die entsprechenden Kosten. Soweit doch eine Rohübersetzung angebracht ist, sollte diese zwar - insbesondere wegen des in Kapitel 6 nachgewiesenen Effekts einer Rohübersetzung auf den Synchrontext - von höherer Qualität sein; eine Verbesserung dürfte hier aber mit relativ geringen Mehrkosten verbunden sein. Zudem beschleunigt eine bessere Rohübersetzung die Phase der Synchronübersetzung, so daß an dieser Stelle eine Kostenersparnis eintritt.

Die Erwartung, daß ein pragmatischer Übersetzungsansatz nicht mit großen Mehrkosten verbunden ist, gründet sich zum einen auf eigene Übersetzungserfahrungen, bei denen sich zeigt, daß es durchaus möglich ist, einen sinnerhaltenden Dialog für eine Szene zu konstruieren, der dem Erfordernis der Synchronität genügt. Wesentlicher ist dabei aber die Überlegung, daß die Forderung nach einer pragmatischen Übersetzungsstrategie keine grundlegende Veränderung im Synchronisationsprozeß an sich bedeutet. Die erforderliche

[97] Einschränkungen sind hier eventuell in Hinblick auf solche kohäsionsbildenden Elemente in einem Text angebracht, bei denen zu erwarten ist, daß sie bei der Bearbeitung bezüglich der Synchronität ohnehin wieder zerstört werden.

Umorientierung[98] bezieht sich im wesentlichen auf die Hierarchisierung der Äquivalenzebenen. Eine angemessene Berücksichtigung der Kriterien, die sich aus der Analyse in Kapitel 5 ergeben, stellt insofern keine Komplizierung des Übersetzungsprozesses dar, als andere Kriterien - etwa die der Bedeutungsäquivalenz von Sätzen - (in der Regel) vernachlässigt werden können.

Aus diesem Grund kann die Forderung nach Synchronübersetzungen, die den Kriterien der pragmatischen Übersetzungstrategie folgen, auch für die Praxis der Synchronisation als realistisch angesehen werden, weil damit keine finanziellen Belastungen verbunden sind, die sich in Hinblick auf die Gesamtkosten der Synchronisation erheblich auswirken würden.[99]

7.6.5. Anwendbarkeit der pragmatischen Übersetzungsstrategie

Eine pragmatische zieltextorientierte Übersetzungsstrategie ist also generell für die Synchronisation zu befürworten. Auch wenn offensichtlich ist, daß es bei der Synchronisation verschiedener Filme erhebliche Qualitätsunterschiede gibt und daß z.T. die Synchronisation durchaus nach Prinzipien erfolgt, die denen einer pragmatischen zieltextorientierten Übersetzungsstrategie entsprechen, wäre es falsch, Raum für Verbesserungen nur in bezug auf Massenproduktionen wie etwa *soap operas* oder andere Fernsehserien zu suchen. Immerhin finden sich etwa auch in der synchronisierten Fassung eines Theaterstücks wie *Pygmalion* eine große Anzahl von Anglizismen wie z.B. *wenn ich zahl wie irgendne Lady* (0.12 h), *Es geht mit ihr voran wie ein Haus in Flammen* (0.37 h), *Klara ist so wütend mit mir* (0.46 h), ... *werden von £200 nicht viel übrig lassen* (0.59 h) usw., in dem Spielfilm *Jenseits von Afrika* findet sich *eine Zweistundenfahrt* (0.14 h), in *The French Lieutenant's Woman Oft genug* als Antwort auf die Frage *Geht sie oft hier entlang?* (0.21 h), usw., so daß nicht allgemein gesagt werden kann, bei anspruchsvolleren Texten werde ohnehin anders synchronisiert.

Prinzipiell ist die pragmatische Übersetzungsstrategie auf alle Filme anwendbar, die synchronisiert werden. Dabei spielt es keine Rolle, ob es sich um einen Kriminalfilm, eine

---

98 Wenn hier von einer erforderlichen Umorientierung gesprochen wird, so bezieht sich das auf die Masse der Synchronisationsarbeiten, zu denen die untersuchten Fernsehserien größtenteils zu rechnen sind. Es soll keinesfalls bestritten werden, daß z.T. nach Prinzipien synchronisiert wird, die den hier geforderten ganz oder zumindest weitgehend entsprechen. Es sei nur am Rande erwähnt, daß die Durchsetzung einer entsprechenden Übersetzungsstrategie in der Praxis auf Widerstand stoßen könnte, weil die Übersetzer in solchen Fällen mit Vorwürfen der "Ungenauigkeit" oder einer "zu starken Abweichung vom Original" durch Autoren oder Redakteure konfrontiert werden könnten. Das zeigte sich bei einem Kongreß der Europäischen Rundfunkanstalten in Stockholm im Jahre 1987 zu Synchronisation und Untertitelung, bei dem entsprechende Überlegungen vorgetragen wurden (vgl. Herbst 1987), wobei die Reaktion vor allem auch der Untertiteler äußerst zustimmend war, Bedenken allerdings nur hinsichtlich der Akzeptanz durch die Redaktionen geäußert wurden. Auch hier zeigt sich, daß der Übersetzer nicht autonom genug ist bzw. daß die grundlegenden sprachlichen Einsichten nicht bei allen für die Bearbeitung Verantwortlichen gleichermaßen ausgeprägt sind. Vgl. in diesem Zusammenhang Kußmaul (1987: 33).

99 Dabei ist zu berücksichtigen, daß die Kosten für Synchronübersetzung und Rohübersetzung ohnehin nur 10% der Gesamtkosten der Synchronisation ausmachen. Vgl. Graf (1986: 18) und die Angaben in 1.5.3.

soap opera, ein Dokumentarspiel oder die Verfilmung eines literarischen Stoffes handelt. Im Einzelfall mag es dabei zu einer Verschiebung der Äquivalenzebenen in der Hierarchie kommen: Im Rahmen eines Dokumentarspiels kann es z.B. erforderlich sein, bei Zitaten von Politikern semantischer Äquivalenz einen höheren Stellenwert als der Lippensynchronität einzuräumen, was sich aber aufgrund des Textsinns des Films als solchem ergibt. Ähnliches gilt für formale Eigenschaften von literarischen Texten, die hier aber ebenfalls als Ausdrucksmittel von Textsinn gesehen werden (> 7.7).

Eine Ausnahme stellen allerdings solche Texte dar, bei denen bereits eine Übersetzung in die Zielsprache vorliegt, insbesondere dann, wenn diese Übersetzung selbst bereits in gewisser Weise etabliert ist.[100] Solche Fälle sind jedoch äußerst selten - bei Übersetzungen aus dem Englischen ins Deutsche dürften sie auf Shakespeare beschränkt sein; selbst bei Shaw, Wilde, Arthur Miller oder Pinter dürfte keine deutsche Übersetzung existieren, die so etabliert ist, daß eine Neuübersetzung vom Publikum bemerkt und als störend empfunden werden würde. Insofern können die Abweichungen von der zieltextorientierten pragmatischen Übersetzungsstrategie, die bei der Übersetzung Shakespeares erforderlich werden, als Sonderfall betrachtet werden.

7.7. Sonderfall Shakespeare-Synchronisation

7.7.1. Grundlage der Übersetzung

Die Synchronisation von Verfilmungen der Stücke Shakespeares muß der Tatsache Rechnung tragen, daß die Schlegel/Tieckschen Übersetzungen im deutschen Sprachraum so verbreitet sind, daß man davon ausgehen kann, daß ein Teil der Zuschauer mit dem Übersetzungstext (zumindest in Teilen) vertraut ist.[101] In gewisser Weise haben diese Übersetzungen fast den Status eines Originaltextes.[102] Wenn man bei der Synchronisation eine völlig andere Übersetzung als die von Schlegel/Tieck zugrundelegt - wie dies ja auch bei Bühnenaufführungen gelegentlich geschieht - so muß damit wohl auch eine inszenatorische Intention dergestalt verbunden sein, daß eben nicht der "traditionelle" Shakespeare, sondern eine moderne Bearbeitung gespielt wird. Entscheidet man sich bei der Synchronisation für eine moderne Übersetzung, kann das eine Verletzung des Textsinns des Originalfilms mit sich bringen.[103] Zudem setzt eine Adaption dieser Art in der Regel wohl auch eine entsprechende modernisierte Inszenierung (mit entsprechenden Kostümen, Bühnenbild usw.)

---

[100] Vgl. in diesem Zusammenhang Krueger (1986: 612-3).

[101] Zu den Übersetzungsgrundlagen einer Synchronisation einer russischen Verfilmung von *King Lear* s. Fischer-Weimann (1973: 75-6).

[102] Vgl. auch die Shakespeare-Rezeption im 19. Jahrhundert in Deutschland. S. auch Rabanus (1982: 72).

[103] In anderen Fällen stehen der Synchronisation jedoch andere Mittel zur Verfügung als im Originalfilm, die durchaus auch genutzt werden können. So ist z.B. in der Synchronisation von *Henry V* des Bayerischen Fernsehens der Prolog nicht synchronisiert, sondern nur übersprochen worden. Da damit nur unterstrichen wird, daß der Prolog quasi außerhalb der eigentlichen Handlungsebene des Stücks liegt, kann man hierin wohl keine Veränderung des Textsinns sehen.

voraus, so daß die Möglichkeiten, bei der Synchronisation eine moderne Übersetzung zugrundezulegen, auch von daher Beschränkungen unterliegen.

Als Konsequenz ergibt sich, daß sich die Synchronisation von Shakespeare-Verfilmungen an der Schlegel-Tieckschen Übersetzung orientieren muß, soweit die Verfilmung an sich nicht eine moderne Übersetzung nahelegt.[104] Entsprechend stützt sich z.B. auch die Synchronisation der BBC Shakespeare-Verfilmungen, die vom Bayerischen Fernsehen betreut wurde, auf die Übersetzungen von Schlegel/Tieck.[105]

7.7.2. Besonderheiten der Shakespeare-Synchronisation

7.7.2.1. Spezifische Schwierigkeiten

Aufgrund dieser Überlegungen ergibt sich eine entscheidende Modifikation der Phase 5 der pragmatischen Übersetzungsstrategie: Ziel ist nicht nur Äquivalenz des Textsinns unter den Bedingungen der Synchronität, sondern auch, dabei so weit wie möglich den Wortlaut der Schlegel-Tieckschen Übersetzung zu erhalten.

Dabei darf nicht übersehen werden, daß sich die Synchronisation von Shakespeare-Verfilmungen (und anderer poetischer Dramen) darüberhinaus im Vergleich zu (den meisten) anderen Filmen als wesentlich schwieriger erweist, weil eine Häufung von synchronisationserschwerenden Faktoren vorliegt:

1. Die Ästhetik der Sprache ist ein bedeutender Wert an sich, d.h. der Zuschauer achtet wesentlich stärker auf den Text der Übersetzung.
2. Die Stücke enthalten außer dem gesprochenen Wort kaum Handlungselemente. Abgesehen von einigen kurzen Kampfesszenen ist der Anteil non-verbalen Geschehens in Stücken wie *Henry V* oder *Macbeth* minimal, d.h. es entfällt ein großer Teil der vom Übersetzungstext ablenkenden Elemente eines Films.
3. Die Stücke enthalten lange Monologe und darüberhinaus sind auch sonst die Redebeiträge einzelner Sprecher von erheblich längerer Dauer als in den meisten anderen Filmen.
4. Häufig wird sehr langsam, sehr deutlich artikuliert, und mit sehr langen Pausen gesprochen.
5. Unter anderem aus diesen Gründen werden die Schauspieler häufig sehr lange in Nah- oder Großaufnahme gezeigt[106].
6. Mimik und Gestik sind in vielen Fällen sehr ausgeprägt und auf den Text bezogen.

Aus diesen Gründen ergeben sich erhöhte Anforderungen sowohl in bezug auf die Qualität des Textes als auch in bezug auf die verschiedenen Ebenen der Synchronität. Angesichts

---

[104] Mit Shakespeare-Verfilmungen seien dabei nur solche Filme bezeichnet, bei denen im Originalfilm der Text der Dramen (abgesehen von Kürzungen) unverändert bleibt. Verfilmungen wie etwa die von Polanski sind hier aus der Betrachtung ausgeschlossen.

[105] Vgl. dazu Rabanus (1982: 70-1).

[106] Vgl. in diesem Zusammenhang auch Caillé (1960: 106).

dieser Bedingungen stellt sich natürlich die Frage, ob eine befriedigende Synchronisation überhaupt möglich ist. Um das Ausmaß der Textänderungen aufzuzeigen, sollen einige Beispiele aus der Serie der BBC Shakespeare-Verfilmungen diskutiert werden, die im Auftrag des Bayerischen Fernsehens von Gerhard Vorkamp und Gert Rabanus synchronisiert wurden.[107] Rabanus (1982: 71) beschreibt die Schwierigkeiten bei diesen Synchronisationen:

> Bei jedem Satz, den er einer Spielfigur in den Mund legt, hat der Synchronautor sich zu entscheiden zwischen der philologischen Genauigkeit, der er verpflichtet bleibt, und der Wirkung, die er erzielen muß. ... Ein philologisch überwältigend richtig getroffenes Wort, das den Lippenschluß eines Schauspielers in Großaufnahme nicht berücksichtigt, kann eine entscheidende Szene durch den Verlust der Illusion unglaubwürdig machen. Mehren sich solche Fälle in einer Sendung, ist die Liebe zu textgetreuer Übertragung stärker als die Pflicht zur Respektierung der genannten Bedingtheiten, dann kann der Text als Synchrontext um so unbrauchbarer sein, je besser er als Übersetzung ist. In jedem Satz den präzisen Kompromiß zwischen diesen beiden Polen zu entwickeln, ist ein hoher sprachlicher Reiz und oft genug eine unaufhebbare Qual - Gewissensqual, wenn man's genau nimmt.

7.7.2.2. Aspekte der Synchronisationspraxis

Daß die Synchronisation von Shakespeare-Dramen erheblich höhere Anforderungen mit sich bringt, äußert sich in der Praxis u.a. darin, daß die Takes wesentlich kürzer sind als bei anderen Filmen. Ein Auszug aus dem Synchronbuch zu *Macbeth* zeigt das sehr deutlich:

101	1. Hexe	Wann kommen wir drei uns wieder entgegen, /	
		.. im Blitz .. und Donner oder imRegen?	
102	2. Hexe	Wenn der Wirrwarr stille schweigt, /	
		.. wer der Sieger ist, . sich zeigt.	
103	3. Hexe	(Atem) . Ja, bevor der Tag sich neigt.	
104	1. Hexe	Wo der Ort?	
	2. Hexe	Die Heide dort.	
105	3. Hexe	(4) Wo Macbeth wird sein. Fort, fort!	
106	1. Hexe	Ich komme ja, Graumiezchen!	
107	2. Hexe	Unke ruft.	
	3. Hexe	Sogleich!	
108	1. Hexe	Schön . ist häßlich.	
	2. Hexe	Häßlich . schön.	
109	3. Hexe	Schwebt durch Dunst und Nebelhöhn.	*Macbeth: 101-8*

Auffällig ist, daß neue Takes nicht nur beim Wechsel des Sprechers, sondern auch bei relativ kurzen Passagen eines Sprechers angesetzt werden und wie deutlich Pausen im Syn-

[107] Herangezogen werden dabei *Macbeth, Richard III, Henry V, Julius Caesar, Hamlet* und *Ein Sommernachtstraum*. Für *Macbeth* stellte das Bayerische Fernsehen Synchronbuch und ein Videoband der Originalfassung zur Verfügung; in den anderen Fällen stützt sich die Untersuchung lediglich auf eigene Videoaufzeichnungen der synchronisierten Fassungen.

chronbuch markiert sind. Am deutlichsten zeigt sich die Kürze der Takes und die Genauigkeit des Synchronbuchs bei längeren Monologen:

1687	Macbeth	(4) Weg dein Gesicht! ... Seyton!
1688	Macbeth	Mir wird davon /
		ganz . schlecht, (Atem) erleb' ich solch ein ...
1689	Macbeth	Seyton, heda!! /
1690	Macbeth	(Atem) ... O dieser Stoß be.stärkt auf immer, ...
1691	Macbeth	... oder /
		erledigt mich . gleich!
1692	Macbeth	(Atem)(Laut) .. Lebt ich lang genug, / ...
1693	Macbeth	... mein Lebensweg geriet ins Dürre, ...
1694	Macbeth	... (Atem) ins gel.be . Laub. /
1695	Macbeth	Und das, was sonst begleitet hohes Alter,...
1696	Macbeth	... die Ehre, ... Liebe, ...
1697	Macbeth	... Demut, ... viele Freunde, ...
1698	Macbeth	... ich darf danach nicht schauen; hör' statt dessen, ... /
1699	Macbeth	(4) ... Flüche, nicht laut, mit Inbrunst, ...
1700	Macbeth	... Mauldienst, Atem, / ...
1701	Macbeth	... den mir das Herz verweigern möcht' und wagt's nicht. /
		.. (Atem) Seyton!! / *Macbeth 1687-1701*

Diese *Macbeth*-Verfilmung wurde für die Synchronisation in über 1800 Takes zerlegt, Rabanus (1982: 75) gibt allgemein für die Shakespeare-Inszenierungen der BBC 1400, für den dreieinhalbstündigen *Hamlet* 2100 Takes im Gegensatz zu 500 bis 600 Takes für ein normales Fernsehspiel von 90 Minuten Länge an. Ein derart detailliertes Synchronbuch ist erforderlich, weil die Schauspieler - insbesondere bei Monologen - eine große Anzahl von Pausen machen, die das Besprechen längerer Takes fast unmöglich machen würden. Zwar haben kurze Takes dieser Art erhebliche Vorteile hinsichtlich der Lippensynchronität, es darf aber nicht übersehen werden, daß sie auch erhebliche Anforderungen an die Synchronschauspieler stellen, und zwar vor allem in intonatorischer Hinsicht. Entsprechend werden für die Synchronisation von Shakespeare-Stücken auch besonders gute und im klassischen Drama erfahrene Schauspieler eingesetzt.

Zum Ergebnis ist festzustellen - Zeitlupenanalysen der Synchronfassung von *Macbeth* zeigen dies zweifelsfrei - daß ein beeindruckend hoher Grad an (quantitativer und qualitativer) Lippensynchronität erreicht wird.

Interessant ist dabei, daß die detaillierte Vorarbeit bei der Erstellung des Synchronbuchs nicht allein für diesen hohen Grad an Lippensynchronität verantwortlich ist. Ähnlich wie bei anderen Filmen finden sich auch bei der Synchronisation von *Macbeth* eine Reihe von Abweichungen des tatsächlichen Sendetextes vom Text des Synchronbuchs:

106	Ich komme ja, Graumiezchen ---> Ich komme schon, Graumiezchen.
752	Nun, Herr, wie geht die Welt? ---> Was gibt's, Herr, was gibt's Neues?
754	Weiß man schon, wer die blut'ge Tat verübt? ---> Weiß man, wer diese mehr als blut'ge Tat verübt?
756	O grauser Tag (O schnöde Tat) ---> O schnöde Tat!
758	Dies wälzt auf sie der Tat Verdacht. ---> Dies wälzt der Tat Verdacht auf sie.
760	... so verstopfst du den eigenen Lebensborn ---> der so zerstört den eignen Lebensquell
1691	... oder erledigt mich gleich ---> oder er stürzt mich jetzt.

1692 Lebt ich lang genug ---> Ich lebte lang genug
1695 ... was sonst begleitet hohes Alter ---> was hohes Alter sonst begleitet, wie
1697 viele Freunde ---> Freundesscharen
1698 ich darf danach nicht schauen ---> habe ich nicht zu erwarten
1700-1 Mauldienst, den mir ... ---> Lippenbekenntnisse, was das ...

Bemerkenswert sind diese Veränderungen insofern, als sie zeigen, daß auch mit einem sehr detailliert angefertigten Synchronbuch kein Standard erreicht wird, der Korrekturen bei der eigentlichen Synchronisation überflüssig machen würde. Die Größe der Leinwand im Synchronstudio und die Möglichkeit, verschiedene Varianten auszuprobieren bzw. die Gelegenheit, den Text überhaupt auf den Film zu sprechen, sind offensichtlich Faktoren von so großer Wichtigkeit bei der Synchronisation, daß sie auch durch äußerst gründliche Vorarbeiten nicht vollkommen überflüssig werden.

7.7.2.3. Verständlichkeit

Eine der Fragen, die sich im Zusammenhang mit der Synchronisation von Shakespeare-Stücken angesichts der in 7.7.2.1 geschilderten speziellen Anforderungen stellt, ist, ob nicht ein unaufhebbarer Widerspruch zwischen der besonderen Qualität, die vom Text erwartet werden muß und den Erfordernissen der Synchronität besteht. Insbesondere darf dabei nicht übersehen werden, daß das Anschauen eines Shakespeare-Dramas, das u.U. mehrere Stunden dauert, auch an den Zuschauer besondere Anforderungen hinsichtlich der Konzentration stellt. Aus diesem Grund ist auch der Frage nach der Verständlichkeit des Textes großes Gewicht beizumessen.

In diesem Zusammenhang sei die Synchronfassung des Monologs von *Macbeth* in der 7. Szene des 1. Aktes wiedergegeben:

> Ja, - wär's getan, --- wenn es getan, --- wär's gut, es würde schnell getan. --- Wenn das Attentat aus seinem Netz die Folgen fallen ließe, und aus der Tiefe -- nur Gelingen zöge; --- daß mit - dem Stoß, -- einmal für immer --, alles - sich hier -- nur hier - schon abgeschlossen hätt, -- auf dieser losen Sandbank unsrer Zeit, --- so setzt ich weg mich über's künft'ge Leben. --- Doch stets bei solchen Taten wird uns schon Vergeltung - hier: daß -- wenn wir ihn gegeben, den grausen Unterricht, er, kaum gelernt, zurückschlägt, -- zu strafen den Erfinder. -- Die --- unparteiische Gerechtigkeit führt den für uns gemischten gift'gen Kelch an unsre eigenen Lippen. Duncan ist doppelt hier geschützt; --- zunächst weil ich sein Vetter bin und Lehensmann. Beides hemmt stark die Tat; --- dann, - weil ich Schloßherr bin, der gegen seinen Mörder schließt das Tor, nicht selbst zum Messer greift. Mehr noch hat -- Duncan sein Vorrecht stets so mild geübt und war so - rein in seiner großen Würde, -- daß als wären's Engel seine Tugenden -- trompetengleich den Mord verfluchen werden. Und Mitleid, --- ein nacktes, neugebornes Kind, im Sturmesritt, -- des Himmels Cherubim, auf schnellen, unsichtbaren Rössern reitend, sie blasen die Schreckenstat jedem ins Auge, daß Tränenflut den Wind ertränkt. --- Ich habe keinen Sporn, - um meine Absicht anzustacheln. -- Nur sprunghafter Ehrgeiz, der sich überstürzt und dann sein Ziel verfehlt.
>
> *Macbeth: 421-44*

Dieser Text ist aus verschiedenen Gründen schwer verständlich: Neben der komplexen syntaktischen Struktur spielen dabei vor allem auch prosodische Merkmale eine große Rolle. Eine starke Variation des Sprechtempos - die unterstrichenen Passagen werden sehr schnell gesprochen - und die große Anzahl der z.T. im Deutschen unmotivierten Pausen erschweren es dem Zuhörer dabei ebenso, den Text zu strukturieren, wie die die Tatsache, daß Einschübe wie ***kaum gelernt*** oder ***als wärens Engel*** und Kontraste wie ***schließt das Tor*** und ***nicht selbst zum Messer greift*** intonatorisch nicht sehr deutlich realisiert werden. Ein Hauptgrund für diese Schwierigkeiten ist, daß der Monolog im englischen Original sehr leise, fast flüsternd gesprochen wird. Dadurch sind auch in der Synchronfassung die Möglichkeiten eingeschränkt, die Komplexität des Satzbaus durch prosodische Mittel auszugleichen, die sich aus der - gerade durch die vielen Pausen in dieser Szene unvermeidlichen - Notwendigkeit einer starken Orientierung an der Lippensynchronität ergibt.[108] Sollte sich erweisen, daß solche Schwierigkeiten bei der Synchronisation einer Shakespeare-Verfilmung häufig auftreten, wäre der Sinn der Synchronisation in Frage gestellt. Von daher kommt der Frage der Abweichungen des Synchrontextes von der Schlegel/Tieckschen Übersetzung große Bedeutung zu.

7.7.3. Abweichungen des Synchrontextes von der Schlegel/Tieckschen Übersetzung

7.7.3.1. Gründe für Veränderungen

Trotz des starken Bemühens um Lippensynchronität ist das Ausmaß der Abweichungen vom Schlegel/Tieckschen Übersetzungstext keineswegs in jedem Fall so groß, wie man aufgrund des diskutierten *Macbeth*-Monologs vielleicht erwarten würde. Es ist bemerkenswert, daß auch in *On*-Szenen, in denen die Lippenbewegungen des Sprechers durchaus deutlich zu erkennen sind, in manchen Fällen der Text der Schlegel/Tieckschen Übersetzung über weite Passagen unverändert übernommen werden kann:[109]

Symbole:

°	Labialkonsonant bzw. /w/
===	Lippenbewegungen deutlich zu erkennen
< >	Sprecher im Off oder von hinten zu sehen
___	Veränderungen des Sendetextes gegenüber Schlegel/Tieck

[108] Dabei mag auch noch eine Rolle spielen, daß aufgrund der kurzen Takes prosodische Elemente bei der Aufnahme schwer zu realisieren sind.

[109] Im folgenden wird der BR-Sendetext (rechte Spalte) der Schlegel/Tieckschen Übersetzung (mittlere Spalte) gegenübergestellt. Dabei ist allerdings zu berücksichtigen, daß Abweichungen des Synchrontextes nicht in jedem Falle durch die Erfordernisse der Synchronität bedingt sind, sondern daß es durchaus leicht überarbeitete Versionen der Schlegel/Tieckschen Übersetzungen für die Bühne gibt, wobei sich nicht feststellen ließ, welche Ausgabe die tatsächliche Grundlage für die Synchronisation bildete. Um der Gefahr einer Überinterpretation zu entgehen, sollen von daher manche Unterschiede zwischen Synchrontext und der jeweils zitierten Ausgabe der Schlegel/Tieckschen Übersetzung unkommentiert bleiben. Die zugrundegelegten Ausgaben für den Originaltext und die Übersetzung sind in B.2 aufgeführt.

	Originaltext	Schlegel/Tieck-Übersetzung	BR-Sendetext
	Here is the indict°ment of	Hier ist die	Hier ist die
	the good Lord Hastings;	Klagschri°ft °wider den	Klagschri°ft °wider den
	°which in a set hand	Lord Hastings,	Lord Hastings,
A	°fairly is engross'd	Den °wackern °Mann,	°Welche in sau°brer Hand-
	That it °may °be to-day	in sau°berer Ko°pei,	schri°ft ist gesetzt. Sie soll
	read o'er in °Paul's.	U°m in Sankt °Paul	°verlesen °werden heute in
		sie heute zu verlesen.	Sankt °Paul.
	And °mark how °well the	Nun °merke °man, °wie	Nun °merke °man, °wie
B	se°quel hangs together;	°fein das hängt zusa°mmen:	°fein dies hängt zusa°mmen:
	Ele°ven hours I ha°ve	El°f Stunden °bracht ich zu,	El°f Stunden °bracht ich zu,
	s°pent to write it o°ver,	sie a°bzuschrei°ben,	sie a°bzuschrei°ben,
	°for yesternight by Cates°by	Denn Cates°by schickte sie	Denn Cates°by schickte sie
	°was it sent °me;	°mir gestern a°bend;	°mir gestern a°bend;
	The °precedent °was °full	Die Urschrift °war nicht	Die Urschri°ft °war nicht
	as long a-doing;	°minder lang in Ar°beit.	°minder lang in Ar°beit,
	And yet °within these	Und °vor °fün°f Stunden	Und °vor °fün°f Stunden
	°fi°ve hours Hastings li°v'd,	le°bte Hastings doch	le°bte Hastings noch
	Untainted, unexa°min'd,	Noch un°bescholten,	Noch un°bescholten,
	°free, at li°berty.	un°verhört, in °Freiheit.	un°verhört, in °Freiheit.
	Here's a good °world the	Das ist 'ne schöne °Welt! -	Das ist 'ne schöne °Welt! -
	°while! Who is so gross	°Wer ist so °blöde	°Wer ist so °blöd_
	That cannot see this	Und sieht nicht diesen	Und sieht nicht diesen
	°pal°pa°ble de°vice?	grei°flichen °Betrug?	grei°flichen °Betrug?
	Yet who so °bold that says	Und °wer so kühn und sagt,	Und °wer so kühn und sagt,
	he sees it not?	daß er ihn sieht?	daß er ihn sieht?
	°Bad is the °world; and all	Schli°mm ist die °Welt, sie	Schli°mm ist die °Welt, sie
	°will co°me to nought,	°muß zugrunde gehn,	°muß zugrunde gehn,
	°When such ill dealing	°Wenn °man °muß	°Wenn °man °muß
	°must be seen in thought.	sch°weigend solche Ränke	sch°weigend solche Ränke
		sehn.	sehn. *Richard III: III.6*

Das Motiv für die Veränderungen unter A und B dürfte wohl in der Lippensynchronität zu suchen sein. Dabei ist bemerkenswert, daß im Gegensatz zu den anderen untersuchten Filmen auch der qualitativen Lippensynchronität große Aufmerksamkeit geschenkt wird. So ist bei den Textabweichungen von der Schlegel/Tieckschen Übersetzung in den folgenden Fällen festzustellen, daß die Synchronübersetzung entweder Labiale vermeidet (wie bei C oder E), einfügt (wie bei D, G, I, J) oder verschiebt (wie bei F und H):

C	The °father rashly	Der °Vater °würgte rasch	Der °Vater schlachtete den
	slaughter'd his own son,	den eignen Sohn;	eignen Sohn;
D	The son, co°m°pell'd, °been	Der Sohn, gedrungen, °ward	Der Sohn, gez°wungen,
	°butcher to the sire; <...>	des °Vaters Schlächter; <...>	°ward des °Vaters
			Schlächter; <...>
E	And let their heirs, God, i°f	Mög' ihr Geschlecht (°wenn	Laß ihr Geschlecht (°wenn
	thy °will °be so,	es dein °Will' ist, Gott!)	es dein °Will' ist, Gott!)
F	Enrich the ti°me to co°me	Die °Folgezeit °mit	die Zeit, die ko°mmt °mit
	°with s°mooth-°fac'd	°milde°m °Frieden segnen,	°milde°m °Frieden
	°peace,		sch°mücken,

G	°with s°miling °plenty, and °fair °pros°perous days!	°mit lachende°m Gedeihn und heitern Tagen!	°mit °frohe°m Tun, - °mit °blühende°m Gedeih
H	A°bate the edge o°f traitors, gracious Lord,	Zer°brich der °Bösen °Wa°f°fe, gnäd'ger Gott,	Zer°brich der °Bösen °Wa°ffe, gnäd'ger Gott,
I	That °would reduce these °bloody days again And °make °poor England °wee°p in strea°ms o°f °blood!	Die diese Tage °möchten °wieder°bringen, Daß England °weinen °müßt' in Strö°men °Bluts!	Sie °wollen, daß diese Tage °wiederkehren, Da°mit °mein England °weint °vor Strö°men °Bluts! *Richard III: V.5*
	Then hear °me, gracious so°vereign, and you °peers, <That owe yourselves, your>	So hört °mich, gnädiger °Monarch und °Pairs, Die diesem Herrschenerthron	So hört °mich, gnädiger °Monarch und °Pairs, Die ihr dem Herrschenerthrone __
J	li°ves, your ser°vices, To this i°mperial throne.	eur Le°ben, Treu, und Dienste schuldig seid:	Le°ben, Treu, und O°pfer schuldig seid: *Henry V: I.2*

Qualitative Lippensynchronität kann wohl als ein Hauptmotiv der Abweichungen vom Schlegel/Tieckschen Text gesehen werden. In 7.7.2.2 wurde bereits darauf hingewiesen, daß ein bemerkenswert hoher Grad an qualitativer Lippensynchronität erreicht wird. Man kann wohl davon ausgehen, daß trotz der erhöhten Anforderungen in bezug auf den Text der Standard qualitativer Lippensynchronität der Shakespeare-Verfilmungen nicht unter, sondern im Gegenteil (z.T. weit) über dem etwa der meisten Fernsehserien liegt.

Lippensynchronität ist jedoch nicht das einzige Motiv für Veränderungen. Nukleussynchronität könnte z.B. in folgenden Fällen ausschlaggebend gewesen sein:

<Situation: Gespräch zwischen Gentlewoman und Doctor; Die Sprecherin ist nur von der Seite zu sehen; merkliche Kopfbewegung bei TUN>.

It is an accustomed action with her, to be seen thus washing her hands; I ha°ve known her continue in this a °quarter o°f an hour.	Das ist ihre gewöhnliche Gebärde, daß sie tut, als wüsche sie sich die Hände; ich habe °wohl gesehen, daß sie es eine °Viertelstunde hintereinander tat.	Es ist ihre übliche Gebärde, daß sie tut, als wüsche sie sich die Hände. Ich hab_ sie das _°Viertelstundenlang tun sehn. *Macbeth: V.1* *(Takes 1599-1600)*

<Situation: Buckingham bietet Richard die Königswürde an; deutliche Armbewegung>

And in this resolution here °we lea°ve you.	Und, so entschlossen, lassen °wir Euch hier.	Und °mit dieser Entschließung seid °verlassen. *Richard III: III.7*

Zum Teil ist für die Veränderungen im Synchrontext auch kein offensichtlicher Grund erkennbar, etwa bei folgender Passage, bei der der Sprecher nur von hinten zu sehen ist:

Fellows in arms, and my most loving friends, bruis'd underneath the yoke of tyranny	Ihr Waffenbrüder und geliebte Freunde, Zermalmet unterm Joch der Tyrannei	Ihr Waffenbrüder und geliebte Freunde, Erdrücket fast unterm Joch der Tyrannei *Richard III: V.2*

Rabanus (1982: 73) beschreibt die Gründe für Veränderungen des Schlegel/Tieckschen Textes folgendermaßen:

> Wir haben Schlegel ... da modifiziert, wo es aus Gründen der Synchronität unumgänglich war. Und bei den nicht wenigen Zeilen, die sehr altmodisch oder allzu verschachtelt übersetzt und aus dem einen oder anderen Grunde kaum oder gar nicht mehr verständlich sind, haben wir ihm durch heutigen Ohren angemessenere Formulierungen unsere Reverenz erwiesen.

7.7.3.2. Art der Veränderungen

Das Ausmaß synchronitätsbedingter Veränderungen variiert erheblich. Während beim ersten Beispiel in 7.7.3.1 nur sehr geringfügige Änderungen festzustellen waren, unterliegt der Text in den folgenden Beispielen aus *Henry V* und *Richard III* ganz erheblichen Veränderungen:

	°My lord, I'll tell you: that	°Mylord, ich sag Euch,	°Mylord, ich sag Euch,
	sel°f °bill is urg'd	e°bendie °Verordnung	gerad u°m das Gesetz geht's,
	°Which in th' ele°venth year	°Wird jetzt °betrie°ben, die	das schon i°m el°ften Jahr
A	of the last king's reign	im el°ften Jahr °Von der	der °frühren Herrscha°ft
	°Was like, and had indeed	Regierung des °verstor°bnen	°beinahe gegen uns erlassen
B	against us °pass'd	Königs °Beinahe °wider uns	°ward,
C	°But that the sca°mbling	°wär durchgegangen,	Hätte die unruh°volle,
	and un°quiet ti°me	°Wenn die °ver°worrne,	°wirre Zeit
	Did °push it out o°f °farther	unruh°volle Zeit	es nicht °verdrängt aus der
	°question.	Aus °weitrer °Frage nicht	Er°wägung.
		°verdrängt sie hätte.	*Henry V: I.1*
D	I°f e°ver he ha°ve child,	Hat er ein Kind je, so sei's	°Wird ih°m ein Kind
	a°borti°ve °be it,	°mißge°boren,	ge°boren, so sei es
	°Prodigious, and unti°mely	°Ver°wahrlost und zu °früh	°mißgestaltet, zu °früh ans
	°brought to light,	ans Licht ge°bracht,	Licht ge°bracht und ganz
			°verkrü°ppelt.
E	Whose ugly and unnatural	Des greulich unnatürliche	Sein unnatürlicher greulicher
	as°pect	Gestalt	An°blick °möge sel°bst die
	°May °fright the ho°pe°ful	Den °Blick der ho°ffnungs-	ho°ffnungs°volle °Mutter
	°mother at the °vie°w,	°vollen °Mutter schrecke;	schrecken
	And that °be heir to his un-	Und das sei Er°be seines	Und Er°be soll es °werden
	ha°p°piness!	°Mißgeschicks!	seiner °Bosheit
	I°f e°ver he ha°ve °wi°fe,	Hat er ein °Wei°b je, nun,	°Wenn er sich je °ver-
F	let her °be °made	so °möge sie	°mählt, so ho°ff ich °fest,
	°More °misera°ble °by the	Sein Tod u°m °vieles noch	er °macht sein °Wei°b
	death o°f hi°m	elender °machen,	durch seinen Tod °viel
			elender
G	Than I a°m °made °by °my	Als °mich °mein junger Eh-	Als °mich der Tod des jun-
	young lord and thee!	ge°mahl und du!	gen °Prinzen und der deine.
			Richard III: I.2

Dennoch kann nicht generell behauptet werden, daß solche Veränderungen die Übersetzung in entscheidender Weise beeinträchtigten. Zum einen handelt es sich nicht immer um sehr grundlegende Abweichungen, C und E sind lediglich Umstellungen von Adjektiven. Ansonsten zeigt sich in der Synchronübersetzung das Bestreben, den Charakter der Schlegel/Tieckschen Übersetzung zu wahren, indem auch in den Fällen, in denen größere Veränderungen vorgenommen werden, etwa archaischer oder heute stilistisch gehobener Wortschatz (A, B, F) oder archaische Konstruktionen oder morphologische Formen (D, G) verwendet werden. So schreibt auch Rabanus (1982: 72) in bezug auf die Arbeit des Synchronautors:

> Ist er genötigt, umzuformulieren, bleibt er ... an drei Faktoren erbarmungslos gebunden: an die Sprachebene der Schlegelschen Übersetzung, an die strikt zu erwirkende Lippen- und gestische Synchronität und an Shakespeare. Denn jede Änderung muß entweder vom Originaltext sich herleiten oder von ihm zu rechtfertigen sein.

Ähnliches gilt auch für die textlichen Veränderungen in *Macbeth* V.1[110]: Auch hier sind die Übersetzungen - soweit sie in entscheidender Weise von der Schlegel/Tieckschen Übersetzung abweichen - weitgehend an deren Sprachstil angepaßt. Dabei darf natürlich nicht übersehen werden, daß dem Ausmaß der Veränderungen Grenzen gesetzt sind, weil - wie in 7.7.1 bereits angedeutet - man davon ausgehen muß, daß ein Teil der Zuschauer zumindest mit einigen Stellen der Schlegel/Tieckschen Übersetzung vertraut ist. Darauf weist auch Rabanus (1982: 73) hin:

> Natürlich stößt man in seiner Absicht zu äußerster erreichbarer Glaubwürdigkeit im Optischen da an eine Grenze, wo ein Shakespearscher Satz, eine Sentenz, eine ganze Periode nachgerade zum deutschen Zitatenschatz gehören. Wenn der alte Gaunt etwa vom "Eiland, in die Silbersee gefaßt" spricht, darf ich diesen Satz nicht umformulieren, wie immer er aussieht. Das gleiche gilt z.B. für den gesamten Hamlet-Monolog im III. Akt, der in Schlegels Übersetzung eben ein jedermann bekanntes Stück deutscher Dichtung ist. Kein Wunder, daß Shakespeare auch das Paradebeispiel aller Synchron-Unmöglichkeit bereit hält: "To be or not be" enthält zwei Labiale - und sie dürfen mich nicht veranlassen, etwa "Bewußtsein oder nicht Bewußtsein" zu formulieren; der Satz heißt "Sein oder Nichtsein" und in diesem Wortlaut entzieht er sich jedem Gedanken an nur synchronbedingte Umformulierung.

Trotz dieser Restriktionen ist aber festzustellen, daß sich auch der angesprochene Monolog Hamlets noch durch ein erhebliches Maß an Lippensynchronität auszeichnet.

To °be or not to °be - that is the °question;	Sein oder Nichtsein, das ist hier die °Frage:	Sein oder Nichtsein, das ist ___ die°Frage:
°Whether 'tis no°bler in the °mind to su°ffer The slings and arrows of outrageous °fortune,	O°b's edler i°m Ge°müt, die °Pfeil' und Schleudern Des °wütenden Geschicks erdulden, oder,	O°b's edler i°m Ge°müt, die °Pfeil' und Schleudern Des °wütenden Geschicks erdulden, oder,
Or to take ar°ms against a sea o°f trou°bles,	Sich °wa°ffnend gegen eine See von °Plagen,	Sich °wa°ffnend gegen eine See von °Plagen,
And °by o°pposing end the°m?	Durch °Widerstand sie enden.	I°m °Widerstand sie enden.

[110] Für Original- und Synchrontext ist der gesendete Text zugrundegelegt.

To die, to slee°p -	Ster°ben - schla°fen -!	Ster°ben - schla°fen -!
No °more; and °by a slee°p to	Nichts °weiter! - und zu	Nichts °weiter! - und zu
say °we end	°wissen, daß ein Schla°f	°wissen, daß ein Schla°f
The heart-ache and the thousand	Das Herz°weh und die tausend	Das Herz°weh und die tausend
natural shocks	Stöße endet,	Stöße endet,
That °flesh is heir to. 'Tis a con-	Die unsers °Fleisches Er°bteil -	Die unsers °Fleisches Er°bteil -
su°mmation de°voutly to °be	's ist ein Ziel	's ist ein Ziel
°wish'd.	Au°fs innigste zu °wünschen.	Au°fs innigste zu °wünschen.
To die, to slee°p;	Ster°ben - schla°fen -	Ster°ben - schla°fen -
To slee°p, °perchance to	schla°fen! °Vielleicht auch	schla°fen! °Vielleicht auch
drea°m. Ay, there's the ru°b;	träu°men! - Ja, da liegt's:	träu°men! - Ja, ja, da liegt's:
°For in that slee°p o°f death	°Was in de°m Schla°f °für	°Was in de°m Schla°f °für
°what drea°ms °may co°me,	Träu°me ko°mmen °mögen,	Träu°me ko°mmen °mögen,
°When °we ha°ve shu°ffled	°Wenn °wir den Drang des	°Wenn °wir den Drang des
o°ff this °mortal coil,	Ird'schen a°bgeschüttelt,	Ird'schen a°bgeschüttelt,
°Must gi°ve us °pause.	Das z°wingt uns stillzustehn- :	Das z°wingt uns stillzustehn- :

Hamlet III.1

7.7.4. Zusammenfassung

Insgesamt läßt sich feststellen, daß die Synchronisation von Shakespeare-Verfilmungen erheblich höhere Anforderungen sowohl bezüglich der Qualität des Textes als auch in Hinsicht auf Lippen- und Nukleussynchronität stellt als die der meisten anderen Filme. Die Analyse einiger vom Bayerischen Fernsehen synchronisierter Shakespeare-Dramen zeigt, daß dabei ein beeindruckender Standard erreicht werden kann. Zwar wird dabei - in dem *If it were done when 'tis done*-Monolog in *Macbeth* - die Grenze der Synchronisierbarkeit erreicht, so daß in diesem Fall der Synchrontext wohl wesentlich schwerer als das Original oder der Schlegel/Tiecksche Text (in einer deutschen Aufführung) zu verstehen ist.[111] Eine solche Bündelung von Synchronisationsschwierigkeiten bleibt in den drei untersuchten Dramen auf diesen einzigen Fall beschränkt, so daß er eigentlich synchronisationstheoretisch nur dahingehend von Interesse ist, zu sehen, daß eine Grenze der Synchronisierbarkeit von Texten gegeben sein kann. Dabei kommt auch der Tatsache, daß dieser Monolog sehr leise gesprochen wird, erhebliche Bedeutung zu.

Allgemein läßt sich für die Synchronisationstheorie aus dem Beispiel der Shakespeare-Synchronisation jedoch auch folgende Schlußfolgerung ziehen: Wenn bei Filmen, bei denen insbesondere auch bezüglich der qualitativen Lippensynchronität und der Qualität der Übersetzung so hohe Anforderungen bestehen, ein so bemerkenswerter Standard erreicht werden kann, stellt eine Verbesserung der Synchronisation von Spielfilmen oder Fernsehserien entsprechend den in 7.6 geschilderten Prinzipien einer pragmatischen zieltextorientierten Übersetzungsstrategie keine wirklichkeitsfremde theoretische Forderung dar.

---

[111] Dabei darf natürlich nicht unterschätzt werden, daß auch die Schlegel/Tiecksche Übersetzung nicht "leicht" verständlich ist. Der entscheidende Unterschied ist jedoch, daß bei der Synchronisation entscheidende Strukturierungshilfen durch die Prosodie verloren gehen.

7.8. Zusammenfassung: Grenzen und Möglichkeiten der Synchronisation

7.8.1. Grenzen der Synchronisierbarkeit

Grenzen der Synchronisierbarkeit von Texten bestehen aus synchronisationstechnischer Sicht kaum. Grenzfälle können erreicht werden, wenn eine Häufung von Synchronisationsproblemen zusammentrifft, wie etwa Großaufnahme, besonders leises Sprechen, sehr viele Pausen und poetische Sprache im Falle des in 7.7.2.3 erörterten *Macbeth*-Monologs. Solche Konzentrationen von Schwierigkeiten dieser Art treten in der Praxis - zumindest bei den europäischen Sprachen - jedoch kaum auf (und lassen sich dann, wie das Beispiel *Macbeth* zeigt, auch einigermaßen befriedigend lösen), so daß es wohl kaum denkbar ist, daß ein Film nicht synchronisierbar sei, weil es unmöglich wäre, die Faktoren der Synchronität und der Textqualität in befriedigender Weise miteinander in Einklang zu bringen.

Zu fragen ist jedoch, ob sich Filme unter Umständen aufgrund anderer Faktoren nicht für die Synchronisation eignen. Zwar läßt sich für Textsinn, der z.B. durch den Akzent oder Dialekt eines Sprechers ausgedrückt wird, ein indirektes Äquivalent in der Form der direkten Verbalisierung einer Information über Gegend oder eventuell auch soziale Schicht des Sprechers finden, die emotional atmosphärische Komponente von Akzent oder Dialekt kann jedoch - wie gezeigt worden ist - im synchronisierten Film nicht wiedergegeben werden. Das bedeutet schon bei einem Film wie *Local Hero*, der in gewisser Weise auch vom sprachlichen Kontrast von Amerikanern und Schotten "lebt", daß der synchronisierten Fassung eine wesentliche Komponente des Originalfilms fehlt.[112] Noch schwerwiegender mag sich das bei Filmen auswirken, bei denen die soziale Bedeutungskomponente von Varietäten eine Rolle spielt, und die noch stärker als etwa *Local Hero* kulturspezifische Elemente enthalten, die den (meisten) Zuschauern der Zielkultur nicht vertraut sind. Das mag einer der Gründe dafür sein, warum z.B. die in Großbritannien so erfolgreichen Serien *Coronation Street, Crossroads* oder *East Enders* (zumindest bisher) nicht ins Deutsche synchronisiert worden sind. Die Grenzen der Synchronisierbarkeit solcher Serien sind dabei vor allem durch die mangelnde Vertrautheit des Zielpublikums mit der im Film dargestellten Kultur zu sehen; eine Übersetzung, die die Soziolekte durch indirekte Äquivalente ausdrückt und viele kulturspezifische Elemente umschreibt oder wegläßt, würde dem Film jegliche Authentizität nehmen. Eine Synchronisation, die weitgehende Vertrautheit mit *British working class culture* voraussetzt, wäre - mit gewissen Abstrichen bezüglich der soziolektalen Komponente - zwar durchaus möglich, für das allgemeine deutsche Fernsehpublikum

---

[112] Diese Tatsache soll jedoch nicht als Argument gegen die Synchronisation von Filmen wie *Local Hero* angeführt werden. Für ein Zielpublikum, das Englisch so weit versteht, daß es Dialektunterschiede zumindest erkennen kann, mag in solchen Fällen die Untertitelung sinnvoller sein. Allerdings setzt Verständnis von Dialekten eine Kompetenz in der Sprache voraus, die es in der Regel auch ermöglichen dürfte, Filme in der Originalfassung anzuschauen, wozu durch die Zweikanaltontechnik in Zukunft wohl auch verstärkt die Möglichkeit bestehen dürfte.

wohl jedoch kaum lohnend. Das bedeutet jedoch, daß nicht die Frage nach der Synchronisierbarkeit eines Films an sich gestellt werden kann, sondern nur die Frage nach der Synchronisierbarkeit für ein bestimmtes Zielpublikum.

7.8.2. Möglichkeiten der Synchronisation

Theoretisch läßt sich feststellen, daß die Möglichkeiten sehr groß sind, bei der Synchronisation sowohl Äquivalenz des Textsinns als auch Äquivalenz bezüglich der verschiedenen Ebenen der Synchronität zu erreichen. Abgesehen von der prinzipiellen Unübertragbarkeit der atmosphärisch-emotionalen Komponente von Akzenten oder Dialekten und metasprachlichen Elementen unterliegt die Synchronisation keinen prinzipiellen Beschränkungen, die nicht für andere Formen der Übersetzung auch gälten.

Insbesondere ist es nicht so, daß Synchronübersetzungen zwangsläufig eine hohe Anzahl von Anglizismen, stilistische Inkonsistenzen und andere Vertextungsschwächen aufweisen müßten. Im Rahmen einer pragmatischen und zieltextorientierten Übersetzungsstrategie ist es durchaus möglich, die Äquivalenzebenen der Synchronität und die des Textsinns (einschließlich der entsprechenden Äquivalenzebenen des Ausdrucks) gleichermaßen zu berücksichtigen.

8. Zum Charakter der Normabweichungen in Synchrontexten

8.1. Normabweichungen

8.1.1. Typische Merkmale von Synchrontexten als Normabweichungen

In Kapitel 5 wurden die für Synchrontexte als typisch anzusehenden Merkmale ermittelt. Dazu zählen etwa das häufige Auftreten von Anglizismen, insbesondere solcher, die als Interferenzerscheinungen klassifiziert werden können, sowie bestimmte Erscheinungen der Textstruktur wie Stilbrüche, eine gewisse "Schriftlichkeit" der Dialoge oder das Fehlen kohäsionsherstellender Textelemente. Dabei sind Einschränkungen in zwei Richtungen notwendig:

1. Zum einen kann nicht behauptet werden, daß jedes einzelne dieser Merkmale in dem Sinne für Synchrontexte typisch sei, daß es in anderen Texten nicht vorkomme. Behauptet werden soll lediglich, daß diese Merkmale in der festgestellten Häufigkeit und in dieser Kombination für Synchrontexte typisch sind.[1]
2. Zwar läßt sich nachweisen (> Kapitel 6), daß das Auftreten dieser Merkmale dadurch bedingt ist, daß es sich bei den Synchrontexten um Übersetzungen (mit dem "zusätzlichen" Erfordernis der Lippensynchronität) handelt. Andererseits wurde aber in Kapitel 7 ausgeführt, daß diese Merkmale keine zwangsläufigen Erscheinungen einer lippensynchronen Übersetzung sind. Von daher wäre es verfehlt, diese Merkmale als generelle Eigenschaften von Synchrontexten anzusehen. Als nachgewiesen kann jedoch gelten, daß diese Merkmale bei einer großen Zahl von synchronisierten Filmen festzustellen sind.

Daraus ergibt sich auch, daß diese Merkmale nicht zur Bestimmung etwa einer "Textsorte Synchrontexte" herangezogen werden können bzw. dazu ausreichen. Wesentlich ist, daß die in Kapitel 5 festgestellten Merkmale von Synchrontexten die Frage der Akzeptabilität berühren. Insofern können diese Merkmale von Synchrontexten als Normabweichungen beschrieben werden.

Unter Normabweichungen seien dabei solche sprachlichen Formen verstanden, die nicht oder nur eingeschränkt akzeptabel sind, wobei Akzeptabilität u.a. auch die Ebene der Angemessenheit in bezug auf die Sprechsituation beinhalte.[2]

Es ist offensichtlich, daß die Norm, die der Beurteilung der Akzeptabilität zugrundege-

---

[1] Damit soll nicht ausgeschlossen werden, daß diese Merkmale in ähnlicher Häufigkeit und Kombination auch für andere Texte - etwa Übersetzungen von Trivialromanen o.ä. - typisch sein können. Vgl. dazu 5.5.1.

[2] Vgl. in diesem Zusammenhang auch van Dijk (1977b: 43).

legt wird, weder eine präskriptive Norm[3] sein noch sich an der Schriftsprache orientieren kann.[4] Die Basis zur Bestimmung von Abweichungen in Synchrontexten kann sich nur deskriptiv aus der Norm bzw. den Normen der gesprochenen Sprache und insbesondere der Sprache von Filmen ergeben, bei denen es sich nicht um Übersetzungen handelt. Hönig und Kußmaul (1984: 98) sprechen von der "Norm des Üblichen"[5], was auch im Coseriuschen (1988: 297) Normbegriff[6] anklingt:

> Die *Sprachnorm* enthält ... all das, was in der einer funktionellen Sprache entsprechenden Rede traditionell, allgemein und beständig, wenn auch nicht notwendig funktionell ist, nämlich alles, was man "so und nicht anders" sagt (und versteht) ...

Die Postulierung einer solchen Norm erscheint zwar nicht unproblematisch, liegt aber *de facto* eigentlich jeder Bestimmung formaler Merkmale bestimmter Texte und jeder Beurteilung von Übersetzungen zugrunde. Eine große Rolle spielt die Norm auch in der Stilistik, was z.B. bei Carstensen (1970: 260) sehr deutlich wird:

> Man wird beim gegenwärtigen Stand der Diskussion in aller Ehrlichkeit gestehen müssen, daß der Begriff 'Norm' eigentlich durch 'Erwartungsnorm' ersetzt werden sollte. Damit wäre ein partiell subjektives Element aber wieder akzeptiert. Stilistik wäre demnach die Untersuchung der Abweichungen von den Erwartungsnormen. Erwartungsnorm beruht auf der intuitiven Unterscheidung von Texten und setzt voraus, daß die subjektive Entscheidung des individuellen Sprechers von vielen anderen Mitgliedern der Sprachgemeinschaft, jedoch keineswegs von allen, geteilt wird.

Auch Leech (1969: 56-7) setzt bei seiner Beschreibung des stilistischen Prinzips des *foregrounding* die Existenz einer solchen Norm voraus:[7]

> Just as painting acts against a background of norms, so in music there are expected patterns - of melody, rhythm, harmonic progression, abstract form, etc., and a composer's skill lies not in mechanically repro-

---

[3] Der hier verwendete Normbegriff unterscheidet sich also grundlegend von einem Verständnis von Normen als Ergebnis von Normierung. Vgl. Steger (1980: 210) oder Weinrich (1980). S. dazu auch Gauger (1981: 40). Vgl. dazu u.a. Wimmer (1982: 294-8). Zur Frage der Normierung von Sprache vgl. u.a. Heringer (1982). Vgl. in diesem Zusammenhang auch das Normverständnis bei Grebe (1968) oder Oksaar (1968). Zu Regel und Norm s. Sandig (1979).

[4] Vgl. Kußmaul (1974: 90).

[5] Vgl. Kußmaul (1974: 90): "Norm ist also das innerhalb einer bestimmten Sprechergruppe Normale, das zu Erwartende. Normabweichung ist das Unerwartete, Überraschende. Natürlich gibt es zwischen beiden Begriffen graduelle Abstufungen."

[6] Dabei soll hier unberücksichtigt bleiben, inwieweit in Synchrontexten auch Systemverstöße im Sinne Coserius vorliegen, weil die Norm das System in diesem Sinne wohl beinhaltet; vgl. dazu Coseriu (1988: 298-9). Zu System und Norm bei Coseriu vgl. auch Coseriu (1973: 41-8); s. auch Burgschmidt (1973) oder Herbst (1983: 320-30). Zum Coseriuschen Normbegriff s. auch Gauger (1981) und Bartsch (1987: 153-7).

[7] Vgl. Carstensen (1970: 260): "Auch der Begriff der *deviation*, der Abweichung, ist nicht unproblematisch, da er die Existenz der Norm(en) voraussetzt." Zu einer Diskussion von Leechs Ansatz und des aus der Prager Schule übernommenen Konzepts des *foregrounding* s. Carstensen (1970: 264-73).

> ducing these, but in introducing unexpected patterns from them. ... Such deviations from linguistic or other socially accepted norms have been given the special name of 'foregrounding' ... . The artistic deviation 'sticks out' from its background, the automatic system, like a figure in the foreground of a visual field.
> The application of this concept to poetry is obvious. The foregrounded figure is the linguistic deviation, and the background is the language - the system taken for granted in any talk of 'deviation'.

Der entscheidende Unterschied zwischen Abweichungen von der Erwartungsnorm in poetischer Sprache und den Abweichungen, die hier diskutiert werden, liegt darin, daß letztere nicht intendiert sind. Die Intendiertheit wurde bereits bei der Unterscheidung von Fremd- und Interferenzerscheinungen in bezug auf Anglizismen in Kapitel 5 als wesentliches Kriterium angesehen.[8]

8.1.2. Problematik der Ermittelbarkeit von Normabweichungen

8.1.2.1. Zum Charakter der Norm

Alle Beschreibungen dieser Art setzen also eine Norm voraus, aufgrund derer Abweichungen festgestellt werden können. Carstensen (1970: 260) fordert eine genauere Bestimmung der Norm:

> Die Stilistik müßte ... die Kriterien ermitteln, die eine Erwartungsnorm für eine Textgattung bzw. Textklasse rechtfertigen und dann auf dieser Basis die beobachteten Abweichungen bestimmen.

Im Falle der Synchrontexte ergibt sich die Norm, wie oben angedeutet, aus den Normen[9], die für die gesprochene Sprache allgemein und für die Filmsprache gelten, ohne daß diese jedoch in ausreichender Weise beschrieben oder kodifiziert bzw. beschreibbar wären. Ein wesentliches Problem liegt in diesem Zusammenhang im Charakter der Norm bzw. der in Synchrontexten vorliegenden Normabweichungen. Wenn man ein Korpus aus deutschsprachigen Fernsehproduktionen zur Bestimmung der Norm heranzöge, ist man, wie in Kapitel 1 bereits angedeutet, mit einer Reihe von methodologischen Problemen konfrontiert, die sich z.T. bei jeder Korpusanalyse stellen: Wieviele Texte müßte ein solches Korpus umfassen, um als Grundlage zur Bestimmung von Normabweichungen in Synchrontexten zu taugen?[10] Bis zu welchem Grad sind deutschsprachige Produktionen überhaupt vergleichbar? Legt nicht etwa die unterschiedliche soziokulturelle Einbettung auch unterschiedlichen

---

[8] Vgl. in diesem Zusammenhang auch die Bestimmung von Normabweichungen bei Hönig/Kußmaul (1984: 98) in 7.5.3.

[9] Wahrscheinlich ist es sinnvoll, von verschiedenen Normen und nicht von nur einer Norm auszugehen. Vgl. auch Bartsch (1987: 155): "... I shall speak of 'norms of a language' rather than of '**the** norm of a language' ...". S. auch Carstensen (1970: 259).

[10] Zu allgemeinen Problemen der Korpusanalyse vgl. in diesem Zusammenhang u.a. Leech (1987: 2-9).

Sprachgebrauch - etwa in Hinblick auf den motivierten Gebrauch von Anglizismen - nahe? Welche Schlußfolgerungen lassen sich aus der Tatsache ziehen, daß im untersuchten Korpus bestimmte Formen nicht vorkommen?

Letztlich stellt sich in diesem Zusammenhang die Frage, wie aussagekräftig korpusbezogene Untersuchungen dieser Art wären. Es ist zu bezweifeln, ob eine solche Analyse wirklich die Explizitheit in bezug auf alle Faktoren, die in Kapitel 5 diskutiert wurden, erreichen könnte, die nötig ist, um Abweichungen zu bestimmen. Das gilt insbesondere z.B. bezüglich aller möglichen Kollokationen, die einen zentralen Bereich der Normabweichungen[11] ausmachen. Eines der wichtigsten Ergebnisse von Kapitel 5 in dieser Hinsicht ist ja gerade, daß viele der Abweichungen nicht aufgrund der in Grammatiken oder Wörterbüchern gegebenen Beschreibungen als solche feststellbar sind. Ähnliche Zweifel deutet auch Carstensen (1970: 259) an:[12]

> Um die Norm festzustellen, kann man zunächst einmal die quantitative Linguistik heranziehen. Sie hat Methoden entwickelt, die bezüglich der Länge des Satzes, der Häufigkeit bestimmter Formklassen oder Wörter, Konstruktionen, etc. genauere Resultate als vorher ermöglichen, aber es bleibt fraglich, ob damit die eigentliche Stilistik wesentlich gefördert werden kann ...

Von daher läßt sich wohl feststellen, daß sich die Analyse eines Vergleichskorpus zwar in Hinblick auf quantifizierbare Parameter wie etwa den Tempusgebrauch, der in 5.1.2.7 untersucht wurde, als nutzbringend erweist. Was andere Typen von Abweichungen betrifft, bietet sie jedoch keine ausreichende Grundlage zur Bestimmung von Normabweichungen. Letztlich ist die Norm, wie Carstensen (1970: 259) es ausdrückt, "ein vager Begriff, der sich genauerer Definition entzieht". Insofern gilt auch für die Analyse von Synchrontexten, was Legenhausen (1975: 15) im Kontext von Fehleranalyse schreibt:

> Die Frage der Abweichung bzw. des Abweichungsgrades ist primär eine Normfrage, wobei das Problem der Normdefinition unlösbar scheint.

8.1.2.2. Die Akzeptabilitätsproblematik

Insofern stellen sich in Hinblick auf die Feststellung von Normabweichungen dieselben Probleme wie bei der Beurteilung der Akzeptabilität überhaupt[13]. Mit der Formulierung "nicht oder nur eingeschränkt akzeptabel" soll der Tatsache Rechnung getragen werden,

---

[11] Vgl. in diesem Zusammenhang auch Coseriu (1973: 46).

[12] Damit soll nicht gesagt werden, daß die Bezugnahme auf ein Vergleichskorpus - wie es im Rahmen dieser Arbeit auch geschehen ist - nicht eine wesentliche Komponente bei der Überprüfung der eigenen Intuition darstellen kann.

[13] Vgl. in diesem Zusammenhang auch die kurze Diskussion der mit Akzeptabilitätsurteilen verbundenen Probleme in 1.3.1.

daß auch Akzeptabilität *gradience* unterliegt[14], und zwar in verschiedener Hinsicht: Zum einen bestehen im Urteil eines Sprechers Abstufungen in Hinblick auf den Grad der Akzeptabilität, wie z.B. Leech (1981: 213-4) zur Wortbildung[15] ausführt:

> Actual acceptability is a graded concept. If, for example, we take a list of English nouns and add to them the suffix *-less*, it will be impossible to say exactly at what point unacceptability 'sets in':
> -LESS: (a) *helpless;* (b) *friendless;* (c) *boyless*; (d) *houseless*; (e) *growthless*.
> -SOME: (a) *troublesome;* (b) *fearsome*; (c) *scornsome*; (d) *joysome*; (e) *vanitysome*.
> -EN: (a) *wooden*; (b) *silken;* (c) *larchen*; (d) *bronzen;* (e) *aluminiumen*.
> The words in each of the three groups above are arranged roughly (according to my own judgement) in order of acceptability. No doubt if we heard any of the words labelled (c), (d) or (e) we would react to each of them with some feeling of surprise as to 'nonce formations', that is, as words made up on the spur of the moment for a temporary purpose. On the other hand, most English speakers would feel that, say, (e) in each group is less likely to be invented than (c).

Zu ähnlichen Schlußfolgerungen gelangt auch Quirk (1968: 194) bei der Auswertung verschiedener Experimente zur Akzeptabilität:

> ... very few sentences in fact struck all subjects as either wholly acceptable or wholly unacceptable. The majority of sentences came somewhere between, and a few even had a greater query score than either approval or disapproval.

Zum anderen bestehen, was ebenfalls durch diese Experimente belegt ist, sich aber bereits durch die Notwendigkeit ergibt, solche Untersuchungen überhaupt anzustellen - z.T. erhebliche Unterschiede in der Einschätzung der Akzeptabilität einer Form durch verschiedene Sprecher.[16] Dieses Problem ist bei Synchrontexten insofern besonders gravierend, als man wohl davon ausgehen kann, daß sich unterschiedliche Bewertungen der Akzeptabilität einer Form insbesondere auch dann ergeben, wenn sie einen Bereich betreffen, in dem die Sprache im Begriff ist, sich zu wandeln, wie das etwa in bezug auf Anglizismen im Deutschen der Fall ist.

Von daher - und auch weil erwiesenermaßen Unterschiede zwischen der Beurteilung der Akzeptabilität einer Form durch einen Sprecher und der Verwendung derselben Form

---

[14] Zu *gradience* in bezug auf Akzeptabilität vgl. Quirk/Svartvik (1966: 99-100) und Quirk (1968: 194). Vgl. in diesem Zusammenhang auch die Stufung von Akzeptabilitätskennzeichnungen in CGEL (1.42). Vgl. auch Mouhan (1977). Legenhausen (1975: 16) führt im Zusammenhang mit Fehleranalyse entsprechend aus: "Viele sprachliche Äußerungen lassen sich - unabhängig vom Normproblem - nicht dichotomisch in fehlerhaft und nicht-fehlerhaft einordnen. Man muß von einer Skala der Akzeptabilität ausgehen, die von 'nicht akzeptabel' über 'mehr oder weniger akzeptabel' bis 'akzeptabel' reicht." Vgl. in ähnlicher Weise auch Giera (1980: 357).

[15] Auf die Unterscheidung zwischen *actual acceptability*, *potential acceptability* und *unacceptability*, die Leech (1981: 213) in diesem Zusammenhang trifft, braucht hier nicht eingegangen zu werden.

[16] S. auch Quirk/Svartvik (1966: 26-34). Zum Problem, inwieweit derselbe Sprecher die Akzeptabilität einer Form bei mehrfacher Überprüfung gleich beurteilt, vgl. u.a. Greenbaum (1988: 103-8).

durch denselben Sprecher bestehen können[17] - sind Vorbehalte gegenüber Analysen durchaus angebracht, die auf Akzeptabilitätsurteilen einzelner beruhen, wie etwa Heringer, Strecker und Wimmer (1980: 63) zum Ausdruck bringen:

> Man muß berücksichtigen, daß gerade auch viele Linguisten-Urteile über Abweichungen, die häufig mit dem Brustton der Überzeugung ausgesprochen werden, nicht unkontrovers sind. Zum einen kann die andauernde Beschäftigung mit dem Grenzbereich zwischen abweichenden und nicht-abweichenden Ausdrücken bei Linguisten zu großen Unsicherheiten in der Bewertung der Verwendungsmöglichkeiten von Sätzen führen - eine Erfahrung, die weit verbreitet ist; zum anderen wird ein Linguist, der sich eine einigermaßen haltbare Theorie aufgebaut hat, eher geneigt sein, seine Beurteilung von Beispielen der Theorie anzupassen als umgekehrt.

Wenn hier dennoch im wesentlichen[18] Normabweichungen in dieser Form konstatiert werden, dann erstens nicht "mit dem Brustton der Überzeugung", was durch die Formulierung "nicht oder nur eingeschränkt akzeptabel" zum Ausdruck gebracht werden soll. Zweitens wären großangelegte Akzeptabilitätstests im Rahmen dieser Untersuchung in der Praxis kaum durchführbar gewesen. Die Schwierigkeiten eines solchen Projekts werden deutlich, wenn man bedenkt, daß selbst die Akzeptabilitätstests des *Survey of English Usage* mit einer relativ kleinen Anzahl von Informanten durchgeführt wurden - Greenbaum und Quirk (1970: 37-8) geben für die einzelnen Testbatterien Zahlen von 85 (Batterie I), 179 (II), 117 (III), 70 (IIIa) und 40 (IV) Informanten an. Zudem stellt sich in Hinblick auf die Synchrontexte die zusätzliche Schwierigkeit, daß nicht die Akzeptabilität einzelner isolierter Sätze getestet werden soll, sondern z.T. weitreichende Kontextualisierung erforderlich ist.

Vor allem ist das hier eingeschlagene Verfahren aber durch die Zwecke der Untersuchung zu rechtfertigen: Es geht nicht um die Beschreibung der Akzeptabilität einzelner Sätze oder Konstruktionen, sondern um die Feststellung, daß Synchrontexte Abweichungen der beschriebenen Art enthalten. Da in diesem Zusammenhang auch keine statistischen Auswertungen vorgenommen werden, spielt die Klassifikation der einzelnen Form eine untergeordnete Rolle.[19] Soweit andere Sprecher im Einzelfall die Akzeptabilität von Formen anders beurteilen, ist das Gesamtergebnis nicht berührt.

---

17 Zu unterschiedlichen Ergebnissen in *operation* und *judgment tests* s. etwa Quirk (1968: 193-4). Vgl. Bolinger (1968: 35): "... many people are unable to conceive of what they might say except under the most banal circumstances."

18 Die Beurteilung der in Kapitel 5 diskutierten Beispiele beruht dabei nicht nur auf meiner Einschätzung. Meist wurden die Beispiele auch mit Kollegen, Studenten oder Bekannten diskutiert, vor allem auch um der von Heringer/Strecker/Wimmer geschilderten Gefahr einer gewissen Betriebsblindheit zu entgehen.

19 Eine Zählung von Anglizismen in Synchrontexten erschiene schon deshalb wenig sinnvoll, weil eine Vergleichbarkeit mit anderen Texten aufgrund der Tatsache nur eingeschränkt gegeben ist, daß viele synchronisierte Filme einen engen Kulturbezug zu englischsprachigen Ländern haben. Zudem hängen die Ergebnisse solcher Zählungen entscheidend von der Definition von Anglizismus ab. Aus diesem Grund sind gegenüber Angaben über die Häufigkeit von Anglizismen wie die von Carstensen (1975: 14), "... daß die deutsche Presse etwa durchschnittlich einen Amerikanismus oder Anglizismus pro Seite verwendet", oder von Carstensen, Griesel und Meyer (1972), die einen "Durchschnitt von etwa 10 Anglizismen pro Seite" feststellen, deutliche Vorbehalte angebracht.

8.1.2.3. Stufung der Norm

Dennoch zeigt die Diskussion der Akzeptabilitätsproblematik, daß Norm zwar überindividuellen Charakter besitzt oder, wie Burgschmidt (1973: 106) es formuliert, einer "pluralen Kompetenz" zugeordnet werden kann, daß einer solchen Norm jedoch in derselben Weise individuelle Normen zugrundeliegen wie sich etwa Dialekte oder Soziolekte aus Idiolekten ergeben. Damit wird der einen Dimension des *gradience*-Charakters der Akzeptabilität Rechnung getragen, die sich darauf bezieht, daß verschiedene Sprecher dieselbe Form unterschiedlich beurteilen. Die andere Dimension, die sich darauf bezieht, daß Sprecher bei der Beurteilung von Formen Zwischenstufen zwischen akzeptabel und nicht-akzeptabel ansetzen, legt es nahe, sich diese individuellen Normvorstellungen gestuft vorzustellen.

In Hinblick auf die Norm gilt eine solche Abstufung nicht nur bezüglich der Frage der Akzeptabilität, sondern auch für die Frage der optimalen Textqualität, der besten oder adäquatesten Formulierung in einer bestimmten Sprechsituation.

Wenn man dabei eine Beurteilungssituation zugrundelegt, also die Situation, in der ein Sprecher die Qualität eines Textes (bewußt) beurteilen soll, läßt sich das Kontinuum der Einschätzung von vollkommener Zustimmung zu vollkommener Ablehnung in verschiedene Bereiche einteilen, wobei z.B. folgende fünf Bereiche unterschiedlicher Akzeptanz unterschieden werden können, zwischen denen fließende Übergänge bestehen.

1. Kernbereich: In einem Kernbereich ist die aus der Sicht des Sprechers optimale Formulierung gegeben; es handelt sich dabei um die Formulierung, von der der Sprecher meint, daß er sie selbst gewählt hätte oder selbst gewählt haben könnte.
2. Normalbereich: Im Normalbereich nimmt der Sprecher eine Formulierung hin, ohne eine Notwendigkeit oder Möglichkeit zur Verbesserung zu sehen, und ohne davon auszugehen, die Formulierung selbst zu wählen.
3. Toleranzbereich: Im Toleranzbereich registriert der Sprecher, daß eine Formulierung von seinem Kern- oder Normalbereich abweicht, weiß jedoch, daß sie von manchen Sprechern gebraucht wird, also für sie dem Kernbereich zuzurechnen ist. Dieser Bereich kann z.B. bei Neologismen gegeben sein.
4. Kritikbereich: Im Kritikbereich empfindet ein Sprecher eine Formulierung als so stark abweichend vom Kern- oder Toleranzbereich, daß er eine Möglichkeit zur Verbesserung sieht, glaubt im Gegensatz zum Toleranzbereich jedoch nicht, daß sie in der Einschätzung anderer Sprecher als optimale Formulierung gesehen werden kann.
5. Ablehnungsbereich: Dem Ablehnungsbereich gehören diejenigen Formulierungen an, die der Sprecher für inakzeptabel hält.

Damit läßt sich der graduelle Übergang bei der Beurteilung der Qualität einer Formulierung folgendermaßen darstellen:

	K	N	T	Kr	A
(potentiell) selbst produziert	+	-	-	-	-
als normal empfunden	+	+	-	-	-
Wissen um Gebrauch einer Form	+	+	+	-	-
akzeptabel	+	+	+	+	-

Auch wenn die Skala der Beurteilung von Sprachformen hinsichtlich ihrer Qualität unter Umständen wesentlich differenzierter unterteilt werden könnte, ermöglicht diese Aufteilung doch einige Schlußfolgerungen über den Charakter der in Synchrontexten festzustellenden Abweichungen: Es handelt sich dabei vor allem um Abweichungen, die dem Kritikbereich und dem Toleranzbereich zuzuordnen sind. Die Beispiele in Kapitel 5 weisen kaum Belege auf, die dem Bereich der Inakzeptabilität zuzuordnen wären. Insbesondere bei Anglizismen gilt für einen Teil der verwendeten Formen sicher, daß sie für manche Sprecher des Deutschen bereits als etabliert gelten; sie wären (für diese Sprecher) also dem Toleranzbereich zuzuordnen. Andere Anglizismen und insbesondere die festgestellten textlichen Merkmale wären unter dem Gesichtspunkt, daß eine "bessere" (im Sinne von situationell angemessenere) Formulierung zu finden wäre, dem Kritikbereich zuzuordnen.

Dabei darf jedoch nicht übersehen werden, daß die Einordnung einer Form nicht nur von Sprecher zu Sprecher stark variiert, sondern auch sehr stark von der Situation bestimmt ist, in der der Text rezipiert wird. Offensichtliche Beurteilungssituationen sind dabei Übersetzungskritik und Korrektur, wobei sich in beiden Fällen erhebliche Unterschiede ergeben, je nach Anspruch und Zweck der Übersetzung bzw. nach Zweck der Schülerarbeit, Klassenstufe usw.

Grundlegend zu unterscheiden von einer solchen expliziten Beurteilungssituation ist die Situation der normalen Textrezeption. Dabei kann man wohl davon ausgehen, daß der Grad einer Normabweichung in diesem Fall wesentlich höher sein muß als in der Beurteilungssituation, damit sie vom Rezipienten (bewußt) registriert wird.[20]

8.2. Auffälligkeit von Abweichungen

8.2.1. Auffälligkeit der Normabweichungen in synchronisierten Filmen

Gewisse Rückschlüsse in bezug auf die Auffälligkeit der Normabweichungen im Text von synchronisierten Filmen erlauben die Rezeptionsexperimente, die in den Kapiteln 2 und 3 hinsichtlich Lippensynchronität und Stimmqualität ausgewertet wurden. Es ist selbstverständlich, daß diese Experimente aus einer Reihe von Gründen nicht mit der normalen Rezeptionssituation von Filmen vergleichbar sind: Die Studenten, die an den Experimenten teilnahmen, waren explizit aufgefordert worden, Dinge zu notieren, die ihnen auffielen.

[20] Vgl. dazu 8.3.2.

Die Filme wurden zu diesem Zweck mehrmals unterbrochen. Die Teilnehmer sahen den Film nur wegen des Experiments an, hatten also kein primäres Interesse am Inhalt (bzw. waren nicht unbedingt mit dem Inhalt der Serie vertraut[21]); usw.

Die Ergebnisse lassen sich folgendermaßen zusammenfassen:

Film	DC 65	YM 2/2
Testteilnehmer	57	54
Anmerkungen zum Text	251	222
Angemerkte Textstellen	226	115
davon		
- von nur einem Teilnehmer moniert	53%	31%
- von weniger als 10% der Teilnehmer	93%	85%

In *Denver-Clan* Folge 65 wurden nur 5 Textstellen, in *Yes Minister* 2/2 nur 7 von einer größeren Zahl von Teilnehmern kritisiert, nämlich:

10%	Ich liebe dich schon seit so langer Zeit (DC 65:305)
10%	... was für Gefühle sie für mich hegt (DC 65:325)
19%	(Oder ob mein Vater gewinnen wird? ... Ich fürchte ...) Nicht doch! (DC 65:318)
33%	<Blake Carrington zu seiner Ehefrau Krystle> (du hast in der Vergangenheit so oft ... versucht, mir mit deinem Instinkt, deinen Fähigkeiten zu helfen) und das sogar kostenlos (DC 65:606)
85%	Wo ist er zu so später Stunde? (DC 65:234)
11%	... auf jeden Fall, ähm, .. fährt der Minister zu einem "Wohltäter-Dinner" nach Baillie! (YM 2/2:121)
13%	Ja, wie Sie wissen, sind die Buchstaben "IB" die bemerkenswerteste Auszeichnung im Commonwealth. - "IB"? - "In Haft bei den Briten"! (YM 2/2:098-100)
13%	Diesen "Nachwuchs" kann man auch irgendwo anders "präparieren" lassen (YM 2/2:097)
15%	Ein fabelhaftes Dinner, Master ... (YM 2/2:021)
15%	Unsere Nöte wird wohl jeder mit dem intellektuellen Kaliber von Goofy begreifen (YM 2/2:039)
15%	(positive Anmerkungen über Abkürzungen wie G, KMG, RKMG und GRMG[22])
20%	Seien Sie lieb zu mir, Humphrey. (YM 2/2:104)

[21] Bei der Auswertung von Folge 65 des *Denver-Clan* wurde berücksichtigt, inwieweit die Proseminarteilnehmer die Serie kannten. Die beiden Gruppen unterscheiden sich insofern, als 25 Studenten, die angaben, die Serie zu kennen, im Durchschnitt 3,2 Beobachtungen zum Text machten, während der Wert für die 21 anderen Testteilnehmer bei 3,8 liegt. Deutlich höher ist der Wert in diesem Fall für die 11 Teilnehmer des Hauptseminars, das die Synchronisation zum Gegenstand hatte, die durchschnittlich 8,3 Beobachtungen machten.

[22] Hier wurde offensichtlich die Schwierigkeit der Übersetzung von den Testteilnehmern mit einbezogen. Für diese Abkürzungen müssen einerseits glaubwürdige Titel gefunden werden (*Komtur des Ordens von St. Michael und St. Georg*, etc.), andererseits werden sie als *kannst mich Gott nennen; Ritter können mich Gott nennen* zum Gegenstand eines Sprachspiels. Vgl. YM 2/2:130-5).

Auch wenn man in Rechnung stellt, daß aufgrund der experimentellen Bedingungen[23] eventuell nicht alle von den Testteilnehmern wahrgenommenen Abweichungen erfaßt sind, erscheint der geringe Grad an Übereinstimmung bemerkenswert. Es darf dabei nicht übersehen werden, daß in diesem Fall immerhin noch eine Fokussierung der Perzeptionsmechanismen auf synchronisationsbedingte Abweichungen vorlag. Man kann davon ausgehen, daß unter normalen Rezeptionsbedingungen die Konzentration auf die sprachlichen Elemente weit geringer ist und die Ablenkungsfaktoren weit größer sind. Bei aller gebotenen Vorsicht bei der Interpretation dieser Experimente erlauben sie wohl doch die Schlußfolgerung, daß synchronisierte Filme keine oder zumindest nur sehr vereinzelt Abweichungen enthalten, die vom Fernsehzuschauer in einer normalen Rezeptionssituation als störend empfunden würden.

Eine solche Folgerung wird gestützt durch die gängige Synchronisationspraxis und ihre Rezeption durch die Zuschauer. Immerhin zählen synchronisierte Fernsehserien wie *Denver-Clan* und *Dallas* zu den Sendungen, die die höchsten Einschaltquoten im deutschen Fernsehen erreichen. Wie in Kapitel 1 ausgeführt, wurden aus diesem Grund solche Serien auch in größerem Umfang als Basis dieser Untersuchung herangezogen, denn die Diskrepanz zwischen dem Befund, daß die Synchrontexte dieser Serien in erheblichem Maße Abweichungen von der Norm enthalten, und der Tatsache, daß dadurch ihre Popularität offensichtlich nicht in entscheidendem Maße beeinträchtigt wird, ist sprachwissenschaftlich außerordentlich aufschlußreich.

8.2.2. Auffälligkeit bestimmter Fehlertypen

8.2.2.1. Ausgangshypothese

Wie bei Verstößen gegen die Lippensynchronität erklärt sich sicherlich auch diese Diskrepanz zum Teil dadurch, daß der Perzeptionsapparat der Zuschauer nicht auf die Texte als solche fokussiert ist und daß eine Reihe von Ablenkungsfaktoren gegeben sind. Die Psycholinguistik geht auch davon aus, daß bei der Perzeption von Sprache Erwartungen bezüglich des Sinns eine große Rolle spielen.

Dennoch ist verwunderlich, daß die in synchronisierten Filmen enthaltenen Normabweichungen nicht in stärkerem Maße auffallen, wenn man die Situation etwa mit der eines Gesprächs mit einem Ausländer vergleicht, der eine Sprache sehr gut, aber nicht perfekt spricht. Dabei ist - bei geeigneter Ausbildung der Kompetenz des Ausländers - durchaus

---

[23] In bezug auf die Rückschlüsse, die aus diesen Experimenten gezogen werden können, gelten dieselben Vorbehalte wie in bezug auf die Lippensynchronität. Es ist durchaus denkbar, daß manche Formulierungen im Text wahrgenommen, aber nicht notiert wurden (obwohl die im Vergleich zur Lippensynchronität wesentlich höhere Zahl konkreter Anmerkungen darauf hinweist, daß der Gedächtnisfaktor von untergeordneter Bedeutung sein mag.) Häufigeres Unterbrechen der Filme hätte aber eine Beurteilung der Textqualität stark erschwert.

denkbar, daß man eine flüssige Unterhaltung führt, aber dennoch Fehler des Gesprächspartners als solche registriert (ohne daß sie die Kommunikation beeinträchtigen müssen). Dafür, daß das bei synchronisierten Filmen nicht oder nur in weit geringerem Maß der Fall ist, kann es verschiedene Erklärungen geben: Zum einen ist es möglich, daß die Normabweichungen in synchronisierten Filmen von einer anderen Qualität sind und als weniger auffällig empfunden werden. Ein anderer entscheidender Faktor könnte darin bestehen, daß bestimmte Fehlertypen in synchronisierten Filmen nicht auftreten und daß dadurch die Rezeptionsbedingungen entscheidend beeinflußt werden. Dabei ist vor allem von Bedeutung,

- daß die Synchrontexte mit einer perfekten deutschen Aussprache, also ohne ausländischen Akzent, gesprochen werden, und
- daß sie keine Fehler auf der morphologischen Ebene enthalten.

Es erscheint durchaus denkbar, daß man in einem Gespräch mit einem Ausländer über einen (vielleicht nur sehr leichten) Akzent dafür sensibilisiert wird, daß der Gesprächspartner kein Muttersprachler ist und entsprechend auch Abweichungen von der Norm erwartet. Die Tatsache, daß bei der Synchronisation eine solche Sensibilisierung nicht gegeben ist, kann sich entsprechend darin auswirken, daß Normabweichungen nicht registriert werden, wenn keine entsprechende Erwartungshaltung gegeben ist.

8.2.2.2. Versuchsbeschreibung

Um diese Hypothese zu überprüfen, wurde folgendes Experiment durchgeführt: Englische Studenten sollten auf der Basis kurzer Tonbandaufnahmen die Sprachkompetenz von zehn Testpersonen beurteilen.

Die Grundlage bildeten dabei fünf Versionen einer kleinen Anekdote, die sich nur geringfügig unterscheiden:[24]

- ein Ausgangstext, der keine Fehler enthält und von mehreren englischen *native speakers* als der Norm entsprechend überprüft worden war (Version N),
- eine Variante, die sich in Hinblick auf fünf pragmatische Fehler vom Ausgangstext unterscheidet (Version P),
- eine Variante, die sich durch fünf semantische Fehler vom Ausgangstext unterscheidet (Version S),
- eine Variante, die sich durch fünf Grammatikfehler vom Ausgangstext unterscheidet (Version G) sowie
- eine Variante, die sich durch eine größere Anzahl von Fehlern auf den Ebenen der Pragmatik, Semantik und Pragmatik vom Ausgangstext unterscheidet (Version M).

Jede dieser Textvarianten wurde in zwei Versionen aufgenommen, von denen eine von englischen Muttersprachlerinnen und die andere von deutschen Studentinnen gesprochen wurde, die über unterschiedlich starke, aber in jedem Falle deutlich erkennbare deutsche

---

[24] Texte und Fragebögen sind im Anhang abgedruckt.

Akzente verfügten[25]. Der Zweck dieser Anordnung besteht darin, festzustellen, ob und inwieweit die englischen Testteilnehmer in ihrer Beurteilung der sprachlichen Qualität identischer Texte durch die Aussprache beeinflußt werden.

Um eine Beeinträchtigung der Urteile der englischen Studenten durch die Zielsetzung des Tests zu verhindern, wurde ihnen diese nicht mitgeteilt. Vielmehr wurde ihnen gesagt, es solle festgestellt werden, inwieweit die Benotung mündlicher Leistungen durch deutsche Lehrer durch die Stimmqualität der Schüler beeinflußt wird.[26] Es erfolgten zwei Durchläufe, bei denen alle zehn Versionen in unterschiedlicher Reihenfolge vorgespielt wurden. Der erste Durchlauf enthielt eine Reihe von Distraktoren, die sich auf die Stimmqualität, die Persönlichkeit der Sprecherinnen und ihr Aussehen bezogen, wobei eine Reihe von Qualitäten auf einer 7-Punkte-Skala (von +3 bis -3) einzuordnen waren. Lediglich eine Kategorie bezog sich auf "quality of speaker's English". Allein diese Angaben wurden in die Auswertung mit einbezogen, weil sie als relativ undifferenzierte Beurteilung der Sprachqualität angesehen werden kann. Als wesentlich erwies sich dieser erste Durchlauf auch insofern, als die Testpersonen dadurch einen Eindruck von der Bandbreite der zu beurteilenden Leistungen bekommen konnten.

Im zweiten Testdurchlauf wurden die Testteilnehmer gebeten, differenziertere Angaben zu der sprachlichen Leistung zu erbringen, wobei auf derselben 7-Punkte Skala zunächst der Gesamteindruck (*overall impression*) und dann die Parameter Aussprache, Vokabular, Idiomatik und Grammatik einzuordnen waren. Pragmatische Faktoren wurden dabei durch den Bereich Idiomatik erfaßt, bei dem die Extreme als "uses the right words or phrases in the appropriate situations; sounds very natural" bzw. "sounds very unidiomatic; not at all natural" beschrieben wurden. Außerdem war auf dem Fragebogen ausreichend Platz vorgesehen, einzelne Fehler zu notieren, die den Testteilnehmern auffielen - darüber hinaus wurde zu weitergehenden Kommentaren aufgefordert.

Die Versuche wurden im Frühjahr 1987 an den Universitäten Exeter und Reading durchgeführt. In Reading nahmen 26 Germanistikstudenten aus dem zweiten und vierten Studienjahr teil, in Exeter 15 Studenten der Linguistik aus dem ersten Jahr und 3 Studenten der Germanistik und Romanistik aus dem 2. Studienjahr[27]. Alle Teilnehmer gaben Eng-

---

[25] Um die Beeinflussung der Urteile durch die Stimmqualität möglichst gering zu halten, wurden in jeder Gruppe nur drei Sprecherinnen eingesetzt, so daß jeweils zwei Sprecherinnen zwei verschiedene Versionen des Textes lasen. Angaben darüber, welche Textversionen von denselben Sprecherinnen gelesen wurden, finden sich im Anhang.

[26] Der genaue Wortlaut der Informationen, die den Testteilnehmern gegeben wurden, ist zusammen mit einer ausführlicheren Darstellung der Ergebnisse in der ursprünglichen Fassung dieser Arbeit enthalten.

[27] Personalerfassungsbogen liegen für die 41 Teilnehmer des ersten Durchlaufs vor: Unter diesen Testpersonen befanden sich zwei *mature students* im Alter von 44 und 50 Jahren, die übrigen Studenten waren im Alter zwischen 18 und 22 Jahren. 32 Teilnehmer waren weiblich, 9 männlich. Alle Teilnehmer aus Reading studierten Deutsch, z.T. in Kombination mit einem anderen Fach; bei den Teilnehmern aus Exeter handelt es sich größtenteils um Linguistikstudenten, die eine weitere Fremdsprache studierten; in drei Fällen um Germanistikstudenten mit Französisch oder Italienisch als weiterem Fach.

lisch als Muttersprache an.[28] Aus Zeitgründen nahmen nicht alle Studenten an beiden Testdurchläufen[29] teil: Für den ersten Durchlauf ergibt sich eine Zahl von 41, für den zweiten von 43 Teilnehmern.[30]

8.2.2.3. Ergebnisse

Für die Interpretation der Ergebnisse, die im einzelnen im Anhang dargestellt sind, wird hier ein Akzeptabilitätskoeffizient zugrundelegt, der sich folgendermaßen berechnet. Für jede Kategorie wird für jede Spalte der Prozentanteil der Gesamtteilnehmerzahl errechnet[31]. Dieser Prozentwert wird mit dem entsprechenden Wert auf der Skala (+ 3, + 2, ..., - 3) multipliziert, die Ergebnisse jeder Kategorie (*pronunciation* etc.) addiert. Als Mittelwert wird 300 angesetzt; positive Summen werden zu diesem Mittelwert addiert, negative davon subtrahiert. Da sich somit als Maximalwert 600 und als Minimum der Wert 0 ergeben, wird diese Summe durch 600 geteilt. Damit ergibt sich ein Akzeptabilitätskoeffizient zwischen 0 und 1: Der Wert 1 bedeutet, daß alle Testteilnehmer die entsprechende Leistung auf der Skala als + 3 bewertet haben; 0 entsprechend, daß alle Teilnehmer eine Bewertung von - 3 abgegeben haben. Auf dieser Grundlage werden folgende Kategorien berechnet:

I	Sprachliche Bewertung im ersten Durchlauf
II	*overall impression* im zweiten Durchlauf
P	pronunciation

---

[28] Bei vier der Studenten aus Reading war ein Elternteil deutscher bzw. österreichischer Nationalität; bei einer Studentin aus Exeter stammte der Vater aus Indien. Drei dieser Teilnehmer verbrachten zwar mehrere Jahre im nicht-englischsprachigen Ausland, jedoch ausreichend lange in Großbritannien bzw. englischsprachigen Ländern und Bildungsinstitutionen, um uneingeschränkt als *native speakers* in die Untersuchung miteinbezogen zu werden. Ein Teilnehmer gab kanadisch als Nationalität an (für beide Elternteile jedoch britisch); ansonsten sind alle Teilnehmer Briten, so daß keine Unterschiede in der Bewertung aufgrund verschiedener Varietäten zu erwarten sind. Die Antworten einer Studentin aus Reading, die aus Dänemark stammte, wurden in der Auswertung nicht berücksichtigt.

[29] In Reading wurden beide Durchläufe hintereinander in einer Unterrichtsstunde durchgeführt. Aus diesem Grund mußte im ersten Durchlauf auf die Sprecher 9 und 10 verzichtet werden. In Exeter wurden die beiden Durchläufe in denselben Kursen an verschiedenen Tagen durchgeführt, wodurch die Diskrepanzen in der Teilnehmerzahl bedingt sind.

[30] Aufgrund des mit dem Versuch verbundenen beträchtlichen Zeitaufwands konnte der Versuch nicht mit einer größeren Teilnehmerzahl durchgeführt werden. Kürzere Textpassagen hätten jedoch den Nachteil, daß eine ausreichende Einbettung der Fehler in einen längeren Text nicht gegeben wäre.

[31] Bei den Prozentwerten, die den Akzeptabilitätskoeffizienten zugrundeliegen (> A.3), bildet die Gesamtzahl der Testteilnehmer die Berechnungsgrundlage. Sie ist für den ersten Testdurchlauf 41, für den zweiten 43. Da Sprecher 9 und 10 aus Zeitgründen nur in Exeter, nicht aber in Reading überprüft werden konnten, liegt die Berechnungsgrundlage in diesem Fall bei 15 Teilnehmern, weshalb die Zahlen in Klammern angegeben sind. Nicht ausgefüllte Kategorien werden dabei als 0 gewertet; in den Tabellen des Anhangs sind sie nicht enthalten.

V	vocabulary
I	idiomaticity
G	grammar
T	Durchschnitt von V, I und G

Für alle fünf Textversionen werden dabei die von deutschen Studentinnen (ST) und englischen Muttersprachlerinnen (NS) gelesenen Versionen gegenübergestellt:[32]

	N-NS	N-ST	P-NS	P-ST	S-NS	S-ST	G-NS	G-ST	M-NS	M-ST
I	(0.91)	(0.64)[33]	0.89	0.45	0.87	0.70	0.83	0.51	0.89	0.40
II	0.98	0.22	0.98	0.10	0.99	0.11	0.97	0.23	0.84	0.07
P	0.97	0.28	0.98	0.17	0.97	0.19	0.98	0.31	0.88	0.12
V	0.96	0.71	0.94	0.62	0.89	0.52	0.93	0.66	0.83	0.48
I	0.94	0.65	0.95	0.58	0.86	0.51	0.90	0.58	0.79	0.41
G	0.96	0.70	0.94	0.64	0.93	0.65	0.86	0.61	0.83	0.47
T	0.95	0.69	0.94	0.61	0.89	0.56	0.90	0.62	0.82	0.45

8.2.2.4. Interpretation

Diese Ergebnisse bestätigen eindeutig die Hypothese, daß die Qualität der Aussprache auch die Perzeption von Fehlern in den Bereichen Syntax, Semantik und Pragmatik stark beeinflußt:

1. Bereits bei der Einordnung auf der Skala "quality of speaker's English" zwischen "extremely good" und "very bad" zeigt sich eine solche Tendenz: Alle von *native speakers* gelesenen Versionen erreichen Werte über 0.83; während die Werte für die von deutschen Studentinnen gelesenen Versionen zwischen 0.40 und 0.70 liegen. Interessanterweise erreicht Version N hier nur einen Wert von 0.64, aber auch in der *native speaker*-Version lediglich 0.91. Hierbei ist allerdings zu berücksichtigen, daß die Testteilnehmer in diesem Durchlauf das Spektrum der vorgestellten Leistungen nicht kannten.[34]. Die Werte für die deutschen Studenten sind weitaus positiver als in der Spalte *overall impression* beim zweiten Durchlauf.
2. Entsprechend wird die Diskrepanz bei der Bewertung des Gesamteindrucks in der zweiten Runde deutlicher, in der auch explizit zwischen "could be a native speaker of English" und "definitely a foreigner" zu entscheiden war.

---

[32] Die Texte wurden nicht in dieser Reihenfolge vorgespielt.

[33] Die in Klammern gesetzten Werte beruhen lediglich auf der Probandenzahl von 15.

[34] Bei *native speakers* ist angesichts der Fragestellung auch nicht auszuschließen, daß Wertungen in bezug auf dialektale oder stilistische Elemente in die Beurteilung miteingehen. Auf den Fragebögen wird teilweise explizit auf die leicht nordenglische Akzentfärbung einer Sprecherin eingegangen.

3. In Hinblick auf die Hypothese bezüglich des Zusammenhangs der Qualität der Aussprache und der Wahrnehmung von Abweichungen auf anderen Ebenen sind vor allem die Unterschiede in den Bewertungen bezüglich der Kategorien Vokabular, Idiomatik und Grammatik relevant. Bei den Versionen P, S und M liegt die Differenz in der Bewertung der *native speaker-* und Studentenversionen zwischen 0.33 und 0.37. Selbst bei Version N besteht eine Differenz von immerhin 0.26. Das zeigt nicht nur, daß eine größere Zahl von vorhandenen Fehlern bei schlechter Aussprache eher wahrgenommen wird, sondern deutet sogar darauf hin, daß eine schlechte Aussprache suggeriert, daß der Text auch andere Fehler enthalten müsse.
4. Daß Abweichungen bei perfekter Aussprache kaum wahrgenommen werden, zeigt auch die Tatsache, daß sich bei den von *native speakers* gelesenen Versionen die Werte für *overall impression* zwischen Version N (0.98) und den Versionen P (0.98), G (0.97) und S (0.99) kaum unterscheiden; lediglich bei einer Häufung von Fehlern wie in Version M ergibt sich ein wesentlich niedrigerer Wert (0.84). Selbst wenn man diese Werte zu einem gewissen Grad auf die Fragestellung ("could be a native speaker") zurückführen wollte, wird die Hypothese durch die Ähnlichkeit der Werte in Spalte T (95 bei N, 94 bei P, 90 bei G, 89 bei S) ausreichend gestützt. Sehr aufschlußreich ist in diesem Zusammenhang auch die Tatsache, daß der Akzeptabilitätsgrad für T bei Version M-NS, also der Version, die in diesem Bereich die meisten Fehler enthält, höher liegt als der von Version N-ST.

8.3 . Schlußfolgerungen und Ausblick

8.3.1. Schlußfolgerungen in Hinblick auf Fremdsprachenunterricht und Fachdidaktik

Die Hypothese, daß die Qualität der Aussprache entscheidenden Einfluß auf die Wahrnehmung von Normabweichungen in einem gehörten Text hat, erscheint auch für den Fremdsprachenunterricht und somit für die Fachdidaktik von Bedeutung. Daß sich eine schlechte Aussprache in der Fremdsprache störend auf die Verständlichkeit von Äußerungen auswirken kann, hat z.B. Johansson in einem Experiment nachgewiesen, in dem er die Verständlichkeit identischer Textpassagen, die von *native speakers* des Englischen und von Schweden, die Englisch mit einem starken schwedischen Akzent sprachen, unter verschiedenen Bedingungen untersuchte.[35] Johansson (1978: 84) stellt dabei fest:

---

[35] Zu einer genauen Darstellung des Experiments vgl. Johansson (1978: 78-86). S. auch den Forschungsüberblick bei Johansson (1978). Vgl. in diesem Zusammenhang u.a. auch ein Experiment von Olsson (1973: 157), die englischen Informaten 36 Äußerungen vorspielte, die z.T. syntaktische, z.T. semantische Abweichungen enthielten: "This test was given twice. The first time the informants were asked to make the utterances negative, interrogative, or replace the subject of the sentence by another word. They were told explicitly not to perform any other changes. When the informants heard the test the second time, they were told to correct the sentences, if they thought that they deviated from normal English usage."

The experiment shows clearly that foreign-accent speech, when perceived by the native, is more sensitive to mechanical distortion than is native speech. The gap between understanding the native and the foreigner, which was rather small under undistorted conditions, grew appreciably wider under the two conditions of distortion. This demonstrates the need to eliminate features of foreign accent, even though they may seem unimportant under optimal circumstances. Spoken communication is often disturbed in various ways, and it is therefore necessary to keep up a certain level of redundancy to ensure success of communication.

Allerdings kommt der Aussprache nicht nur aufgrund des Kriteriums der Verständlichkeit große Bedeutung zu. Das wird z.B. auch in dem von Johansson (1978: 4) entwickelten System zur Bestimmung des kommunikativen Effekts von Fehlern deutlich:

... According to this system, the first question which should be asked in evaluating an error is whether the erroneous utterance is fully comprehensible or not (...). If it is not, it is considered a more serious error. If the erroneous utterance is fully comprehensible, it could nevertheless have serious consequences from the point of view of communication, e g make the receiver tired or irritated or draw his attention from the contents of the message. The further question must therefore be asked whether an error causes irritation or not. Erroneous utterances which are fully comprehensible and cause no irritation constitute the lowest grade of error.

Die Ergebnisse der Analyse von Synchrontexten und des in 8.2 geschilderten Experiments ließen sich innerhalb dieses Systems als eine der Irritationen beschreiben, die durch eine schlechte Aussprache hervorgerufen werden.

Auch ohne daß hier auf die entsprechenden Diskussionen im Bereich der Fehleranalyse und Fachdidaktik eingegangen werden könnte[36], legen es diese Überlegungen nahe, der

---

Die Sätze wurden zwei verschiedenen Informatengruppen in unterschiedlichen Versionen vorgespielt: Bei der ersten Gruppe wurden die Aufnahmen von schwedischen Schülern (mit entsprechenden Aussprachefehlern und Hintergrundsgeräuschen) verwendet; bei der zweiten wurden die Sätze von Olsson selbst gesprochen; vgl. Olsson (1973: 158). Olsson (1973: 158) stellt in bezug auf den ersten Teil des ersten Experiments fest: "In spite of very careful instructions not to perform any other changes of the utterances than those requested, the informants hardly ever repeated the deviations when performing the operations." Daß beim zweiten Experiment die abweichenden Äußerungen wiederholt wurden, erklärt Olsson (1973: 158) folgendermaßen: "... there were no elements in the recording which could disguise the deviations, and the informants conscientiously did what they were told and repeated the deviant utterances." Inwieweit die Unterschiede zwischen dem ersten und dem zweiten Experiment allein auf die "improved auditory conditions" zurückzuführen sind, bzw. inwieweit auch die unterschiedliche Aussprache eine Rolle spielt, läßt sich nicht feststellen.

36 Zur Wahrnehmung bzw. zur unterschiedlichen Gewichtung von Fehlern durch Muttersprachler und nichtmuttersprachliche Fremdsprachenlehrer vgl. u.a. Hughes/Lasceratou (1982: 180), die feststellen: "As in previous studies, native speakers were found to mark more leniently than non-native teachers ...". Hecht/Green (1983: 25-6) stellen fest: "Die Qualität der deutschen Korrektoren wird allerdings beeinträchtigt durch die Tatsache, daß sie auch Fehler entdecken, die gar keine sind (...): 12% der Fehler, die von den 3 GM des Gymnasiums gefunden wurden, waren erfundene Fehler. Dazu kommen noch 16% von vermeintlichen Fehlern, für die eine Minderheit der 5 EM eintrat. Somit sind der Mehrheit des GM des Gymnasiums insgesamt 28% Pseudofehler, der Mehrheit der GM der Realschule 25% (...) Pseudofehler, der Mehrheit der GM der Hauptschule 8% (...) Pseudofehler anzulasten." (GM: deutsche Lehrer;

Aussprache einen hohen Stellenwert in der Fremdsprachendidaktik einzuräumen. Die Analyse der Synchrontexte und die Ergebnisse des Experiments in 8.2 zeigen sehr deutlich, daß der kommunikative Effekt einer Äußerung durch einen fremdsprachlichen Akzent unter Umständen wesentlich stärker beeinträchtigt wird als etwa durch den Gebrauch einer situationell nicht angemessenen Formulierung.

Dennoch versteht es sich von selbst, daß diese Ergebnisse nicht undifferenziert auf die Fachdidaktik übertragen werden können: In Hinblick auf mögliche didaktische Konsequenzen müßte eine weitaus differenziertere Untersuchung in bezug auf den Zusammenhang von Aussprachequalität und der Auffälligkeit von Fehlern auf anderen sprachlichen Ebenen durchgeführt werden: Zum Beispiel müßte dabei stärker berücksichtigt werden, inwieweit der Grad des Akzents in der Fremdsprache eine Rolle spielt, inwieweit die Häufigkeit der Fehler ein wesentlicher Faktor ist, und inwieweit Unterschiede zwischen verschiedenen Typen von Fehlern von Bedeutung sind.

Die ausgehend von synchronisierten Filmen gemachten Beobachtungen über den Zusammenhang von Aussprache und Fehlerauffälligkeit lassen weitere Untersuchungen in dieser Richtung jedoch sehr vielversprechend erscheinen. Zumindest für ein sehr hohes sprachliches Niveau in der Fremdsprache kann wohl als erwiesen angesehen werden, daß ein ausländischer Akzent die Wahrscheinlichkeit der Wahrnehmung von Fehlern auf anderen Ebenen in einem Gespräch deutlich erhöht, was entsprechende Konsequenzen für den Stellenwert der phonetischen Ausbildung mit sich bringt.

8.3.2. Sprachwissenschaftliche Schlußfolgerungen

Abschließend sei noch einmal auf die Frage eingegangen, inwiefern die Analyse von Synchrontexten Aussagen über die Auffälligkeit sprachlicher Abweichungen ermöglicht. Dabei soll ein prinzipieller terminologischer Unterschied zwischen Akzeptabilität und Akzeptanz gemacht werden, wobei Akzeptabilität auf die Klassifikation in einer Beurteilungssituation bezogen wird, während mit Akzeptanz darauf Bezug genommen werden soll, daß in einer normalen Rezeptionssituation Äußerungen nicht als abweichend auffallen und entsprechend nicht registriert werden. Auch wenn die Frage der Auffälligkeit sprachlicher Abweichungen bzw. bestimmter Typen von sprachlichen Abweichungen hier nicht erschöpfend erörtert werden kann, legt die Analyse von Synchrontexten einige Überlegungen in dieser Beziehung nahe:

1. Offensichtlich ist in einer normalen Rezeptionssituation, also einer Situation, in der ein Rezipient nicht explizit aufgefordert ist, Äußerungen hinsichtlich ihrer sprachlichen Qualität zu beurteilen, der Akzeptanzbereich äußerst groß. Er kann sich, wie die Praxis der Synchronisation zeigt, bis in den Bereich erstrecken, der für Beurteilungssituationen als Ablehnungsbereich beschrieben wurde. Das zeigt sich auch dadurch, daß die Anzahl

EM: *native speakers)*. Vgl. in diesem Zusammenhang auch Legenhausen (1975: 116-150) und Giera (1980: 357). Zu einzelnen Fehlertypen vgl. auch Hultfors (1986).

der Abweichungen, die Rezipienten beim Ansehen eines Films auffallen, weitaus geringer ist als die, die sie bei der Analyse des Textes feststellen können.

2. Für diese Größe des Akzeptanzbereiches in Synchrontexten gibt es verschiedene Erklärungen:
   - Zum einen sind Normverstöße nicht ungewöhnlich: Sie zeigen sich in der gesprochenen Sprache durch planungsbedingte Verletzungen der Norm wie Anakoluthe usw.[37], sind aber andererseits auch durch die Überlagerung verschiedener varietätsspezifischer Normen bedingt.
   - Zum anderen erfolgt sprachliche Rezeption zwar keineswegs ausschließlich, aber doch auch auf der Inhaltsebene[38]: Hörmann (1976: 209) spricht in diesem Zusammenhang von "Sinnkonstanz" und führt hinsichtlich der sprachlichen Verarbeitung von Metaphern unter Bezug auf Abrahams (1973: 9) Analyse von Metapher als "Sog der Erwartung der Sinnvollheit" folgendes aus:

     > Der akzeptable Zustand ist gefunden, wenn die gehörte Äußerung so auf eine Welt bezogen werden kann, daß sie in ihr sinnvoll ist. Unsere subjektive Ansicht von der Welt (und nicht eine linguistische Kompetenz!) entscheidet also über die Akzeptabilität.

     In ähnlicher Weise könnte man - ohne eine entsprechende Klassifizierung der Äußerungen als akzeptabel in einer Beurteilungssituation - annehmen, daß eine Äußerung wie *Mir geht es gut*[39] im entsprechenden Situationskontext so interpretiert wird, daß sie wohl nur Sinn ergibt, wenn man ihr die Bedeutung von adäquateren Äußerungen wie *Nichts passiert* zuschreibt.

3. Die Tatsache, daß der Akzeptanzbereich sehr weit zu fassen ist und weit über den Kernbereich der Beurteilungssituation hinausgeht, mag damit zusammenhängen, daß man als Rezipient von Sprache in der Regel geneigt ist, dem anderen Sprachteilnehmer die muttersprachliche Kompetenz nicht abzusprechen. Sowie Anlaß besteht, die Kompetenz des Gesprächspartners in Zweifel zu ziehen, befindet man sich aber unweigerlich in einer Beurteilungssituation. Ein solcher Anlaß ist z.B. durch einen ausländischen Akzent gegeben: Entscheidend ist dabei wohl das Wissen um die Einordnung einer beobachteten Abweichung: Sofern man weiß, daß bestimmte phonetische Kennzeichen eines Sprechers etwa typische Dialektmerkmale sind, wird man sie als solche einordnen und auch andere Abweichungen bei demselben Sprecher entsprechend klassifizieren.

---

[37] Vgl. 5.2.

[38] Vgl. dazu etwa Wimmer/Perner (1979: 133): "Die Besetzung der Argumentstellen erfolgt einerseits datengetrieben durch den Output der syntaktischen Erkennung, auf den semantische Regeln ansprechen. Diese ordnen bestimmte syntaktische Funktionen bestimmten Argumentstellen zu, wenn die Inhalte der jeweiligen syntaktischen Funktionen den begrifflichen Begrenzungen der Argumente entsprechen. Andererseits geht die Besetzung der Argumentstellen auch erwartungsgeleitet vor sich, indem die begrifflichen Begrenzungen der Argumentvariablen als Erwartungen bezüglich der Wortinhalte wirksam werden." Vgl. auch Clark/Clark (1977: 57-85).

[39] Vgl. Beispiel in 5.1.2.6.

Dasselbe gilt, wenn man weiß, daß es sich um einen Muttersprachler handelt: Auch dann wird man bereit sein, eventuell festgestellte Abweichungen als dialektal zu klassifizieren. Weiß man aber, daß es sich um einen ausländischen Akzent (oder einen ausländischen Sprecher) handelt, wird man die Standardsprache als Bezugsnorm sehen und Abweichungen eher dem Ablehnungsbereich zuordnen.[40]

4. Daß der Aussprache dabei eine sehr wesentliche Rolle zuzumessen ist, hängt wohl damit zusammen, daß der Akzent - u.U. aufgrund der Häufung bzw. der zeitlichen Konzentration entsprechender Merkmale - prinzipiell ein deutlicher Indikator in bezug auf die Varietät ist, die ein Sprecher spricht. Das in 8.2 geschilderte Experiment zeigt sehr deutlich, daß die Aussprache der dominierende Faktor bei der Klassifizierung eines Sprechers als *native speaker* oder *non-native speaker* ist. Das legt den Schluß nahe, daß im Falle von Synchrontexten viele Abweichungen nicht bemerkt werden, weil der Akzeptanzbereich sehr groß ist, nachdem man davon ausgeht, daß ein Muttersprachler spricht und folglich keine Sensibilisierung auf mögliche Abweichungen beim Rezipienten vorliegt.
5. Der Akzeptanzbereich scheint wie die verschiedenen Normbereiche in Beurteilungssituationen in bezug auf verschiedene sprachliche Ebenen unterschiedlich groß zu sein. Bei Normverletzungen auf der Ebene der Morphologie scheint der Spielraum beispielsweise weitaus geringer zu sein als etwa auf der Ebene der Pragmatik: So ist zu erwarten, daß eine Äußerung wie *Der Wasser ist kalt* im Hochdeutschen nicht nur zu einem sehr hohen Grad in den Ablehnungsbereich fällt, sondern daß auch die Wahrscheinlichkeit, daß sie beim Betrachten eines Films auffallen würde, sehr groß ist. Natürlich sind solche Normverstöße in Synchrontexten auch nicht vorzufinden. Der Akzeptanzbereich ist wohl vor allem in den Bereichen besonders hoch, in denen die Sprache die Möglichkeit zur Variation bietet, also z.B. bei stilistischen Fragen. Allerdings zeigt die Analyse der Anglizismen, daß auch auf der semantischen und der kollokationellen Ebene eine große Anzahl von Verstößen vorliegt, die offensichtlich im großen und ganzen akzeptiert werden. Auch im Bereich der Grammatik wurden z.B. im Bereich der Valenz Normverstöße festgestellt. Insofern kann man wohl nicht sagen, daß diese Unterschiede etwa im Rahmen der Chomskyschen Unterscheidung zwischen Grammatikalität und Akzeptabilität[41] zu fassen wären. Dennoch zeigt die Analyse synchronisierter Filme, daß zwischen verschiedenen sprachlichen Ebenen wohl Unterschiede bezüglich der Auffälligkeit von Abweichungen bestehen. Eine genaue Hierarchisierung, die über Aussagen wie die hinausgeht, daß in der Regel im Bereich der Pragmatik die Wahrscheinlichkeit der Auffälligkeit geringer zu sein scheint als in der Morphologie, erscheint dabei jedoch nicht möglich: Voraussetzung dafür wäre die Meßbarkeit und Vergleichbarkeit von Abweichungen auf verschiedenen Ebenen. Eine genaue Bestimmung der Auf-

---

[40] Dieses Wissen ist keineswegs immer gegeben: Man denke etwa an eine Situation, in der ein Deutscher einen Engländer, der ein Jahr in Österreich verbracht hat, mündlich prüfen muß: In einem solchen Fall können die Grenzen der muttersprachlichen Kompetenz durchaus erreicht sein, wenn es darum geht, bestimmte Aussprachemerkmale als österreichisch oder interferenzbedingt zu klassifizieren.

[41] Vgl. z.B. Chomsky (1965/1980: 10-14).

fälligkeit von Abweichungen ist auch deshalb nicht möglich, weil sich einzelne Parameter kaum isolieren und in ihrer Wirkung getrennt analysieren lassen: Kann man etwa den situationell inadäquaten Gebrauch von *Mir geht es gut* als eine einzige Abweichung von der Norm beschreiben? Wieviele Abweichungen von der Erwartungsnorm enthält dieser Satz bei der Artikulation mit "einem" ausländischen Akzent?

6. Eine Bestimmung der Auffälligkeit von Abweichungen ist aufgrund der Synchrontexte auch insofern nicht möglich, als im Einzelfall nicht zu entscheiden ist, ob für das Bemerken einer Abweichung der wie auch immer zu messende Grad der Abweichung oder das Vorhandensein anderer Abweichungen im Kontext entscheidend ist. Synchronisierte Filme können zwar als Indiz dafür angesehen werden, daß die kontextuelle Einbettung vor allem in Hinblick auf die Aussprache, wo zumindest auf der segmentalen Ebene keine Abweichungen zu finden sind, eine entscheidende Rolle zukommt. Andererseits ist aber durchaus denkbar, daß Abweichungen, die graduell so stark sind, daß sie den Bereich der Akzeptanz überschreiten, wie etwa morphologische Abweichungen, in diesen Filmen eben nicht vorkommen.
7. Außerdem ist anzunehmen, daß die Auffälligkeit sprachlicher Abweichungen ebenso individuellen Unterschieden unterliegt wie Akzeptabilitätsurteile in Beurteilungssituationen. Dabei dürften sehr unterschiedliche Faktoren eine Rolle spielen, etwa mit welcher Konzentration und Intensität ein Rezipient einen Film verfolgt oder bis zu welchem Grad er bewußt mit Sprache umgeht, sich also - beispielsweise als Lehrer - kritisch mit Sprache auseinandersetzt. Nicht nur in Beurteilungssituationen, sondern auch in Rezeptionssituationen kann man wohl von (nicht deckungsgleichen) Normal- und Toleranzbereichen ausgehen, die sich von Sprecher zu Sprecher unterscheiden. Das wirkt sich natürlich auch auf die Bereitschaft von Rezipienten aus, Verstöße in synchronisierten Filmen als "synchronisationsbedingt" zu akzeptieren. Diese bis zu einem gewissen Grad offensichtlich gegebene Bereitschaft, Verstöße zu tolerieren, bringt es natürlich mit sich, daß nicht alle Normverstöße in Synchrontexten als innerhalb des Akzeptanzbereichs zu klassifizieren sind. Auch aus diesem Grund ist eine Hierarchisierung der Auffälligkeit von Abweichungen auf dieser Basis nicht möglich.
8. Ein weiterer wesentlicher Faktor ist Gewöhnung. Das zeigen z.B. Alltagsbeobachtungen mit Dialektsprechern: Wenn man z.B. im Augsburger Raum mit morphologischen Formen wie *das Teller* oder *das Schorle* oder Ausspracheformen wie /aʊkʃbʊrk/ konfrontiert wird, so sinkt der Auffälligkeitsgrad mit der Gewöhnung (entsprechend schneller bei den weitaus häufiger auftauchenden phonetischen Merkmalen des Augsburger Dialekts). Auch bei der Synchronisation kann man bis zu einem gewissen Grad einen solchen Gewöhnungseffekt postulieren. Allerdings muß der Gewöhnungseffekt nicht zur Konsequenz haben, daß Abweichungen nicht mehr als solche wahrgenommen werden, sondern er könnte auch bedeuten, daß sich die Beurteilung der Abweichung durch den Rezipienten ändert. Während sie zunächst wohl dem Ablehnungsbereich zuzurechnen ist, könnte sie sich in den Toleranzbereich verlagern. Wenn man davon ausgeht, daß es

richtig ist, daß z.B. Sprachwandel oder sprachliche *accommodation*[42] die Auffälligkeit von Merkmalen voraussetzen, wie es etwa bei Cherubim (1980) oder Trudgill (1986) anklingt, wäre das die Voraussetzung für Sprachwandel.

Der Akzeptanzbereich läßt sich dann im Verhältnis zu den fünf aufgestellten Akzeptabilitätsbereichen folgendermaßen beschreiben:

1. Prinzipiell fallen alle Äußerungen in den Akzeptanzbereich, die dem Rezipienten in einer normalen Rezeptionssituation nicht auffallen - gleichgültig, in welchen Normbereich sie in einer Beurteilungssituation fallen würden.
2. In dem Moment, in dem dem Rezipienten Äußerungen als Abweichungen auffallen, entsteht in gewisser Weise eine Beurteilungssituation[43]: Falls diese Abweichungen dann dem Ablehnungsbereich zugeordnet werden, ist der Akzeptanzbereich in gewisser Weise verlassen. Auch hier ist es wohl sinnvoll, von graduellen Abstufungen auszugehen: Zum Teil scheinen Fernsehzuschauer in synchronisierten Filmen Abweichungen der beschriebenen Art zu akzeptieren, weil sie sie für "synchronisationsbedingt" und entsprechend unvermeidlich halten. Wenn solche Abweichungen dennoch als außerhalb des Akzeptanzbereichs klassifiziert werden, dann deshalb, weil nicht die einzelne Äußerung als akzeptabel klassifiziert wird, sondern weil nur die Tatsache akzeptiert wird, daß solche Texte überhaupt Normverstöße enthalten, und damit auch Vorkommen solcher Verstöße toleriert werden.[44]
3. Zum Akzeptanzbereich sind hingegen solche Äußerungen zu rechnen, die dem Rezipienten zwar auffallen, von ihm aber in den Toleranzbereich der Akzeptabilität eingeordnet werden. Das Experiment in 8.2 legt nahe, davon auszugehen, daß die Tatsache, daß ein Text erkennbar von einem Muttersprachler gesprochen wird - wie das bei syn-

---

42 Zur *accommodation theory* schreibt Trudgill (1986: 2): "This theory focuses on speech, and discusses and attempts to explain why speakers modify their language in the presence of others in the way and to the extent that they do. It also examines the effects and costs of this type of modification."

43 Dabei ist allerdings zu berücksichtigen, daß es sich beim Ansehen eines Films um eine grundlegend andere Beurteilungssituation handelt als etwa bei der Analyse des schriftlich vorliegenden Textes, was eine andere Einordnung der Formen auf der Akzeptabilitätsskala zur Folge haben kann. Prinzipiell muß man wohl auch zwischen der normalen Rezeptionssituation und einer Beurteilungssituation fließende Übergänge ansetzen: Je nach dem Zweck der Rezeption eines Textes wird der Rezipient dem Text mehr oder weniger kritisch gegenüberstehen. Hier läßt sich eine Parallele zur Lippensynchronität ziehen: Ähnlich wie dort (> 2) festgestellt wurde, daß es bei der Synchronisation darauf ankommt, möglichst solch krasse Verstöße gegen Lippensynchronität zu vermeiden, die den Perzeptionsapparat der Zuschauer auf die Lippenbewegungen fokussieren würde, läßt sich allgemein sagen, daß das Ziel der Synchronisation prinzipiell sein muß, zu verhindern, daß Normabweichungen jenseits des Akzeptanzbereichs im Film eine Beurteilungssituation schaffen.

44 Ähnlich ist wohl auch zu bewerten, wenn Rezipienten Äußerungen auffallen, sie aber nicht in der Lage sind, die Abweichung als solche zu beschreiben. Auch solche Äußerungen sind nicht mehr dem Akzeptanzbereich zuzuordnen. Dabei muß noch einmal betont werden, daß es wie bei der Akzeptabilität in Hinblick auf Akzeptanz notwendig ist, von Abstufungen auszugehen.

chronisierten Filmen ja der Fall ist - eine entsprechende Einstufung im Toleranzbereich wesentlich wahrscheinlicher erscheinen läßt.[45]

Letzteres ist - in Zusammenhang mit dem Faktor der Gewöhnung - auch in Hinblick auf den Aspekt des Sprachwandels von Bedeutung. Trudgill (1986: 37) führt z.B. aus, daß sprachliche *accommodation* vor allem in Hinblick auf auffällige Merkmale der Varietät stattfindet, an die sich ein Sprecher anpaßt: "During accomodation, it is indeed salient features of the target variety that are adjusted to ...". In ähnlicher Weise geht Cherubim (1980: 132) offensichtlich davon aus, daß Sprachwandel die Wahrnehmung einer Abweichung voraussetzt, wenn er in Hinblick auf die einzigen Abweichungen, die für den Sprachwandel bedeutsam sind, schreibt: "sie werden wahrgenommen und als neue Möglichkeit akzeptiert...". In diesem Sinne könnten Formen, die im Akzeptanzbereich liegen, eine Grundlage für potentiellen Sprachwandel darstellen, weil sie - wie in Fall 3 oben - zwar bemerkt, aber nicht abgelehnt, sondern (unter Umständen aufgrund ihrer Verwendung in synchronisierten Filmen) dem Toleranzbereich zugerechnet werden. Besonders Anglizismen würden damit unter jene Gruppe sprachlicher Innovationen fallen, bei denen auch Trudgill (1986: 40-1) die Massenmedien für einen wesentlichen Einflußfaktor hält, obwohl er deren Einfluß ansonsten eher für gering ansetzt:

> ... we can assume that face-to-face interaction is necessary before diffusion takes place, precisely because it is only during face-to-face interaction that accommodation occurs. In other words, the electronic media are not very instrumental in the diffusion of linguistic innovations, in spite of widespread popular notions to the contrary. The point about the TV set is that people, however much they watch and listen to it, do not talk to it (and even if they do, it cannot hear them!), with the result that no accommodation takes place. If there should be any doubt about the vital role of face-to-face contact in this process, one has only to observe the geographical patterns associated with linguistic diffusion. Were nationwide radio and television the major source of this diffusion, then the whole of Britain would be influenced by a particular innovation simultaneously. This of course is not what happens: London-based innovations reach Norwich before they reach Sheffield, and Sheffield before they reach Newcastle.
>
> There are, of course, exceptions to this. Certain highly salient linguistic features, such as new words and idioms, or fashionable pronunciations of individual words, may be *imitated* or *copied* from television or radio (rather than accommodated to). This is today, for instance, probably the primary mechanism for the adoption of American English features into British English. The phonology and grammar of modern British English varieties remain almost totally unaffected by American English, and indeed it is probable that, in terms of phonetics and phonology, British and American varieties continue to diverge rapidly. On the other hand, British English speakers are constantly acquiring originally American idioms and lexis.

Bemerkenswert an den Ausführungen von Cherumbim und Trudgill ist, daß sie die Auffälligkeit von Abweichungen als Voraussetzung des Sprachwandels darstellen. Hier kann nicht darauf eingegangen werden, inwieweit eine solche Voraussetzung notwendigerweise gegeben sein muß, und ob Auffälligkeit bzw. "Bemerken" oder *salience* eine bewußte Re-

---

[45] Gerade hier dürfte einer der entscheidenden Unterschiede zwischen verschiedenen Beurteilungssituationen bestehen, weil im Falle der Beurteilung von Äußerungen in der schriftlichen Form der Faktor der Aussprache wegfällt.

gistrierung der Abweichung beinhaltet oder auch unbewußt erfolgen kann. Unter Umständen könnte auch die Wiederholung von Formen, die nicht auffällig sind, durch die Gewöhnung zu Sprachwandel führen. Gezeigt werden konnte jedoch, daß selbst diese engen Bedingungen zumindest bei einem Teil der in synchronisierten Filmen festgestellten Abweichungen durchaus gegeben sind.

Insbesondere im Bereich der Anglizismen kann man davon ausgehen, daß Abweichungen, die in Kapitel 5 als Interferenzerscheinungen klassifiziert wurden, zum Teil dadurch in den Akzeptanzbereich fallen, daß sie

1. beim Ansehen eines synchronisierten Films (bewußt oder unbewußt) auffallen,
2. aufgrund der Tatsache, daß der Sprecher akzentfrei spricht in einer Bewertungssituation dem Toleranzbereich zugeordnet werden, was
3. durch die Faktoren der Wiederholung und Gewöhnung verstärkt wird,

so daß auf diese Weise die Voraussetzungen für Sprachwandel geschaffen sind. Damit zeigt auch die Analyse der Synchrontexte unter dem Gesichtspunkt der Normabweichungen, daß synchronisierte Filme in Zusammenwirken mit einer Reihe anderer Faktoren, auf die hier nicht eingegangen werden soll, ein Potential für mögliche Veränderungen der Sprache darstellen. Die Besonderheiten von Synchrontexten eröffnen also ein weites Feld von Fragestellungen, die von Problemen wie Akzeptabilität und Akzeptanz über die Auffälligkeit von Normabweichungen bis zu den Bedingungen für potentiellen Sprachwandel reichen. Viele dieser Fragen konnten hier nur kurz angerissen werden; deutlich wird aber, daß die Analyse von synchronisierten Filmen bei der Erörterung dieser Fragen relevante Ansatzpunkte eröffnet.

A. Anhang: Experiment zur Auffälligkeit von Fehlern

A.1. Text

Im folgenden wird der dem in 8.2.2 durchgeführten Versuch zugrundegelegte Text in der Version N abgedruckt. Die in den anderen Versionen (P, S, G und M) enthaltenen Abweichungen von dieser Fassung sind in Klammern angegeben.

Last summer, we went to the Outer Hebrides. We had two heavy rucksacks and had taken our tent along, but occasionally we went to (S: frequented/G/M: have been to) bed and breakfast places. We never had any trouble finding something nice, everybody was very friendly and things - only on one occasion we met a really strange bed and breakfast lady.

It was rather late already, about eight o'clock and we had been walking for quite a while. The first bed and breakfast we had gone to was closed and someone gave us a lift to a place he knew. We got out of (S/M: alighted from) the car, it was a very nice house, and when we knocked an elderly lady came to the door, who seemed very nice and welcomed us with a hearty "Hello, what can I do for you?" (P/M: How do you do?). "Hello," we said, "Would you have a room for one or two nights?". "Yes, certainly," she said, "do come in".

Then we went back to the car, got our rucksacks; but when she saw that we were travelling with rucksacks her behaviour changed completely (G/M: completely changed). "Are you campers?" she said and looked very disapproving (M: disapprovingly). She told us that she had once had people almost set her house on fire (M: burn her house) using camping gas in the bedroom (S/M: sleeping room). We told her we would never do that, of course, but she still looked very very put off.

The thing was that in the booklet that the tourist office gives you it says that this place offers bed and breakfast and an evening meal, but she refused to do an evening meal. Well, it was eight o'clock already and perhaps one could not expect her to cook (S/M: boil) anything that night but she refused to for the next night as well. And the place was in the middle of nowhere, the next pub or place where you could get anything to eat miles away.

Then she left us standing in the corridor. Normally, people are terribly nice, ask you into their living room: "Where do you come from? (P/M: What is your country of residence?/G: "Where are you coming from?) Would you like a cup of tea?", and this sort of thing, especially up in Scotland. But she didn't. She just left us standing (M: stand) there and said she had to do the room.

Then she came back and said: "I have got three other people staying here. They are having breakfast at nine o'clock. So (P/M: As a result) you will have to eat at 8.15." That really annoyed us because we had been walking all day, and were very tired, and the prospect of having (G/M: to have) to get up at half past seven or something was a bit of a shock, you know (P/M: as you will understand).

We then looked at the room, and it was not even very nice, it did not even have a wash-basin (S: sink). Then I asked her: "How much do you charge?" (P/M: "What is the price?"). She replied, almost provocatively: "It is eight pounds fifty. That is too much for you, is it?" So, we told (G: said) her that it was not because of the money, but that she did not exactly make us feel very welcome and left. After five minutes, we got another lift and finally ended up in a very nice place, with very friendly people, who even cooked us a lovely dinner at nine o'clock at night (M: in the evening).

A.2. Fragebögen

A.2.1. Fragebogen für den ersten Testdurchlauf

VOICE EVALUATION SPEAKER

Please judge the speaker on a scale from + 3 to - 3 according to the following qualities (0: cannot say):

	+ 3	+ 2	+ 1	0	- 1	- 2	- 3	
voice quality								
soft								hard
musical								monotonous
speaker's character								
friendly								unfriendly
intelligent								not intelligent
sociable								unsociable
ambitious								unambitious
determined								unsure
entertaining								boring
sense of humour								humourless
reliable								unreliable
quality of speaker's English								
extremely good								very bad
speaker's personal appearance								
good-looking								unattractive
tall								not tall
age	20	30	40	50	60	70		

A.2.2. Fragebogen für den zweiten Testdurchlauf

LINGUISTIC EVALUATION SPEAKER

Please mark your evaluation of the speaker's command of English on a scale from

+ 3 : extremely good, native speaker or like a native speaker
- 3 : very bad, very obviously a foreigner, many mistakes

	+ 3	+ 2	+ 1	0	- 1	- 2	- 3	
OVERALL IMPRESSION								
could be a native speaker of English								definitely a foreigner
DETAILED EVALUATION								
PRONUNCIATION sounds like a native speaker of English								has a very strong foreign accent
VOCABULARY uses words a native speaker would use								often uses the would use
IDIOMATICITY uses the right words or phrases in the appropriate situations; sounds very natural								sounds very unidiomatic; not at all natural
GRAMMAR makes no grammar mistakes (correct use of tenses, articles, prepositions, endings, etc.)								many and serious grammar mistakes

INDIVIDUAL MISTAKES

Please list all the mistakes you noticed and that determined your classification (in all of the categories above or referring to further points)(please use back of page if necessary)

FURTHER COMMENTS ON SPEAKER'S ENGLISH

(Please use back of page if necessary)

A.3. Testergebnisse

Zeichenerklärung:

NS von Engländerinnen gelesener Text
ST von deutschen Studentinnen gelesener Text

Die Sprecherzahlen beziehen sich auf die Reihenfolge des Vorspielens beim Test, die Buchstaben zeigen an, welche Texte von denselben Sprecherinnen gelesen wurden.

1 - 10 Reihenfolge beim ersten Testdurchlauf
11 - 20 Reihenfolge beim zweiten Testdurchlauf

Ergebnisse in absoluten Werten:

	+ 3	+ 2	+ 1	0	- 1	- 2	- 3
N-NS (Sprecher 10 und 16 - N)							
(I	10	4	0	0	1	0	0)
II	40	2	1	0	0	0	0
P	35	8	0	0	0	0	0
V	36	6	0	0	0	0	0
I	33	6	2	0	0	0	0
G	33	9	1	0	0	0	0
N-ST (Sprecher 9 und 12 - S)							
I	(0	6	5	0	4	0	0)
II	0	1	5	3	7	9	18
P	0	0	5	0	17	15	5
V	3	18	15	3	4	1	0
I	0	13	21	3	4	2	0
G	3	17	15	1	5	0	0
P-NS (Sprecher 3 und 13 - N)							
I	23	12	3	0	1	0	0
II	39	3	1	0	0	0	0
P	39	4	0	0	0	0	0
V	35	4	1	0	1	0	0
I	32	9	2	0	0	0	0
G	30	12	0	0	0	0	0
P-ST (Sprecher 8 und 19 - H)							
I	0	3	14	3	11	9	1
II	0	0	1	0	3	12	26
P	0	1	1	1	6	18	15
V	3	9	14	4	7	2	0
I	3	8	14	2	8	4	1
G	7	10	8	4	10	1	0

S-NS (Sprecher 6 und 20 - C)

I	19	15	8	1	1	1	0
II	40	3	0	0	0	0	0
P	38	4	0	0	0	0	0
V	24	13	4	1	0	0	0
I	20	13	8	1	1	0	0
G	29	12	0	1	1	0	0

S-ST (Sprecher 1 und 17 - S)

I	2	16	15	2	1	1	0
II	0	0	1	0	5	12	24
P	0	1	2	0	10	11	17
V	2	4	13	5	10	4	1
I	1	7	12	2	14	5	1
G	5	12	13	1	9	2	0

G-NS (Sprecher 2 und 15 - C)

I	20	9	7	0	3	0	0
II	38	4	0	0	0	0	0
P	39	3	0	0	0	0	0
V	33	5	2	0	0	0	0
I	32	4	2	1	2	0	0
G	19	18	0	3	1	0	0

G-ST (Sprecher 5 und 11 - A)

I	0	4	17	2	13	5	0
II	0	1	6	1	8	11	16
P	0	1	6	2	15	16	3
V	4	8	20	5	3	2	0
I	3	11	10	3	12	1	2
G	6	6	14	5	10	3	0

M-NS (Sprecher 7 und 18 - R)

I	17	22	1	0	1	0	0
II	21	12	5	2	2	1	0
P	22	14	5	1	1	0	0
V	21	8	8	3	2	0	0
I	10	20	9	1	2	0	1
G	17	16	6	1	3	0	0

M-ST (Sprecher 4 und 14 - H)

I	0	3	4	6	17	9	0
II	0	0	0	0	6	9	29
P	0	0	0	0	6	19	18
V	1	6	8	5	13	6	1
I	0	5	10	2	11	11	3
G	2	4	11	2	15	6	2

Ergebnisse in Prozentwerten:

N-NS (Sprecher 10 und 16)

(I	66.7	26.7	0	0	6.7	0	0)
II	93.0	4.6	2.3	0	0	0	0
P	81.4	18.6	0	0	0	0	0
V	83.7	13.9	0	0	0	0	0
I	76.7	13.9	4.6	0	0	0	0
G	76.7	20.9	2.3	0	0	0	0

N-ST (Sprecher 9 und 12)

(I	0	40.0	33.3	0	26.7	0	0)
II	0	2.3	11.6	7.0	16.3	21.0	41.9
P	0	0	11.6	0	39.5	34.9	11.6
V	7.0	41.9	34.9	7.0	9.3	2.3	0
I	0	30.2	48.8	7.0	9.3	4.6	0
G	7.0	39.5	34.9	2.3	11.6	0	0

P-NS (Sprecher 3 und 13)

I	56.1	29.3	7.3	0	2.4	0	0
II	90.7	7.0	2.3	0	0	0	0
P	90.7	9.3	0	0	0	0	0
V	81.4	9.3	2.3	0	2.3	0	0
I	74.4	20.9	4.6	0	0	0	0
G	69.8	27.9	0	0	0	0	0

P-ST (Sprecher 8 und 19)

I	0	7.3	34.1	7.3	26.8	21.9	2.4
II	0	0	2.3	0	7.0	27.9	60.5
P	0	2.3	2.3	2.3	13.9	41.9	34.9
V	7.0	21.0	32.5	9.3	16.3	4.6	0
I	7.0	18.6	32.5	4.6	18.6	9.3	2.3
G	16.3	23.2	18.6	9.3	23.2	2.3	0

S-NS (Sprecher 6 und 20)

I	46.3	36.6	19.5	2.4	2.4	2.4	0
II	93.0	7.0	0	0	0	0	0
P	88.4	9.3	0	0	0	0	0
V	55.8	30.2	9.3	2.3	0	0	0
I	46.5	30.2	18.6	2.3	2.3	0	0
G	67.4	27.9	0	2.3	2.3	0	0

S-ST (Sprecher 1 und 17)

I	4.9	39.0	36.6	4.9	2.4	2.4	0
II	0	0	2.3	0	11.6	27.9	55.8
P	0	2.3	4.6	0	23.2	25.6	39.5
V	4.6	9.3	30.2	11.6	23.2	9.3	2.3
I	2.3	16.3	27.9	4.6	32.5	11.6	2.3
G	11.6	27.9	30.2	2.3	20.9	4.6	0

G-NS (Sprecher 2 und 15)

I	48.8	21.9	17.1	0	7.3	0	0
II	88.4	9.3	0	0	0	0	0
P	90.7	7.0	0	0	0	0	0
V	76.7	11.6	4.6	0	0	0	0
I	74.4	9.3	4.6	2.3	4.6	0	0
G	44.2	41.9	0	7.0	2.3	0	0

G-ST (Sprecher 5 und 11)

I	0	9.7	41.5	4.9	31.7	12.2	0
II	0	2.3	13.9	2.3	18.6	25.6	37.2
P	0	2.3	13.9	4.6	34.9	37.2	7.0
V	9.3	18.6	46.5	11.6	7.0	4.6	0
I	7.0	25.6	23.2	7.0	27.9	2.3	4.6
G	13.9	13.9	32.5	11.6	23.2	7.0	0

M-NS (Sprecher 7 und 18)

I	41.5	53.6	2.4	0	2.4	0	0
II	48.8	27.9	11.6	4.6	4.6	2.3	0
P	51.2	32.5	11.6	2.3	2.3	0	0
V	48.8	18.6	18.6	7.0	4.6	0	0
I	23.2	46.5	20.9	2.3	4.6	0	2.3
G	39.5	37.2	13.9	2.3	7.0	0	0

M-ST (Sprecher 4 und 14)

I	0	7.3	9.7	14.6	41.5	21.9	0
II	0	0	0	0	13.9	20.9	67.4
P	0	0	0	0	13.9	44.2	41.9
V	2.3	13.9	18.6	11.6	30.2	13.9	2.3
I	0	11.6	23.2	4.6	25.6	25.6	7.0
G	4.6	9.3	25.6	4.6	34.9	13.9	4.6

B. Bibliographie und Materialverzeichnis

B.1. Verzeichnis des untersuchten Filmmaterials

Das folgende Verzeichnis gibt Aufschluß darüber, welches Material zur Analyse zur Verfügung stand und in welcher Form es zugänglich war.

C	Continuity (Drehbuch der Originalfassung)
S	Synchronbuch
VO	Videoaufzeichnung der Originalfassung
VS	Videoaufzeichnung der Synchronfassung
VZ	Videoaufzeichnung im Zweikanalton
TO	Tonbandaufzeichnung der Originalfassung
T	Teilmitschnitt (deshalb keine Längenangaben)

B.1.1. Synchronisierte Fernsehserien

Der Denver-Clan: Pilotfilm (Folge 1)	90 min		VO/VS
Der Denver-Clan: Folge 2, 69	je 45 min		VO/VS
Der Denver-Clan: Folge 60, 61, 63, 87, 88, 89	je 45 min	C/S	VS
Der Denver-Clan: Folge 62	45 min	C/S	
Der Denver-Clan: Folge 64, 65, 113	je 45 min	C/S	VO/VS
Der Denver-Clan: Folge 66, 78, 81-84	je 45 min	S	VS
Der Denver-Clan: Folge 67, 68	je 45 min	S	VO/VS
Der Denver-Clan: Folge 76, 77	je 45 min		VS
Falcon Crest: Folge 15-20, 22, 24, 26, 27	je 45 min	C/S	
Falcon Crest: Folge 21, 23, 25, 28-30	je 45 min	C/S	VS
Yes Minister: Folge 1/1, 1/4, 2/7, 3/1, 3/2, 3/5	je 22 min	C/S	VS
Yes Minister: Folge 1/2, 1/5, 1/7, 2/1-2/3, 3/3, 3/6	je 22 min	C/S	VZ
Yes Minister: Folge 1/3, 3/4	je 22 min	C/S	VO/VS
Yes Minister: Folge 1/6	22 min	C/S	VO
Yes Minister: Folge 2/4-2/6, 3/7	je 22 min	C/S	
Hotel: Pilotfilm (Folge 1)	90 min	C/S	VS
Hotel: Folge 2, 3	je 45 min	C/S	VS
Hill Street Blues: Folge 2, 7, 8	je 45 min	C/S	VS
Cagney and Lacey: Folge 20, 21	je 45 min	C/S	VS
Poldark: Folge 1/3, 1/5, 1/16, 2/2, 2/6, 2/7	je 50 min		VS
Dallas: Miss Ellies Heimkehr	45 min		VS
Dempsey and Makepeace: Given to Acts of Violence	45 min		VO/VS
Dempsey and Makepeace: Kidnapping	45 min		VS

Eurocops: GB1: Die Geduld des Jägers	55 min		VZ
Magnum: Eine mehr als unglückliche Ehe	45 min		VS
Miss Marple: Der Tote in der Bibliothek Teil 1	T		VS
Der Ruf des Herzens	45 min		VS
Vergib uns unsere Schuld	45 min		VS
Black Forest Clinic: Pilotfilm	90 min	C	VS
Black Forest Clinic: Folge 4, 6	je 45 min	C	VS
Black Forest Clinic: Folge 5	45 min	C/S	
Derrick: Dr. Römer und der Mann des Jahres	60 min	C/S	
Die Eisenbahn: Folge 6, 8	je 45 min	C/S	
Faber: Folge 5, 13	je 45 min	C/S	

B.1.2. Synchronisierte Verfilmungen für das Fernsehen

H. Pinter: Der stumme Diener/Das Zimmer	103 min		VZ
W. Shakespeare: Hamlet	210 min		VS
W. Shakespeare: Heinrich V	160 min		VS
W. Shakespeare: Julius Caesar	160 min		VS
W. Shakespeare: Macbeth	150 min	C/S	VO/VS
W. Shakespeare: Richard III	235 min		VS
W. Shakespeare: Ein Sommernachstraum	110 min		VS
G. B. Shaw: Pygmalion (Yorkshire Television)	90 min		VS/VO

B.1.3. Synchronisierte Spielfilme

Anne Boleyn - Königin für 1000 Tage	Zufallsbeleg	
Bettgeflüster	97 min	VS
Cal	95 min	TO/VS
Die Stunde des Siegers	120 min	VS
Jenseits von Afrika	T	VS
Kes	T	VS
Local Hero	107 min	TO/VS
Miss Marple: 16.50 Uhr ab Paddington	80 min	VS
Miss Marple: Vier Frauen und ein Mord	80 min	VS
Miss Marple: Der Wachsblumenstrauß	80 min	VS

B.1.4. Nicht-synchronisierte Filme

Diese Drombuschs: Folge 2		C (Ausschnitte)	
Diese Drombuschs: Folge 4		C (Ausschnitte)	VO
My Fair Lady			VO
N. Williams: Klassenfeind	T		VO

B.2. Quellen für den Übersetzungs- und Textvergleich

Händel, Heinrich: Großbritannien. *Band 1 Staat und Verwaltung*, München: C.H. Beck (1979)

Jaye, Antony/Jonathan Lynn: *Yes Minister. Die Tagebücher eines Kabinettsministers* (übersetzt von Heinz Freitag), München: Goldmann (1987)

Shakespeare, William: *The Complete Works* (edited by Peter Alexander), London/Glasgow: Collins (1951);

- *Sämtliche Dramen, Band II: Historien*, (Übersetzt von August Wilhelm von Schlegel, Dorothea Tieck, Wolf Graf Baudissin und Nikolaus Delius (Perikles) nach der 3. Schlegel-Tieck-Gesamtausgabe von 1843/44. Verantwortlich für die Textrevision: Siegfrid Schmitz) Stuttgart/Hamburg: Deutscher Bücherbund (1969) <Grundlage für den Übersetzungsvergleich von Heinrich V)
- *Hamlet. Prinz von Dänemark. Tragödie* (übersetzt von August Wilhelm Schlegel; herausgegeben von Dietrich Klose), Stuttgart: Reclam (1969)
- *Julius Cäsar. Tragödie* (übersetzt von August Wilhelm von Schlegel; herausgegeben von Dietrich Klose), Stuttgart: Reclam (1969)
- *König Richard der Dritte* (übersetzt von August Wilhelm von Schlegel; herausgegeben von DietrichKlose), Stuttgart: Reclam (1971)
- *Macbeth* (übersetzt von Dorothea Tieck; herausgegeben von Dietrich Klose), Stuttgart: Reclam (1970).
- *Ein Sommernachtstraum* (übersetzt von August Wilhelm von Schlegel; herausgegeben von DietrichKlose), Stuttgart: Reclam (1972)

Shaw, Bernard: *Pygmalion*, Harmondsworth: Penguin (1972)

- *Pygmalion* (übersetzt von Harald Mueller), Frankfurt: Suhrkamp (1969)

Wesker, Arnold: *The Wesker Trilogy. Chicken Soup with Barley - Roots - I'm Talking About Jerusalem*, Harmondsworth: Penguin (1964)

B.3. Linguistische Literatur

Abercrombie, David: *Elements of General Phonetics*, Edinburgh: Edinburgh University Press (1967)

- "Paralanguage", in: J. Laver/S. Hutcheson (1972: 64-70)<auch: *British Journal of Disorders of Communication*, vol 3 (1968: 55-9)>

Abraham, W.: "Zur Linguistik der Metapher", Mimeogr. Paper, Groningen (1973) <nach Hörmann H. (1976)>

Addington, David W.: *Voice and the Perception of Personality*, Stillwater: Oklahoma State University (Oklahoma State University Monographs in the Humanities, Social and Biological Sciences. Social Sciences Series 15)(1968a)

- "The relationship of selected vocal characteristics to personality perception": *Speech Monographs*, XXXV (1968b: 492-503)

Aitken, A.J.: "Scottish accents and dialects": in: P. Trudgill (1984: 94-114)

Albrecht, J./H.W. Drescher/H. Göhring/N. Salnikow (Hg.): *Translation und interkulturelle Translation. 40 Jahre Fachbereich Angewandte Sprachwissenschaft der Johannes Gutenberg-Universität Mainz in Germersheim*, Frankfurt/Bern/New York/Paris: Lang (FAS, Reihe A, Bd. 8)(1987)

Allemann, Beda/Erwin Koppen (Hg): *Teilnahme und Spiegelung. Festschrift für Horst Rüdiger*, Berlin/New York: de Gruyter (1975)

Allerton, D.J.: *Valency and the English Verb*, London/New York: Academic Press (1982)

Allport, G.W./H. Cantril: "Judging Personality from Voice", in: J. Laver/P. Trudgill (1972: 155-171)(auch: *Journal of Social Psychology* 5 (1934: 37-55))

Ammon, Ulrich: *Probleme der Soziolinguistik*, Tübingen: Niemeyer (1973)

- "Regionaldialekte und Einheitssprache in der Bundesrepublik Deutschland (BRD)", *International Journal of the Sociology of Language* 21 (1979: 25-40)

- "Die Begriffe 'Dialekt' und 'Soziolekt'", in: A. Schöne (1986: 223-31)

ARD-Jahrbuch 86, Hamburg: Hans-Bredow-Institut (1986)

Awberry, G.M.: "Welsh", in: P. Trudgill (1984: 259-77)

Backes, Herbert (Hg.): *Festschrift für Hans Eggers zum 65. Geburtstag*, Tübingen: Niemeyer (Beiträge zur Geschichte der deutschen Sprache und Literatur, 94. Band Sonderheft)(1972)

Bähr, Dieter: *Standard English und seine geographischen Varianten*, München: Fink UTB (1974)

Baetens Beardsmore, Hugo/Herman van Beeck: "Multilingual television supply and language shift in Brussels", *International Journal of the Sociology of Language* 48 (1984: 65-79)

Baker, Colin: *Key Issues in Bilingualism and Bilingual Education*, Clevedon/Philadelphia: MultilingualMatters Ltd. (1988)

Bakewell, Michael: "Factors affecting the cost of dubbing", *ebu review. Programmes, Administration, Law*, XXXVIII/6 (1987: 16-7)

Ballmer, Thomas T.: "The role of pauses and suprasegmentals in a grammar", in: H.W.Dechert/M. Raupach (1980: 211-20)

Barnickel, Klaus-Dieter: *Sprachliche Varianten des Englischen - Band 1: Nationale, regionale und soziale Varianten*, München: Hueber Verlag (Hueber Hochschulreihe 45/1)(1980a)

- *Sprachliche Varianten des Englischen - Band 2: Register und Stile*, München: Hueber Verlag (Hueber Hochschulreihe 45/2)(1980b)

Barry, William J.: "Click placement and units of perceptual processing": *Phonetica* 40 (1983: 247-68)

Bartsch, Renate: *Norms of Language. Theoretical and Practical Aspects*, London/New York: Longman (Longman Linguistics Library)(1987)

Bartsch, Werner: *Tempus, Modus, Aspekt. Die systembildenden Ausdrucksweisen beim deutschen Verbalkomplex*, Frankfurt/Berlin/München: Diesterweg (1980)

Bassnett-McGuire, Susan: *Translation Studies*, London/New York: Methuen (1980)

Baumgärtner, Klaus: *Zur Syntax der Umgangssprache in Leipzig*, Berlin: Akademie-Verlag (1959)

Bausinger, Hermann: "Bemerkungen zu den Formen gesprochener Sprache", in: H. Moser et al. (1967: 292-312)

Beattie, G.W.: "The Role of Language Production Process in The Organization of Behaviour in Face-to-Face Interaction", in: B. Butterworth (1980: 69-107)

Behaghel, Otto: *Von deutscher Sprache. Aufsätze, Vorträge und Plaudereien*, Lahr: Moritz-SchauenburgVerlag (1927)(Nachdruck von Dr. Martin Sändig: Wiesbaden: 1967)

Bellin, Wynford: "Welsh and English in Wales", in: P. Trudgill (1984: 449-79)

Bentele, Günter/Ernest W.B. Hess-Lüttich (Hg.): *Zeichengebrauch in Massenmedien. Zum Verhältnis von sprachlicher und nichtsprachlicher Information in Hörfunk, Film und Fernsehen*, Tübingen: Niemeyer (1985)

Berger, K.W.: *Speechreading Principles and Methods*, Baltimore: National Educational Press (1972) <nach P.L. Jackson/A.A. Montgomery/C.A. Binnie (1976)>

Besch, Werner/Klaus Hufeland/Volker Schupp/Peter Wiehl (Hg.): *Festschrift für Siegfried Grosse zum 60. Geburtstag*, Göppingen: Kümmerle Verlag (Göppinger Arbeiten zur Germanistik)(1984)

Betten, Anne: "Moderne deutsche Dramen- und Filmdialoge und ihr Verhältnis zum spontanen Gespräch", in: G. Drachmann (1977: 357-71)

Betz,Werner: *Der Einfluß des Lateinischen auf den althochdeutschen Sprachschatz. 1. Der Abrogans*, Heidelberg: Winter's Universitätsbuchhandlung (1936)

- *Deutsch und Lateinisch. Die Lehnbildungen der althochdeutschen Benediktinerregel*, Bonn: H. Bouvier u. Co. Verlag (1949/[2]1965)

Binnie, Carl A./Allen A. Montgomery/Pamela L. Jackson: "Auditory and visual contributions to the perecption of consonants", *Journal of Speech and Hearing Research* 17 (1974: 619-30)

Bolinger, Dwight: "Judgments of grammaticality", *Lingua* 21 (1968: 34-40)

- *Aspects of Language*, New York/Chicago/San Francisco/Atlanta: Harcourt Brace Jovanovich, Inc. ([2]1975)

Bond, Z.S.: "Listening to elliptic speech: pay attention to stressed vowels", *Journal of Phonetics* 9 (1981: 89-96)

Borchers, Hans/Eva-Maria Warth: "Hakenkreuz und Petrodollars. Eine Fallstudie zum amerikanischen Deutschlandbild und zum deutschen Amerikabild in den Massenmedien am Beispiel der Fernsehserien 'The Winds of War' und 'Denver Clan'", *Englisch-amerikanische Studien* 6.1 (1984: 36-48)

Bourhis, Richard Y./Howard Giles: "The Language of Cooperation in Wales: A Field Study", *Language Sciences* 42 (1976: 13-16)

Braun, Peter (Hg.): *Fremdwort-Diskussion*, München: Fink UTB (1979)

- (Hg.): *Deutsche Gegenwartssprache. Entwicklungen, Entwürfe, Diskussionen*, München: Fink (1979)

Brekle, Herbert E./Leonhard Lipka (Hg.): *Wortbildung, Syntax und Morphologie. Festschrift zum 60. Geburtstag von Hans Marchand am 1. Oktober 1967*, Den Haag/Paris: Mouton (1968)

Brekle, Herbert E./Dieter Kastovsky (Hg.): *Perspektiven der Wortbildungsforschung. Beiträge zum Wuppertaler Wortbildungskolloquium vom 9. - 10. Juli 1976. Anläßlich des 70. Geburtstags von Hans Marchand am 1. Oktober 1977*, Bonn: Bouvier Verlag Hermann Grundmann (1977)

Brinker, Klaus: *Linguistische Textanalyse. Eine Einführung in Grundbegriffe und Methoden*, Berlin: Erich Schmidt Verlag (²1988)

Brinkmann, Henning: "Die Syntax der Rede", in: H. Moser et al. (1967: 74-94)

Bronstein, Arthur: *The Pronunciation of American English. An Introduction to Phonetics*, Englewood Cliffs: Prentice-Hall, Inc. (1960)

Brown, Bruce L./William J. Strong/Alvin C. Rencher: "Fifty-four voices from two: the effects of simultaneous manipulation of rate, mean fundamental frequency, and variance of fundamental frequency on ratings of personality from speech", *Journal of the Acoustical Society of North America* 55.2 (1974: 313-8)

Brown, Gillian: *Listening to Spoken English*, London: Longman (1977)

Brown, Gillian/George Yule: *Discourse Analysis*, Cambridge: Cambridge University Press (Cambridge Textbooks in Linguistics) (1983)

Buck, Timothy: "'Selfmade-Englisch': semantic peculiarities of English loan-material in contemporary German", *Forum for Modern Language Studies* X (1974: 130-46)

Bühler, Karl: *Sprachtheorie. Die Darstellungsfunktion der Sprache*, Stuttgart: Gustav Fischer Verlag (1934/ ²1965)

Burgschmidt, Ernst: "System und Norm im Bereich der Wortbildung", in: E. Burgschmidt (1973: 1-171)

- (Hg.): *System, Norm und Produktivität in der Wortbildung. Aufsätze I*, Erlangen: Verlag Burgschmidt (1973)
- "Strukturierung, Norm und Produktivität in der Wortbildung", in: H.E. Brekle/D. Kastovsky (1977: 39-47)
- "Wales und Cornwall - Kultur- Sprach- und Industriegeschichte", in: E. Burgschmidt (1980: 1-43)
- (Hg.): *Beiträge zu einer Linguistischen Landeskunde und Sprachpraxis*, Braunschweig: Verlag E. Burgschmidt (1980)

Butcher, Andrew: "Pause and syntactic structure", in: H.W. Dechert/M. Raupach (1980: 85-90)

Butterworth, B. (ed.): *Language Production. Vol. 1: Speech and Talk*, London: Academic Press Inc. (1980)

Caillé, P.-F.: "Cinéma et Traduction. Le Traducteur devant l'Ecran", *Babel* 6.3 (1960: 103-9)

Carstensen, Broder: "Semantische Probleme englisch-deutscher Entlehnungsvorgänge", *Muttersprache* (1964: 353-60)

- *Englische Einflüsse auf die deutsche Sprache nach 1945*, Heidelberg: Winter (Beihefte zum Jahrbuch für Amerikastudien 13)(1965)
- "Zur Systematik und Terminologie deutsch-englischer Lehnbeziehungen", in: H.E. Brekle/L. Lipka (1968: 32-45)
- "Stil und Norm. Zur Situation der linguistischen Stilistik", *Zeitschrift für Dialektologie und Linguistik* 37 (1970: 257-79)
- "Amerikanische Einflüsse auf die deutsche Sprache", in: B. Carstensen/H. Galinsky (³1975: 11-33)

- "Morphologische Eigenwege des Deutschen bei der Übernahme englischen Wortmaterials", *Arbeiten zur Anglistik und Amerikanistik* 4/2 (1979a: 155-70)
- "Evidente und latente Einflüsse des Englischen auf das Deutsche", in: P. Braun (*Fremdwort-Diskussion* 1979: 90-4)<1979b>
- "Zur Intensität und Rezeption des englischen Einflusses", in: P. Braun (*Fremdwort-Diskussion* 1979: 321-6)<1979c>
- "Semantische Scheinentlehnungen des Deutschen aus dem Englischen", in: W. Viereck (1980: 77-100) <1980a>
- "Der Einfluß des Englischen auf das Deutsche: grammatische Probleme", *Arbeiten aus Anglistik und Amerikanistik* 5/1 (1980b: 37-63)
- "Wieder: Die Engländerei in der deutschen Sprache" in: B. Carstensen et al. (1984: 43-57)
- "Zur Problematik der Lehnübersetzung in der Transferenzlinguistik", in: U.Pieper/G. Stickel (1985: 123-143)
- *Beim Wort genommen. Bemerkens-wertes in der deutschen Gegenwartssprache*, Tübingen: Narr (1986a)
- "Best-, Long-, Steady- und andere -Seller im Deutschen", in: B. Narr/H. Wittje (1986b: 181-99)

Carstensen, Broder/Friedhelm Debus/Helmut Henne/Peter von Polenz/Dieter Stellmacher/Harald Weinrich: *Die deutsche Sprache der Gegenwart. Vorträge gehalten auf der Tagung der Joachim-Jungius-Gesellschaft der Wissenschaften Hamburg am 4. und 5. November 1983*, Göttingen: Vandenhoeck & Ruprecht (Veröffentlichung Joachim-Jungius-Gesellschaft der Wissenschaften Hamburg Band 51) (1984)

Carstensen, Broder/Hans Galinsky: *Amerikanismen der deutschen Gegenwartssprache. Entlehnungsvorgänge und ihre stilistischen Aspekte*, Heidelberg: Winter ([3]1975)

Carstensen, Broder/Hannelore Griesel/Hans-Günter Meyer: "Zur Intensität des englischen Einflusses auf die deutsche Pressesprache", *Muttersprache* 82 (1972: 238-43)

Carstensen, Broder/Peter Hengstenberg: "Zur Rezeption von Anglizismen im Deutschen", *Germanistische Linguistik* 82 (1983: 68-118)

Carvell, H.T./Jan Svartvik: *Computational Experiments in Grammatical Classification*, Den Haag/Paris: Mouton (Janua Linguarum Series Minor 61)(1969)

Cary, E.: "La Traduction Totale", *Babel* VI/3 (1960: 110-15)

Catford, J.C.: *Translation Equivalence*, Oxford: Oxford University Press (1965)
- *Fundamental Problems in Phonetics*, Edinburgh: Edinburgh University Press (1977)
- *A Practical Introduction to Phonetics*, Oxford: Oxford University Press (1988)

Chafe, Wallace L.: *Meaning and the structure of language*, Chicago/London: University of Chicago Press (1970)
- "The flow of thought and the flow of language", in: T. Givón (1979: 159-81)

Cherry, E.C.: "Some experiments on the recognition of speech, with one and with two ears", *Journal of the Acoustical Society of America* 25 (1953: 975-9) <nach H.H. Clark/E.V. Clark (1977)>

Cherubim, Dieter: "Abweichung und Sprachwandel", in: D. Cherubim (1980: 124-152)
- (Hg.): *Fehlerlinguistik. Beiträge zum Problem der sprachlichen Abweichung*, Tübingen: Niemeyer (1980)

Cheyne, William M.: "Stereotyped Reactions to Speakers with Scottish and English Regional Accents", *British Journal of Social and Clinical Psychology* 9 (1970: 77-9)

Chomsky, Noam: *Aspects of the Theory of Syntax*, Cambridge, Mass.: M.I.T. Press (1965, 12th printing 1980)
- *Topics in the Theory of Generative Grammar*, Den Haag/Paris: Mouton (1966)

Clark, Herbert H./Eve V. Clark: *Psychology and Language. An Introduction to Psycholinguistics*: San Diego/ New York/Chicago/Atlanta/Washington, D.C./London/Sydney/Toronto: Harcourt Brace Jovanovic (1977)

Clyne, Michael G.: "Kommunikation und Kommunikationsbarrieren bei englischen Entlehnungen im heutigen Deutsch", *Zeitschrift für germanistische Linguistik* (1973: 163-77)

Coppieters, Frank F./Didier L. Goyvaerts (eds.): *Functional Studies in Language and Literature*, Gent/Antwerpen/Brüssel: E. Story Scientia p.V.B.A. Scientific Publishers (1978)

Coseriu, Eugenio: *Probleme der strukturellen Semantik*, Tübingen: Narr (1973)

- "Falsche und richtige Fragestellungen in der Übersetzungstheorie" in: L. Grähs/G. Korlén/B. Malmberg (1978: 17-32)
- "Kontrastive Linguistik und Übersetzung: ihr Verhältnis zueinander", in: Wolfgang Kühlwein/Gisela Thome/Wolfram Wilss (1981: 183-199)
- *Einführung in die allgemeine Sprachwissenschaft*, Tübingen: Francke UTB (1988)

Cowie, A.P./R. Mackin/I.R. McCaig: *Oxford Dictionary of Current Idiomatic English. Volume 2: Phrase, Clause and Sentence Idioms*, Oxford: Oxford University Press (1983) <ODCIE>

Crystal, David: *Prosodic Systems and Intonation in English*, Cambridge: Cambridge University Press (1969)
- *The English tone of voice. Essays in intonation, prosody and paralanguage*, London: Arnold (1975)

Crystal, David/Derek Davy: *Investigating English Style*, London: Longman (English Language Series) (1969)
- *Advanced Conversational English*, London: Longman (1975)

Crystal, David/Randolph Quirk: *Systems of Prosodic and Paralinguistic Features in English*, London/Den Haag/Paris: Mouton & Co (1964)

Cutler, Anne/Donald J. Foss: "On the role of sentence stress in sentence processing", *Language and Speech* 20/1 (1977: 1-10)

Davis, Howard/Paul Walton (ed.): *Language, Image, Media*, Oxford: Blackwell (1983)

Day, Richard R./N. Ann Chenoweth/Ann E. Chun/Stuart Luppescu: "Foreign Language Learning and the Treatment of Spoken Errors", *Language Learning and Communication* 2(2) (1983: 215-26)

de Beaugrande, Robert-Alain/Wolfgang Ulrich Dressler: *Einführung in die Textlinguistik*, Tübingen: Niemeyer (Konzepte der Sprach- und Literaturwissenschaft) 1981

Dechert, Hans W./Manfred Raupach (ed.): *Temporal Variables in Speech. Studies in Honour of Frieda Goldman-Eisler*, Den Haag/Paris/New York: Mouton (Janua Linguarum Series Maior 86) (1980)

Delabastita, Dirk: "Translation and mass-communication: film and t.v.-translation as evidence of cultural dynamics", *Literatuurwetenschap* 10 (1988: 1-30)

Delmas, Christian: "Les traductions synchrones", in: P.A. Horguelin (1978: 413-9)

Denes, P.B.: "On the Statistics of Spoken English", *The Journal of the Acoustical Society of America* 35/6 (1963: 892-904)

Derasse, Bernard: "Dubbers and subtitlers have a prime role in the international distribution of television programmes", *ebu review* XXXVIII/6 (1987: 8-13)

Deutsche Akademie für Sprache und Dichtung (Hg.)(bearbeitet von Birgitta Mogge): *Der öffentliche Sprachgebrauch. Band I: Die Sprachnorm-Diskussion in Presse, Hörfunk und Fernsehen*, Stuttgart: Klett-Cotta (1980)

Diller, Hans-Jürgen/Joachim Kornelius: *Linguistische Probleme der Übersetzung*, Tübingen: Niemeyer (Anglistische Arbeitshefte)(1978)

Dodd, Barbara: "The role of vision in the perception of speech", *Perception* 6 (1977: 31-40)

Dodson, J.C./R. Gerallt Jones: "A Welsh Medium TV channel for Wales: development, controversies, problems, implications", *International Journal of the Sociology of Language* 48 (1984: 11-32)

Dollerup, Cay: "On subtitles in television programmes", *Babel* XX.4 (1974: 197-202)

Drachmann, Gaberell: *Akten der 2. Salzburger Frühlingstagung für Linguistik. Salzburg vom 29. bis 31. Mai 1975*, Tübingen: Narr (1977)

Drescher Horst W./Signe Scheffzeg (Hg.): *Theorie und Praxis des Übersetzens und Dolmetschens. Referate und Diskussionsbeiträge des internationalen Kolloquiums am Fachbereich Angewandte Sprachwissenschaft der Johannes Gutenberg-Universität Mainz in Germersheim (2.-4. Mai 1975)*, Bern: Herbert Lang/ Frankfurt: Peter Lang (1976)

Dressler, Wolfgang: *Einführung in die Textlinguistik*, Tübingen: Niemeyer (1973)

Dretzke, Burkhard: *Fehlerbewertung im Aussprachebereich. Objektive Fehlerbeurteilung versus subjektive Fehlerbewertung. Eine Untersuchung von Aussprachefehlern deutscher Anglistikstudenten in der Zielsprache Englisch*, Hamburg: Helmut Buske Verlag (Beiträge zur Phonetik und Linguistik 97)(1985)

dtv-Wörterbuch der deutschen Sprache (herausgegeben von Gerhard Wahrig), München: Deutscher Taschenbuch Verlag (^{5}1982)<dtv-Wahrig>

Duckworth, David: "Der Einfluß des Englischen auf den deutschen Wortschatz seit 1945", *Zeitschrift für deutsche Sprache* 26 (1970: 9-31)

"Zur terminologischen und systematischen Grundlage der Forschung auf dem Gebiet der englisch-deutschen Interferenz. Kritische Übersicht und neuer Vorschlag", in: H. Kolb/H. Lauffer (1977: 36-56)

Duden. Deutsches Universalwörterbuch (herausgegeben und bearbeitet vom Wissenschaftlichen Rat und den Mitarbeitern der Dudenredaktion unter Leitung von Günther Drosdowski), Mannheim/Wien/Zürich Bibliographisches Institut (Dudenverlag)(1983)

Duden. Band 1: Rechtschreibung der deutschen Sprache und der Fremdwörter (herausgegeben von der Dudenredaktion), Mannheim/Wien/Zürich: Bibliographisches Institut (Dudenverlag)([19]1986)

Duden. Band 2: Stilwörterbuch der deutschen Sprache. Die Verwendung der Wörter im Satz (von Günther Drosdowski unter Mitwirkung von D. Berger, M. Dose, J. Ebner, D, Mang, C. Schrupp, J. Werlin), Mannheim/Wien/Zürich: Bibliographisches Institut (Dudenverlag)([6]1970)

Duden. Band 4: Grammatik der deutschen Gegenwartssprache (bearbeitet von Paul Grebe unter Mitwirkung von Helmut Gipper, Max Mangold, Wolfgang Mentrup und Christian Winkler), Mannheim/Wien/Zürich: Bibliographisches Institut (Dudenverlag) ([3]1973)

Duden. Band 4: Grammatik der deutschen Gegenwartssprache (herausgegeben und bearbeitet von Günther Drosdowski in Zusammenarbeit mit Gerhard Augst, Hermann Gelhaus, Helmut Gipper, Max Mangold, Horst Sitta, Hans Wellmann und Christian Winkler), Mannheim/Wien/Zürich: Bibliographisches Institut (Dudenverlag)([4]1984)

Durzak, Manfred: "Kojak, Columbo und deutsche Kollegen. Überlegungen zum Fernseh-Serial", in: H. Kreuzer/K. Prümm (1979: 71-93)

Edgren, Eva: *Temporal Clauses in English*, Uppsala: Almqvist and Wiksell (1971)

Edmondson, Willis: *Spoken Discourse. A model for analysis*, London/New York: Longman (Longman Linguistics Library 27)(1981)

Edwards, John R.: "Students' reactions to Irish regional accents", *Language and Speech* 20 (1977a: 280-6)

- "Ethnic Identity and Bilingual Education": in H. Giles (1977: 253-82)<1977b>
- "Language attitudes and their implications among English speakers", in: E.B. Ryan/H. Giles (1982: 20-33)
- "Irish and English in Ireland", in: P. Trudgill (1984: 480-98)

Elam, Keir: *The Semiotics of Theatre and Drama*, London/New York: Methuen (1980)

Elyan, Olwen/Philip Smith/Howard Giles/Richard Bourhis: "RP-accented female speech: The voice of perceived androgyny?", in: P. Trudgill (1978: 122-31)

Engel, Ulrich: "Syntaktische Besonderheiten der deutschen Alltagssprache", in: H. Moser et al. (1974: 199-228)

Engel, Ulrich/Helmut Schumacher: *Kleines Valenzlexikon deutscher Verben*, Tübingen: Narr (1976)

Engels, Barbara: *Gebrauchsanstieg der lexikalischen und semantischen Amerikanismen in zwei Jahrgängen der Welt (1954 und 1964). Eine computerlinguistische Studie*, Frankfurt/Bern: Lang (1976)

English Pronouncing Dictionary (originally compiled by Daniel Jones; extensively revised and edited by A.C. Gimson), London: J.M. Dent & Sons Ltd./New York: E.P. Dutton & Co. Inc. ([14]1977) <EPD>

Enkvist, Nils Erik: "On defining style. An essay in applied lingistics", in: N.E. Enkvist/J. Spencer/M.J. Gregory (1964: 1-56)

- "Impromptu speech, structure, and process" in: Nils Erik Enkvist (1982: 11-31)
- (ed.): *Impromptu Speech: A Symposium*, Åbo: Åbo Akademi (Publications of the Research Institute of the Åbo Akademi Foundation)(1982)

Enkvist, Nils Erik/John Spencer/Michael J. Gregory (Hg.): *Linguistics and Style*, London: Oxford University Press (1964)

Erber, Norman P.: "Interaction of audition and vision in the recognition of aural speech stimuli", *Journal of speech and hearing research* 12 (1969: 423-5)

- "Auditory-visual perception of speech", *Journal of speech and hearing disorders* 40 (1975: 481-92)

Erdmann, Peter: "*There* constructions in English and German", *IRAL* 16 (1978: 187-211)

Esser, Jürgen: *English Linguistic Stylistics*, Tübingen: Niemeyer (1993)

Ewertsen, H.W./H. Birk Nielsen: "A Comparative Analysis of the Audiovisual, auditive and visual perception of speech", *Acta Otolaryng* 72 (1971: 201-5)

Fährmann, Rudolf: *Die Deutung des Sprechausdrucks. Studien zur Einführung in die Praxis der charakterologischen Stimm- und Sprechanalyse*, Bonn: H. Bouvier u. Co. (1960)

Fant, G.: "A note on vocal tract size factors and non-uniform F-pattern scalings", *Speech Transmission Laboratory (Stockholm) Quarterly progress and status report* 4 (1966: 22-30)

Fink, Hermann: *Amerikanismen im Wortschatz der deutschen Tagespresse. Dargestellt am Beispiel dreier überregionaler Zeitungen (Süddeutscher Zeitung, Frankfurter Allgemeiner Zeitung, Der Welt)* (Diss.) Mainz (1968)

- "'Texas-look' und 'party-bluse': Assoziative effekte von englischem im deutschen", *Wirkendes Wort* 27.6 (1977: 394-402)
- "Superhit oder Spitzenschlager: Ein Versuch zur Häufigkeit und Funktion von Anglizismen und 'Werbeanglizismen' in deutschen Jugendzeitschriften", in: W. Viereck (1980: 185-212)

Firth, J.R.: "The Tongues of Men", in: J.R. Firth: *The Tongues of Men & Speech*, London: Oxford University Press (1937/1964)

- "Ethnographic analysis and language with reference to Malinowski's views", in F.R. Palmer (1968: 137-67) <auch in R.W. Firth (ed.) *Man and culture. An evaluation of the work of Bronislaw Malinowski*, London (1957: 93-118)

Fischer-Weimann, Waltraud: "Der Film König Lear. Aufgaben und Probleme der deutschsprachigen Synchronisation", *Shakespeare Jahrbuch* 109 (1973: 74-80)

Fodor, István: "Linguistic and Psychological Problems of Film Synchronization (Part I), *Acta Linguistica Academiae Scientiarum Hungariae* 19.1-2 (1969a: 69-106)

- "Linguistic and Psychological Problems of Film Synchronization (Part II), *Acta Linguistica Academiae Scientiarum Hungariae* 19.3-4 (1969b: 379-94)
- *Film Dubbing. Phonetic, Semiotic, Esthetic and Psychological Aspects*, Hamburg: Buske (1976)

Fodor, J.A./T.G. Bever: "The psychological reality of linguistic segments", *Journal of Verbal Learning and Verbal Behavior* 4 (1965: 414-20)

Fowler, Roger: *Literature as Social Discourse. The Practice of Linguistic Criticism*, Bloomington: Indiana University Press (1981)

Fraenkel, Heinrich: *Unsterblicher Film. Die große Chronik. Vom ersten Ton bis zur farbigen Breitwand*, München: Kindler (1957)

Francis, W. Nelson: *The English Language. An Introduction. Background for Writing*, New York: W.W. Norton & Company Inc. (1965)

Franck, Dorothea: "Stil und Interaktion", in: B. Spillner (1984: 121-35)

Fry, Dennis: "The frequency of occurrence of speech sounds in Southern English", *Archives Néerlandaises de Phonétique Expérimentale* 20 (1947: 103-106)

Galinsky, Hans: "Stylistic Aspects of Linguistic Borrowing. A Stylistic View of American Elements in Modern German", in: B. Carstensen/H. Galinsky ([3]1975: 35-72)<1975a>

- "The Uses of American English in Modern German Drama and Poetry - Brecht, Benn, Bachmann", in: B. Allemann/E. Koppen (1975: 499-530)<1975b>
- *Amerikanisches und britisches Englisch. Einführung in Einheit und Verschiedenheit einer Weltsprache mit umfassender Arbeitsbibliographie (1945-1974)*, München: Hueber ([3]1975c)
- "Amerikanisch-englische und gesamtenglische Interferenzen mit dem Deutschen und anderen Sprachen der Gegenwart", in: H. Kolb/H. Lauffer (1977: 463-517)

Garnes, Sara/Z.S. Bond: "The Relationship between Semantic Expectation and Acoustic Information", *Phonologica* (1976: 285-93)

Garnham, Alan: *Psycholinguistics. Central Topics*, London/New York: Methuen (1985)

Garside, Roger/Geoffrey Leech/Geoffrey Sampson (ed.): *The Computational Analysis of English. A corpus-based approach*, London/New York: Longman (1987)

Garvin, Paul L.: "The Standard Language Problem: Concepts and Methods" in: D. Hymes (1964: 521-6)

Gauger, Hans-Martin: "'System, Norm und Rede' - wiedergelesen", in: H. Weydt (1981: 33-44)

Giera, Fritz: "Fehler - ein ungelöstes Problem?", *Praxis des neusprachlichen Unterrichts* 27 (1980: 356-64)

Giles, Howard: "Evaluative Reactions to Accents", *Educational Review* 22 (1970: 211-27)

- (ed.): *Language, Ethnicity and Intergroup Relations*, London/New York/San Francisco: Academic Press/European Association of Experimental Psychology (European Monographs in Social Psychology 13) (1977)
- "Ethnicity markers in speech", in: K.R. Scherer/H. Giles (1979: 251-89)

Giles, Howard/Susan Baker/Guy Fielding: "Communication Length as a behavioral index of accent prejudice", *International Journal of the Sociology of Language* 6 (1975: 73-81)

Giles, Howard/Patricia Marsh: "Perceived Masculinity, Androgyny and Accented Speech", *Language Sciences* 1.2 (1979: 301-15)

Giles, Howard/Peter F. Powesland: *Speech Style and Social Evaluation*, London/New York/San Francisco: Academic Press (1975)

Gimson, A.C.: *An Introduction to the Pronunciation of English*, London: Arnold ([2]1970)

- "The RP accent", in P. Trudgill (1984: 45-54)

Givón, Talmy (ed.): *Syntax and Semantics. Volume 12: Discourse and Syntax*, New York/San Francisco/London: Academic Press (1979)

Gneuss, Helmut: *Lehnbildungen und Lehnbedeutungen im Altenglischen*, Berlin/Bielefeld/München: Schmidt (1955)

Goffman, Erving: *Forms of Talk*, Oxford: Blackwell (1981)

Goldstein, Louis M./James R. Lackner: "Alterations of the phonetic coding of speech sounds during repetition", *Cognition* 2/1 (1973: 279-97)

Gomard, K./S.-O. Poulsen (Hg.): *Stand und Möglichkeit der Übersetzungswissenschaft*, Århus (1978)

Goossens, Jan: *Deutsche Dialektologie*, Berlin/New York: de Gruyter (1977)

Götz, Dieter: *Stilistik und Idiomatik im Englischunterricht*, Dortmund: Lensing (1976)

- "Zur Diskussion über Standard English um die Jahrhundertwende", *Die Neueren Sprachen* 79.2 (1980: 198-210)
- "Two Days in Bayern 3", *Augsburger Allgemeine* (5.12.1985: 14)

Götz, Dieter/Thomas Herbst: "Der frühe Vogel fängt den Wurm: Erste Überlegungen zu einer Theorie der Synchronisation", *Arbeiten aus Anglistik und Amerikanistik* 12 (1987: 13-26)

- "Language Description for Linguistics and Language Teaching: The London School and its Latest Grammar", *Die Neueren Sprachen* 88.3 (1989: 220-35)

Grähs, Lillebill/Gustav Korlén/Bertil Malmberg: *Theory and Practice of Translation*, Bern/Frankfurt a.M./Las Vegas: Peter Lang (1978)

Graf, Gerhard: "The Dubbing-Producer: Cost and Management Considerations", (Vortragsmanuskript, masch.)(1986)

Grammatik-Duden: siehe *Duden*

Grebe, Paul: "Sprachnorm und Sprachwirklichkeit", in: H. Moser et al. (1968: 28-44)

Greenbaum, Sidney (ed.): *Acceptability in Language*, The Hague/Paris/New York: Mouton (1977)

- *Good English and the grammarian*, London/New York: Longman (English Language Series)(1988)

Greenbaum, Sidney/Randolph Quirk: *Elicitation Experiments in English. Linguistic Studies in Use and Attitude*, London: Longman (1970)

Gregory, Michael: "Aspects of Variety Differentiation", *Journal of Linguistics* 3 (1967: 177-98)

Grosjean, François: "Linguistic structures and performance structures: Studies in pause distribution", in: H.W.Dechert/M. Raupach (1980: 91-106)

Grosse, Siegfried: "Literarischer Dialog und gesprochene Sprache", in: H. Backes (1972: 649-68)

Halliday, M.A.K.: "Language Structure and Language Function", in: J. Lyons (1970: 140-65)

- *Spoken and written language*, Oxford: Oxford University Press ([2]1989)

Halliday, M.A.K./Ruqaiya Hasan: *Cohesion in English*, London: Longman (English Language Series) (1976)

- *Language, context, and text: aspects of language in a social-semiotic perspective*, Oxford: Oxford University Press (,1989)

Halliday, M.A.K./Angus McIntosh/Peter Strevens: *The Linguistic Sciences and Language Teaching*, London: Longman (Longman Linguistics Library) (1964)

Hansen, Barbara/Klaus Hansen/Albrecht Neubert/Manfred Schentke: *Englische Lexikologie. Einführung in Wortbildung und lexikalische Semantik*, Leipzig: Verlag Enzyklopädie ([2]1985)

Harig, Ludwig: "Gelingt immer und klebt nicht! Vom Segen und Fluch der Synchronisation", in: H. Hoven (1986: 101-9)

Hartig, Matthias: *Sozialer Wandel und Sprachwandel. Explorative Studie zur Entwicklung der Dialektfunktion in unserer Gesellschaft*, Tübingen: Narr (1981)

Hartmann, Reinhard R.K.: *Contrastive Textology*, Heidelberg: Groos (1980)

- "Contrastive Textology and Translation", in: Wolfgang Kühlwein/Gisela Thome/Wolfram Wilss (1981: 200-208)

Haugen, E.: "Dialect, Language, Nation", *American Anthropologist* 68 (1966: 922-35) <auch in: J.B. Pride/Janet Holmes (1972: 97-111)>

Hauser-Suida, U./G. Hoppe-Beugel: *Die Vergangenheitstempora in der deutschen geschriebenen Sprache der Gegenwart*, München: Hueber/Düsseldorf: Schwann (1972)

Hausmann, Franz-Josef: "The influence of the English language on French", in: W. Viereck/W.-D. Bald (1986: 79-105)

Hayden, Rebecca E.: "The relative frequency of phonemes in General-American English", *Word* 6 (1950: 217-23)

Hecht, Karlheinz/Peter S. Green: *Fehleranalyse und Leistungsbewertung im Englischunterricht der Sekundarstufe I*, Donauwörth: Auer (1983)

Heger, Klaus: "'Sprache' und 'Dialekt' als linguistisches und soziolinguistisches Problem", *Folia Linguistica* (1969: 46-67)

Helbig, Gerhard/Wolfgang Schenkel: *Wörterbuch zur Valenz und Distribution deutscher Verben*, Leipzig: Verlag Enzyklopädie ([2]1973)

Helfrich, Heide: "Age markers in speech", in: K.R. Scherer/H. Giles (1979: 63-107)

Henderson, Alan/Frieda Goldman-Eisler/Andrew Skarbek: "Sequential Temporal Patterns in Spontaneous Speech", *Language and Speech* 9.4 (1966: 207-17)

Hensel, Martin: "The nuts and bolts of dubbing", *ebu-review* XXXVIII/6 (1987: 14-15)

Herbst, Thomas: *Untersuchungen zur Valenz englischer Adjektive und ihrer Nominalisierungen*, Tübingen: Narr (1983)

- "A pragmatic translation approach to dubbing", *ebu-review* XXXVIII/6 (1987: 21-3)

Herbst, Thomas/David Heath/Hans-Martin Dederding: *Grimm's Grandchildren. Current Topics in German Linguistics*, London/New York: Longman (Longman Linguistics Library) (1980)

Herbst, Thomas/Rita Stoll/Rudolf Westermayr: *Terminologie der Sprachbeschreibung. Ein Lernwörterbuch für das Anglistikstudium*, München: Hueber (1991)

Heringer, Hans Jürgen: "Normen? Ja - aber meine!", in: H.J. Heringer (1982: 94-105) <auch in: Deutsche Akademie für Sprache und Dichtung (1980: 58-72)>

- (Hg.): *Holzfeuer im hölzernen Ofen. Aufsätze zur politischen Sprachkritik*, Tübingen: Narr (1982)

Heringer, Hans Joachim/Bruno Strecker/Rainer Wimmer: *Syntax. Fragen - Lösungen - Alternativen*, München: Fink UTB (1980)

Hesse-Quack, Otto: *Der Übertragungsprozeß bei der Synchronisation von Filmen. Eine interkulturelle Untersuchung* (Diss.) Bonn: Ernst Reinhardt Verlag (Neuere Beiträge zur Film- und Fernsehforschung) (1967)

Hildesheimer, Wolfgang: *Wer war Mozart? - Becketts "Spiel" - Über das absurde Theater*, Frankfurt: Suhrkamp ([5]1976)

Höfler, Manfred: "Für eine Ausgliederung der Kategorie 'Lehnschöpfung' aus dem Bereich sprachlicher Entlehnung", in: W. Pöckl (1981: 149-53)

Hönig, Hans G.: "Zur Analysephase beim Übersetzen aus der Fremdsprache", in: H.W. Drescher/S. Scheffzeg (1976: 48-59)

- "Übersetzen zwischen Reflex und Reflexion - ein Modell der übersetzungsrelevanten Textanalyse", in: M. Snell-Hornby (1986: 230-51)
- "Wer macht die Fehler?", in: J. Albrecht/H.W. Drescher/H. Göhring/N. Salnikow (1987: 37-46)

Hönig, Hans G./Paul Kußmaul: *Strategie der Übersetzung. Ein Lehr- und Arbeitsbuch*, Tübingen: Narr ([2]1984)

Hörmann, Hans: *Meinen und Verstehen: Grundzüge einer psychologischen Semantik*, Frankfurt: Suhrkamp (1976)

Horguelin, Paul A. (ed.): *La traduction, une profession/Translating, a profession. Actes du VIIIe Congrès mondial de la Fédération Internationale de Traducteurs. Proceedings of the eighth World Congress of the International Federation of Translators Montreal 1977*, Paris: Fédération Internationale de Traducteurs/International Federation of Translators/Ottawa: Conseil de traducteurs et interprètes du Canada/Canadian Translators and Interpreters Council (1978)

House, Juliane: *A Model for Translation Quality Assessment*, Tübingen, Gunter Narr Verlag (Tübinger Beiträge zur Linguistik)(1981)

Hoven, Herbert (Hg.): *Guten Abend. Hier ist das deutsche Fernsehen. Zur Sprache der Bilder*, Darmstadt/ Neuwied: Luchterhand (1986)

Huddleston, R.D.: *The Sentence in Written English: A Syntactic Study Based on an Analysis of Scientific Texts*, Cambridge: Cambridge University Press (1971)

Hudson, R.A.: *Sociolinguistics*, Cambridge: Cambridge University Press (Cambridge Textbooks in Linguistics)(1980)

Hughes, Arthur/Chryssoula Lascaratou: "Competing criteria for error gravity", *English Language Teaching Journal* 36 (1982: 175-182)

Hughes, Arthur/Peter Trudgill: *English Accents and Dialects. An Introduction to Social and Regional Varieties of British English*, London: Arnold (1979)

Hultfors, Pär: *Reactions to Non-native English. Native English Speakers' Assessments of Errors in the Use of English Made by Non-Native Users of the Language. Part 1 Acceptability and Intelligibility*, Stockholm: Almqvist & Wiksell International (Acta Universitatis Stockholmiensis, Stockholm Studies in English LXVII) (1986)

Hymes, Dell (ed.): *Language in Culture and Society. A Reader in Linguistics and Anthropology*, New York/ Evanston/London: Harper and Row (1964: 521-6)

Iluk, Jan: "Zur Fremdwort- und Lehnwortfrage", *Muttersprache* 84 (1974: 287-90)

Jackson, Pamela L./Allen A. Montgomery/Carl A. Binnie: "Perceptual dimensions underlying vowel lipreading performance", *Journal of speech and hearing research* 19 (1976: 796-812)

Jadebeck, Helena: *Aspekte der Filmsynchronisation. Eine Darstellung der Problematik anhand eines Dialoglistenvergleichs Englisch-Deutsch der Fernsehserie "Der Denver-Clan"*, (Diplomarbeit) Heidelberg (1984)

Jäger, Gert: *Translation und Translationslinguistik*, Halle (Saale): VEB Max Niemeyer Verlag (1975)

Jäger, Gert/Dietrich Müller: "Kommunikative und maximale Äquivalenz von Texten", in: G. Jäger/A. Neubert (1982: 43-57)

Jäger, Gert/Albrecht Neubert (Hg.): *Äquivalenz bei der Translation*, Leipzig: Verlag Enzyklopädie (Übersetzungswissenschaftliche Beiträge 5) (1982)

Jäger, Siegfried: *Der Konjunktiv in der deutschen Sprache der Gegenwart. Untersuchungen an ausgewählten Texten*, München: Hueber/Düsseldorf: Schwann (Heutiges Deutsch. Linguistische und didaktische Beiträge für den deutschen Sprachunterricht I/1) (1971)

Jakobson, Roman: "Closing Statement: Linguistics and Poetics", in: T. Sebeok (1960: 350-77)

Johansson, Stig: *Studies of Error Gravity. Native Reactions to Errors produced by Swedish Learners of English*, Göteborg: Acta Universitatis Gothoburgensis (Gothenburg Studies in English 44) (1978)

Jones, Daniel: *An Outline of English Phonetics*, Cambridge: W. Heffer & Sons Ltd. ([9]1972)

Jones, Morris/Alan R. Thomas: *The Welsh Language. studies in its syntax and semantics*, Cardiff: The University of Wales Press (1977)

Jumpelt, Rudolf Walter: *Die Übersetzung naturwissenschaftlicher und technischer Literatur. Sprachliche Maßstäbe und Methoden zur Bestimmung ihrer Wesenszüge und Probleme*, Berlin-Schöneberg: Langenscheidt (Langenscheidt Bibliothek für Wissenschaft und Praxis)(1961)

Kade, Otto: "Qualitätsstufen der Übersetzung", *Fremdsprachen* (1964: 250-261)

- *Zufall und Gesetzmäßigkeit in der Übersetzung*: Leipzig (1968)

- "Zur Modellierung von Äquivalenzbeziehungen", in: A. Neubert/O. Kade (1973: 157-165)

Kann, Hans-Joachim/Manfred Koltes: "Englisches Sprachgut im Fernsehen", in: P. Braun (*Fremdwort-Diskussion* 1979: 337-8)

Kastovsky, Dieter: *Wortbildung und Semantik*, Düsseldorf: Schwann-Bagel/ Bern/München: Francke (1982)

Kehlbach, Sigrid: *Probleme der Sprachmischung in den Medien* (Magisterarbeit) Augsburg (1987)

Keller, R.E.: *German Dialects. Phonology and Morphology*, Manchester: Manchester University Press (1961)

Kloepfer, Rolf: *Die Theorie der literarischen Übersetzung. Romanisch-deutscher Sprachbereich*, München: Fink Verlag (Freiburger Schriften zur romanischen Philologie 12)(1967)

Kluge, Wolfhard: "Zur Diskussion um das Tempussystem", in: *Der Begriff Tempus - eine Ansichtssache?, Beihefte zur Zeitschrift Wirkendes Wort* 20, Düsseldorf: Schwann (1969: 59-68)

Kohler, Klaus J.: *Einführung in die Phonetik des Deutschen*, Berlin: Erich Schmid Verlag (1977)

Kolb, Herbert/Hartmut Lauffer (Hg.): *Sprachliche Interferenz: Festschrift für Werner Betz zum 65. Geburtstag*, Tübingen: Niemeyer (1977)

Koller, Werner: *Grundprobleme der Übersetzungstheorie. Unter besonderer Berücksichtigung schwedisch-deutscher Übersetzungsfälle*, Bern/München: Francke (1972)

- *Einführung in die Übersetzungswissenschaft*, Heidelberg: Quelle und Meyer (1983)

König, Werner: *dtv-Atlas zur deutschen Sprache*, München: dtv (1978)

Königs, Frank G.: *Übersetzung in Theorie und Praxis: Ansatzpunkte für die Konzeption einer Didaktik der Übersetzung*, Bochum (1979)

- "Zur Frage der Übersetzungseinheit und ihre Relevanz für den Fremdsprachenunterricht", *Linguistische Berichte* 74 (1981: 82-103)

- "Übersetzungswissenschaftliche Forschung in Deutschland: Tendenzen und Perspektiven", *Kwartalnik Neofilologiczny* XXXIII.1 (1986: 3-23)

Korhonen, J.: *Studien zu Dependenz, Valenz und Satzmodell, Band 1*, Bern: Peter Lang (1977)

Kracauer, Siegfried: *Theorie des Films. Die Errettung der äußeren Wirklichkeit*, Frankfurt: Suhrkamp (1985)

Kramer, E.: "Judgement of Personal Characteristics and Emotions from Non-verbal Properties of Speech", in: J. Laver/S. Hutcheson (1972: 172-88) <auch: *Psychological Bulletin* 60 (1963: 408-20)>

Krauss, Paul G.: "The increasing use of English words in German", *German Quarterly* XXXI (1958: 272-86)

Kreuzer, Helmut/Karl Prümm (Hg.): *Fernsehsendungen und ihre Formen. Typologie, Geschichte und Kritik des Programms in der Bundesrepublik Deutschland*, Stuttgart: Philipp Reclam jun. (1979)

Krueger, Gertraude: "Roh-Übersetzungen sind eher Blind-Übersetzungen - Über das Synchronisieren von Filmen", *Zeitschrift für Kulturaustausch* 36.4 (1986: 611-3)

Kühlwein, Wolfgang/Albert Raasch (Hg.): *Sprache und Verstehen: Kongreßberichte der 10. Jahrestagung der Gesellschaft für Angewandte Linguistik 1979*, Tübingen: Narr (1980)

Kühlwein, Wolfgang/Gisela Thome/Wolfram Wilss (Hg.): *Kontrastive Linguistik und Übersetzungswissenschaft*, München: Fink (1981)

Kußmaul, Paul: "Die Bedeutung von Texttypen, Normentsprechungen und Normabweichungen für das Übersetzen", *Lebende Sprachen* 3 (1974: 88-92)

- "Übersetzen als Entscheidungsprozeß. Die Rolle der Fehleranalyse in der Übersetzungsdidaktik", in: M. Snell-Hornby (1986: 206-29)

- "Übersetzen - aber nicht ins Blaue hinein", in: J. Albrecht/H.W. Drescher/H. Göhring/N. Salnikow (1987: 27-35)

- "Wie genau soll eine Übersetzung sein? Wie können wir Studierenden bei ihren semantischen Entscheidungen helfen?", in: W. Wilss/G. Thome (1984: 52-60)

Ladefoged, Peter: *Three Areas of Experimental Phonetics*, London: Oxford University Press (1967)

- *A Course in Phonetics*, New York/Chicago/San Francisco/Atlanta: Harcourt Brace Jovanovich (1975)

Langenscheidts Enzyklopädisches Wörterbuch der englischen und deutschen Sprache. Teil I: Englisch-Deutsch. 2 Bände (begründet von E. Muret/D. Sanders; herausgegeben von O. Springer), Berlin/München/Wien/Zürich: Langenscheidt (^{6}1981) <LEW>

Laver, John: "Voice Quality and Indexical Information", in: J. Laver/S. Hutcheson (1972: 189-203)(auch: *British Journal of Disorders of Communication* 3 (1968: 43-54))

- *The Phonetic Description of Voice Quality*, London/New York/New Rochelle/Melbourne/Sidney: Cambridge University Press (Cambridge Studies in Linguistics) (1980)

Laver, John/Sandy Hutcheson (ed.): *Communication in Face to Face Interaction*, Harmondsworth: Penguin (1972)

Laver, John/Peter Trudgill: "Phonetic and linguistic markers in speech", in: K.R.Scherer/H. Giles (1979: 1-32)

Leech, Geoffrey: *A linguistic guide to English poetry*, London: Longman (English Language Series)(1969)

- Semantics. *The study of meaning*, Harmondsworth: Penguin (^{2}1981)

- *Principles of Pragmatics*, London/New York: Longman (Longman Linguistics Library) (1983)

- "General introduction", in: R. Garside/G. Leech/G. Sampson (1987: 1-15)

Leech, Geoffrey/Michael H. Short: *Style in Fiction. A linguistic introduction to English fictional prose*, London/New York: Longman (English Language Series) (1981)

Leech Geoffrey/Jan Svartvik: *A Communicative Grammar of English*, London: Longman (1975)

Legenhausen, Lienhard: *Fehleranalyse und Fehlerbewertung. Untersuchungen an englischen Reifeprüfungsnacherzählungen*, Berlin: Cornelsen, Velhagen & Klasing (1975)

Lehnert, Martin: "The Anglo-American influence on the language of the German Democratic Republic", in: W. Viereck/W.-D. Bald (1986: 129-57)

Leisi, Ernst: *Das heutige Englisch. Wesenszüge und Probleme*, Heidelberg: Winter (^{5}1969)

- *Der Wortinhalt. Seine Struktur im Deutschen und Englischen*, Heidelberg: Quelle und Meyer UTB (^{4}1971)

- *Praxis der englischen Semantik*, Heidelberg: Winter (1973)

Leitner, Gerhard: "The social background of the language of radio", in: H. Davis/P. Walton (1983: 50-74)

Leska, Christel: "Vergleichende Untersuchungen zur Syntax gesprochener und geschriebener deutscher Gegenwartssprache", *Beiträge zur Geschichte der deutschen Sprache und Literatur (Halle)* 87 (1965: 427-64)

Lewandowski, Theodor: *Linguistisches Wörterbuch*, 3 Bände, Heidelberg: Quelle und Meyer UTB (^{4}1984)

Liberman, A.M.: "The grammars of speech and language", *Cognitive Psychology* 1 (1970: 301-23)

Lieberman, Philip: "Towards a Unified Phonetic Theory", *Linguistic Inquiry* (1970: 307-22)

- "On the evolution of language: a unified view", *Cognition* 2 (1973: 59-94)

Lipka, Leonhard: *An Outline of English Lexicology*, Tübingen: Niemeyer (1992)

Lipold, Günter: "Die österreichische Variante der deutschen Standardaussprache", in: P. Wiesinger (1988: 31-54)

Lockwood, W.B.: *Languages of the British Isles. Past and Present*, London: Deutsch (1975)

Löffler, Heinrich: *Probleme der Dialektologie. Eine Einführung*, Darmstadt: Wissenschaftliche Buchgesellschaft (^{2}1980)

- "Sprechtempo - ein Merkmal der Sprache oder der Sprecher? Beobachtungen und Überlegungen zu einem vernachlässigten Problem", in: W. Besch/K. Hufeland/V. Schupp/P. Wiehl (1984: 111-41)

Longman Dictionary of American English. A dictionary for learners of English, New York: Longman (1983)

Longman Dictionary of Contemporary English (ed. by Della Summers), London: Longman (^{2}1987) <LDOCE2>

Luyken, Georg-Michael (with Thomas Herbst/Jo Langham-Brown/Helen Reid/Hermann Spinhof)(ed.): *Overcoming language barriers in television. Dubbing and Subtitling for the European audience*, Manchester: European Institute for the Media, Media Monograph 13 (1991)

Lyons, John (ed.): *New Horizons in Linguistics*, Harmondsworth: Penguin (1970)

- *Semantics*, 2 Bände, Cambridge/London/New York/Melbourne: Cambridge University Press (1977)

MacDonald, John/Harry McGurk: "Visual influences on speech perception processes", *Perception and Psychophysics* 24/3 (1978: 253-7)

Malm, J.: "Translation for tv and how we do it in Sweden", *Actes du 9ième Congrès mondial de la FIT* (1983: 405-8)

Markel, Norman N./Judith A. Phillis/Robert Vargas/Kenneth Howard: "Personality Traits Associated with Voice Types", *Journal of Psycholinguistic Research* 1.3 (1972: 249-55)

Marslen-Wilson, William: "Linguistic Structure and Speech Shadowing at Very Short Latencies", *Nature* 244 (1973: 522-3)

- "Sentence Perception as an Interactive Parallel Process", *Science* 189 (1975: 226-8)

Martens, Carl/Martens, Peter: *Phonetik der deutschen Sprache. Praktische Aussprachelehre*, München: Hueber (^{2}1965)

Matthei, Edward/Thomas Roeper: *Understanding and Producing Speech*, Bungay (Suffolk): Fontana (1983)

Mattheier, Klaus J.: *Pragmatik und Soziologie der Dialekte*, Heidelberg: Quelle und Meyer UTB (1980)

- "Sprachvarietäten als Kategorien zur Strukturierung der Alltagswelt", in: B. Narr/H. Wittje (1986: 269-79)

Matthews, Peter: *Syntax*, Cambridge: Cambridge University Press (Cambridge Textbooks in Linguistics)(1981)

Meier, Helmut: *Deutsche Sprachstatistik*, Band 1, Hildesheim: Olms (1964)

Meyer, Hans-Günter: "Untersuchungen zum Einfluß des Englischen auf die deutsche Pressesprache, dargestellt an zwei deutschen Tageszeitungen", *Muttersprache* 84 (1974: 97-134)

Minchinton, John: "Sub-titling" (unveröffentlichtes Manuskript, 1987)

Mittins, W.H./Mary Salu/Mary Edminson/Sheila Coyne: *Attitudes to English Usage*, London: Oxford University Press (1970)

Möller, Karl Dietmar: "Zum Verhältnis von Interaktion, nonverbaler Kommunikation und Dialog im Spielfilm", in: G. Bentele/E.W.B. Hess-Lüttich (1985: 303-15)

Monaco, James: *Film Verstehen. Kunst, Technik, Sprache. Geschichte und Theorie des Films*, Reinbek: Rowohlt (1980)

Moser, Hugo/Hans Eggers/Johannes Erben/Hans Neumann (Hg.): *Satz und Wort im heutigen Deutsch*, Düsseldorf: Schwann (Sprache der Gegenwart) (1967)

- (Hg.): *Sprachnorm, Sprachpflege, Sprachkritik*, Düsseldorf: Schwann (Sprache der Gegenwart) (1968)

Moser, Hugo/Hans Eggers/Odo Leys/Hans Neumann (Hg.): *Gesprochene Sprache* Düsseldorf: Schwann (Sprache der Gegenwart)(1974)

Mouhan, B.A.: "Acceptability Testing and Fuzzy Grammar", in: S. Greenbaum (1977: 133-48)

Mounin, Georges: *Die Übersetzung. Geschichte, Theorie, Anwendung*, München: Nymphenburger Verlagshandlung (1967)

Müller, J.-Dietmar: *Die Übertragung fremdsprachigen Filmmaterials ins Deutsche. Eine Untersuchung zu sprachlichen und außersprachlichen Einflußfaktoren, Rahmenbedingungen, Möglichkeiten und Grenzen* (Diss.) Regensburg (1982)

Müller, Wolfgang: "Fremdwortbegriff und Fremdwörterbuch", in P. Braun (*Fremdwort-Diskussion* 1979: 59-73)

Müller-Schwefe, Gerhard: "Zur Synchronisation von Spielfilmen", *Literatur in Wissenschaft und Unterricht* XVI (1983: 131-43)

Narr, Brigitte/Hartwig Wittje (Hg.): *Spracherwerb und Mehrsprachigkeit. Language Acquisition and Multilingualism. Festschrift für Els Oksaar zum 60. Geburtstag*, Tübingen: Narr (Tübinger Beiträge zur Linguistik 295)(1986)

Neubert, Albrecht: "Invarianz und Pragmatik. Ein zentrales Problem der Übersetzungswissenschaft", in: A. Neubert/O. Kade (1973: 13-26)

- "Discourse Analysis of Translation", *Zeitschrift für Anglistik und Amerikanistik* 31.2 (1983: 160-2)

Neubert, Albrecht/Otto Kade (Hg.): *Neue Beiträge zu Grundfragen der Übersetzungswissenschaft*, Frankfurt: Athenäum (1973)

Nida, Eugene A.: *Towards a Science of Translating. With special reference to principles and procedures involved in bible translating*, Leiden: E.J. Brill (1964)

- "Translating means communicating: a sociolinguistic theory of translation", in: M. Saville-Troike (1977: 213-29)

Nir, Raphael: "Linguistic and sociolinguistic problems in the translation of imported films in Israel", *International Journal of the Sociology of Language* 48 (1984: 81-97)

Nord, Christiane: "Loyalität statt Treue. Vorschläge zu einer funktionalen Übersetzungstypologie", *Lebende Sprachen* XXXIV.3 (1989: 100-5)

Ochs, Elinor: "Planned and unplanned discourse", in: T. Givón (1979: 51-80)

O'Connor, J.D.: *Better English Pronunciation*, London/New York: Cambridge University Press (1967)

O'Neill, John J.: "Contributions Of The Visual Components Of Oral Symbols To Speech Comprehension", *Journal of speech and hearing disorders* 19 (1954: 429-39)

Oksaar, Els: "Sprachnorm und moderne Linguistik", in: H. Moser et al. (1968: 67-78)

- "Situationale Interferenzen und Kommunikatonskonflikte", in: W. Pöckl (1981: 105-114)

Olsson, Margareta: "The Effects of Different Types of Errors in the Communication Situation", in: J. Svartvik (1973: 153-60)

Ortner, Lorelies: *Wortschatz der Pop-/Rockmusik. Das Vokabular der Beiträge über Pop-/Rockmusik*, Düsseldorf: Schwann-Bagel (1982)

Palmer, Frank (ed.): *Selected Papers of J.R. Firth 1952-59*, London/Harlow: Longman (Longman Linguistics Library)(1968)

- *Semantics*, Cambridge: Cambridge University Press ([2]1981)

Peytard, Jean: "Pour une typologie des messages oraux", *Le Français dans le Monde* 57 (1968: 73-80)

Pieper, Ursula/Gerhard Stickel (Hg.): *Studia Linguistica. Diachronica et Synchronica. Werner Winter Sexagenario Anno MCMLXXXIII (Festschrift)*, Berlin/New York/Amsterdam: Mouton de Gruyter (1985)

Pilch, Herbert: "Das Lautsystem der hochdeutschen Umgangsprache", *Zeitschrift für Mundartforschung* 33 (1966: 247-66)

Pöckl, Wolfgang: *Europäische Mehrsprachigkeit. Festschrift zum 70. Geburtstag von Mario Wandruszka*, Tübingen: Niemeyer (1981)

Pollack, Irwin/J. M. Pickett: "Intelligibility of Excerpts from Fluent Speech: Auditory vs. Structural Context", *Journal of Verbal Learning and Verbal Behavior* 3 (1964: 79-84)

Pons-Collins Großwörterbuch deutsch-englisch englisch-deutsch. German-English English-German Dictionary (von Peter Terrell/Veronika Calderwood-Schnorr/Wendy V.A. Morris/Roland Breitsprecher) London/Glasgow: Collins (1980)/Stuttgart: Klett (1981)

Poulsen, S.O./W. Wilss (Hg.): *Angewandte Übersetzungswissenschaft*, Århus (1980)

Pride, J.B./Janet Holmes (eds.): *Sociolinguistics*, Harmondsworth: Penguin (1972)

Prüßmann, Karsten: *Zum Problem der Synchronisation fremdsprachiger Filme und Fernseh-Sendungen unter besonderer Berücksichtigung des Schauspielers Arnold Marquis* (Magisterarbeit) Köln (1987)

Quirk, Randolph: "Acceptability in language", in: R. Quirk (1968: 184-201)

- *Essays on the English Language. Medieval and Modern*, London: Longman (1968)

- "Foreword", in: S. Greenbaum (1988: vi-vii)

Quirk, Randolph/Sidney Greenbaum/Geoffrey Leech/Jan Svartvik: *A Comprehensive Grammar of the English Language*, London: Longman (1985) <CGEL>

Quirk, Randolph/Jan Svartvik: *Investigating Linguistic Acceptability*, London/The Hague/Paris: Mouton & Co (1966)

Rabanus, Gert: "Shakespeare in deutscher Fassung. Zur Synchronisation der Inszenierungen für das Fernsehen", *Jahrbuch Deutsche Shakespeare-Gesellschaft West* (1982: 63-78)

Reid, Helen: "Subtitling, the intelligent solution", in: P.A. Horguelin (1978: 420-8)

- "The semiotics of subtitling, or Why don't you translate what it says?", *ebu-review* XXXVIII/6 (1987: 28-30)

Reiß, Katharina: "Textbestimmung und Übersetzungsmethode. Entwurf einer Texttypologie", Ruperto-Carola XXI/46 (1969: 69-75)

- *Möglichkeiten und Grenzen der Übersetzungskritik. Kategorien und Kriterien für eine sachgerechte Beurteilung von Übersetzungen*, München: Hueber (1971)
- "Das Textsortenproblem aus angewandt-linguistischer Sicht", in: H.W. Drescher/S. Scheffzeg (1976: 12-32)
- "Anwendbarkeit der Texttypologie mit besonderer Berücksichtigung der Sachprosa", in: K. Gomard/S.-O. Poulsen (1978: 27-35)
- "Verstehen - Mißverstehen - Nichtverstehen im Blick auf die Übersetzung", in: W. Kühlwein/A. Raasch (1980: 35-41)
- "Adäquatheit und Äquivalenz", in: W. Wilss/G. Thome (1984:80-9)

Reiß, Katharina/Hans J. Vermeer: *Grundlegung einer allgemeinen Translationstheorie*, Tübingen: Niemeyer (1984)

Robins, R.H.: *General linguistics. An Introductory Survey*, London: Longman (Longman Linguistics Library) (^{2}1971)

Robinson, Maira: *The Concise Scots Dictionary. The Scots language in one volume from the first records to the present day*, Aberdeen: Aberdeen University Press (1985)

Robinson, W. Peter: "Speech markers and social class", in: K.R.Scherer/H. Giles (1979: 211-49)

Rowe, Thomas L.: "The English Dubbing Text", *Babel* VI.3 (1960: 116-120)

Ruoff, Arno: *Grundlagen und Methoden der Untersuchung gesprochener Sprache*, Tübingen: Niemeyer (Idiomatica Band 1)(1973)

Ryan, Ellen Bouchard/Howard Giles: *Attitudes towards Language Variation: Social and Applied Contexts*, London: Arnold (The Social Psychology of Language 1)(1982)

Sandig, Barbara: "Sprache und Norm, Sprachnorm, Sprachhandlungsnorm. Am Beispiel der Tonbandumschrift einer Fußballreportage", in: P. Braun (Deutsche Gegenwartssprache 1979: 110-21)

- "Ziele und Methoden einer pragmatischen Stilistik", in: B. Spillner (1984: 137-61)

Sapir, Edward: "Speech as a Personality Trait", in: J. Laver/S. Hutcheson (1972: 71-81) (auch: *American Journal of Sociology* 32 (1927: 892-905))

Saville-Troike, Muriel (ed.): *Linguistics and anthropology. Proceedings*, Washington: Georgetown University Press (Georgetown University round table on languages and linguistics 28)(1977)

Schank, Gerd: "Vorschlag zur Erarbeitung einer operationalen Fremdwortdefinition", in: P. Braun (*Fremdwort-Diskussion* 1979: 32-58)

Scheler, Manfred: "Zur Struktur und Terminologie des sprachlichen Lehnguts", *Die Neueren Sprachen* 72 (1973: 19-26)

Scherer, Günther/Alfred Wollmann: *Englische Phonetik und Phonologie*, Berlin: Schmidt (1972)

Scherer, Klaus R.: "Judging personality from voice: A cross-cultural approach to an old issue in interpersonal perception", *Journal of Personality* XL (1972: 191-210)

- "Voice Quality Analysis of American and German Speakers", *Journal of Psycholinguistic Research* 3.3 (1974: 281-98)
- "Personality markers in speech", in: K.R. Scherer/H. Giles (1979: 147-209)<1979a>
- "Die Funktionen des nonverbalen Verhaltens im Gespräch", in: K.R. Scherer/H.G. Wallbott (1979: 25-32)<1979b>

Scherer, Klaus R./Howard Giles (eds.): *Social markers in speech*, Cambridge/London/New York/Melbourne: Cambridge University Press/Paris: Editions de la Maison des Sciences de l'Homme (1979)

Scherer, Klaus R./Harald G. Wallbott (Hg.): *Nonverbale Kommunikation: Forschungsberichte zum Interaktionsverhalten*, Weinheim/Basel: Beltz Verlag (1979)

Schmid, Rudolf: "Dialekt und Vorurteil: Zur Beurteilung von Dialektsprechern", Papiere zur Linguistik 5 (1973: 116-135)

Schmidt, Siegfried J.: *Texttheorie. Probleme einer Linguistik der sprachlichen Kommunikation*, München: Fink UTB (1973)

Schmidt, Wilhelm: *Grundfragen der deutschen Grammatik. Eine Einführung in die funktionale Sprachlehre*, Berlin: Volk und Wissen Volkseigener Verlag ([4]1973)

Schöne, Albrecht (Hg.): *Kontroversen, alte und neue. Akten des VII. internationalen Germanisten-Kongresses Göttingen 1985*. Band 4, Tübingen: Niemeyer (1986)

Sebeok, Thomas A. (ed.): *Style in Language*, Cambridge, Mass.: M.I.T. Press (1960)

Shields, Joyce L./Astrid McHugh/James G. Martin: "Reaction time to phoneme targets as a function of rhythmic cues in continuous speech", *Journal of Experimental Psychology* 102 (1974: 250-5)

Siebs - Deutsche Aussprache. Reine und gemäßigte Hochlautung mit Aussprachewörterbuch (herausgegeben von Helmut de Boor, Hugo Moser und Christian Winkler), Berlin: de Gruyter ([19]1969)(1. Auflage: Theodor Siebs: *Deutsche Bühnenaussprache* (1898)

Smith, Anthony: *The Body*, Harmondsworth: Pelican (1970)

Smith, Bruce L./Bruce L. Brown/William J. Strong/Alvin C. Rencher: "Effects of speech rate on personality perception", *Language and Speech* 18 (1975: 145-52)

Smith, Philip M.: "Sex markers in speech", in: K.R. Scherer/H. Giles (1979: 109-146)

Snell-Hornby, Mary: "Übersetzen, Sprache, Kultur", in: M. Snell-Hornby (1986: 9-29)

- (Hg.): *Übersetzungswissenschaft. Eine Neuorientierung*, Tübingen: Francke (1986)

Söll, Ludwig/Franz Josef Hausmann: *Gesprochenes und geschriebenes Französisch*, Berlin: Erich Schmidt Verlag ([3]1985)

Spillner, Bernd: "Textsorten im Sprachvergleich. Ansätze zu einer Kontrastiven Textologie", in: Wolfgang Kühlwein/Gisela Thome/Wolfram Wilss (1981: 239-250)

- "Methoden der Stilanalyse: Forschungsstand und analytische Bibliographie", in: B. Spillner (1984: 223-40)

- (Hg.): *Methoden der Stilanalyse*, Tübingen: Narr (1984)

Steger, Hugo: "Gesprochene Sprache. Zu ihrer Typik und Terminologie.", in: H. Moser et al. (1967: 259-91).

- "Normprobleme", in: *Deutsche Akademie für Sprache und Dichtung* (1980: 210-19)

Steinbach, Horst-Ralf: *Englisches im deutschen Werbefernsehen*, Paderborn/München/Wien/Zürich: Schöningh (Schriften der Gesamthochschule Paderborn. Reihe Sprach- und Literaturwissenschaften, Band 2) (1984)

Steinkopp, Rolf: *Synchronisation in Hamburg*, Baden-Baden/Hamburg: Nomos Verlagsgesellschaft (1987)

Stevens, Kenneth N./Arthur S. House: "Speech Perception", in: J.V. Tobias (1972: 3-62)

Stickel, Gerhard: "Einstellungen zu Anglizismen", in: W. Besch/K. Hufeland/V. Schupp/P. Wiehl (1984: 279-310)

Strasser, Helmut/Claus M. Reimer/Hatta Gollwitzer/Hermann Riescher: *Kopienfertigung und Synchronisation von Kino- und Fernsehfilmen*, Bonn: Wirtschaftsverlag NW, Verlag für neue Wissenschaft (Forschungsberichtsreihe Humanisierung des Arbeitslebens)(1985)

Straßner, Erich: "Das Zusammenspiel von Bild und Sprache im Film", in: G. Bentele/E.W.B. Hess-Lüttich (1985: 277-89)

Strongman, Kenneth T./Janet Woosley: "Stereotyped Reactions to Regional Accents", *British Journal of Social and Clinical Psychology* 6 (1967: 164-7)

Studdert-Kennedy, Michael: "Speech Perception", *Status Report on Speech Research* 59-60 (1979: 1-22)

Sumby, W.H./Irwin Pollack: "Visual Contribution to Speech Intelligibility in Noise", The *Journal of the Acoustical Society of America* 26/2 (1954: 212-5)

Summerfield, Quentin: "Use of Visual Information for Phonetic Perception", *Phonetica* 36 (1979: 314-31)

Svartvik, Jan: "Plotting Divided Usage with 'Dare' and 'Need'", *Studia Neophilologica* 40 (1968: 130-40)

- (ed.): *ERRATA. Papers in Error Analysis*, Lund: CWK Gleerup (1973)
Svartvik, Jan/Randolph Quirk: *A corpus of English conversation*, Lund: GWK Gleerup (Lund Studies in English 56)(1980)
Tobias, Jerry V. (ed.): *Foundations of Modern Auditory Theory*. Volume II, New York/London: Academic Press (1972)
Toepser-Ziegert, Gabriele: *Theorie und Praxis der Synchronisation - dargestellt am Beispiel einer Fernsehserie*, Münster: Verlag Regensberg (Arbeiten aus dem Institut für Publizistik) (1978)
Trier, Jost: "Unsicherheiten im heutigen Deutsch", in: H. Moser (1968: 11-27)
Trudgill, Peter: *Sociolinguistics. An Introduction*, Harmondsworth: Penguin (1974)
- *Accent, Dialect and the School*, London: Arnold (1975)
- (ed.): *Sociolinguistic Patterns in British English*, London: Arnold (1978)
- (ed.): *Language in the British Isles*, Cambridge: Cambridge University Press (1984)
- *Dialects in Contact*, Oxford: Blackwell (1986)
Trudgill, Peter/Howard Giles: "Sociolinguistics and Linguistic Value Judgements: Correctness, Adequacy and Aesthetics", in: F. Coppieters/D.L. Goyvaerts (1978: 167-90)
Tucker, G. Richard/Wallace E. Lambert: "White and negro listeners' reactions to various American-English Dialects", *Social Forces* 47 (1969: 463-8)
Ullmann, Stephen: *Language and Style. Collected Papers*, Oxford: Blackwell (1966)
- "Two Approaches to Style", in: S. Ullmann (1973: 81-92)
- *Meaning and Style. Collected Papers*, New York: Harper and Row (1973)
van den Broeck, Raymond: "Toward a text-type-oriented theory of translation", in: S.O. Poulsen/W.Wilss (1980: 82-96)
van Dijk, Teun A.: *Text and Context. Explorations in the semantics and pragmatics of discourse*, London/ New York: Longman (Longman Linguistics Library)(1977a)
- "Acceptability in Context", in: S. Greenbaum (1977: 39-61)<1977b>
Vermeer, Hans J.: "Vom 'richtigen' Übersetzen", *Mitteilungsblatt für Dolmetscher und Übersetzer* 25.4 (1979: 2-8)
- "Die Sprachwissenschaften und das Übersetzen", *Mitteilungsblatt für Dolmetscher und Übersetzer* 26.6 (1980: 1-3)
- *voraussetzungen für eine translationstheorie - einige kapitel kultur- und sprachtheorie*, Heidelberg (1986a)
- "Übersetzen als kultureller Transfer", in: M. Snell-Hornby (1986: 30-53) <1986b>
Viereck, Karin: *Englisches Wortgut, seine Häufigkeit und Integration in der österreichischen und bundesdeutschen Pressesprache*, Frankfurt a.M./Bern/Cirencester: Peter D. Lang (Bamberger Beiträge zur Englischen Sprachwissenschaft 8)(1980)
- "The Influence of English on Austrian German", in: W. Viereck/W.-D. Bald (1986: 159-77)
Viereck, Wolfgang (Hg.): *Studien zum Einfluß der englischen Sprache auf das Deutsche*, Tübingen: Narr (1980)
- "The Influence of the English Language on German", *Amerikastudien* American Studies 27 (1982: 203-15)
- "The influence of English on German in the past and in the Federal Republic of Germany", in: W. Viereck/W.-D. Bald (1986: 107-28)
Viereck, Wolfgang/Wolf-Dietrich Bald (eds): *English in contact with other languages. Studies in honour of Broder Carstensen on the occasion of his 60th birthday*, Budapest: Akadémiai Kiadó (1986)
Viereck, Wolfgang/Karin Viereck/Ingrid Winter: "Englisches in der österreichischen Pressesprache", *Der Sprachdienst* XX.4 (1976: 53-6)
Vöge, Hans: "The Translation of Films: Sub-Titling Versus Dubbing", *Babel* 23 (1977: 120-5)
von Polenz, Peter: "Fremdwort und Lehnwort sprachwissenschaftlich betrachtet", *Muttersprache* 77 (1967: 65-80)
Wahrig, Gerhard: *Deutsches Wörterbuch*, München: Mosaik Verlag (1986)

Wanschura-Nawroth, Dagmar: *Funktion, Systematik und Methode der Filmsynchronisation in der entwickelten sozialistischen Gesellschaft der DDR*, Diss. (Promotion A), Berlin (1976)

Warren, Richard M.: "Perceptual restoration of missing speech sounds", *Science* 167 (1970: 392-3)

Warren, R.M./R. P. Warren: "Auditory illusions and confusions", *Scientific American* 223 (1970: 30-6) <nach H.H. Clark/E.V. Clark (1977)>

Webers, Johannes: *Bild und Ton synchron. Handbuch für die Technik der synchronen Aufnahme, Speicherung und Übertragung von Bild und Ton*, München: Franzis-Verlag (1976)

Weinreich, Uriel: *Languages in Contact. Findings and Problems*, Den Haag/Paris: Mouton (1974)

Weinrich, Harald: *Tempus. Besprochene und erzählte Welt*, Stuttgart: Kohlhammer (1964)

- "Über Sprachnormen nachdenken", in: *Deutsche Akademie für Sprache und Dichtung* (1980: 9-24)

Wells, J.C.: *Accents of English*, 3 Bände, Cambridge: Cambridge University Press (1982)

- "English accents in England", in: P. Trudgill (1984: 55-69)

Werlich, Egon: *Typologie der Texte*, Heidelberg: Quelle und Meyer UTB (1975)

- *A Text Grammar of English*, Heidelberg: Quelle und Meyer UTB (1976)

Weydt, Harald (Hg.): *Logos Semantikos. Vol. II: Sprachtheorie und Sprachphilosophie. Studia Linguistica in Honorem Eugenio Coseriu 1921-1981*, Berlin/New York: de Gruyter/Madrid: Editorial Gredas (1981)

Wiesinger, Peter: "Die deutsche Sprache in Österreich. Eine Einführung", in: P. Wiesinger (1988: 9-30)

- (Hg.): *Das österreichische Deutsch*, Wien/Köln/Graz: Böhlau Verlag (Schriften zur deutschen Sprache in Österreich, Band 12)(1988)

Whitman-Linsen, Candice: *Through the Dubbing Glass. The Synchronization of American Motion Pictures into German, French and Spanish*, Frankfurt: Peter Lang (1992)

Wiik, Kalevi: *Finnish and English Vowels. A comparison with special reference to the learning problems met by native speakers of Finnish learning English*, Turku: Turun Yliopisto (1965)

Wilss, Wolfram: *Übersetzungswissenschaft. Probleme und Methoden*, Stuttgart: Klett (1977)

- "Methodische Aspekte des Übersetzungsprozesses", in: K. Gomard/S.-O. Poulsen (1978: 15-26)
- "Semiotik und Übersetzungswissenschaft", in: W. Wilss (1980: 9-22)
- (Hg.): *Semiotik und Übersetzen*, Tübingen (1980)
- "Handlungstheoretische Aspekte des Übersetzungsprozesses", in: W. Pöckl (1981: 455-468)<1981a>
- "Der Begriff der Kreativität im Übersetzungsprozeß", in: H. Weydt (1981: 479-92)<1981b>
- "Perspektiven der Angewandten Übersetzungswissenschaft", in: W. Wilss/G. Thome (1984: 1-8)
- "Zum Selbstverständnis und zum Fremdverständnis der Übersetzungswissenschaft oder: Wieviel Notiz nimmt die Öffentlichkeit von der Übersetzungswissenschaft?", in: J. Albrecht/H.W. Drescher/H. Göhring/ N. Salnikow (1987: 11-25)
- "Was ist fertigkeitsorientiertes Übersetzen?", *Lebende Sprachen* XXXIV.3 (1989: 105-113)

Wilss, Wolfram/Gisela Thome (Hg.): *Die Theorie des Übersetzens und ihr Aufschlußwert für die Übersetzungs- und Dolmetschdidaktik. Translation Theory and its Implementation in the Teaching of Translating and Interpreting. Akten des Internationalen Kolloquiums der Association Internationale de Linguistique Appliquée (AILA) Saarbücken, 25.-30. Juli 1983*, Tübingen: Narr (Tübinger Beiträge zur Linguistik 247) (1984)

Wimmer, Heinz/Josef Perner: *Kognitionspsychologie. Eine Einführung*, Stuttgart/Berlin/Köln/Mainz: Kohlhammer (1979)

Wimmer, Rainer: "Überlegungen zu den Aufgaben und Methoden einer linguistisch begründeten Sprachkritik", in: H.J. Heringer (1982: 290-313)

Winter, Werner: "Stil als linguistisches Problem", in: H. Moser et al. (1967: 219-35)

- "Echte und simulierte gesprochene Sprache", in: H. Moser et al. (1974: 129-34)

Wörterbuch der deutschen Aussprache (hrsg. von Eva-Maria Krech/Eduard Kurka/Helmut Stelzig/Eberhard Stock/Ursula Stötzer/Rudi Teske), Leipzig: VEB Bibliographisches Institut (^{4}1974)

Wolf, Lothar: *Aspekte der Dialektologie. Eine Darstellung von Methoden auf französischer Grundlage*, Tübingen: Niemeyer (1975)

Woodward, M.F./E.E. Lowell: "A linguistic approach to the education of aurally handicapped children", *Project No. 907, U.S. Department of Health, Education, and Welfare* (1964) <nach P.L. Jackson/A.A. Montgomery/C.A. Binnie (1976)>

Wotjak, Gerd: "Zur Wahrung der semantischen Invarianz beim Übersetzen", in: A. Neubert/O. Kade (1973: 71-80)

- "Äquivalenz, Entsprechungstypen und Techniken der Übersetzung", in: G. Jäger/A. Neubert (1982: 113-24)

- "Neuere Tendenzen in Übersetzungswissenschaft und Übersetzungsdidaktik", *Berichte des japanischen Deutschlehrerverbandes* 35 (1989: 3-14)

Wunderlich, Dieter: *Tempus und Zeitreferenz im Deutschen*, München: Hueber (Linguistische Reihe 5) (1970)

Zimmer, Dieter: *Redens Arten. Über Trends und Tollheiten im neudeutschen Sprachgebrauch*, Zürich: Haffmans TaschenBuch (1988)

Zimmermann, Heinz: *Zu einer Typologie des spontanen Gesprächs. Syntaktische Studien zur baseldeutschen Umgangssprache*, Bern: Francke (Basler Studien zur deutschen Sprache und Literatur 30) (1965)

Zindler, Horst: *Anglizismen in der deutschen Presse nach 1945* (Diss.) Kiel (1959)

Zweites Deutsches Fernsehen: *ZDF Jahrbuch 1967*, Mainz (1968)

- *ZDF Jahrbuch 1978*, Mainz (1979)
- *ZDF Jahrbuch 1984*, Mainz (1985)
- *ZDF Jahrbuch 1988*, Mainz (1989)

Bei Fragen zur Produktsicherheit wenden Sie sich bitte an:
If you have any questions regarding product safety,
please contact:

Walter de Gruyter GmbH
Genthiner Straße 13
10785 Berlin
productsafety@degruyterbrill.com